U0156694

随机过程
学习指导

（第2版）

袁修久 原野 郭云霞 郭艳鹂 贺筱军 杨友社 编

清華大學出版社
北 京

内 容 简 介

全书共分5章，内容包括概率论的补充知识、随机过程的基本概念、平稳过程、平稳时间序列的线性模型和预报及马尔可夫过程. 书末附综合测试题3套. 除第1章未包括解疑释惑外，各章包括基本内容、解疑释惑、典型例题、习题选解、自主练习题及其参考解答六部分. 本书强调随机过程的基本理论、基本方法及各知识点的联系与综合方面的训练. 强调解题方法、解题技巧及随机过程的思想、方法的掌握. 编写中注重知识点的系统性. 习题解答思路清晰，步骤详细. 解疑释惑语言通俗，简明易懂.

本书可作为工科、财经等各专业研究生及数学专业高年级本科生随机过程学习的参考书，也可作为随机过程课程教师教学的参考书.

版权所有，侵权必究. 举报：010-62782989，beiqinquan@tup.tsinghua.edu.cn.

图书在版编目(CIP)数据

随机过程学习指导/袁修久等编. —2版. —北京：清华大学出版社，2022.8
ISBN 978-7-302-61537-8

Ⅰ. ①随… Ⅱ. ①袁… Ⅲ. ①随机过程－高等学校－教学参考资料 Ⅳ. ①O211.6

中国版本图书馆CIP数据核字(2022)第144397号

责任编辑：刘 颖
封面设计：常雪影
责任校对：王淑云
责任印制：刘海龙

出版发行：清华大学出版社
网 址：http://www.tup.com.cn，http://www.wqbook.com
地 址：北京清华大学学研大厦A座 邮 编：100084
社 总 机：010-83470000 邮 购：010-62786544
投稿与读者服务：010-62776969，c-service@tup.tsinghua.edu.cn
质量反馈：010-62772015，zhiliang@tup.tsinghua.edu.cn
印 装 者：三河市少明印务有限公司
经 销：全国新华书店
开 本：185mm×260mm 印 张：13.75 字 数：331千字
版 次：2016年9月第1版 2022年9月第2版 印 次：2022年9月第1次印刷
定 价：39.80元

产品编号：096705-01

第2版前言

本书第1版自2016年出版以来，在学习者拓宽解题思路，理解随机过程的基本理论，掌握随机过程的思想方法，深化和拓展学习内容，开阔学习者的视野，激发学习者对学习随机过程的兴趣和求知欲方面发挥了较好的作用. 为了使本书在随机过程的教学中进一步发挥更好的作用，我们在前期使用经验的基础上对本书的第1版进行了补充与修改.

本版在基本保持第1版原貌的基础上，拓展了第1版所涉及的知识点，如增加了随机微分方程、正态过程的均方微积分等方面的题目；充实了离散随机过程方面的题目；适当地增加了一部分有难度的题目；增加了综合题和应用题的数量；删除了部分知识点重复的题目；对第1版中的一些错误、疏漏和不妥之处作了修改. 本版增加了各章自我练习题和书末综合测试题的数量，以帮助学习者提高自己动手解题的能力和方便自己检验学习效果.

在此，我们向在使用本书第1版过程中提出宝贵意见和建议的老师和同学表示衷心的感谢.

编　者

2021年11月

第1版前言

随机过程是研究客观世界中随机演变过程中统计规律的一门数学学科,已经广泛地应用于科学与工程技术的各个领域,是众多工科专业研究生要学习的重要数学基础理论课程之一.

要深刻理解随机过程的基本概念,灵活应用随机过程的方法,必须做一定数量的练习题.然而在学习随机过程这门课程中,学生普遍感到这门课程概念比较抽象,习题的求解难以入手,思路难以展开,往往是内容明白了,但练习题不会做,学习起来有一定困难.为此,我们根据多年的教学经验,编写了这本辅导书,对教学内容进行了归纳总结,对典型的例题进行解析,目的是帮助学生尽快地、系统地学习和理解随机过程的基本理论,掌握随机过程的基本方法,拓展思维,开阔视野,激发学生的学习兴趣,提高学生应用随机过程的方法分析、解决实际问题的能力.本书强调随机过程的基本理论、基本方法及各知识点的联系与综合方面的训练,强调解题方法、解题技巧的掌握.在编写中注重知识点的系统性和应用性.

本书出版前的初稿已经在作者们的教学过程中使用过多次,收到了很好的效果.本次出版,我们对本书进行了修改,在修改过程中采纳了同行们和上课的学生的建议,在此对他们表示感谢.

全书共分5章,书末附测试题一套.除第1章外,每章分为五部分:基本内容、解疑释惑、典型例题、习题选解、自主练习题及其参考解答.基本内容对每章的主要知识点进行了概括和总结;解疑释惑对书中较难理解的知识点作了讲解;典型例题针对主要教学内容选择了适量的例题进行详细地解答;习题选解对《随机过程》(汪荣鑫,西安交通大学出版社,2006年,第2版)一书每章的部分习题作了详细地解答;自主练习题配备了一定量的练习题,让读者自己通过练习,提高利用本章的理论方法求解问题的能力.书后附测试题一套,供读者自己测试学习效果用.为了便于读者检验对这些练习题的掌握程度,给出了自主练习题和测试题的参考解答.

本书在编写过程中参考了不少作者的文献著作，在此向这些作者致以谢意.本书的编写得到了教研部、教研室领导的鼎力支持，得到了许多同事的热心帮助，在此一并表示诚挚的感谢.由于时间仓促，作者水平有限，书中疏漏与错误在所难免，恳请读者批评指正.

编　者

2016年6月

目录

第 1 章 概率论的补充知识

1.1 基本内容

一、事件、概率及概率空间的定义

1. 事件的定义 设样本空间 $\Omega=\{\omega\}$ 的某些子集构成的集合记为 $\mathfrak{I}$，如果 $\mathfrak{I}$ 满足：

(1) $\Omega\in\mathfrak{I}$；

(2) 若 $A\in\mathfrak{I}$，则 $\overline{A}=\Omega-A\in\mathfrak{I}$；

(3) 若 $A_k\in\mathfrak{I},k=1,2,\cdots$，则 $\bigcup\limits_{k=1}^{\infty}A_k\in\mathfrak{I}$.

则称 $\mathfrak{I}$ 是一个博雷尔(Borel)事件域，或 σ 事件域. 样本空间 Ω 中博雷尔事件域 $\mathfrak{I}$ 的每一个子集称为一个事件.

样本空间 Ω 称为必然事件，而空集 $\varnothing$ 称为不可能事件.

2. 概率的公理化定义 设 $P(A)$ 是定义在样本空间 Ω 中博雷尔事件域 $\mathfrak{I}$ 上的集合函数. 如果 $P(A)$ 满足以下 3 个条件，则称 P 是博雷尔事件域 $\mathfrak{I}$ 上的概率.

(1) $\forall A\in\mathfrak{I}$，有 $P(A)\geqslant 0$；

(2) $P(\Omega)=1$；

(3) 若 $A_1,A_2,\cdots$ 两两不相交，即 $A_kA_j=\varnothing,k\neq j$，且 $A_k\in\mathfrak{I},k=1,2,\cdots$，则 $P\left(\bigcup\limits_{k=1}^{\infty}A_k\right)=\sum\limits_{k=1}^{\infty}P(A_k)$.

3. 概率空间的定义 设 $\mathfrak{I}$ 是样本空间 Ω 的博雷尔事件域，P 是定义在 $\mathfrak{I}$ 上的概率，则 $(\Omega,\mathfrak{I},P)$ 称为概率空间.

二、随机变量及其概率分布

1. 随机变量的定义 设 $X=X(\omega)$ 是定义在样本空间 Ω 上的函数. 如果对任意一个实数 x，有 Ω 的子集 $\{\omega|X(\omega)\leqslant x\}\in\mathfrak{I}$，则称 X 是概率空间 $(\Omega,\mathfrak{I},P)$ 上的随机变量，或称博雷尔可测函数.

2. 分布函数的定义 设 $(\Omega,\mathfrak{I},P)$ 为概率空间，而 $X=X(\omega)$ 是 $(\Omega,\mathfrak{I},P)$ 上的随机变量. 对任意一个实数 x，则函数

$$F(x)=P\{\omega\mid X(\omega)\leqslant x\}\xlongequal{\text{def}}P\{X\leqslant x\}$$

称为随机变量 X 的分布函数.

3. 离散型随机变量 若存在有限个或可列个实数构成的集合 $\{x_1,x_2,\cdots\}$，使随机变量

X 有 $P\{X\in\{x_1,x_2,\cdots\}\}=1$，则称 X 是离散型随机变量，而 $p_k=P\{X=x_k\},k=1,2,\cdots$，称为离散型随机变量 X 的分布列或分布律.

4. 连续型随机变量 若对任意实数 x，存在非负实函数 $f(x)$，使随机变量 X 的分布函数 $F(x)$ 满足 $F(x)=\int_{-\infty}^{x} f(x)\mathrm{d}x$，则称 X 是连续型随机变量，且 $f(x)$ 称为连续型随机变量 X 的概率密度函数，简称概率密度.

三、斯蒂尔吉斯积分

1. 有限区间上的斯蒂尔吉斯积分的定义 设 $f(x)$，$g(x)$ 是定义在区间 $[a,b]$ 上的两个有界函数. 把区间 $[a,b]$ 分成 n 个子区间，分点为

$$a=x_0<x_1<\cdots<x_n=b,$$

$\forall\xi_k\in[x_{k-1},x_k]$，如果极限

$$\lim_{\Delta\to 0}\sum_{k=1}^{n} f(\xi_k)[g(x_k)-g(x_{k-1})]$$

存在，其中 $\Delta=\max\limits_{1\leqslant k\leqslant n}\{x_k-x_{k-1}\}$，则称此极限为函数 $f(x)$ 对函数 $g(x)$ 在区间 $[a,b]$ 上的斯蒂尔吉斯(Stieltjes)积分，简称 S 积分，记为 $\int_a^b f(x)\mathrm{d}g(x)$.

2. 无限区间上的 S 积分的定义 若极限 $\lim\limits_{\substack{a\to-\infty\\ b\to+\infty}}\int_a^b f(x)\mathrm{d}g(x)$ 存在，则称此极限为函数 $f(x)$ 对函数 $g(x)$ 在无限区间 $(-\infty,+\infty)$ 上的斯蒂尔吉斯积分，简称 S 积分，记为 $\int_{-\infty}^{+\infty} f(x)\mathrm{d}g(x)$.

在 S 积分中，若 $g(x)$ 是 $(-\infty,+\infty)$ 上的阶梯函数，它的跳跃点为 $x_1,x_2,\cdots$（有限个或可列无限个），则

$$\int_{-\infty}^{+\infty} f(x)\mathrm{d}g(x)=\sum_k f(x_k)[g(x_k+0)-g(x_k-0)].$$

若 $g(x)$ 是 $(-\infty,+\infty)$ 上的可微函数，它的导函数为 $g'(x)$，则

$$\int_{-\infty}^{+\infty} f(x)\mathrm{d}g(x)=\int_{-\infty}^{+\infty} f(x)g'(x)\mathrm{d}x.$$

3. F-S 积分的定义 设函数 $g(x)$ 定义在无限区间 $(-\infty,+\infty)$ 上，若积分

$$\int_{-\infty}^{+\infty}\mathrm{e}^{\mathrm{i}tx}\mathrm{d}g(x)=\int_{-\infty}^{+\infty}\cos tx\,\mathrm{d}g(x)+\mathrm{i}\int_{-\infty}^{+\infty}\sin tx\,\mathrm{d}g(x)$$

存在，则称此积分为对 $g(x)$ 的傅里叶-斯蒂尔吉斯(Fourier-Stieltjes)积分，简称 F-S 积分.

四、随机变量特征函数的定义及性质

1. 随机变量特征函数的定义 设 X 是(实值)随机变量，对任意实数 t，称

$$\varphi(t)=E(\mathrm{e}^{\mathrm{i}tX})=E(\cos tX+\mathrm{i}\sin tX)=E(\cos tX)+\mathrm{i}E(\sin tX)$$

为随机变量 X 的特征函数.

若 X 为离散型随机变量，其分布列为 $p_k=P\{X=x_k\},k=1,2,\cdots$，则 X 的特征函数可表示成

$$\varphi(t)=E(\mathrm{e}^{\mathrm{i}tX})=\sum_k \mathrm{e}^{\mathrm{i}tx_k}p_k.$$

若 X 为连续型随机变量,其概率密度为 $f(x)$,则 X 的特征函数可表示成

$$\varphi(t)=E(\mathrm{e}^{\mathrm{i}tX})=\int_{-\infty}^{+\infty}\mathrm{e}^{\mathrm{i}tx}f(x)\mathrm{d}x.$$

在 $\int_{-\infty}^{+\infty}|\varphi(t)|\mathrm{d}t<+\infty$ 的条件下,有反演公式

$$f(x)=\frac{1}{2\pi}\int_{-\infty}^{+\infty}\mathrm{e}^{-\mathrm{i}tx}\varphi(t)\mathrm{d}t.$$

2. 特征函数的性质

性质 1 $|\varphi(t)|\leqslant\varphi(0)=1$.

性质 2 共轭对称性 $\varphi(-t)=\overline{\varphi(t)}$.

性质 3 特征函数 $\varphi(t)$ 在 $(-\infty,+\infty)$ 上一致连续.

性质 4 特征函数 $\varphi(t)$ 具有非负定性,即对于任意正整数 n,任意 n 个实数 $t_1,t_2,\cdots,t_n$ 及复数 $z_1,z_2,\cdots,z_n$,有

$$\sum_{k=1}^{n}\sum_{j=1}^{n}\varphi(t_k-t_j)z_k\bar{z}_j\geqslant 0.$$

性质 5 设随机变量 $Y=aX+b$,其中 a,b 是常数,则

$$\varphi_Y(t)=\mathrm{e}^{\mathrm{i}bt}\varphi_X(at).$$

性质 6 设随机变量 X,Y 相互独立,而 $Z=X+Y$,则

$$\varphi_Z(t)=\varphi_X(t)\varphi_Y(t).$$

性质 7 设随机变量 X 的 n 阶原点矩存在,则它的特征函数可以微分 n 次,且有

$$\varphi^{(n)}(0)=\mathrm{i}^nE(X^n) \quad \text{或} \quad E(X^n)=\mathrm{i}^{-n}\varphi^{(n)}(0).$$

五、唯一性定理及特征函数的充要条件

1. 逆转公式 设分布函数 $F(x)$ 的特征函数为 $\varphi(t)$,则对 $F(x)$ 的连续点 x_1,x_2 有

$$F(x_2)-F(x_1)=\lim_{T\to\infty}\frac{1}{2\pi}\int_{-T}^{T}\frac{\mathrm{e}^{-\mathrm{i}tx_1}-\mathrm{e}^{-\mathrm{i}tx_2}}{\mathrm{i}t}\varphi(t)\mathrm{d}t.$$

2. 唯一性定理 分布函数 $F(x)$ 被它的特征函数 $\varphi(t)$ 唯一确定.

3. 波赫纳-辛钦(Bochner-Khintchine)定理 设 $\varphi(t)$ 满足 $\varphi(0)=1$,且在 $-\infty<t<+\infty$ 上是连续的复值函数,则 $\varphi(t)$ 是特征函数的充分必要条件为它是非负定的.

六、n 维随机向量的概率分布及其数字特征

1. n 维随机向量的分布 n 维随机向量 $\boldsymbol{X}=(X_1,X_2,\cdots,X_n)^{\mathrm{T}}$ 的概率分布函数定义为

$$F(x_1,x_2,\cdots,x_n)=P\{X_1\leqslant x_1,X_2\leqslant x_2,\cdots,X_n\leqslant x_n\}.$$

用向量形式可表示为

$$F(\boldsymbol{x})=P\{\boldsymbol{X}\leqslant\boldsymbol{x}\},$$

其中 $\boldsymbol{x}=(x_1,x_2,\cdots,x_n)^{\mathrm{T}}$,而 $\boldsymbol{X}\leqslant\boldsymbol{x}$ 理解为对每一个分量都有 $X_i\leqslant x_i$.

对于连续概率分布情形,n 维随机向量 $\boldsymbol{X}$ 的概率密度为

$$f(x_1,x_2,\cdots,x_n)=\frac{\partial^n F(x_1,x_2,\cdots,x_n)}{\partial x_1\partial x_2\cdots\partial x_n}.$$

2. n 维随机向量的数字特征及性质

(1) n 维随机向量 $\boldsymbol{X}$ 的数学期望 $E(\boldsymbol{X})$ 定义为

$$E(\boldsymbol{X})=(E(X_1),E(X_2),\cdots,E(X_n))^{\mathrm{T}}.$$

(2) n 维随机向量 $\boldsymbol{X}$ 的协方差(矩)阵定义为

$$\boldsymbol{B}=\begin{bmatrix}\operatorname{cov}(X_1,X_1) & \operatorname{cov}(X_1,X_2) & \cdots & \operatorname{cov}(X_1,X_n)\\ \operatorname{cov}(X_2,X_1) & \operatorname{cov}(X_2,X_2) & \cdots & \operatorname{cov}(X_2,X_n)\\ \vdots & \vdots & & \vdots\\ \operatorname{cov}(X_n,X_1) & \operatorname{cov}(X_n,X_2) & \cdots & \operatorname{cov}(X_n,X_n)\end{bmatrix}.$$

协方差阵也可以用向量形式表示为 $\boldsymbol{B}=E[(\boldsymbol{X}-E(\boldsymbol{X}))(\boldsymbol{X}-E(\boldsymbol{X}))^{\mathrm{T}}]$.

(3) 协方差阵的性质　协方差(矩)阵 $\boldsymbol{B}$ 是对称的非负定矩阵.

七、多维特征函数及其性质

1. 多维特征函数的定义　设 n 维随机向量 $\boldsymbol{X}=(X_1,X_2,\cdots,X_n)^{\mathrm{T}}$,称

$$\varphi(t_1,t_2,\cdots,t_n)=E(\mathrm{e}^{\mathrm{i}(t_1X_1+t_2X_2+\cdots+t_nX_n)})$$

为 n 维随机向量 $\boldsymbol{X}$ 的 n 维特征函数,其中 $\mathrm{i}=\sqrt{-1}$.

记向量 $\boldsymbol{t}=(t_1,t_2,\cdots,t_n)^{\mathrm{T}}$,$n$ 维特征函数可以简单地表示为

$$\varphi(\boldsymbol{t})=E(\mathrm{e}^{\mathrm{i}\boldsymbol{X}^{\mathrm{T}}\boldsymbol{t}})=E(\mathrm{e}^{\mathrm{i}\boldsymbol{t}^{\mathrm{T}}\boldsymbol{X}}).$$

2. 多维特征函数的性质

性质 1　$|\varphi(t_1,t_2,\cdots,t_n)|\leqslant\varphi(0,0,\cdots,0)=1$.

性质 2　$\varphi(-t_1,-t_2,\cdots,-t_n)=\overline{\varphi(t_1,t_2,\cdots,t_n)}$.

性质 3　$\varphi(t_1,t_2,\cdots,t_n)$ 在 n 维欧氏空间 $\mathbb{R}^n$ 上一致连续.

性质 4　若 $\varphi(t_1,t_2,\cdots,t_n)$ 是 n 维随机向量 $(X_1,X_2,\cdots,X_n)^{\mathrm{T}}$ 的特征函数,则 $k(0<k<n)$ 维随机向量 $(X_1,X_2,\cdots,X_k)^{\mathrm{T}}$ 的特征函数

$$\varphi_{X_1,X_2,\cdots,X_k}(t_1,t_2,\cdots,t_k)=\varphi(t_1,t_2,\cdots,t_k,0,\cdots,0).$$

性质 5　若 $\varphi(t_1,t_2,\cdots,t_n)$ 是 n 维随机向量 $(X_1,X_2,\cdots,X_n)^{\mathrm{T}}$ 的特征函数,则随机变量 $Y=a_1X_1+a_2X_2+\cdots+a_nX_n$ 的特征函数为

$$\varphi_Y(t)=\varphi(a_1t,a_2t,\cdots,a_nt).$$

性质 6　若 $\varphi(t_1,t_2,\cdots,t_n)$ 是 n 维随机向量 $(X_1,X_2,\cdots,X_n)^{\mathrm{T}}$ 的特征函数,而随机变量 X_j 的特征函数是 $\varphi_{X_j}(t)$, $j=1,2,\cdots,n$,则随机变量 $X_1,X_2,\cdots,X_n$ 相互独立的充分必要条件是

$$\varphi(t_1,t_2,\cdots,t_n)=\varphi_{X_1}(t_1)\varphi_{X_2}(t_2)\cdots\varphi_{X_n}(t_n).$$

性质 7　如果矩 $E(X_1^{k_1}X_2^{k_2}\cdots X_n^{k_n})$ 存在,则

$$E(X_1^{k_1}X_2^{k_2}\cdots X_n^{k_n})=\mathrm{i}^{-\sum_{j=1}^{n}k_j}\left[\frac{\partial^{k_1+k_2+\cdots+k_n}\varphi(t_1,t_2,\cdots,t_n)}{\partial t_1^{k_1}\partial t_2^{k_2}\cdots\partial t_n^{k_n}}\right]_{t_1=t_2=\cdots=t_n=0}.$$

八、n 维正态随机向量及其性质

1. n 维正态随机向量的概率分布

如果 n 维随机向量 $\boldsymbol{X}=(X_1,X_2,\cdots,X_n)^{\mathrm{T}}$ 的概率密度为

$$f(\boldsymbol{x})=\frac{1}{(2\pi)^{\frac{n}{2}}\ |\boldsymbol{B}|^{\frac{1}{2}}}\exp\left[-\frac{1}{2}(\boldsymbol{x}-\boldsymbol{a})^{\mathrm{T}}\boldsymbol{B}^{-1}(\boldsymbol{x}-\boldsymbol{a})\right],$$

其中，$\boldsymbol{x}=(x_1,x_2,\cdots,x_n)^{\mathrm{T}}$，

$$\boldsymbol{a}=E(\boldsymbol{X})=(E(X_1),E(X_2),\cdots,E(X_n))^{\mathrm{T}},\quad \boldsymbol{B}=E[(\boldsymbol{X}-E(\boldsymbol{X}))(\boldsymbol{X}-E(\boldsymbol{X}))^{\mathrm{T}}],$$

且矩阵 $\boldsymbol{B}$ 是正定的，则 $\boldsymbol{X}$ 为 n 维正态随机向量. $f(\boldsymbol{x})$称为 n 维正态分布的概率密度函数. n 维正态分布记为 $N(\boldsymbol{a},\boldsymbol{B})$.

2. n 维正态分布的特征函数 n 维正态分布 $N(a,B)$的特征函数为

$$\varphi(\boldsymbol{t})=\exp\left(\mathrm{i}\boldsymbol{a}^{\mathrm{T}}\boldsymbol{t}-\frac{1}{2}\boldsymbol{t}^{\mathrm{T}}\boldsymbol{B}\boldsymbol{t}\right).$$

3. n 维正态随机向量的性质

性质 1 n 维正态随机向量 $\boldsymbol{X}=(X_1,X_2,\cdots,X_n)^{\mathrm{T}}$ 的 $m(m<n)$个分量构成的随机向量 $\widetilde{\boldsymbol{X}}=(X_1,X_2,\cdots,X_m)^{\mathrm{T}}$ 是 m 维正态随机向量，且它的数学期望为 $\widetilde{\boldsymbol{a}}=(a_1,a_2,\cdots,a_m)^{\mathrm{T}}$，协方差阵为 $\widetilde{\boldsymbol{B}}=E[(\widetilde{\boldsymbol{X}}-E(\widetilde{\boldsymbol{X}}))(\widetilde{\boldsymbol{X}}-E(\widetilde{\boldsymbol{X}}))^{\mathrm{T}}]$.

特殊地取 $m=1$，随机变量 X_j 服从正态分布 $N(a_j,D(X_j))$，$1\leqslant j\leqslant n$.

性质 2 设 $\boldsymbol{X}=(X_1,X_2,\cdots,X_n)^{\mathrm{T}}$ 是 n 维正态向量，则随机变量 $X_1,X_2,\cdots,X_n$ 相互独立的充分必要条件是它们两两不相关.

性质 3 若 $\boldsymbol{X}=(X_1,X_2,\cdots,X_n)^{\mathrm{T}}$ 服从 n 维正态分布 $N(\boldsymbol{a},\boldsymbol{B})$，且 $l_1,l_2,\cdots,l_n$ 是常数，则随机变量 $Y=\sum\limits_{j=1}^{n}l_jX_j$ 服从一维正态分布

$$N\Big(\sum_{j=1}^{n}l_ja_j,\sum_{j=1}^{n}\sum_{k=1}^{n}l_jl_k\operatorname{cov}(X_j,X_k)\Big).$$

性质 4 若 $\boldsymbol{X}=(X_1,X_2,\cdots,X_n)^{\mathrm{T}}$ 服从 n 维正态分布 $N(\boldsymbol{a},\boldsymbol{B})$. 又 m 维随机向量 $\boldsymbol{Y}=\boldsymbol{C}\boldsymbol{X}$，其中 $\boldsymbol{C}$ 是 $m\times n$ 矩阵，则 $\boldsymbol{Y}$ 服从 m 维正态分布 $N(\boldsymbol{C}\boldsymbol{a},\boldsymbol{C}\boldsymbol{B}\boldsymbol{C}^{\mathrm{T}})$.

1.2 典型例题

例 1 设离散型随机变量 X 的概率分布为

X	0	1	2	3
p_i	0.4	0.4	0.1	0.1

试求 X 的特征函数.

解 $\varphi_X(t)=E(\mathrm{e}^{\mathrm{i}tX})=0.4+0.4\mathrm{e}^{\mathrm{i}t}+0.1\mathrm{e}^{2\mathrm{i}t}+0.1\mathrm{e}^{3\mathrm{i}t}$.

例 2 已知随机变量 X 的特征函数为 $\varphi(t)=\cos^2 3t$，求随机变量 X 的分布列.

解 因为 $\varphi(t)=\cos^2 3t=\left(\frac{e^{3it}+e^{-3it}}{2}\right)^2=\frac{1}{4}(e^{6it}+2e^{0\cdot it}+e^{-6it})$，故随机变量 X 的分布律为

X	-6	0	6
p_k	$\frac{1}{4}$	$\frac{1}{2}$	$\frac{1}{4}$

例 3 设离散型随机变量 X 服从帕斯卡(Pascal)分布，其概率分布为

$$P\{X=k\}=C_{k-1}^{r-1}p^r q^{k-r},\quad k=r,r+1,\cdots,\ q=1-p,0<p<1,$$

试求 X 的特征函数.

解法 1
$$\varphi_X(t)=E(e^{itX})=\sum_{k=r}^{\infty}e^{itk}P\{X=k\}$$
$$=\sum_{k=r}^{\infty}e^{itk}C_{k-1}^{r-1}p^r q^{k-r}=(pe^{it})^r\sum_{k=r}^{\infty}C_{k-1}^{r-1}(qe^{it})^{k-r}.$$

又由于 $\sum_{k=r}^{\infty}C_{k-1}^{r-1}x^{k-r}=1+rx+\frac{r(r+1)}{2!}x^2+\frac{r(r+1)(r+2)}{3!}x^3+\cdots=(1-x)^{-r}$，所以 X 的特征函数为 $\varphi_X(t)=\left(\frac{pe^{it}}{1-qe^{it}}\right)^r$.

解法 2 设 $X=X_1+X_2+\cdots+X_r$，$X_1,X_2,\cdots,X_r$ 是相互独立同分布的随机变量，且都服从参数为 p 的几何分布，则 $X=X_1+X_2+\cdots+X_r$ 服从参数为 p 的帕斯卡分布. 利用特征函数的性质和 X_k 的特征函数 $\varphi_{X_k}(t)=\frac{pe^{it}}{1-qe^{it}}$，$k=1,2,\cdots,r$，可得 $X=X_1+X_2+\cdots+X_r$ 的特征函数为 $\varphi_X(t)=\prod_{k=1}^{r}\varphi_{X_k}(t)=\left(\frac{pe^{it}}{1-qe^{it}}\right)^r$，即 X 的特征函数为 $\varphi_X(t)=\left(\frac{pe^{it}}{1-qe^{it}}\right)^r$.

例 4 设随机变量 $X\sim U[a,b]$，求 X 的特征函数 $\varphi_X(t)$.

解 $\varphi_X(t)=E(e^{itX})=\int_a^b\frac{1}{b-a}e^{itx}dx=\frac{1}{(b-a)it}e^{itx}\Big|_a^b=\frac{e^{itb}-e^{ita}}{(b-a)it}.$

例 5 设随机变量 X 的分布函数 $F(x)$ 严格单调，试求：

(1) $Y=aF(X)+b$($a\neq 0$，b 是常数)的特征函数；

(2) $Z=\ln F(X)$ 的特征函数及 $E(Z^k)$(k 为自然数).

解 (1)
$$\varphi_Y(t)=E(e^{itY})=E(e^{it(aF(X)+b)})=e^{ibt}\int_{-\infty}^{+\infty}e^{aitF(x)}dF(x)$$
$$=\frac{e^{ibt}}{iat}e^{iatF(x)}\Big|_{-\infty}^{+\infty}=\frac{e^{ibt}(e^{iat}-1)}{iat}=\frac{e^{i(a+b)t}-e^{ibt}}{iat}.$$

(2)
$$\varphi_Z(t)=E(e^{itZ})=E(e^{it\ln F(X)})=\int_{-\infty}^{+\infty}e^{it\ln F(x)}dF(x)$$
$$=\int_{-\infty}^{+\infty}(F(x))^{it}dF(x)=\frac{(F(x))^{1+it}}{1+it}\Big|_{-\infty}^{+\infty}=\frac{1}{1+it},$$
$$E(Z^k)=\frac{\varphi_Z^{(k)}(0)}{i^k}=\frac{(-1)^k i^k k!}{i^k(1+it)^{k+1}}\Big|_{t=0}=(-1)^k k!.$$

例 6 已知随机变量 X 的特征函数为 $\varphi(t)=\dfrac{1}{1+t^2}$，求 X 的密度函数 $f(x)$.

解 当 $x<0$ 时，有

$$f(x)=\frac{1}{2\pi}\int_{-\infty}^{+\infty}\mathrm{e}^{-\mathrm{i}tx}\ \frac{1}{1+t^2}\mathrm{d}t=\frac{1}{2\pi}\cdot 2\pi\mathrm{i}\mathrm{Res}\left[\frac{\mathrm{e}^{-\mathrm{i}zx}}{1+z^2},\mathrm{i}\right]=\frac{1}{2}\mathrm{e}^{x}.$$

当 $x>0$ 时，有

$$\begin{aligned}f(x)&=\frac{1}{2\pi}\int_{-\infty}^{+\infty}\mathrm{e}^{-\mathrm{i}tx}\ \frac{1}{1+t^2}\mathrm{d}t\ \overset{\text{令 } y=-t}{=\!=\!=}\ \frac{1}{2\pi}\int_{-\infty}^{+\infty}\mathrm{e}^{\mathrm{i}yx}\ \frac{1}{1+y^2}\mathrm{d}y\\&=\frac{1}{2\pi}\cdot 2\pi\mathrm{i}\mathrm{Res}\left[\frac{\mathrm{e}^{\mathrm{i}zx}}{1+z^2},\mathrm{i}\right]=\frac{1}{2}\mathrm{e}^{-x}.\end{aligned}$$

因此，所求概率密度为

$$f(x)=\frac{1}{2}\mathrm{e}^{-|x|},\quad x\in\mathbb{R}.$$

例 7 已知 $\varphi(t)$ 为特征函数，证明：$\omega(t)=\exp(\varphi(t)-1)$ 也为特征函数.

证明 由 $\varphi(t)$ 为特征函数易知，$\varphi(t)$ 连续，$\varphi(0)=1$ 且非负定. 故

(1) $\omega(t)=\exp(\varphi(t)-1)$ 连续；

(2) $\omega(0)=\exp(\varphi(0)-1)=1$；

(3) 利用指数函数幂级数展开式，可得

$$\begin{aligned}\sum_{k=1}^{n}\sum_{j=1}^{n}\omega(t_k-t_j)z_k\bar{z}_j&=\sum_{k=1}^{n}\sum_{j=1}^{n}\exp(\varphi(t_k-t_j)-1)z_k\bar{z}_j\\&=\mathrm{e}^{-1}\sum_{m=0}^{+\infty}\frac{1}{m!}\sum_{k=1}^{n}\sum_{j=1}^{n}[\varphi(t_k-t_j)]^m z_k\bar{z}_j\geqslant 0.\end{aligned}$$

综合(1)～(3)得，$\omega(t)$ 也为特征函数.

例 8 设 $X\sim N(0,1)$，$Y\sim N(0,1)$ 且相互独立. 又设 $Z=X\cos\alpha-Y\sin\alpha$，$W=X\sin\alpha+Y\cos\alpha$. 试证：随机变量 $(Z,W)^{\mathrm{T}}$ 服从二维正态分布，并求其概率密度函数 $f_{ZW}(z,w)$.

证明 因为 $X\sim N(0,1)$，$Y\sim N(0,1)$ 且相互独立，故 $(X,Y)^{\mathrm{T}}$ 服从二维正态分布. 而

$$\begin{pmatrix}Z\\W\end{pmatrix}=\begin{bmatrix}\cos\alpha & -\sin\alpha\\ \sin\alpha & \cos\alpha\end{bmatrix}\begin{pmatrix}X\\Y\end{pmatrix}=\boldsymbol{A}\begin{pmatrix}X\\Y\end{pmatrix},$$

故 $(Z,W)^{\mathrm{T}}$ 服从二维正态分布，且 $(Z,W)^{\mathrm{T}}$ 的数学期望为

$$\begin{pmatrix}E(Z)\\E(W)\end{pmatrix}=\boldsymbol{A}\begin{pmatrix}0\\0\end{pmatrix}=\begin{pmatrix}0\\0\end{pmatrix},$$

$(Z,W)^{\mathrm{T}}$ 的协方差阵为

$$\boldsymbol{B}=\boldsymbol{A}\begin{bmatrix}1&0\\0&1\end{bmatrix}\boldsymbol{A}^{\mathrm{T}}=\begin{bmatrix}\cos\alpha & -\sin\alpha\\ \sin\alpha & \cos\alpha\end{bmatrix}\begin{bmatrix}\cos\alpha & \sin\alpha\\ -\sin\alpha & \cos\alpha\end{bmatrix}=\begin{bmatrix}1&0\\0&1\end{bmatrix}.$$

从而 $(Z,W)^{\mathrm{T}}$ 的概率密度为 $f_{ZW}(z,w)=\dfrac{1}{2\pi}\mathrm{e}^{-\frac{z^2+w^2}{2}}$.

例 9 已知二维正态随机变量 $(X,Y)^{\mathrm{T}}$ 服从 $N(\boldsymbol{\mu},\boldsymbol{B})$，其中 $\boldsymbol{\mu}=(0,0)^{\mathrm{T}}$，$\boldsymbol{B}=\begin{bmatrix}1&1\\1&2\end{bmatrix}$. 试求 $(X,Y)^{\mathrm{T}}$ 的概率密度和特征函数.

解 $|\boldsymbol{B}|=1, \boldsymbol{B}^{-1}=\begin{bmatrix}2 & -1\\-1 & 1\end{bmatrix}$，所以$(X,Y)^{\mathrm{T}}$的概率密度

$$f(x,y)=\frac{1}{2\pi}\exp\left(-\frac{1}{2}(x,y)\begin{bmatrix}2 & -1\\-1 & 1\end{bmatrix}\begin{pmatrix}x\\y\end{pmatrix}\right)=\frac{1}{2\pi}\exp\left(-x^2+xy-\frac{y^2}{2}\right).$$

$(X,Y)^{\mathrm{T}}$的特征函数为

$$\varphi(\boldsymbol{t})=\exp\left(\mathrm{i}\,\boldsymbol{\mu}^{\mathrm{T}}\boldsymbol{t}-\frac{1}{2}\boldsymbol{t}^{\mathrm{T}}\boldsymbol{B}\boldsymbol{t}\right)=\exp\left(-\frac{1}{2}(t_1,t_2)\begin{bmatrix}1 & 1\\1 & 2\end{bmatrix}\begin{pmatrix}t_1\\t_2\end{pmatrix}\right)$$

$$=\exp\left(-\frac{1}{2}(t_1^2+2t_1t_2+2t_2^2)\right).$$

例10 设随机变量X_1,X_2,X_3,X_4相互独立且服从同一正态分布$N(\mu,\sigma^2)$，试用特征函数法求$Z=\frac{1}{6}X_1+\frac{1}{6}X_2+\frac{1}{3}X_3+\frac{1}{3}X_4$的分布.

解 由$X_i\sim N(\mu,\sigma^2)$可知$\varphi_{X_i}(t)=\mathrm{e}^{\mathrm{i}\mu t-\frac{\sigma^2t^2}{2}}$，$i=1,2,3,4$. 由于$X_1,X_2,X_3,X_4$相互独立，根据特征函数的性质可得随机变量$Z$的特征函数为

$$\varphi_Z(t)=\mathrm{e}^{\mathrm{i}\mu\left(\frac{t}{6}+\frac{t}{6}+\frac{t}{3}+\frac{t}{3}\right)-\frac{\sigma^2}{2}\left(\frac{t^2}{36}+\frac{t^2}{36}+\frac{t^2}{9}+\frac{t^2}{9}\right)}=\mathrm{e}^{\mathrm{i}\mu t-\frac{5\sigma^2}{2\times 18}t^2}.$$

$\varphi_Z(t)$为正态分布$N\left(\mu,\frac{5\sigma^2}{18}\right)$的特征函数，所以由唯一性定理，$Z\sim N\left(\mu,\frac{5\sigma^2}{18}\right)$.

例11 设4维随机矢量$\boldsymbol{X}=(X_1,X_2,X_3,X_4)^{\mathrm{T}}\sim N(\boldsymbol{\mu},\boldsymbol{B}_{\boldsymbol{X}})$，其中

$$\boldsymbol{\mu}=(1,-1,0,1)^{\mathrm{T}},\quad \boldsymbol{B}_{\boldsymbol{X}}=\begin{bmatrix}2 & 1 & 0 & 0\\1 & 2 & 1 & 0\\0 & 1 & 2 & 1\\0 & 0 & 1 & 2\end{bmatrix}.$$

(1) 求$\widetilde{\boldsymbol{X}}=(X_1,X_4)^{\mathrm{T}}$的分布；

(2) 求$\boldsymbol{Y}=(2X_1,X_2+X_3,X_3-X_4)^{\mathrm{T}}$的分布；

(3) 写出$\boldsymbol{Y}$的特征函数.

解 (1) $\widetilde{\boldsymbol{X}}=(X_1,X_4)^{\mathrm{T}}$服从均值向量为$\boldsymbol{\mu}=(1,1)^{\mathrm{T}}$，协方差矩阵为

$$\boldsymbol{B}=\begin{bmatrix}2 & 0\\0 & 2\end{bmatrix}$$

的二维正态分布.

(2) 因为

$$\boldsymbol{Y}=\begin{bmatrix}Y_1\\Y_2\\Y_3\end{bmatrix}=\begin{bmatrix}2 & 0 & 0 & 0\\0 & 1 & 1 & 0\\0 & 0 & 1 & -1\end{bmatrix}\begin{bmatrix}X_1\\X_2\\X_3\\X_4\end{bmatrix}=\boldsymbol{C}\boldsymbol{X},$$

且$\mathrm{R}(\boldsymbol{C})=3$，所以$\boldsymbol{Y}$服从三维正态分布$\boldsymbol{Y}\sim N(\boldsymbol{\mu}_{\boldsymbol{Y}},\boldsymbol{B}_{\boldsymbol{Y}})$，其中

$$\boldsymbol{\mu}_{\boldsymbol{Y}}=\boldsymbol{C}\boldsymbol{\mu}=\begin{bmatrix}2\\-1\\-1\end{bmatrix},\quad \boldsymbol{B}_{\boldsymbol{Y}}=\boldsymbol{C}\boldsymbol{B}_{\boldsymbol{X}}\boldsymbol{C}^{\mathrm{T}}=\begin{bmatrix}8 & 2 & 0\\2 & 6 & 2\\0 & 2 & 2\end{bmatrix}.$$

(3) $\varphi_Y(\boldsymbol{t})=\exp\left(\mathrm{i}\,\boldsymbol{\mu}_Y^{\mathrm{T}}\boldsymbol{t}-\frac{1}{2}\boldsymbol{t}^{\mathrm{T}}\boldsymbol{B}_Y\boldsymbol{t}\right)$

$$=\exp\left(\mathrm{i}(2t_1-t_2-t_3)-\frac{1}{2}(8t_1^2+6t_2^2+2t_3^2+4t_1t_2+4t_2t_3)\right).$$

例 12　设 X_1,X_2,X_3 独立同分布于 $N(0,1)$，证明

$$Y_1=\frac{1}{\sqrt{2}}(X_1-X_2),\quad Y_2=\frac{1}{\sqrt{6}}(X_1+X_2-2X_3),$$

$$Y_3=\frac{1}{\sqrt{3}}(X_1+X_2+X_3)$$

也独立同分布于 $N(0,1)$.

证明　$\boldsymbol{Y}=\boldsymbol{A}\boldsymbol{X}$，其中

$$\boldsymbol{A}=\begin{bmatrix}\frac{1}{\sqrt{2}} & -\frac{1}{\sqrt{2}} & 0\\ \frac{1}{\sqrt{6}} & \frac{1}{\sqrt{6}} & -\frac{2}{\sqrt{6}}\\ \frac{1}{\sqrt{3}} & \frac{1}{\sqrt{3}} & \frac{1}{\sqrt{3}}\end{bmatrix}.$$

因 X_1,X_2,X_3 独立同分布于 $N(0,1)$，所以 X_1,X_2,X_3 的协方差矩阵是单位矩阵. 由正态随机向量的性质可知 $\boldsymbol{Y}$ 服从三维正态分布. 计算得 $\boldsymbol{Y}$ 的期望向量和协方差矩阵为

$$\boldsymbol{\mu}_Y=\boldsymbol{A}\boldsymbol{\mu}=\boldsymbol{0},\quad \boldsymbol{A}\boldsymbol{I}\boldsymbol{A}^{\mathrm{T}}=\boldsymbol{I}.$$

故 $\boldsymbol{Y}\sim N(\boldsymbol{0},\boldsymbol{I})$，从而 Y_1,Y_2,Y_3 独立同分布于 $N(0,1)$.

例 13　设 $(X_1,X_2)^{\mathrm{T}}\sim N(\mu_1,\mu_2;\sigma_1^2,\sigma_2^2,\rho)$，$Z=\dfrac{X_1-\mu_1}{\sigma_1}+\dfrac{X_2-\mu_2}{\sigma_2}$，求 Z 的特征函数与概率密度.

解　利用多元特征函数性质，令 $X=\dfrac{X_1}{\sigma_1}+\dfrac{X_2}{\sigma_2}$，由 $Z=X-\dfrac{\mu_1}{\sigma_1}-\dfrac{\mu_2}{\sigma_2}$，得

$$\varphi_Z(t)=\mathrm{e}^{-\mathrm{i}t\left(\frac{\mu_1}{\sigma_1}+\frac{\mu_2}{\sigma_2}\right)}\varphi_X\left(\frac{t}{\sigma_1},\frac{t}{\sigma_2}\right),$$

而

$$\varphi_X(t_1,t_2)=\exp\left(\mathrm{i}(\mu_1t_1+\mu_2t_2)-\frac{1}{2}(\sigma_1^2t_1^2+2\sigma_1\sigma_2t_1t_2\rho+\sigma_2^2t_2^2)\right),$$

故

$$\varphi_Z(t)=\mathrm{e}^{-\mathrm{i}t\left(\frac{\mu_1}{\sigma_1}+\frac{\mu_2}{\sigma_2}\right)}\mathrm{e}^{\mathrm{i}t\left(\frac{\mu_1}{\sigma_1}+\frac{\mu_2}{\sigma_2}\right)-\frac{1}{2}(2+2\rho)t^2}=\mathrm{e}^{-(1+\rho)t^2}.$$

由唯一性定理知 $Z\sim N(0,2(1+\rho))$.

例 14　已知 $X\sim N(0,1)$，U 与 X 相互独立，$P\{U=0\}=P\{U=1\}=\dfrac{1}{2}$，令

$$Y=\begin{cases}X, & U=0,\\ -X, & U=1.\end{cases}$$

证明：$Y\sim N(0,1)$，但(X,Y)不服从二维正态分布.

证明 $\varphi_Y(t)=E(\mathrm{e}^{\mathrm{i}tY})=P\{U=0\}E(\mathrm{e}^{\mathrm{i}tX})+P\{U=1\}E(\mathrm{e}^{-\mathrm{i}tX})=\mathrm{e}^{-\frac{1}{2}t^2}$，所以，$Y\sim N(0,1)$.

$$\varphi_{XY}(s,t)=E(\mathrm{e}^{\mathrm{i}sX+\mathrm{i}tY})=P\{U=0\}E(\mathrm{e}^{\mathrm{i}sX+\mathrm{i}tX})+P\{U=1\}E(\mathrm{e}^{\mathrm{i}sX-\mathrm{i}tX})$$
$$=\frac{1}{2}\mathrm{e}^{-\frac{1}{2}(s^2+t^2)}(\mathrm{e}^{-st}+\mathrm{e}^{st}).$$

由于$\varphi_{XY}(s,t)$不是二维正态分布的特征函数，因此(X,Y)不服从二维正态分布.

例 15 已知连续型随机变量X的特征函数$\varphi(t)=\mathrm{e}^{-|t|}$，求$X$的密度函数.

解 由反演公式

$$f(x)=\frac{1}{2\pi}\int_{-\infty}^{+\infty}\mathrm{e}^{-\mathrm{i}tx}\mathrm{e}^{-|t|}\,\mathrm{d}t=\frac{1}{2\pi}\left(\int_0^{+\infty}\mathrm{e}^{-(\mathrm{i}tx+t)}\,\mathrm{d}t+\int_{-\infty}^{0}\mathrm{e}^{-\mathrm{i}tx+t}\,\mathrm{d}t\right)$$
$$=\frac{1}{2\pi}\left(\frac{1}{1+\mathrm{i}x}+\frac{1}{1-\mathrm{i}x}\right)=\frac{1}{\pi(1+x^2)}.$$

这是标准的柯西(Cauchy)分布，所以特征函数$\varphi(t)=\mathrm{e}^{-|t|}$对应的是标准柯西分布.

1.3 习题选解

2. 设随机变量X服从几何分布，其分布律为$P\{X=k\}=q^{k-1}p\,(k=1,2,\cdots)$，其中$0<p<1,q=1-p$. 试求$X$的特征函数，并利用特征函数求数学期望和方差.

解 $$\varphi(t)=E(\mathrm{e}^{\mathrm{i}tX})=\sum_{k=1}^{\infty}\mathrm{e}^{\mathrm{i}tk}q^{k-1}p=\frac{p}{q}\sum_{k=1}^{\infty}(q\mathrm{e}^{\mathrm{i}t})^k=-\frac{p}{q}\,\frac{-q\mathrm{e}^{\mathrm{i}t}+1-1}{1-q\mathrm{e}^{\mathrm{i}t}}$$
$$=-\frac{p}{q}\left(1-\frac{1}{1-q\mathrm{e}^{\mathrm{i}t}}\right)=\frac{p}{q}\frac{1}{1-q\mathrm{e}^{\mathrm{i}t}}-\frac{p}{q},$$
$$\varphi'(t)=\frac{p}{q}\frac{\mathrm{i}q\mathrm{e}^{\mathrm{i}t}}{(1-q\mathrm{e}^{\mathrm{i}t})^2},\quad \varphi'(0)=\frac{\mathrm{i}}{p}.$$

故$E(X)=\frac{1}{\mathrm{i}}\varphi'(0)=\frac{1}{p}$，而

$$\varphi''(t)=\frac{p}{q}\,\frac{-q\mathrm{e}^{\mathrm{i}t}(1-q\mathrm{e}^{\mathrm{i}t})^2+2q\mathrm{i}\mathrm{e}^{\mathrm{i}t}(1-q\mathrm{e}^{\mathrm{i}t})\mathrm{i}q\mathrm{e}^{\mathrm{i}t}}{(1-q\mathrm{e}^{\mathrm{i}t})^4}=p\,\frac{-\mathrm{e}^{\mathrm{i}t}(1-q\mathrm{e}^{\mathrm{i}t})+2q\mathrm{i}^2\mathrm{e}^{2\mathrm{i}t}}{(1-q\mathrm{e}^{\mathrm{i}t})^3},$$
$$\varphi''(0)=\frac{-p-2q}{p^2},$$

则

$$E(X^2)=\frac{1}{\mathrm{i}^2}\varphi''(0)=\frac{p+2q}{p^2},\quad D(X)=E(X^2)-(E(X))^2=\frac{q}{p^2}.$$

3. 设随机变量X服从参数为λ的指数分布.

(1) 求X的特征函数$\varphi_X(t)$；

(2) 利用特征函数求$E(X)$与$D(X)$.

解 (1) $$f(x)=\begin{cases}\lambda\mathrm{e}^{-\lambda x}, & x>0,\\ 0, & x\leqslant 0,\end{cases}$$
$$\varphi_X(t)=E(\mathrm{e}^{\mathrm{i}tX})=\int_0^{+\infty}\mathrm{e}^{\mathrm{i}tx}\cdot\lambda\mathrm{e}^{-\lambda x}\,\mathrm{d}x=\frac{\lambda}{\lambda-\mathrm{i}t};$$

(2) $E(X)=\mathrm{i}^{-1}\varphi_X'(0)=\frac{1}{\lambda}$, $E(X^2)=\mathrm{i}^{-2}\varphi_X''(0)=\frac{2}{\lambda^2}$,

$$D(X)=E(X^2)-E^2(X)=\frac{1}{\lambda^2}.$$

4. 自由度为 n 的 χ^2 分布的密度为

$$f(x)=\begin{cases}\dfrac{1}{2^{\frac{n}{2}}\Gamma\left(\frac{n}{2}\right)}x^{\frac{n}{2}-1}\mathrm{e}^{-\frac{x}{2}}, & x>0,\\ 0, & x\leqslant 0.\end{cases}$$

试用特征函数证明：若随机变量 X,Y 分别服从自由度为 m 和 n 的 χ^2 分布，且两者独立，则随机变量 $Z=X+Y$ 服从自由度为 $m+n$ 的 χ^2 分布.

解 根据特征函数的定义，随机变量 X 的特征函数为

$$\begin{aligned}\varphi_X(t)&=\int_{-\infty}^{+\infty}\mathrm{e}^{\mathrm{i}tx}f(x)\mathrm{d}x=\int_0^{+\infty}\mathrm{e}^{\mathrm{i}tx}\frac{1}{2^{\frac{m}{2}}\Gamma\left(\frac{m}{2}\right)}x^{\frac{m}{2}-1}\mathrm{e}^{-\frac{x}{2}}\mathrm{d}x\\&=\frac{1}{2^{\frac{m}{2}}\Gamma\left(\frac{m}{2}\right)}\int_0^{+\infty}x^{\frac{m}{2}-1}\mathrm{e}^{-\left(\frac{1}{2}-\mathrm{i}t\right)x}\mathrm{d}x.\end{aligned}$$

利用等式 $\int_0^{+\infty}x^{r-1}\mathrm{e}^{-zx}\mathrm{d}x=\frac{\Gamma(r)}{z^r}$，有

$$\int_0^{+\infty}x^{\frac{m}{2}-1}\mathrm{e}^{-\left(\frac{1}{2}-\mathrm{i}t\right)x}\mathrm{d}x=\frac{\Gamma\left(\frac{m}{2}\right)}{\left(\frac{1}{2}-\mathrm{i}t\right)^{\frac{m}{2}}},$$

所以

$$\varphi_X(t)=\frac{1}{2^{\frac{m}{2}}\Gamma\left(\frac{m}{2}\right)}\cdot\frac{\Gamma\left(\frac{m}{2}\right)}{\left(\frac{1}{2}-\mathrm{i}t\right)^{\frac{m}{2}}}=(1-2\mathrm{i}t)^{-\frac{m}{2}}.$$

同理，随机变量 Y 的特征函数 $\varphi_Y(t)=(1-2\mathrm{i}t)^{-\frac{n}{2}}$.

因为 X,Y 相互独立，所以 Z 的特征函数 $\varphi_Z(t)=\varphi_X(t)\varphi_Y(t)=(1-2\mathrm{i}t)^{-\frac{m+n}{2}}$，这是自由度为 $m+n$ 的 χ^2 分布的特征函数. 由唯一性定理，随机变量 $Z=X+Y$ 服从自由度为 $m+n$ 的 χ^2 分布.

5. 设 $(X,Y)^{\mathrm{T}}$ 是二维正态变量，它的数学期望和协方差矩阵分别为 $(0,1)^{\mathrm{T}}$ 与 $\begin{bmatrix}4&3\\3&9\end{bmatrix}$，试写出 $(X,Y)^{\mathrm{T}}$ 的二维概率密度.

解 因 $\begin{vmatrix}4&3\\3&9\end{vmatrix}=27$，故 $\begin{bmatrix}4&3\\3&9\end{bmatrix}^{-1}=\frac{1}{27}\begin{bmatrix}9&-3\\-3&4\end{bmatrix}$，所以 $(X,Y)^{\mathrm{T}}$ 的二维概率密度为

$$f(x,y)=\frac{1}{6\pi\sqrt{3}}\exp\left(-\frac{1}{54}[9x^2+4(y-1)^2-6x(y-1)]\right).$$

6. 设随机向量 $X_1,X_2,\cdots,X_n$ 相互独立,分别服从相同的正态分布 $N(a,\sigma^2)$. 试求: (1)随机向量 $\boldsymbol{X}=(X_1,X_2,\cdots,X_n)^{\mathrm{T}}$ 的 n 维概率密度,并写出它的数学期望和协方差矩阵; (2)求 $\overline{X}=\frac{1}{n}\sum_{i=1}^{n}X_i$ 的概率密度.

解 (1) $X_i\sim N(a,\sigma^2)$, 所以

$$f(x_i)=\frac{1}{\sqrt{2\pi}\sigma}\exp\left(-\frac{(x_i-a)^2}{2\sigma^2}\right),$$

$\boldsymbol{X}$ 的 n 维概率密度为

$$f(x_1,x_2,\cdots,x_n)=\frac{1}{(2\pi)^{\frac{n}{2}}\sigma^n}\exp\left(-\frac{1}{2\sigma^2}\sum_{i=1}^{n}(x_i-a)^2\right),$$

$\boldsymbol{X}$ 的数学期望 $E(\boldsymbol{X})=(a,a,\cdots,a)^{\mathrm{T}}$,协方差矩阵

$$\boldsymbol{B}=\begin{bmatrix}\sigma^2 & & & \\ & \sigma^2 & & \\ & & \ddots & \\ & & & \sigma^2\end{bmatrix}=\sigma^2\boldsymbol{I}_n.$$

(2) 因为 $\overline{X}=\sum_{i=1}^{n}\frac{X_i}{n}$,所以 $\overline{X}$ 的数学期望为 $E(\overline{X})=\sum_{i=1}^{n}\frac{a}{n}=a$,方差为 $D(\overline{X})=\frac{\sigma^2}{n}$,故 $\overline{X}\sim N\left(a,\frac{\sigma^2}{n}\right)$, $\overline{X}$ 的密度函数为

$$f(x)=\frac{\sqrt{n}}{\sqrt{2\pi}\sigma}\exp\left(-\frac{n(x-a)^2}{2\sigma^2}\right).$$

7. 设 $\boldsymbol{X}$ 服从二维正态分布 $N(\boldsymbol{0},\boldsymbol{B})$, $\boldsymbol{B}=\begin{bmatrix}1 & 2\\ 2 & 5\end{bmatrix}$. 若 $\boldsymbol{Y}=\boldsymbol{A}\boldsymbol{X}$,其中 $\boldsymbol{A}=\begin{bmatrix}1 & 0\\ -2 & 1\end{bmatrix}$,试求 $\boldsymbol{Y}$ 的概率分布.

解 $\boldsymbol{Y}\sim N(\boldsymbol{0},\boldsymbol{A}\boldsymbol{B}\boldsymbol{A}^{\mathrm{T}})$,其中

$$\boldsymbol{A}\boldsymbol{B}\boldsymbol{A}^{\mathrm{T}}=\begin{bmatrix}1 & 0\\ -2 & 1\end{bmatrix}\begin{bmatrix}1 & 2\\ 2 & 5\end{bmatrix}\begin{bmatrix}1 & -2\\ 0 & 1\end{bmatrix}=\begin{bmatrix}1 & 2\\ 0 & 1\end{bmatrix}\begin{bmatrix}1 & -2\\ 0 & 1\end{bmatrix}=\begin{bmatrix}1 & 0\\ 0 & 1\end{bmatrix}.$$

8. 设 X_1,X_2,X_3 是独立同分布的正态变量,且各随机变量的分布为 $N(a,\sigma^2)$. 令

$$Y_1=\frac{1}{\sqrt{3}}(X_1+X_2+X_3),\quad Y_2=\frac{1}{\sqrt{2}}(X_1-X_2),\quad Y_3=\frac{1}{\sqrt{6}}(2X_3-X_1-X_2),$$

试求随机向量 $(Y_1,Y_2,Y_3)^{\mathrm{T}}$ 的概率密度.

解 因为 X_1,X_2,X_3 为独立同分布的正态变量,所以 $(X_1,X_2,X_3)^{\mathrm{T}}$ 为正态随机向量. 又

$$\boldsymbol{Y}=\begin{bmatrix}Y_1\\ Y_2\\ Y_3\end{bmatrix}=\begin{bmatrix}\frac{1}{\sqrt{3}} & \frac{1}{\sqrt{3}} & \frac{1}{\sqrt{3}}\\ \frac{1}{\sqrt{2}} & -\frac{1}{\sqrt{2}} & 0\\ -\frac{1}{\sqrt{6}} & -\frac{1}{\sqrt{6}} & \frac{2}{\sqrt{6}}\end{bmatrix}\begin{bmatrix}X_1\\ X_2\\ X_3\end{bmatrix}=\boldsymbol{C}\boldsymbol{X},$$

故 $\boldsymbol{Y}\sim N(\boldsymbol{C\mu},\boldsymbol{CBC}^{\mathrm{T}})$，其中 $\boldsymbol{\mu}=\begin{bmatrix}a\\a\\a\end{bmatrix}$，$\boldsymbol{B}=\begin{bmatrix}\sigma^2&0&0\\0&\sigma^2&0\\0&0&\sigma^2\end{bmatrix}$，于是

$$\boldsymbol{C\mu}=\begin{bmatrix}\frac{1}{\sqrt{3}}&\frac{1}{\sqrt{3}}&\frac{1}{\sqrt{3}}\\\frac{1}{\sqrt{2}}&-\frac{1}{\sqrt{2}}&0\\-\frac{1}{\sqrt{6}}&-\frac{1}{\sqrt{6}}&\frac{2}{\sqrt{6}}\end{bmatrix}\begin{bmatrix}a\\a\\a\end{bmatrix}=\begin{bmatrix}\sqrt{3}a\\0\\0\end{bmatrix},$$

$$\boldsymbol{CBC}^{\mathrm{T}}=\sigma^2\boldsymbol{CIC}^{\mathrm{T}}=\sigma^2\boldsymbol{I},\quad (\boldsymbol{CBC}^{\mathrm{T}})^{-1}=\sigma^{-2}\boldsymbol{I}.$$

故 $(Y_1,Y_2,Y_3)^{\mathrm{T}}$ 的概率密度为

$$f(y_1,y_2,y_3)=\frac{1}{(2\pi)^{\frac{3}{2}}\sigma^3}\exp\left(-\frac{1}{2\sigma^2}\left[(y_1-\sqrt{3}a)^2+y_2^2+y_3^2\right]\right).$$

9. 设 $X_1,X_2,\cdots,X_n$ 是独立同分布的标准正态变量，试求 $Y_1=\sum\limits_{k=1}^{m}X_k$，$Y_2=\sum\limits_{k=1}^{n}X_k\ (m<n)$ 的联合概率密度.

解 因为 $X_1,X_2,\cdots,X_n$ 是独立同分布的标准正态变量，故 $(X_1,X_2,\cdots,X_n)$ 服从 n 维正态分布. 又

$$\boldsymbol{Y}=\begin{bmatrix}Y_1\\Y_2\end{bmatrix}=\begin{bmatrix}1&1&\cdots&1&0&\cdots&0\\1&1&\cdots&1&1&\cdots&1\end{bmatrix}\begin{bmatrix}X_1\\X_2\\\vdots\\X_n\end{bmatrix}=\boldsymbol{A}\begin{bmatrix}X_1\\X_2\\\vdots\\X_n\end{bmatrix},$$

所以 $\boldsymbol{Y}$ 服从二维正态分布，且 $\boldsymbol{\mu_Y}=E(\boldsymbol{Y})=\boldsymbol{A}\begin{bmatrix}0\\0\\\vdots\\0\end{bmatrix}=\begin{bmatrix}0\\0\end{bmatrix}$.

$\boldsymbol{Y}$ 的协方差矩阵为

$$\boldsymbol{B}=\boldsymbol{AIA}^{\mathrm{T}}=\begin{bmatrix}1&1&\cdots&1&0&\cdots&0\\1&1&\cdots&1&1&\cdots&1\end{bmatrix}\begin{bmatrix}1&1\\1&1\\\vdots&\vdots\\1&1\\0&1\\\vdots&\vdots\\0&1\end{bmatrix}=\begin{bmatrix}m&m\\m&n\end{bmatrix},$$

故 $\boldsymbol{B}^{-1}=\dfrac{1}{mn-m^2}\begin{bmatrix}n&-m\\-m&m\end{bmatrix}$.

$$\boldsymbol{Y}\sim N(\boldsymbol{\mu_Y},\boldsymbol{B}),\quad f(y_1,y_2)=\frac{1}{2\pi\sqrt{mn-m^2}}\exp\left(\frac{ny_1^2+my_2^2-2my_1y_2}{-2(mn-m^2)}\right).$$

10. 设 $X_1, X_2, \cdots, X_n$ 是独立同分布的标准正态变量，作

$$\begin{bmatrix} Y_1 \\ Y_2 \\ \vdots \\ Y_n \end{bmatrix} = \begin{bmatrix} a_{11} & a_{12} & \cdots & a_{1n} \\ a_{21} & a_{22} & \cdots & a_{2n} \\ \vdots & \vdots & & \vdots \\ a_{n1} & a_{n2} & \cdots & a_{nn} \end{bmatrix} \begin{bmatrix} X_1 \\ X_2 \\ \vdots \\ X_n \end{bmatrix} \overset{\text{def}}{=} \boldsymbol{A} \begin{bmatrix} X_1 \\ X_2 \\ \vdots \\ X_n \end{bmatrix},$$

其中 $\boldsymbol{A}=[a_{ij}]_{n\times n}$ 为正交矩阵，试证：随机变量 $Y_1, Y_2, \cdots, Y_n$ 也是独立同分布的标准正态变量.

证明　设 $\boldsymbol{X}=(X_1, X_2, \cdots, X_n)^{\mathrm{T}}$，$\boldsymbol{Y}=(Y_1, Y_2, \cdots, Y_n)^{\mathrm{T}}$. 因为 $X_i \sim N(0,1)$，$i=1, 2, \cdots, n$，且 $X_1, X_2, \cdots, X_n$ 相互独立，所以向量 $\boldsymbol{X}$ 的数学期望为 $E(\boldsymbol{X})=(0,0,\cdots,0)^{\mathrm{T}}$，协方差矩阵为 $\boldsymbol{B}=\boldsymbol{I}_n$. 由题设 $\boldsymbol{Y}=\boldsymbol{AX}$，且 $\boldsymbol{A}$ 为正交矩阵，所以向量 $\boldsymbol{Y}$ 的数学期望 $E(\boldsymbol{Y})=\boldsymbol{A}E(\boldsymbol{X})=(0, 0,\cdots,0)^{\mathrm{T}}$，协方差矩阵为 $\boldsymbol{ABA}^{\mathrm{T}}=\boldsymbol{AA}^{\mathrm{T}}=\boldsymbol{I}_n$. 所以 $Y_1, Y_2, \cdots, Y_n$ 也是独立同分布的标准正态变量.

1.4　自主练习题

1. 设随机变量 X 具有概率密度

$$f(x)=\begin{cases} 2x, & 0 \leqslant x < 1, \\ 0, & \text{其他}. \end{cases}$$

试求 X 的特征函数 $\varphi_X(t)$.

2. 设随机变量 X 的特征函数为 $\varphi(t)=\dfrac{1}{1-\mathrm{i}t}$，试求 X 的数学期望 $E(X)$ 与方差 $D(X)$.

3. 设随机变量 $X_1, X_2, \cdots, X_n$ 中任意两个随机变量的相关系数都是 ρ，证明 $\rho \geqslant -\dfrac{1}{n-1}$.

1.5　自主练习题参考解答

1. 解　$$\varphi_X(t)=E(\mathrm{e}^{\mathrm{i}tX})=\int_{-\infty}^{+\infty} \mathrm{e}^{\mathrm{i}tx} f(x)\,\mathrm{d}x=\int_0^1 \mathrm{e}^{\mathrm{i}tx}\cdot 2x\,\mathrm{d}x$$
$$=2x\cdot\frac{1}{\mathrm{i}t}\mathrm{e}^{\mathrm{i}tx}\Big|_0^1-2\,\frac{1}{\mathrm{i}t}\int_0^1 \mathrm{e}^{\mathrm{i}tx}\,\mathrm{d}x=\frac{2}{t^2}(-\mathrm{i}t\mathrm{e}^{\mathrm{i}t}+\mathrm{e}^{\mathrm{i}t}-1)$$
$$=\frac{2}{t^2}[(t\sin t+\cos t-1)+\mathrm{i}(-t\cos t+\sin t)].$$

2. 解　由 $\varphi'(t)=-\dfrac{1}{(1-\mathrm{i}t)^2}(-\mathrm{i})=\dfrac{\mathrm{i}}{(1-\mathrm{i}t)^2}$，得 $E(X)=-\mathrm{i}\varphi'(0)=1$. 由 $\varphi''(t)=-\dfrac{2}{(1-\mathrm{i}t)^3}$，得 $E(X)^2=\dfrac{1}{\mathrm{i}^2}\varphi''(0)=2$，所以方差 $D(X)=E(X^2)-(E(X))^2=2-1^2=1$.

3. 证明　由于 $\boldsymbol{B}=\begin{bmatrix} 1 & \rho & \cdots & \rho \\ \rho & 1 & \cdots & \rho \\ \vdots & \vdots & \ddots & \vdots \\ \rho & \rho & \cdots & 1 \end{bmatrix}$ 是 n 维随机向量 $\left(\dfrac{X_1-E(X_1)}{\sqrt{DX_1}}, \dfrac{X_2-E(X_2)}{\sqrt{DX_2}}, \cdots,\right.$

$\left.\dfrac{X_n-E(X_n)}{\sqrt{DX_n}}\right)$的协方差矩阵，所以 $\boldsymbol{B}$ 是非负定的，从而行列式 $|\boldsymbol{B}|\geqslant 0$，又由于

$$|\boldsymbol{B}|=\begin{vmatrix}1&\rho&\cdots&\rho\\\rho&1&\cdots&\rho\\\vdots&\vdots&\ddots&\vdots\\\rho&\rho&\cdots&1\end{vmatrix}\xlongequal{r_1+r_2+\cdots+r_n}$$

$$\begin{vmatrix}1+(n-1)\rho&1+(n-1)\rho&\cdots&1+(n-1)\rho\\\rho&1&\cdots&\rho\\\vdots&\vdots&&\vdots\\\rho&\rho&\cdots&1\end{vmatrix}$$

$$=[1+(n-1)\rho]\begin{vmatrix}1&1&\cdots&1\\\rho&1&\cdots&\rho\\\vdots&\vdots&&\vdots\\\rho&\rho&\cdots&1\end{vmatrix}=(1-\rho)^{n-1}[1+(n-1)\rho].$$

如果 $\rho=1$，所证不等式显然成立；如果 $\rho\neq 1$，则由 $|B|\geqslant 0$，知 $1+(n-1)\rho\geqslant 0$，由此可得 $\rho\geqslant-\dfrac{1}{n-1}$.

第 2 章 随机过程的基本概念

2.1 基本内容

一、随机过程、样本函数、样本曲线与参数空间

1. 随机过程定义 设 E 为随机试验，$(\Omega,\mathfrak{I},P)$是一个概率空间，T 是一个参数集. $X(\omega,t)$为定义在Ω 和 T 上的二元函数. 如果对于每个参数 $t\in T$，$X(\omega,t)$是$(\Omega,\mathfrak{I},P)$上的随机变量，称$\{X(\omega,t),t\in T,\omega\in\Omega\}$为一个随机过程，简记为$\{X(t),t\in T\}$或$\{x(t)\}$、$X(t)$.

2. 样本函数与样本曲线 对于一个特定的试验结果 ω_0，$X(\omega_0,t)$是 t 的函数，称$X(\omega_0,t)$为对应于样本点ω_0 的样本函数，简记为 $x_0(t)$，$x_0(t)$也称为样本曲线或现实，它可以理解为随机过程的一次实现.

3. 随机过程的状态与状态空间 对于一个固定的参数 t_0，$X(\omega,t_0)$是一个定义在样本空间 Ω 上的随机变量；$X(\omega_0,t_0)=x_0$ 称为过程在 $t=t_0$ 时刻的状态，简记为 $X(t_0)=x_0$. 对一切 $t\in T,\omega\in\Omega$，$X(\omega,t)$的全部可能取值的集合$\{x|X(\omega,t)=x,\omega\in\Omega\}$称为$X(\omega,t)$的状态集，或称为状态空间，记为 E.

4. 随机过程的参数集 随机过程$\{X(t)\}$的参数 t 的变化范围 T 称为参数集，或称为参数空间(参数集可为连续集也可为离散集).

二、随机过程的有限维分布函数族

1. 随机过程的一维分布函数族 设 $X(t)$为随机过程，对任意固定的 t，称 $F(x,t)=P\{X(t)\leqslant x\}$为随机过程$\{X(t)\}$的一维分布函数，称$\{F(x,t),t\in T\}$为随机过程$\{X(t)\}$的一维分布函数族.

2. 随机过程的二维分布函数族 设$\{X(t)\}$为随机过程，对任意固定的 t_1,t_2，称$F(x_1,x_2;t_1,t_2)=P\{X(t_1)\leqslant x_1,X(t_2)\leqslant x_2\}$为随机过程$\{X(t)\}$的二维分布函数；称$\{F(x_1,x_2;t_1,t_2),t_1,t_2\in T\}$为随机过程 $X(t)$的二维分布函数族.

3. 随机过程的有限维分布函数族 设 $X(t)$为随机过程，对任意固定的$t_1,t_2,\cdots,t_n\in T$，称

$$F(x_1,x_2,\cdots,x_n;t_1,t_2,\cdots,t_n)=P\{X(t_1)\leqslant x_1,X(t_2)\leqslant x_2,\cdots,X(t_n)\leqslant x_n\}$$

为随机过程 $X(t)$的 n 维分布函数. 称

$$\{F(x_1,x_2,\cdots,x_n;t_1,t_2,\cdots,t_n),t_1,t_2,\cdots,t_n\in T,n\geqslant 1\}$$

为随机过程 $X(t)$的有限维分布函数族.

4. 有限维分布函数族的性质

(1) 对称性 对于$(1,2,\cdots,n)$的任一排列$(i_1,i_2,\cdots,i_n)$，有

$$F(x_{i_1},x_{i_2},\cdots,x_{i_n};t_{i_1},t_{i_2},\cdots,t_{i_n})=F(x_1,x_2,\cdots,x_n;t_1,t_2,\cdots,t_n).$$

(2) 相容性　对于任意自然数 $m<n$,有

$$F(x_1,x_2,\cdots,x_m;t_1,t_2,\cdots,t_m)=F(x_1,x_2,\cdots,x_m,+\infty,\cdots,+\infty;t_1,t_2,\cdots,t_n).$$

三、随机过程的数字特征

1. 随机过程的均值函数　若对任意给定的 t,$E[X(t)]$存在,则称它为随机过程 $X(t)$ 的均值函数,记为

$$m_X(t)=E[X(t)].$$

2. 随机过程的均方值函数　若对任意给定的 t,$E[X^2(t)]$存在,则称它为随机过程 $X(t)$ 的均方值函数,记为

$$\psi_X(t)=E[X^2(t)].$$

3. 随机过程的方差函数　若对任意给定的 t,$E[X(t)-m_X(t)]^2$ 存在,则称它为随机过程 $X(t)$的方差函数,记为

$$D_X(t)=\mathrm{var}(X(t))=E[X(t)-m_X(t)]^2.$$

$\sigma_X(t)=\sqrt{D_X(t)}$称为随机过程 $X(t)$的标准差函数.

4. 随机过程的自相关函数　若对任意给定的 t_1,t_2,$E[X(t_1)X(t_2)]$存在,则称其为随机过程 $X(t)$的自相关函数,记为

$$R_X(t_1,t_2)=E[X(t_1)X(t_2)].$$

5. 随机过程的自协方差函数　若对任意给定的 t_1,t_2,$E[(X(t_1)-m_X(t_1))(X(t_2)-m_X(t_2))]$存在,则称其为随机过程 $X(t)$的自协方差函数,记为

$$C_X(t_1,t_2)=E[(X(t_1)-m_X(t_1))(X(t_2)-m_X(t_2))].$$

6. 数字特征之间的关系

$$\psi_X(t)=R_X(t,t);$$
$$C_X(t_1,t_2)=R_X(t_1,t_2)-m_X(t_1)m_X(t_2);$$
$$D_X(t)=C_X(t,t)=R_X(t,t)-m_X^2(t)=\psi_X(t)-m_X^2(t).$$

四、二维随机过程

1. 二维随机过程定义　设$\{X(t),t\in T\}$,$\{Y(t),t\in T\}$是两个随机过程,则称$\{(X(t),Y(t))^{\mathrm{T}},t\in T\}$为二维随机过程.

2. 二维随机过程的 $m+n$ 维联合分布函数　设$\{(X(t),Y(t))^{\mathrm{T}},t\in T\}$为二维随机过程,对任意的整数 $m\geqslant 1,n\geqslant 1,t_1,t_2,\cdots,t_m\in T,t'_1,t'_2,\cdots,t'_n\in T$,称 $m+n$ 维随机变量

$$(X(t_1),X(t_2),\cdots,X(t_m),Y(t'_1),Y(t'_2),\cdots,Y(t'_n))^{\mathrm{T}}$$

的 $m+n$ 维联合分布函数

$$\begin{aligned}&F(x_1,x_2,\cdots,x_m;t_1,t_2,\cdots,t_m;y_1,y_2,\cdots,y_n;t'_1,t'_2,\cdots,t'_n)\\&=P\{X(t_1)\leqslant x_1,X(t_2)\leqslant x_2,\cdots,X(t_m)\leqslant x_m,\\&\qquad Y(t'_1)\leqslant y_1,Y(t'_2)\leqslant y_2,\cdots,Y(t'_n)\leqslant y_n\}\end{aligned}$$

为二维随机过程$(X(t),Y(t))^{\mathrm{T}}$ 的 $m+n$ 维联合分布函数.

3. $X(t)$和$Y(t)$的互协方差函数

$$C_{XY}(t_1,t_2)=E[(X(t_1)-m_X(t_1))(Y(t_2)-m_Y(t_2))].$$

4. $X(t)$和$Y(t)$的互相关函数

$$R_{XY}(t_1,t_2)=E[X(t_1)Y(t_2)].$$

5. 随机过程$X(t)$和$Y(t)$相互独立 若对于任意t,t'有

$$F(x,t,y,t')=F_X(x,t)F_Y(y,t'),$$

则称随机过程$X(t)$和$Y(t)$相互独立.

6. 随机过程$X(t)$和$Y(t)$不相关

若$C_{XY}(t_1,t_2)=0$或$R_{XY}(t_1,t_2)=m_X(t_1)m_Y(t_2)$，$t_1,t_2\in T$，称随机过程$X(t)$与$Y(t)$不相关.

若随机过程$X(t)$，$Y(t)(t\in T)$相互独立，则$X(t)$，$Y(t)$不相关.

五、复随机过程

1. 复随机过程的定义 设$\{X(t),t\in T\}$，$\{Y(t),t\in T\}$是两个实随机过程，则称

$$\{Z(t)=X(t)+\mathrm{i}Y(t),t\in T\}$$

为复随机过程，简记为$Z(t)=X(t)+\mathrm{i}Y(t)$.

2. 复随机过程的均值函数 称

$$m_Z(t)=E[Z(t)]=E[X(t)+\mathrm{i}Y(t)]=m_X(t)+\mathrm{i}m_Y(t)$$

为复随机过程$Z(t)$的均值函数.

3. 自协方差函数 称

$$C_Z(t_1,t_2)=E[(Z(t_1)-m_Z(t_1))\overline{(Z(t_2)-m_Z(t_2))}],\quad t_1,t_2\in T$$

为复随机过程$Z(t)$的自协方差函数.

4. 自相关函数 称

$$R_Z(t_1,t_2)=E[Z(t_1)\overline{Z(t_2)}],\quad t_1,t_2\in T$$

为复随机过程$Z(t)$的自相关函数.

5. 方差函数 称

$$D_Z(t)=E|Z(t)-m_Z(t)|^2=C_Z(t,t)$$

为复随机过程$Z(t)$的方差函数.

6. 均方值函数 称

$$\Psi_Z(t)=E|Z(t)|^2=R_Z(t,t)$$

为复随机过程$Z(t)$的均方值函数.

7. 复随机过程的有限维分布函数族 设$\{Z(t)=X(t)+\mathrm{i}Y(t),t\in T\}$为复随机过程，$\forall t_1,t_2,\cdots,t_n\in T$及$x_1,x_2,\cdots,x_n\in\mathbb{R}$，$y_1,y_2,\cdots,y_n\in\mathbb{R}$，称

$$\begin{aligned}&F(x_1,x_2,\cdots,x_n;t_1,t_2,\cdots,t_n;y_1,y_2,\cdots,y_n;t_1,t_2,\cdots,t_n)\\&=P\{X(t_1)\leqslant x_1,X(t_2)\leqslant x_2,\cdots,X(t_n)\leqslant x_n,\\&\qquad Y(t_1)\leqslant y_1,Y(t_2)\leqslant y_2,\cdots,Y(t_n)\leqslant y_n\}\end{aligned}$$

为复随机过程$Z(t)$的n维分布函数. 称

$$\{F(x_1,x_2,\cdots,x_n;t_1,t_2,\cdots,t_n;y_1,y_2,\cdots,y_n;t_1,t_2,\cdots,t_n),t_1,t_2,\cdots,t_n\in T,n\geqslant 1\}$$

为复随机过程 $Z(t)$ 的有限维分布函数族.

8. 正交增量过程 设 $\{Z(t),t\in T\}$ 是二阶矩过程，若对任意的 $t_1,t_2,t_3,t_4\in T,t_1<t_2\leqslant t_3<t_4$，有 $E[Z(t_2)-Z(t_1)]\overline{[Z(t_4)-Z(t_3)]}=0$，则称 $\{Z(t),t\in T\}$ 是 T 上的正交增量过程.

六、随机微积分

以下内容均在随机过程的一阶矩、二阶矩存在的条件下讨论.

1. 随机变量序列的均方极限

(1) 随机变量序列均方极限的定义 设随机变量序列 $\{X_n,n\geqslant 1\}$ 及随机变量 X 的二阶矩有限，若有 $\lim\limits_{n\to\infty}E[|X_n-X|^2]=0$，则称 $\{X_n\}$ 均方收敛于 X，或称 X 是 $\{X_n\}$ 的均方极限，记为

$$\underset{n\to\infty}{\text{l.i.m}}X_n=X.$$

(2) 均方极限的性质

① 若 $\underset{n\to\infty}{\text{l.i.m}}X_n=X$，则 $\lim\limits_{n\to\infty}E(X_n)=E(X)=E(\underset{n\to\infty}{\text{l.i.m}}X_n)$；

② 若 $\underset{n\to\infty}{\text{l.i.m}}X_n=X$，则 $X_n\xrightarrow{P}X$；

③ 若 $\underset{m\to\infty}{\text{l.i.m}}X_m=X$，$\underset{n\to\infty}{\text{l.i.m}}Y_n=Y$，则

$$\lim_{\substack{m\to\infty\\ n\to\infty}}E(X_mY_n)=E(XY)=E(\underset{m\to\infty}{\text{l.i.m}}X_m\cdot\underset{n\to\infty}{\text{l.i.m}}Y_n);$$

④ 若 $\underset{n\to\infty}{\text{l.i.m}}X_n=X$，$\underset{n\to\infty}{\text{l.i.m}}Y_n=Y$，则

$$\underset{n\to\infty}{\text{l.i.m}}(aX_n+bY_n)=a\,\underset{n\to\infty}{\text{l.i.m}}X_n+b\,\underset{n\to\infty}{\text{l.i.m}}Y_n=aX+bY;$$

⑤ 若 $\underset{n\to\infty}{\text{l.i.m}}X_n=X$，则 $\lim\limits_{n\to\infty}D(X_n)=D(X)=D(\underset{n\to\infty}{\text{l.i.m}}X_n)$；

⑥ 均方收敛的柯西准则：$\{X_n,n\geqslant 1\}$ 均方收敛的充要条件为

$$\underset{\substack{m\to\infty\\ n\to\infty}}{\text{l.i.m}}(X_m-X_n)=0.$$

⑦ 设 $\{X_n,n=1,2,\cdots\}$ 为二阶矩存在的复随机变量序列，则 $\{X_n,n=1,2,\cdots\}$ 均方收敛的充分必要条件是

$$\lim_{\substack{m\to\infty\\ n\to\infty}}E(\overline{X}_mX_n)=c,$$

其中 c 为常数.

定理 2.1 n 维实正态随机向量序列的均方极限仍是 n 维正态随机向量，即若 $\boldsymbol{X}^{(m)}=(X_1^{(m)},X_2^{(m)},\cdots,X_n^{(m)})$ 为 n 维实正态随机向量序列，若 $\underset{m\to\infty}{\text{l.i.m}}X_k^{(m)}=X_k,k=1,2,\cdots,n$，则 $\boldsymbol{X}=(X_1,X_2,\cdots,X_n)$ 为 n 维正态随机向量.

推论 2.1 实正态随机变量序列的均方极限仍是正态随机变量，即若 $\{X_n,n=1,2,\cdots\}$ 是实正态随机变量序列，$\underset{n\to\infty}{\text{l.i.m}}X_n=X$，则 X 是正态随机变量.

推论 2.1 的结论可以进一步推广为：设 $\{X(t),t\in T\}$ 为一族实正态随机变量，$t_0\in T$，若 $\underset{t\to t_0}{\text{l.i.m}}X(t)=X$，则 X 是正态随机变量.

2. 随机过程的均方连续性

(1) 随机过程均方极限的定义 若随机过程$\{X(t),t\in T\}$对固定的$t_0\in T$,有

$$\underset{t\to t_0}{\text{l.i.m}}X(t)=X,$$

即

$$\lim_{t\to t_0}E\mid X(t)-X\mid^2=0,$$

则称X为$X(t)$在t_0处的均方极限.

(2) 随机过程均方连续的定义 若随机过程$\{X(t),t\in T\}$对固定的$t_0\in T$,有

$$\underset{t\to t_0}{\text{l.i.m}}X(t)=X(t_0),$$

即

$$\lim_{t\to t_0}E\mid X(t)-X(t_0)\mid^2=0,$$

则称$X(t)$在t_0处均方连续.

(3) 随机过程均方连续的性质

① (均方连续准则) 随机过程$\{X(t),t\in T\}$在t_0处均方连续的充要条件是$X(t)$的自相关函数$R_X(s,t)$在(t_0,t_0)处连续.

随机过程$\{X(t),t\in T\}$的自相关函数$R_X(s,t)$对任意的$t\in T$在(t,t)处连续,则$R_X(s,t)$在$T\times T$上连续.

② 随机过程$\{X(t),t\in T\}$在t_0处均方连续,则随机过程$X(t)$的自协方差函数$C_X(s,t)$在(t_0,t_0)处连续.

3. 均方导数

(1) 随机过程均方导数的定义 若随机过程$\{X(t),t\in T\}$在$t_0\in T$有

$$\underset{h\to 0}{\text{l.i.m}}\frac{X(t_0+h)-X(t_0)}{h}$$

存在,则称此极限为$X(t)$在t_0处的均方导数,称$X(t)$在t_0处均方可导,记为$X'(t_0)$或$\left.\frac{\mathrm{d}X(t)}{\mathrm{d}t}\right|_{t=t_0}$.若$X(t)$在$T$中每一点$t$上均方可导,则称$X(t)$在$T$上均方可导或均方可微,记为$X'(t)$或$\frac{\mathrm{d}X(t)}{\mathrm{d}t}$.

(2) 随机过程均方可导的充要条件 随机过程$\{X(t),t\in T\}$在t处均方可导的充要条件是

$$\lim_{\substack{h\to 0\\ h'\to 0}}\frac{1}{hh'}[R_X(t+h,t+h')-R_X(t+h,t)-R_X(t,t+h')+R_X(t,t)]$$

存在.

(3) 随机过程均方导数的性质

① 若$X(t)$在t处均方可导,则$X(t)$在t处均方连续;

② 若$X(t)$在t处均方可导,则$m_{X'}(t)=E[X'(t)]=\frac{\mathrm{d}}{\mathrm{d}t}E[X(t)]=m'_X(t)$;

③ 随机过程 $X(t)$的均方导数 $X'(t)$的相关函数

$$R_{X'}(t_1,t_2)=E[X'(t_1)X'(t_2)]=\frac{\partial^2}{\partial t_1\partial t_2}R_X(t_1,t_2)=\frac{\partial^2}{\partial t_2\partial t_1}R_X(t_1,t_2);$$

④ 若 X 是随机变量,则 $X'=0$;

⑤ 若随机过程 $X(t)$和 $Y(t)$在 $t\in T$ 均方可导,则对任意 $a,b\in\mathbb{R}$,有

$$(aX(t)+bY(t))'=aX'(t)+bY'(t);$$

⑥ 若 $f(t)$是可微函数,而 $X(t)$是均方可导的随机过程,则

$$[f(t)X(t)]'=f'(t)X(t)+f(t)X'(t).$$

4. 均方积分

(1) 均方积分的定义　设$\{X(t),t\in[a,b]\}$是随机过程,$f(t)(t\in[a,b])$是函数. 把区间$[a,b]$分成 n 个子区间,分点为 $a=t_0<t_1<\cdots<t_n=b$. 作和式

$$\sum_{k=1}^{n}f(u_k)X(u_k)(t_k-t_{k-1}),$$

其中 u_k 是子区间$[t_{k-1},t_k]$上任意一点($k=1,2,\cdots,n$). 令 $\Delta=\max\limits_{1\leqslant k\leqslant n}\{t_k-t_{k-1}\}$. 若均方极限$\underset{\Delta\to 0}{\mathrm{l.i.m}}\sum\limits_{k=1}^{n}f(u_k)X(u_k)(t_k-t_{k-1})$存在,且与子区间的分法和 u_k 的取法无关,则称此极限为 $f(t)X(t)$ 在区间$[a,b]$上的均方积分,记为$\int_a^b f(t)X(t)\mathrm{d}t$,此时称 $f(t)X(t)$ 在区间$[a,b]$上是均方可积的.

(2) 均方可积准则　$f(t)X(t)$在区间$[a,b]$上均方可积的充分条件是二重积分

$$\int_a^b\int_a^b f(s)f(t)R_X(s,t)\mathrm{d}s\,\mathrm{d}t$$

存在;且有

$$E\left|\int_a^b f(t)X(t)\mathrm{d}t\right|^2=\int_a^b\int_a^b f(s)f(t)R_X(s,t)\mathrm{d}s\,\mathrm{d}t.$$

(3) 均方可积条件　设 $X(t)$在 $T=[a,b]$上均方连续,则 $X(t)$在 $T=[a,b]$上均方可积.

(4) 均方积分的性质

① (线性性)　$\int_a^b[aX(t)+bY(t)]\mathrm{d}t=a\int_a^b X(t)\mathrm{d}t+b\int_a^b Y(t)\mathrm{d}t$;

② (可加性)　$\int_a^b X(t)\mathrm{d}t=\int_a^c X(t)\mathrm{d}t+\int_c^b X(t)\mathrm{d}t$;

③ $E\left[\int_a^b f(t)X(t)\mathrm{d}t\right]=\int_a^b f(t)E[X(t)]\mathrm{d}t=\int_a^b f(t)m_X(t)\mathrm{d}t$

(注: 等式的左端是均方积分,右端是普通积分);

④ 若 X 是随机变量,则$\int_a^b f(t)X\,\mathrm{d}t=X\int_a^b f(t)\mathrm{d}t$;

⑤ 设 $X(t)$ 在区间 $T=[a,b]$ 上均方连续,则 $Y(t)=\int_a^t X(s)\mathrm{d}s,a\leqslant t\leqslant b$ 在$[a,b]$上均方可导,且 $Y'(t)=X(t)$;

⑥ (牛顿-莱布尼茨公式)　设 $X(t)$ 在区间$[a,b]$上均方可导,且 $X'(t)$ 在此区间上均

方连续，则$\int_a^b X'(t)\mathrm{d}t = X(b) - X(a)$.

七、常见的随机过程

1. 二阶矩过程 设 $X(t)$是随机过程，若其均方值 $E[X^2(t)]$对任意的 t 都存在，则称此过程为二阶矩过程.

正态过程、正交增量过程都是二阶矩过程的重要子类. 二阶矩过程具有以下性质：

(1) 二阶矩过程的均值函数 $m_X(t)=E[X(t)]$总存在；

(2) 自相关函数和自协方差函数具有(共轭)对称性，即

$$R_X(t_1,t_2)=\overline{R_X(t_2,t_1)},\quad C_X(t_1,t_2)=\overline{C_X(t_2,t_1)},\quad t_1,t_2\in T;$$

(3) 自相关函数和自协方差函数具有非负定性，即对任意的正整数 n，任意的 $t_1,t_2,\cdots,t_n\in T$ 和任意的复数 $z_1,z_2,\cdots,z_n$，其二次型

$$\sum_{k=1}^{n}\sum_{l=1}^{n}R_X(t_k,t_l)z_k\overline{z_l}\geqslant 0 \quad 和 \quad \sum_{k=1}^{n}\sum_{l=1}^{n}C_X(t_k,t_l)z_k\overline{z_l}\geqslant 0.$$

2. 独立随机过程 设 $X(t)$是随机过程. 若对任意的正整数 n，任意的$t_1,t_2,\cdots,t_n\in T$，n 个随机变量 $X(t_1),X(t_2),\cdots,X(t_n)$相互独立，则称 $X(t)$是独立随机过程.

独立随机过程具有以下性质：

(1) 任意 n 维分布函数为 n 个一维分布函数的乘积

$$F(x_1,x_2,\cdots,x_n;\ t_1,t_2,\cdots,t_n)=\prod_{k=1}^{n}F(x_k;\ t_k);$$

(2) 任意 n 维特征函数为 n 个一维特征函数的乘积

$$\varphi_X(t_1,t_2,\cdots,t_n;\ u_1,u_2,\cdots,u_n)=\prod_{k=1}^{n}\varphi_X(t_k;\ u_k);$$

(3) $R_X(t_1,t_2)=m_X(t_1)m_X(t_2)$，$C_X(t_1,t_2)=0$.

3. 正态随机过程 设 $X(t)$是随机过程，对任意的正整数 n，任意的$t_1,t_2,\cdots,t_n\in T$，n 维随机向量$(X(t_1),X(t_2),\cdots,X(t_n))^{\mathrm{T}}$ 服从 n 维正态分布，即其概率密度为

$$f(x_1,x_2,\cdots,x_n;\ t_1,t_2,\cdots,t_n)=\frac{1}{(2\pi)^{\frac{n}{2}}|\boldsymbol{C}|^{\frac{1}{2}}}\exp\left\{-\frac{1}{2}(\boldsymbol{x}-\boldsymbol{\mu})^{\mathrm{T}}\boldsymbol{C}^{-1}(\boldsymbol{x}-\boldsymbol{\mu})\right\},$$

其中 $\boldsymbol{x}=(x_1,x_2,\cdots,x_n)^{\mathrm{T}}$；$\boldsymbol{\mu}=(m_X(t_1),m_X(t_2),\cdots,m_X(t_n))^{\mathrm{T}}$；

$$\boldsymbol{C}=(C_{ij})_{n\times n},\quad C_{ij}=C_X(t_i,t_j)=\mathrm{cov}(X(t_i),X(t_j)),\quad i,j=1,2,\cdots,n.$$

则称 $X(t)$为正态过程或高斯过程.

正态过程具有如下的性质：

(1) 正态过程的有限维分布函数由其均值函数和自协方差函数完全确定；

(2) 对任意的正整数 n，任意的 $t_1,t_2,\cdots,t_n\in T$，n 个随机变量 $X(t_1),X(t_2),\cdots,X(t_n)$的任意线性组合服从一维正态分布.

2.2 解疑释惑

1. 随机过程和随机变量有什么联系？

答 随机过程$\{X(t),t\in T\}$可以看成自变量为 t，因变量是随机变量的函数，随机过程

实际上是一族随机变量的集合. 如果取 $T=\{1,2,\cdots,n\}$，随机过程就是 n 维随机变量 $(X(1),X(2),\cdots,X(n))$，因此按照随机过程的定义，n 维随机变量就是随机过程. 由于 n 维随机变量已经在概率论中讨论过了，因此我们在讨论随机过程时，一般要求参数集 T 包含无限多个元素，随机过程可以看成是 n 维随机变量的推广.

2. 随机过程参数集中的参数是否一定表示时间？

答 随机过程按其原意是随时间而随机变化的过程，参数通常表示时间，但是在实际应用中，随机过程的参数也可以表示其他的量，如高度、长度、重量、向量等. 如 $\boldsymbol{t}$ 表示 $\mathbb{R}^3$ 中的点，随机过程 $X(\boldsymbol{t})$ 表示 $\boldsymbol{t}$ 点的温度等. 参数是向量的随机过程也称为随机场.

3. 复随机过程和二维随机过程的联系是什么？

答 复随机过程 $Z(t)=X(t)+\mathrm{i}Y(t)$ 的 n 维分布函数用 $(X(t),Y(t))^{\mathrm{T}}$ 的 $2n$ 维分布函数

$$\begin{aligned}&F(x_1,x_2,\cdots,x_n;\ t_1,t_2,\cdots,t_n;\ y_1,y_2,\cdots,y_n;\ t_1,t_2,\cdots,t_n)\\=&P\{X(t_1)\leqslant x_1,X(t_2)\leqslant x_2,\cdots,X(t_n)\leqslant x_n,Y(t_1)\leqslant y_1,\\&Y(t_2)\leqslant y_2,\cdots,Y(t_n)\leqslant y_n\}\end{aligned}$$

给出. 复随机过程 $Z(t)=X(t)+\mathrm{i}Y(t)$ 的有限维分布函数族是二维随机过程 $(X(t),Y(t))^{\mathrm{T}}$ 的有限维分布函数族的子集：

$$\{F(x_1,x_2,\cdots,x_n,t_1,t_2,\cdots,t_n;\ y_1,y_2,\cdots,y_n;\ t_1,t_2,\cdots,t_n),t_1,t_2,\cdots,t_n\in T,n\geqslant 1\}.$$

复随机过程 $Z(t)=X(t)+\mathrm{i}Y(t)$ 的数字特征可由二维随机过程 $(X(t),Y(t))^{\mathrm{T}}$ 的数字特征表示. 例如，复随机过程均值函数 $m_Z(t)=m_X(t)+\mathrm{i}m_Y(t)$. 复随机过程的相关函数

$$\begin{aligned}R_Z(t_1,t_2)&=E[Z(t_1)\overline{Z(t_2)}]\\&=[R_X(t_1,t_2)+R_Y(t_1,t_2)]+\mathrm{i}[R_{YX}(t_1,t_2)-R_{XY}(t_1,t_2)].\end{aligned}$$

但是复随机过程 $Z(t)=X(t)+\mathrm{i}Y(t)$ 和二维随机过程 $(X(t),Y(t))^{\mathrm{T}}$ 的数字特征区别很大，复随机过程的均值函数一般是复值函数，而二维随机过程的均值函数是实的二维向量值函数. 复随机过程的相关函数一般是一个二元复值函数，而二维随机过程的相关函数矩阵是一个二阶的实矩阵.

2.3 典型例题

例 1 设随机过程 $Y_n=\sum\limits_{k=1}^{n}X_k$，其中 $Y_0=0$，X_k 具有概率分布

$$P\{X_k=-1\}=P\{X_k=1\}=\frac{1}{2},$$

且 $X_1,X_2,\cdots,X_n$ 是相互独立的随机变量.

(1) 试写出 Y_n 的一典型的样本函数；

(2) 试利用特征函数求 Y_n 的概率分布.

解 (1) 一典型样本函数：取所有 $X_k=1$，则 $Y_n=n$.

(2) 用特征函数求 Y_n 的概率分布

$$\varphi_{X_k}(t)=E(\mathrm{e}^{\mathrm{i}tX_k})=\mathrm{e}^{-\mathrm{i}t}\cdot\frac{1}{2}+\mathrm{e}^{\mathrm{i}t}\cdot\frac{1}{2}=\frac{1}{2}(\mathrm{e}^{\mathrm{i}t}+\mathrm{e}^{-\mathrm{i}t}).$$

再由 $X_1,X_2,\cdots$的相互独立性知

$$\begin{aligned}\varphi_{Y_n}(t)&=E(\mathrm{e}^{\mathrm{i}tY_n})=E\left[\exp\left(\mathrm{i}t\sum_{k=1}^{n}X_k\right)\right]=\prod_{k=1}^{n}E(\mathrm{e}^{\mathrm{i}tX_k})\\&=\prod_{k=1}^{n}\varphi_{X_k}(t)=\frac{1}{2^n}(\mathrm{e}^{-\mathrm{i}t}+\mathrm{e}^{\mathrm{i}t})^n\\&=\frac{1}{2^n}\sum_{k=0}^{n}\mathrm{C}_n^k(\mathrm{e}^{-\mathrm{i}t})^k(\mathrm{e}^{\mathrm{i}t})^{n-k}=\sum_{k=0}^{n}\mathrm{e}^{\mathrm{i}(n-2k)t}\mathrm{C}_n^k\frac{1}{2^n}.\end{aligned}$$

由离散性随机变量的特征函数的定义及特征函数的唯一性定理可得

$$P\{Y_n=n-2k\}=\mathrm{C}_n^k\frac{1}{2^n},\quad k=0,1,2,\cdots,n.$$

例 2 设$\{X(t)=A\cos\omega t-B\sin\omega t,t\in(-\infty,+\infty)\}$,其中 A,B 是相互独立且服从相同正态分布 $N(0,\sigma^2)$的随机变量,ω 为常数.试求:

(1) $X(t)$的两个样本函数;

(2) $X(t)$的概率密度.

解 (1) 取 $A=1,B=1$,得样本函数

$$x_1(t)=\cos\omega t-\sin\omega t,\quad t\in(-\infty,+\infty),$$

取 $A=1,B=-1$,得样本函数

$$x_2(t)=\cos\omega t+\sin\omega t,\quad t\in(-\infty,+\infty);$$

(2) 因为 A,B 相互独立且服从相同正态分布 $N(0,\sigma^2)$,则 $E(A)=E(B)=0,D(A)=D(B)=\sigma^2$.由概率论知 $X(t)=A\cos\omega t-B\sin\omega t$ 服从正态分布,其数学期望与方差为

$$E[X(t)]=E(A)\cos\omega t-E(B)\sin\omega t=0,$$
$$D[X(t)]=D(A)(\cos\omega t)^2+D(B)(\sin\omega t)^2=\sigma^2,$$

所以 $X(t)$的概率密度为

$$f(x,t)=\frac{1}{\sqrt{2\pi}\sigma}\mathrm{e}^{-\frac{x^2}{2\sigma^2}},\quad x\in(-\infty,+\infty).$$

例 3 设随机过程 $X(t)=X\cos\omega t(-\infty<t<\infty)$,其中 ω 为常数,X 是服从正态分布的随机变量,$E(X)=0,D(X)=1$.求 $X(t)$的一维概率分布和自协方差函数.

解 因为

$$E[X(t)]=E(X)\cos\omega t=0,\quad D[X(t)]=D(X)(\cos\omega t)^2=(\cos\omega t)^2,$$

故$\{X(t),t\in T\}$的一维概率分布为 $N(0,(\cos\omega t)^2)$.自协方差函数

$$\begin{aligned}C_X(t_1,t_2)&=E[(X(t_1)-m_X(t_1))(X(t_2)-m_X(t_2))]\\&=E[X\cos\omega t_1X\cos\omega t_2]\\&=E(X^2)\cos\omega t_1\cos\omega t_2=\cos\omega t_1\cos\omega t_2.\end{aligned}$$

例 4 随机过程 $X(t)=A\varphi(t),t\in T,A\sim N(\mu,\sigma^2)$是否为正态过程?试求其有限维分布的自协方差矩阵.

解 由于 $X(t)=A\varphi(t),t\in T,A\sim N(\mu,\sigma^2)$,$\forall t_1<t_2<\cdots<t_n\in T$,对任意常数 a_1,

$a_2,\cdots,a_n$，线性组合 $\sum_{i=1}^{n}a_iX(t_i)=\left(\sum_{i=1}^{n}a_i\varphi(t_i)\right)A$ 服从一维正态分布，故$(X(t_1),X(t_2),\cdots,X(t_n))$服从 n 维正态分布，所以 $X(t)$为正态过程.

又对于任意的 $t_i,t_j,X(t_i)$与 $X(t_j)$的协方差为

$$\begin{aligned}C_{ij}&=\operatorname{cov}(X(t_i),X(t_j))=E\left[(X(t_i)-m_X(t_i))(X(t_j)-m_X(t_j))\right]\\&=E\left[(A\varphi(t_i)-\varphi(t_i)\mu)(A\varphi(t_j)-\varphi(t_j)\mu)\right]\\&=\varphi(t_i)\varphi(t_j)E(A^2)-\varphi(t_i)\varphi(t_j)\mu^2\\&=\sigma^2\varphi(t_i)\varphi(t_j),\end{aligned}$$

所以 $X(t_1),X(t_2),\cdots,X(t_n)$的协方差矩阵为

$$\boldsymbol{C}=(C_{ij})_{n\times n}=(\sigma^2\varphi(t_i)\varphi(t_j))_{n\times n}.$$

例 5 设 $X(t)=A\cos\omega t+B\sin\omega t,-\infty<t<+\infty$,其中 A,B 相互独立,且都服从正态分布 $N(0,\sigma^2)$,ω 是实数. 试证明$\{X(t),-\infty<t<+\infty\}$是正态过程,并求它的有限维分布.

证明 由于 A,B 相互独立,且都服从正态分布 $N(0,\sigma^2)$,因此$(A,B)\sim N(\boldsymbol{0},\sigma^2\boldsymbol{I}_2)$.对于任意 $n\geqslant1$ 和任意的 $t_1,t_2,\cdots,t_n\in T$,由于

$$\begin{aligned}X(t_1)&=A\cos\omega t_1+B\sin\omega t_1,\\X(t_2)&=A\cos\omega t_2+B\sin\omega t_2,\\&\vdots\\X(t_n)&=A\cos\omega t_n+B\sin\omega t_n,\end{aligned}$$

即

$$(X(t_1),X(t_2),\cdots,X(t_n))=(A,B)\begin{bmatrix}\cos\omega t_1&\cos\omega t_2&\cdots&\cos\omega t_n\\\sin\omega t_1&\sin\omega t_2&\cdots&\sin\omega t_n\end{bmatrix}.$$

因而$(X(t_1),X(t_2),\cdots,X(t_n))$是二维正态随机变量$(A,B)$的线性变换,所以$(X(t_1),X(t_2),\cdots,X(t_n))$是 n 维正态随机变量, 故$\{X(t),t\in T\}$是正态过程.

由于$\{X(t),t\in T\}$是正态过程,且 $E[X(t)]=0$,因而$(X(t_1),X(t_2),\cdots,X(t_n))\sim N(\boldsymbol{0},\boldsymbol{D})$,$t_1,t_2,\cdots,t_n\in T$,其中,

$$\boldsymbol{D}=\boldsymbol{C}^{\mathrm{T}}\sigma^2\boldsymbol{I}\boldsymbol{C}=\sigma^2\begin{bmatrix}\cos\omega t_1&\sin\omega t_1\\\cos\omega t_2&\sin\omega t_2\\\vdots&\vdots\\\cos\omega t_n&\sin\omega t_n\end{bmatrix}\begin{bmatrix}\cos\omega t_1&\cos\omega t_2&\cdots&\cos\omega t_n\\\sin\omega t_1&\sin\omega t_2&\cdots&\sin\omega t_n\end{bmatrix}$$

$$=\sigma^2\begin{bmatrix}1&\cos\omega(t_1-t_2)&\cdots&\cos\omega(t_1-t_n)\\\cos\omega(t_2-t_1)&1&\cdots&\cos\omega(t_2-t_n)\\\vdots&\vdots&\ddots&\vdots\\\cos\omega(t_n-t_1)&\cos\omega(t_n-t_2)&\cdots&1\end{bmatrix}.$$

例 6 已知随机过程 $X(t)=U+t,t\in T=[-1,1]$,随机变量 $U\sim U(0,2\pi)$. 试求:

(1) 任意两个样本函数,并绘出草图;

(2) 随机过程 $X(t)$的特征函数;

(3) 随机过程 $X(t)$的均值函数、自协方差函数.

解 (1) 因为 $U\sim U(0,2\pi)$,故取两值 1,2,即得两个样本函数:

$$x_1(t)=1+t,\quad x_2(t)=2+t\text{(草图略)}.$$

(2) $X(t)$的一维特征函数为

$$\varphi_{X(t)}(t,v)=E(\mathrm{e}^{\mathrm{i}vX(t)})=E(\mathrm{e}^{\mathrm{i}v(U+t)})=\mathrm{e}^{\mathrm{i}vt}E(\mathrm{e}^{\mathrm{i}vU})$$
$$=\mathrm{e}^{\mathrm{i}vt}\int_0^{2\pi}\mathrm{e}^{\mathrm{i}vu}\,\frac{1}{2\pi}\mathrm{d}u=\frac{1}{2\pi\mathrm{i}v}\mathrm{e}^{\mathrm{i}vt}(\mathrm{e}^{\mathrm{i}2\pi v}-1).$$

(3) $m_X(t)=E[X(t)]=E(U+t)=\int_0^{2\pi}(u+t)\,\frac{1}{2\pi}\mathrm{d}u=\pi+t$,

$$R_X(t_1,t_2)=E[X(t_1)X(t_2)]=E[(U+t_1)(U+t_2)]$$
$$=E[U^2+(t_1+t_2)U+t_1t_2]$$
$$=E(U^2)+(t_1+t_2)E(U)+t_1t_2.$$

而$U\sim U(0,2\pi)$,故$E(U)=\pi$,$D(U)=\pi^2/3$,$E(U^2)=\frac{\pi^2}{3}+\pi^2=\frac{4}{3}\pi^2$,得

$$R_X(t_1,t_2)=E[X(t_1)X(t_2)]=\frac{4}{3}\pi^2+(t_1+t_2)\pi+t_1t_2,$$
$$C_X(t_1,t_2)=R_X(t_1,t_2)-m_X(t_1)m_X(t_2)$$
$$=\frac{4}{3}\pi^2+(t_1+t_2)\pi+t_1t_2-(\pi+t_1)(\pi+t_2)$$
$$=\frac{1}{3}\pi^2.$$

例 7 设$Y(t)=Xt+a$,$t\in T$,其中X为随机变量,a为常数,且$E(X)=\mu$,$D(X)=\sigma^2$,试求随机过程$\{Y(t),t\in T\}$的均值函数与自协方差函数.

解 $m_Y(t)=E[Y(t)]=E(Xt+a)=tE(X)+a=t\mu+a$,

$$R_Y(t_1,t_2)=E[Y(t_1)Y(t_2)]=E[(Xt_1+a)(Xt_2+a)]$$
$$=t_1t_2E(X^2)+at_1E(X)+at_2E(X)+a^2$$
$$=t_1t_2(\sigma^2+\mu^2)+a(t_1+t_2)\mu+a^2,$$
$$C_Y(t_1,t_2)=R_Y(t_1,t_2)-m_Y(t_1)m_Y(t_2)$$
$$=t_1t_2(\sigma^2+\mu^2)+a(t_1+t_2)\mu+a^2-(t_1\mu+a)(t_2\mu+a)$$
$$=t_1t_2\sigma^2.$$

例 8 设有两个随机过程$X(t)=A\sin(\omega t+\Theta)$与$Y(t)=B\sin(\omega t+\Theta-\varphi)$,其中$A$,$B$,$\omega$,$\varphi$为常数,$\Theta$为$[0,2\pi]$上均匀分布的随机变量.求$R_{XY}(t_1,t_2)$.

解 $R_{XY}(t_1,t_2)=E[X(t_1)Y(t_2)]$

$$=\int_0^{2\pi}A\sin(\omega t_1+\theta)B\sin(\omega t_2+\theta-\varphi)\,\frac{1}{2\pi}\mathrm{d}\theta$$
$$=\frac{AB}{2\pi}\int_0^{2\pi}\frac{1}{2}[\cos(\omega(t_2-t_1)-\varphi)-\cos(\omega(t_2+t_1)+2\theta-\varphi)]\mathrm{d}\theta$$
$$=\frac{1}{2}AB\cos(\omega(t_2-t_1)-\varphi).$$

例 9 设$\{X(t),t\in T\}$是实正交增量过程,$E[X(t)]=0$,$T=[0,+\infty)$,$X(0)=0$,ξ是一服从标准正态分布的随机变量,若对任一$t\geqslant 0$,$X(t)$都与ξ相互独立.求$Y(t)=X(t)+$

$\xi, t\in[0,+\infty)$的自协方差函数.

解 因为$E[X(t)]=0, E(\xi)=0, D(\xi)=1$,所以$E[Y(t)]=E[X(t)]+E(\xi)=0$,故

$$\begin{aligned}C_Y(s,t)&=E[Y(s)Y(t)]\\&=E[(X(s)+\xi)(X(t)+\xi)]\\&=E[X(s)X(t)]+E[X(s)\xi]+E[X(t)\xi]+E(\xi^2)\\&=C_X(s,t)+1.\end{aligned}$$

当$t>s$时,注意$X(0)=0$得

$$E[X(t)X(s)]=E[(X(t)-X(s)+X(s))X(s)]=E[X^2(s)],$$

$$C_Y(s,t)=C_X(s,t)+1=E[X^2(s)]+1.$$

同理,当$t\leqslant s$时,$C_Y(s,t)=E[X^2(t)]+1$.

综上,$C_Y(s,t)=E[X^2(\min\{s,t\})]+1$.

例 10 定义复随机过程$X(t)=Yf(t)$,其中Y是一个均值为零且二阶矩存在的实随机变量,$f(t)=\mathrm{e}^{\mathrm{i}(\lambda t+\theta)}$,$\lambda$和$\theta$为常数,求$X(t)$的均值函数和自相关函数.

解 $E[X(t)]=E(Y)\mathrm{e}^{\mathrm{i}(\lambda t+\theta)}=0$,

$$R(\tau)=E[X(t+\tau)\overline{X(t)}]=E[Y\mathrm{e}^{\mathrm{i}[\lambda(t+\tau)+\theta]}Y\mathrm{e}^{-\mathrm{i}(\lambda t+\theta)}]=E(Y^2)\mathrm{e}^{\mathrm{i}\lambda\tau}.$$

例 11 设随机过程$X(t)=X\cos\omega_0 t, t\in(-\infty,+\infty)$,其中$\omega_0$为常数,而$X$为标准正态随机变量.试求$m_X(t),\psi_X(t),D_X(t),R_X(t_1,t_2),C_X(t_1,t_2)$.

解 因为

$$X(t)=X\cos\omega_0 t,\quad t\in(-\infty,+\infty),\quad X\sim N(0,1),$$

$$E(X)=0,\quad D(X)=E(X^2)=1,$$

所以

$$m_X(t)=E(X\cos\omega_0 t)=\cos\omega_0 tE(X)=0,\quad \forall t\in(-\infty,+\infty),$$

$$D_X(t)=D(X\cos\omega_0 t)=\cos^2\omega_0 tD(X)=\cos^2\omega_0 t,$$

$$\psi_X(t)=E[(X\cos\omega_0 t)^2]=\cos^2\omega_0 tE(X^2)=\cos^2\omega_0 t,$$

$$\begin{aligned}R_X(t_1,t_2)&=E[X(t_1)X(t_2)]=E[X\cos\omega_0 t_1 X\cos\omega_0 t_2]\\&=\cos\omega_0 t_1\cos\omega_0 t_2E(X^2)=\cos\omega_0 t_1\cos\omega_0 t_2,\end{aligned}$$

$$C_X(t_1,t_2)=R_X(t_1,t_2)-m_X(t_1)m_X(t_2)=\cos\omega_0 t_1\cos\omega_0 t_2.$$

例 12 设随机过程$X(t)=A\cos 2t+B\sin t+t$,其中A,B是互不相关的随机变量,且有$E(A)=1,E(B)=2,D(A)=3,D(B)=4$,试求随机过程$X(t)$的均值函数、方差函数、自相关函数与自协方差函数.

解 $m_X(t)=E[X(t)]=E(A\cos 2t+B\sin t+t)=\cos 2t+2\sin t+t$,

$$\begin{aligned}D_X(t)&=D[X(t)]=D(A\cos 2t+B\sin t+t)\\&=D(A\cos 2t)+D(B\sin t)+2\mathrm{cov}(A\cos 2t,B\sin t)\\&=D(A)\cos^2 2t+D(B)\sin^2 t+2\cos 2t\sin t\,\mathrm{cov}(A,B)\\&=3\cos^2 2t+4\sin^2 t,\end{aligned}$$

$$\begin{aligned}R_X(t_1,t_2)&=E[X(t_1)X(t_2)]\\&=E[(A\cos 2t_1+B\sin t_1+t_1)(A\cos 2t_2+B\sin t_2+t_2)]\\&=E(A^2)\cos 2t_1\cos 2t_2+E(AB)\cos 2t_1\sin t_2+E(A)t_2\cos 2t_1+\end{aligned}$$

$$
\begin{aligned}
&E(BA)\sin t_1\cos 2t_2+E(B^2)\sin t_1\sin t_2+E(B)t_2\sin t_1+\\
&E(A)t_1\cos 2t_2+E(B)t_1\sin t_2+t_1t_2\\
=&4\cos 2t_1\cos 2t_2+2\cos 2t_1\sin t_2+t_2\cos 2t_1+2\sin t_1\cos 2t_2+\\
&8\sin t_1\sin t_2+2t_2\sin t_1+t_1\cos 2t_2+2t_1\sin t_2+t_1t_2,
\end{aligned}
$$

$$
\begin{aligned}
C_X(t_1,t_2)&=R_X(t_1,t_2)-m_X(t_1)m_X(t_2)\\
&=3\cos 2t_1\cos 2t_2+4\sin t_1\sin t_2.
\end{aligned}
$$

例 13 已知相互独立的零均值随机过程 $X(t)$ 和 $Y(t)$，$t\in T$ 的自相关函数分别为

$$R_X(s,t)=\mathrm{e}^{-|s-t|},\quad R_Y(s,t)=\cos 2\pi(s-t).$$

试求差过程 $Z(t)=X(t)-Y(t)$ 的自相关函数.

解 $Z(t)=X(t)-Y(t)$ 的自相关函数为

$$
\begin{aligned}
R_Z(s,t)&=E[Z(s)Z(t)]=E[(X(s)-Y(s))(X(t)-Y(t))]\\
&=E[X(s)X(t)]-E[X(s)Y(t)]-E[Y(s)X(t)]+E[Y(s)Y(t)]\\
&=R_X(s,t)-R_{XY}(s,t)-R_{YX}(s,t)+R_Y(s,t),
\end{aligned}
$$

而 $X(t)$ 和 $Y(t)$ 相互独立，且均值为零，故 $R_{XY}(s,t)=R_{YX}(s,t)=0$，于是 $R_Z(s,t)=R_X(s,t)+R_Y(s,t)=\mathrm{e}^{-|s-t|}+\cos 2\pi(s-t)$.

例 14 设 $\{X(t),t\in[0,+\infty)\}$ 为正态过程，令 $Y(t)=X(t+1)-X(t)$，试证 $\{Y(t),t\in[0,+\infty)\}$ 为正态过程.

证明 对于任意 n 及 $t_1<t_2<\cdots<t_n\in T$，$a_1,a_2,\cdots,a_n\in\mathbb{R}$ 有 $\sum\limits_{k=1}^{n}a_kY(t_k)=\sum\limits_{k=1}^{n}a_k(X(t_k+1)-X(t_k))$，将 $t_1,\cdots,t_n,t_1+1,\cdots,t_n+1$ 重新排序，相同的只记一次，记为 $t'_1,t'_2,\cdots,t'_m$，$n\leqslant m\leqslant 2n$，且设为 t'_k 的有 m_k 个，则有 $\sum\limits_{k=1}^{m}m_k=2n$，于是 $\sum\limits_{k=1}^{n}a_kY(t_k)=\sum\limits_{k=1}^{n}a_k(X(t_k+1)-X(t_k))=\sum\limits_{k=1}^{m}a'_kX(t'_k)$，$a'_k$ 为对应于 $X(t'_k)$ 的全部 $X(t_k)$ 的系数 a_k 之和.

由于 $X(t)$ 为正态过程，知 $\sum\limits_{k=1}^{m}a'_kX(t'_k)$ 服从一维正态分布，即 $\sum\limits_{k=1}^{n}a_kY(t_k)$ 服从一维正态分布，从而 $(Y(t_1),Y(t_2),\cdots,Y(t_n))$ 服从 n 维正态分布，所以 $Y(t)$ 为正态过程.

例 15 设 $\{X(t),t\in(-\infty,+\infty)\}$ 是均值函数为 0，自相关函数 $R_X(t_1,t_2)=(|t_1|+|t_2|-|t_2-t_1|)/2$ 的正态过程，证明 $\{Y_1(t)=X(t),t>0\}$，$\{Y_2(t)=X(-t),t\geqslant 0\}$ 是相互独立的正态过程.

证明 因为 $X(t)$ 是正态过程，故 $Y_1(t)$，$Y_2(t)$ 均为正态过程. 任给 $t_1>0$，$t_2\geqslant 0$，有

$$
\begin{aligned}
R_{Y_1Y_2}(t_1,t_2)&=E[Y_1(t_1)Y_2(t_2)]=E[X(t_1)X(-t_2)]=R_X(t_1,-t_2)\\
&=(|t_1|+|t_2|-|-t_2-t_1|)/2=[t_1+t_2-(t_2+t_1)]/2=0,
\end{aligned}
$$

所以 $C_{Y_1Y_2}(t_1,t_2)=R_{Y_1Y_2}(t_1,t_2)-m_{Y_1}(t_1)m_{Y_2}(t_2)=0$，即 $Y_1(t)$，$Y_2(t)$ 不相关，且因 $\{X(t),t\in(-\infty,+\infty)\}$ 是正态过程，故 $Y_1(t)=X(t)$ 与 $Y_2(t)=X(-t)$ 的联合分布为正态分布. 因此 $Y_1(t)$，$Y_2(t)$ 相互独立.

例 16 若数列 $\{a_n,n=1,2,\cdots\}$ 有极限 $\lim\limits_{n\to\infty}a_n=a$，随机序列 $\{X_n,n=1,2,\cdots\}$ 有均方极限 $\underset{n\to\infty}{\mathrm{l.i.m}}X_n=X$，则 $\underset{n\to\infty}{\mathrm{l.i.m}}\,a_nX_n=aX$.

证明 $E|a_nX_n-aX|^2=E|a_n(X_n-X)+(a_n-a)X|^2$

$=a_n^2E|X_n-X|^2+(a_n-a)^2E(X^2)+2a_n(a_n-a)E[X(X_n-X)]$

$\leqslant a_n^2E|X_n-X|^2+(a_n-a)^2E(X^2)+2|a_n(a_n-a)|\sqrt{E(X^2)E[(X_n-X)^2]}$

$\to 0(n\to\infty)$,

故有$\underset{n\to\infty}{\text{l.i.m}}\,a_nX_n=aX$.

例 17 若$\underset{n\to\infty}{\text{l.i.m}}\,X_n=X$,则$\{|E(X_n)|,n=1,2,\cdots\}$和$\{E(|X_n|),n=1,2,\cdots\}$都有界.

证明 (1) 证法 1 $|E(X_n)|=|E(X_n-X)+E(X)|\leqslant|E(X_n-X)|+|E(X)|$
$\leqslant\sqrt{E[(X_n-X)^2]}+\sqrt{E(X^2)}$.

由$\underset{n\to\infty}{\text{l.i.m}}\,X_n=X$ 知,$\sqrt{E[(X_n-X)^2]}\to 0$,故存在 $M>0$,使得$\sqrt{E[(X_n-X)^2]}\leqslant M$,从而$|E(X_n)|<M+\sqrt{E(X^2)}<+\infty$,即$\{|E(X_n)|,n=1,2,\cdots\}$有界.

证法 2 因$\underset{n\to\infty}{\text{l.i.m}}\,X_n=X$,故$\lim\limits_{n\to\infty}E(X_n)=E(X)$,所以数列$\{E(X_n),n=1,2,\cdots\}$有界,故$\{|E(X_n)|,n=1,2,\cdots\}$有界.

(2) $E(|X_n|)=E(|X_n-X+X|)\leqslant E(|X_n-X|)+E(|X|)$

$\leqslant\sqrt{E(|X_n-X|^2)}+E(|X|)$.

由$\underset{n\to\infty}{\text{l.i.m}}\,X_n=X$ 知,$\sqrt{E[(X_n-X)^2]}\to 0$,故存在 $M>0$ 使得$\sqrt{E[(X_n-X)^2]}\leqslant M$,从而$E(|X_n|)\leqslant\sqrt{E(|X_n-X|^2)}+E(|X|)\leqslant M+E(|X|)<+\infty$,即$\{E(|X_n|),n=1,2,\cdots\}$有界.

例 18 假设随机变量 A,B,C 及它们两两乘积的二阶矩存在,试讨论下列随机过程的均方连续性、均方可微性与均方可积性:

(1) $X(t)=At+B$;

(2) $X(t)=At^2+Bt+C$;

(3) $X(t)$是均值函数为 0,自相关函数 $R_X(s,t)=e^{-a|s-t|}$ 的随机过程,其中 a 为正的常数;

(4) $X(t)$是均值函数为 0,自相关函数 $R_X(s,t)=\dfrac{1}{a^2+(s-t)^2}$的随机过程,其中 $a\neq 0$ 为常数.

解 (1) 任给 $t_0\in\mathbb{R}$,$t_0+\Delta t\in\mathbb{R}$,则 $X(t_0+\Delta t)-X(t_0)=A(t_0+\Delta t)+B-(At_0+B)=A\Delta t$,

$$\lim_{\Delta t\to 0}E[|X(t_0+\Delta t)-X(t_0)|^2]=\lim_{\Delta t\to 0}E(A^2)(\Delta t)^2=0,$$

故 $X(t)=At+B$ 在$\mathbb{R}$上均方连续,因此是均方可积的.

又因为

$$\frac{X(t+\Delta t)-X(t)}{\Delta t}=\frac{A\Delta t}{\Delta t}=A,$$

故

$$\lim_{\Delta t\to 0}E\left[\left(\frac{X(t+\Delta t)-X(t)}{\Delta t}-A\right)^2\right]=0,$$

所以有 $X'(t)=A$ 存在,即 $X(t)$在$\mathbb{R}$上均方可导.

(2) $\forall t_0\in\mathbb{R}, t_0+\Delta t\in\mathbb{R}$，则

$$X(t_0+\Delta t)-X(t_0)=A(t_0+\Delta t)^2+B(t_0+\Delta t)+C-(At_0^2+Bt_0+C)$$
$$=2At_0\Delta t+A(\Delta t)^2+B\Delta t,$$

$$\lim_{\Delta t\to 0}E[|X(t_0+\Delta t)-X(t_0)|^2]=\lim_{\Delta t\to 0}E[2At_0\Delta t+A(\Delta t)^2+B\Delta t]^2=0,$$

故 $X(t)=At^2+Bt+C$ 在$\mathbb{R}$上均方连续，所以是均方可积的.

又因为

$$\frac{X(t_0+\Delta t)-X(t_0)}{\Delta t}=\frac{2At_0\Delta t+A(\Delta t)^2+B\Delta t}{\Delta t}=2At_0+B+A\Delta t,$$

$$\lim_{\Delta t\to 0}E\left(\frac{X(t+\Delta t)-X(t)}{\Delta t}-2At_0+B\right)^2=\lim_{\Delta t\to 0}E(A^2\Delta t^2)=0,$$

故 $X'(t_0)=2At_0+B$. 由 t_0 的任意性可知，$X(t)$在$\mathbb{R}$上均方可导.

(3) $R_X(s,t)=e^{-a|s-t|}$ 在 $s=t$ 上连续，由均方连续准则可知，$X(t)$在$\mathbb{R}$上均方连续，因而亦是均方可积的.

因为$\forall s,t\in\mathbb{R}, s>t$，不妨设 $h\geqslant h'>0$，则

$$\lim_{\substack{h\to 0\\ h'\to 0}}\frac{1}{hh'}[R_X(t+h,t+h')-R_X(t+h,t)-R_X(t,t+h')+R_X(t,t)]$$
$$=\lim_{\substack{h'\to 0\\ h\to 0}}\frac{1}{hh'}[e^{-a|t-t+h-h'|}-e^{-a|t-t+h|}-e^{-a|t-t-h'|}+e^{-a|t-t|}].$$

取 $h=h'>0$，该极限为

$$\lim_{\substack{h\to 0\\ h'\to 0\\ h=h'}}\frac{2}{h^2}[1-e^{-ah}]=\lim_{h\to 0}\frac{2\left(1-1+ah-\frac{a^2h^2}{2}+o(h^2)\right)}{h^2}$$
$$=\lim_{h\to 0}\left(\frac{2a}{h}-a^2+\frac{o(h^2)}{h^2}\right)=+\infty,$$

故广义二阶导数不存在，因而 $X(t)$在$\mathbb{R}$上不是均方可导的.

(4) $R_X(s,t)$在 $s=t$ 处连续，故 $X(t)$在$\mathbb{R}$上均方连续，所以是均方可积的.

又 $R_X(s,t)=\dfrac{1}{a^2+(s-t)^2}$的一阶偏导数为

$$\frac{\partial}{\partial s}R_X(s,t)=-\frac{2(s-t)}{[a^2+(s-t)^2]^2},\quad \frac{\partial}{\partial t}R_X(s,t)=\frac{2(s-t)}{[a^2+(s-t)^2]^2},$$

二阶混合偏导数为

$$\frac{\partial^2}{\partial s\partial t}R_X(s,t)=\frac{\partial}{\partial t}\left[\frac{-2(s-t)}{[a^2+(s-t)^2]^2}\right]=\frac{-8(s-t)^2}{[a^2+(s-t)^2]^3}+\frac{2}{[a^2+(s-t)^2]^2},$$

$$\frac{\partial^2}{\partial t\partial s}R_X(s,t)=\frac{\partial}{\partial s}\left[\frac{2(s-t)}{[a^2+(s-t)^2]^2}\right]=\frac{-8(s-t)^2}{[a^2+(s-t)^2]^3}+\frac{2}{[a^2+(s-t)^2]^2}.$$

两个二阶混合偏导数连续且相等，故知 $X(t)$的广义二阶导数存在，所以 $X(t)$在$\mathbb{R}$上均方可导.

例 19 设随机过程$\{X(t)=X\cos\omega_0 t, -\infty<t<+\infty\}$，其中$\omega_0$为常数，而$X$为标准正态变量. 试求：

(1) $X(t)$的均方导数$X'(t)$；

(2) $X(t)$的均方积分$Y(t)=\int_0^t X(s)\mathrm{d}s$.

解 (1) $X'(t)=-X\omega_0\sin\omega_0 t, t\in\mathbb{R}$；

(2) $Y(t)=\int_0^t X(s)\mathrm{d}s=\dfrac{1}{\omega_0}X\sin\omega_0 t,\quad t\in\mathbb{R}$.

例 20 设$\{X(t),t\in T\}$为二阶矩过程，且均值函数$m_X(t)$为常数C，自相关函数满足条件$\forall t_1,t_2\in T, R_X(t_1,t_2)=R_X(\tau)=2\mathrm{e}^{-0.5\tau^2}, \tau=t_2-t_1$. 试求：

(1) $Y(t)=X'(t)$的均值函数、自相关函数与方差函数；

(2) $X(t)$的方差函数与$Y(t)$的方差函数的比值.

解 (1) $m_Y(t)=E[Y(t)]=E[X'(t)]=\dfrac{\mathrm{d}}{\mathrm{d}t}m_X(t)=0$,

$$\begin{aligned}R_Y(t_1,t_2)&=E[X'(t_1)X'(t_2)]=\frac{\partial^2}{\partial t_1\partial t_2}R_X(t_1,t_2)\\&=2[1-(t_2-t_1)^2]\mathrm{e}^{-\frac{(t_2-t_1)^2}{2}}=2(1-\tau^2)\mathrm{e}^{-\frac{\tau^2}{2}},\\D_Y(t)&=R_Y(t,t)=2;\end{aligned}$$

(2) $D_X(t)=R_X(t,t)-(m_X(t))^2=2-C^2$,

$$\frac{D_X(t)}{D_Y(t)}=\frac{2-C^2}{2}=1-\frac{1}{2}C^2.$$

例 21 设$\{X(t),t\in T\}$为二阶矩过程，且均值函数$m_X(t)$为常数，自相关函数满足条件$\forall t_1,t_2, R_X(t_1,t_2)=R_X(\tau)=A\mathrm{e}^{-a|\tau|}(1+a|\tau|), a>0, \tau=t_2-t_1$.

(1) 试求$Y(t)=X'(t)$的自相关函数；

(2) 证明导数的方差和参数A及参数a的平方的乘积成比例.

解 (1) $m_Y(t)=E[X'(t)]=(E[X(t)])'=0$,

$$\begin{aligned}R_Y(t_1,t_2)&=E[X'(t_1)X'(t_2)]=\frac{\partial^2}{\partial t_1\partial t_2}R_X(t_1,t_2)\\&=\begin{cases}a^2A(1-a(t_2-t_1))\mathrm{e}^{-a(t_2-t_1)}, & t_2\geqslant t_1\\a^2A(1-a(t_1-t_2))\mathrm{e}^{-a(t_1-t_2)}, & t_2<t_1\end{cases}\\&=a^2A(1-a|\tau|)\mathrm{e}^{-a|\tau|}\quad(\tau=t_2-t_1).\end{aligned}$$

(2) $D_Y(t)=R_Y(t,t)-0=a^2A, \dfrac{D_Y(t)}{a^2A}=1$.

例 22 设实正态过程$\{X(t),t\in T\}$均方可导，则其均方导数过程$\{X'(t),t\in T\}$也是正态过程.

证明 由于$\{X(t),t\in T\}$是实正态过程，所以任给$n\geqslant 1, t_1,t_2,\cdots,t_n\in T$，$(X(t_1),X(t_1+\Delta t),X(t_2),X(t_2+\Delta t),\cdots,X(t_n),X(t_n+\Delta t)), t_i+\Delta t\in T, t_i+\Delta t\neq t_j$，$i\neq j, i,j=1,2,\cdots,n$，是$2n$维正态随机变量，而

$$\left(\frac{X(t_1+\Delta t)-X(t_1)}{\Delta t},\frac{X(t_2+\Delta t)-X(t_2)}{\Delta t},\cdots,\frac{X(t_n+\Delta t)-X(t_n)}{\Delta t}\right)$$

$$=(X(t_1),X(t_1+\Delta t),\cdots X(t_n),X(t_n+\Delta t))\begin{bmatrix}-\frac{1}{\Delta t} & 0 & \cdots & 0\\ \frac{1}{\Delta t} & 0 & \cdots & 0\\ 0 & -\frac{1}{\Delta t} & \cdots & 0\\ 0 & \frac{1}{\Delta t} & \cdots & 0\\ \vdots & \vdots & & \vdots\\ 0 & 0 & \cdots & \frac{1}{\Delta t}\end{bmatrix},$$

故$\left(\frac{X(t_1+\Delta t)-X(t_1)}{\Delta t},\frac{X(t_2+\Delta t)-X(t_2)}{\Delta t},\cdots,\frac{X(t_n+\Delta t)-X(t_n)}{\Delta t}\right)$是 n 维正态随机变量. 又$\underset{\Delta t\to 0}{\mathrm{l.i.m}}\frac{X(t_k+\Delta t)-X(t_k)}{\Delta t}=X'(t_k)$，$k=1,2,\cdots,n$，所以$(X'(t_1),X'(t_2),\cdots,X'(t_n))$是 n 维正态随机变量，故$\{X'(t),t\in T\}$为正态过程.

例 23 设$\{X(t),t\in(-\infty,+\infty)\}$是二次均方可微的实正态过程，且 $m_X(t)=0$，$R_X(s,t)=R_X(t-s)$，$s,t\in(-\infty,+\infty)$，试求三维随机向量$(X(t),X'(t),X''(t))$的协方差矩阵，并证明此随机向量服从三维正态分布.

解 (1) 由于 $E[X(t)]=0$，故 $E[X'(t)]=(E[X(t)])'=0$，$E[X''(t)]=(E[X(t)])''=0$，

$$R_X(s,t)=E[X(s)X(t)]=R_X(t-s)=R_X(t,s)=R_X(s-t),$$

$$E[X(s)X'(t)]=\frac{\partial R_X(s,t)}{\partial t}=R_X'(t-s)\frac{\partial(t-s)}{\partial t}=R_X'(t-s),$$

$$E[X'(t)X(s)]=\frac{\partial R_X(t,s)}{\partial t}=R_X'(s-t)\frac{\partial(s-t)}{\partial t}=-R_X'(s-t),$$

$$E[X'(s)X'(t)]=\frac{\partial^2 R_X(s,t)}{\partial s\partial t}=R_X''(t-s)\frac{\partial(t-s)}{\partial s}=-R_X''(t-s),$$

$$E[X'(t)X'(s)]=\frac{\partial^2 R_X(t,s)}{\partial s\partial t}=-R_X''(s-t)\frac{\partial(s-t)}{\partial s}=-R_X''(s-t),$$

$$E[X'(s)X''(t)]=-R_X'''(t-s)\frac{\partial(t-s)}{\partial t}=-R_X'''(t-s),$$

$$E[X''(t)X'(s)]=-R_X'''(s-t)\frac{\partial(s-t)}{\partial t}=R_X'''(s-t),$$

$$E[X(s)X''(t)]=R_X''(t-s),E[X''(t)X(s)]=R_X''(s-t),$$

$$E[X''(s)X''(t)]=R_X^{(4)}(t-s),E[X''(t)X''(s)]=R_X^{(4)}(s-t),$$

从而可知，$E[X'(t)X''(t)]=(R_X)'''_{stt}(t-s)\big|_{s=t}=0$，且

$E[X(t)X''(t)]=R_X''(0),E[X'(t)]^2=-R_X''(0),E[X''(t)]^2=R_X^{(4)}(0)$，
故$(X(t),X'(t),X''(t))$的协方差矩阵为

$$\boldsymbol{B}=\begin{bmatrix} E[X^2(t)] & E[X(t)X'(t)] & E[X(t)X''(t)] \\ E[X'(t)X(t)] & E[X'(t)]^2 & E[X'(t)X''(t)] \\ E[X''(t)X(t)] & E[X''(t)X'(t)] & E[X''(t)]^2 \end{bmatrix}$$

$$=\begin{bmatrix} R_X(0) & 0 & R_X''(0) \\ 0 & -R_X''(0) & 0 \\ R_X''(0) & 0 & R_X^{(4)}(0) \end{bmatrix}.$$

(2) 因为对任意的 t,h,l，$\left(X(t),\dfrac{X(t+h)-X(t)}{h},\dfrac{X(t+h+l)-X(t+l)}{h}\right)$是 4 维正态随机变量$(X(t),X(t+h),X(t+l),X(t+h+l))$的线性变换，故服从三维正态分布，从而当 $h\to 0$ 时，其均方极限$(X(t),X'(t),X'(t+l))$对任意的 t,l 仍为三维正态随机向量，其线性变换$\left(X(t),X'(t),\dfrac{X'(t+l)-X'(t)}{l}\right)$对任意的 t,l 仍是三维正态随机向量，故当 $l\to 0$ 时，其均方极限$(X(t),X'(t),X''(t))$服从三维正态分布.

例 24 设$\{X(t),t\in T=(-\infty,+\infty)\}$为二阶矩过程，$m_X(t)=1$，任给 $t_1,t_2\in T$，$R_X(t_1,t_2)=R_X(\tau)=1+\mathrm{e}^{-2|\tau|}$，$\tau=t_2-t_1$. 试求随机变量 $X=\int_0^1 X(t)\mathrm{d}t$ 的均值与方差.

解 $E(X)=\int_0^1 E[X(t)]\,\mathrm{d}t=1$. 因为

$$E(X^2)=E(X\cdot X)=E\left[\int_0^1 X(t)\mathrm{d}t\cdot\int_0^1 X(s)\mathrm{d}s\right]$$

$$=\int_0^1\int_0^1 E[X(t)X(s)]\,\mathrm{d}t\,\mathrm{d}s$$

$$=\int_0^1\int_0^1(1+\mathrm{e}^{-2|s-t|})\mathrm{d}t\,\mathrm{d}s=1+\int_0^1\int_0^1\mathrm{e}^{-2|s-t|}\,\mathrm{d}t\,\mathrm{d}s$$

$$=1+\int_0^1\left[\int_0^t\mathrm{e}^{-2(t-s)}\,\mathrm{d}s+\int_t^1\mathrm{e}^{-2(s-t)}\,\mathrm{d}s\right]\mathrm{d}t$$

$$=1+\int_0^1\left[\mathrm{e}^{-2t}\int_0^t\mathrm{e}^{2s}\,\mathrm{d}s+\mathrm{e}^{2t}\int_t^1\mathrm{e}^{-2s}\,\mathrm{d}s\right]\mathrm{d}t$$

$$=1+\frac{1}{2}\int_0^1(2-\mathrm{e}^{-2t}-\mathrm{e}^{-2}\mathrm{e}^{2t})\mathrm{d}t=1+\frac{1}{2}[1+\mathrm{e}^{-2}]=\frac{3}{2}+\frac{1}{2}\mathrm{e}^{-2},$$

所以 $D(X)=E[X^2]-[E(X)]^2=\dfrac{1}{2}(1+\mathrm{e}^{-2})$.

例 25 设 $X(t)=\sin At$，其中 A 是随机变量，$E(A^4)<+\infty$，求 $X'(t)$.

解 由于

$$E\left[\left|\frac{\sin A(t+h)-\sin At}{h}-A\cos At\right|^2\right]$$

$$=E\left[\left|\frac{\sin At(\cos Ah-1)+\cos At(\sin Ah-Ah)}{h}\right|^2\right]$$

$$\leqslant 2E\left[\frac{\sin^2 At(\cos Ah-1)^2}{h^2}\right]+2E\left[\frac{\cos^2 At(\sin Ah-Ah)^2}{h^2}\right]$$

$$\leqslant 2E\left[\left(\frac{\cos Ah-1}{h}\right)^2\right]+2E\left[\left(\frac{\sin Ah-Ah}{h}\right)^2\right]$$
$$\leqslant E(A^4)\cdot h^2\to 0\quad(h\to 0).$$

所以 $X'(t)=A\cos At$.

注 证明过程中最后一个不等式利用了泰勒中值定理.

例 26 设二阶矩过程 $\{X(t),t\in T\}$ 均方可导,且任给 $t\in T$, $X'(t)=0$,则 $X(t)$ 以概率 1 为常值随机变量.

证明 设 $\{X(t),t\in T\}$ 均方可导,则 $\frac{\partial R_X(s,t)}{\partial s}$ 和 $\frac{\partial R_X(s,t)}{\partial t}$ 存在. 任给 $s,t\in T$,且 $s\neq t$,由拉格朗日中值定理,得

$$\begin{aligned}
E[|X(t)-X(s)|^2]&=R_X(t,t)-R_X(t,s)-(R_X(s,t)-R_X(s,s))\\
&=\left(\frac{\partial}{\partial t}R_X(t,s+\theta_1(t-s))-\frac{\partial}{\partial t}R_X(s,s+\theta_2(t-s))\right)(t-s)\\
&=(E[X(t)X'(s+\theta_1(t-s))]-E[X(s)X'(s+\theta_2(t-s))])(t-s)\\
&=0,\quad 0<\theta_1,\theta_2<1,
\end{aligned}$$

故 $P\{X(s)=X(t)\}=1$,即 $X(t)$ 以概率 1 为常值随机变量.

例 27 设 A 为一个随机变量,且 $E(A^4)<+\infty$, $X(t)=A^2(t+\cos t)$,求 $\int_0^t X(t)\mathrm{d}t$.

解 $\int_0^t X(t)\mathrm{d}t=\int_0^t A^2(t+\cos t)\mathrm{d}t=A^2\int_0^t(t+\cos t)\mathrm{d}t=A^2\left(\frac{1}{2}t^2+\sin t\right).$

例 28 设二阶矩过程 $\{X(t),t\in T\}$ 的自协方差函数为 $C_X(s,t)$,如果二重积分 $\int_a^b\int_a^b C_X(s,t)\mathrm{d}s\mathrm{d}t$ 存在,则积分 $Y(t)=\int_a^t X(s)\mathrm{d}s$ 的数字特征为:

(1) $m_Y(t)=\int_a^t m_X(t)\mathrm{d}t$;

(2) $R_Y(s,t)=\int_a^s\int_a^t R_X(u,v)\mathrm{d}u\mathrm{d}v$;

(3) $C_Y(s,t)=\int_a^s\int_a^t C_X(u,v)\mathrm{d}u\mathrm{d}v$;

(4) $D_Y(t)=\int_a^t\int_a^t C_X(u,v)\mathrm{d}u\mathrm{d}v$.

证明 由均方极限的性质,有:

(1) $$\begin{aligned}m_Y(t)&=E[Y(t)]=E\left[\underset{\Delta\to 0}{\mathrm{l.i.m}}\sum_{k=1}^n X(t_k^*)\Delta t_k\right]=\lim_{\Delta\to 0}\sum_{k=1}^n E[X(t_k^*)\Delta t_k]\\
&=\lim_{\Delta\to 0}\sum_{k=1}^n m_X(t_k^*)\Delta t_k=\int_a^t m_X(t)\mathrm{d}t.\end{aligned}$$

(2) $$\begin{aligned}R_Y(s,t)&=E\left[\int_a^s X(u)\mathrm{d}u\int_a^t X(v)\mathrm{d}v\right]\\
&=E\left[\underset{\Delta u\to 0}{\mathrm{l.i.m}}\sum_{k=1}^m X(u_k^*)\Delta u_k\cdot\underset{\Delta v\to 0}{\mathrm{l.i.m}}\sum_{l=1}^n X(v_l^*)\Delta v_l\right]\\
&=\lim_{\substack{\Delta u\to 0\\ \Delta v\to 0}}\sum_{k=1}^m\sum_{l=1}^n R_X(u_k^*,v_l^*)\Delta u_k\Delta v_l\end{aligned}$$

$$=\int_a^s\int_a^t R_X(u,v)\mathrm{d}u\mathrm{d}v.$$

(3) $C_Y(s,t)=R_Y(s,t)-m_Y(s)m_Y(t)$

$$=\int_a^s\int_a^t R_X(u,v)\mathrm{d}u\mathrm{d}v-\int_a^s m_X(u)\mathrm{d}u\int_a^t m_X(v)\mathrm{d}v$$

$$=\int_a^s\int_a^t [R_X(u,v)-m_X(u)m_X(v)]\mathrm{d}u\mathrm{d}v$$

$$=\int_a^s\int_a^t C_X(u,v)\mathrm{d}u\mathrm{d}v.$$

(4) 在(3)中令 $s=t$，有 $D_Y(t)=\int_a^t\int_a^t C_X(u,v)\mathrm{d}u\mathrm{d}v.$

例 29 设 $X(t)$在$[a,b]$上均方连续，证明：

(1) $\sqrt{E\left[\left|\int_a^b X(t)\mathrm{d}t\right|^2\right]}\leqslant\int_a^b[E(|X(t)|^2)]^{\frac{1}{2}}\mathrm{d}t$；

(2) $E\left[\left|\int_a^b X(t)\mathrm{d}t\right|^2\right]\leqslant(b-a)\int_a^b[E(|X(t)|^2)]^{\frac{1}{2}}\mathrm{d}t\leqslant(b-a)^2\max\limits_{a\leqslant t\leqslant b}E(|X(t)|^2)$.

证明 (1) $E\left[\left|\int_a^b X(t)\mathrm{d}t\right|^2\right]=\int_a^b\int_a^b R(s,t)\mathrm{d}s\mathrm{d}t=\int_a^b\int_a^b E(X(s)X(t))\mathrm{d}s\mathrm{d}t$

$$\leqslant\int_a^b\int_a^b |E(X(s)X(t))|\mathrm{d}s\mathrm{d}t$$

$$\leqslant\int_a^b\int_a^b[E[|X(s)|]^2E[|X(t)|^2]]^{\frac{1}{2}}\mathrm{d}s\mathrm{d}t$$

$$=\left\{\int_a^b[E|X(t)|^2]^{\frac{1}{2}}\mathrm{d}t\right\}^2,$$

故 $\sqrt{E\left[\left|\int_a^b X(t)\mathrm{d}t\right|^2\right]}\leqslant\int_a^b[E(|X(t)|^2)]^{\frac{1}{2}}\mathrm{d}t.$

(2) 由(1)的证明有

$$E\left[\left|\int_a^b X(t)\mathrm{d}t\right|^2\right]\leqslant\left\{\int_a^b[E(|X(t)|^2)]^{\frac{1}{2}}\mathrm{d}t\right\}^2\leqslant\int_a^b 1^2\mathrm{d}t\int_a^b E(|X(t)|^2)\mathrm{d}t$$

$$=(b-a)\int_a^b E(|X(t)|^2)\mathrm{d}t\leqslant(b-a)^2\max_{a\leqslant t\leqslant b}E(|E(t)|^2).$$

例 30 设 $X(t)$是$[a,b]$上均方连续的二阶矩过程，证明：

(1) 均方不定积分 $Y(t)=\int_a^t X(s)\mathrm{d}s$，$a<t<b$ 在$[a,b]$上均方连续.

(2) 均方不定积分 $Y(t)=\int_a^t X(s)\mathrm{d}s$ 在$[a,b]$上均方可微，且有 $Y'(t)=X(t)$.

证明 (1) 利用例 29 的结论有

$$\lim_{\Delta t\to 0}E[|Y(t+\Delta t)-Y(t)|^2]=\lim_{\Delta t\to 0}E\left[\left|\int_a^{t+\Delta t}X(s)\mathrm{d}s-\int_a^t X(s)\mathrm{d}s\right|^2\right]$$

$$=\lim_{\Delta t\to 0}E\left[\left|\int_t^{t+\Delta t}X(s)\mathrm{d}s\right|^2\right]\leqslant\lim_{\Delta t\to 0}(\Delta t)^2\max_{t\leqslant s\leqslant t+\Delta t}E[|X(s)|^2]=0,$$

由均方连续的定义知 $Y(t)$在$[a,b]$上连续.

(2) 因为

$$
\begin{aligned}
E\left(\underset{\Delta t\to 0}{\text{l.i.m}}\left[\frac{Y(t+\Delta t)-Y(t)}{\Delta t}-X(t)\right]\right)^{2}&=\underset{\Delta t\to 0}{\text{l.i.m}}E\left[\left|\frac{1}{\Delta t}\int_{t}^{t+\Delta t}[X(s)-X(t)]\,\mathrm{d}s\right|^{2}\right]\\
&\leqslant\lim_{\Delta t\to 0}\frac{(\Delta t)^{2}}{(\Delta t)^{2}}\max_{t\leqslant s\leqslant t+\Delta t}E\left[|X(s)-X(t)|^{2}\right]\\
&=\lim_{\Delta t\to 0}\max_{t\leqslant s\leqslant t+\Delta t}E\left[|X(s)-X(t)|^{2}\right]=0.
\end{aligned}
$$

例 31 设 $X(t),t\in[0,1]$如下定义：

$$
P\{X(0)=0\}=1,X(t)=Y_j,\frac{1}{2^j}<t\leqslant\frac{1}{2^{j-1}}(j=1,2,\cdots),
$$

其中$\{Y_j\}$是独立同分布的随机变量序列，且二阶矩存在，其均值为0. 试问：(1)$X(t)$在$t=0$点是否均方可导？(2)$X(t)$在$t=\frac{3}{4}$点是否均方可导？

解 (1) 设h为充分小的正数，因为$P\{X(0)=0\}=1$，所以$R(0,0)=R(h,0)=R(0,h)=0$. 又因为

$$
R(s,t)=E[X(s)X(t)]=\begin{cases}E(Y_j^2)=E(Y_1^2),\frac{1}{2^j}<t,s\leqslant\frac{1}{2^{j-1}}, & j=1,2,\cdots,\\ 0, & \text{其他},\end{cases}
$$

所以，$R(h,h)=E(Y_1^2)$，从而

$$
\lim_{h\to 0^+}\frac{R(h,h)-R(h,0)-R(0,h)+R(0,0)}{h^2}=\lim_{h\to 0}\frac{E(Y_1^2)}{h^2}=\infty,
$$

故该随机过程在$t=0$点不均方可导.

(2) 因为$\frac{1}{2}<t\leqslant 1$时，$X(t)=Y_1$，所以，当$|h|,|h'|$充分小时，有

$$
R\left(\frac{3}{4},\frac{3}{4}\right)=R\left(\frac{3}{4}+h,\frac{3}{4}\right)=R\left(\frac{3}{4},\frac{3}{4}+h'\right)=R\left(\frac{3}{4}+h,\frac{3}{4}+h'\right)=E(Y_1^2),
$$

从而

$$
\lim_{\substack{h\to 0\\ h'\to 0}}\frac{R\left(\frac{3}{4}+h,\frac{3}{4}+h'\right)-R\left(\frac{3}{4}+h,\frac{3}{4}\right)-R\left(\frac{3}{4},\frac{3}{4}+h'\right)+R\left(\frac{3}{4},\frac{3}{4}\right)}{hh'}=0,
$$

故该随机过程在$t=\frac{3}{4}$点均方可导.

不难看出，该随机过程在$0<t<1$上的每个点都均方可导.

注：均方可导实质上是一个“点”概念，随机过程在不同的参数处的均方可导性有可能不同.

例 32 设$Y(t)$是一个已知的均方连续的二阶矩过程，求$X'(t)=Y(t)$，$X(a)=X_0$，$t\in[a,b]$的解，并求$X(t)$的均值函数和相关函数.

解 直接积分，代入初始条件，得$X(t)=X(a)+\int_a^t X'(t)\mathrm{d}t=X_0+\int_a^t Y(s)\mathrm{d}s$，故

$$
m_X(t)=E(X_0)+\int_a^t m_Y(s)\mathrm{d}s,
$$

$$R_X(s,t)=E(X_0^2)+E\left[X_0\int_a^t Y(u)\mathrm{d}u\right]+E\left[X_0\int_a^s Y(u)\mathrm{d}u\right]+\int_a^s\int_a^t R_Y(u,v)\mathrm{d}u\mathrm{d}v$$
$$=E(X_0^2)+\int_a^t E(X_0Y(u))\mathrm{d}u+\int_a^s E(X_0Y(u))\mathrm{d}u+\int_a^s\int_a^t R_Y(u,v)\mathrm{d}u\mathrm{d}v.$$

例 33 设 $a(t)$ 为普通可导函数，$\{Y(t),t\geqslant t_0\}$ 是均方连续的二阶矩过程，则一阶线性随机微分方程

$$\begin{cases}X'(t)+a(t)X(t)=Y(t),t\geqslant t_0,\\ X(t_0)=X_0\end{cases}$$

有解 $X(t)=X_0\mathrm{e}^{-\int_{t_0}^t a(u)\mathrm{d}u}+\int_{t_0}^t Y(s)\mathrm{e}^{-\int_s^t a(u)\mathrm{d}u}\mathrm{d}s$.

证明 $X(t_0)=X_0$ 为显然. 又

$$X'(t)=-X_0a(t)\mathrm{e}^{-\int_{t_0}^t a(u)\mathrm{d}u}+Y(t)+\int_{t_0}^t Y(s)\left[-a(t)\mathrm{e}^{-\int_s^t a(u)\mathrm{d}u}\right]\mathrm{d}s$$
$$=Y(t)-a(t)\left[X_0\mathrm{e}^{-\int_{t_0}^t a(u)\mathrm{d}u}+\int_{t_0}^t Y(s)\mathrm{e}^{-\int_s^t a(u)\mathrm{d}u}\mathrm{d}s\right]$$
$$=Y(t)-a(t)X(t),$$

即 $X'(t)+a(t)X(t)=Y(t)$.

例 34 设 $X(t)$ 在 $[a,b]$ 上均方可微，且 $X'(t)$ 在 $[a,b]$ 上均方连续，证明

$$\int_a^b X'(t)\mathrm{d}t=X(b)-X(a).$$

证明 因为 $X'(t)$ 均方连续，故 $Y(t)=\int_a^t X'(s)\mathrm{d}s$ 在 $[a,b]$ 上均方可微，且 $Y'(t)=X'(t)$，所以 $[Y(t)-X(t)]'=Y'(t)-X'(t)=0,t\in[a,b]$，从而 $Y(t)-X(t)=C$，即有 $Y(t)=X(t)+C,t\in[a,b]$. 令 $t=a$，可得 $Y(a)-X(a)=C$ 或 $C=-X(a)$. 令 $t=b$，有 $\int_a^b X'(t)\mathrm{d}t=Y(b)=X(b)-X(a)$.

例 35 求解下列随机微分方程，并求其解的均值、相关函数、协方差函数和方差函数：

$$\begin{cases}X'(t)=gt,\quad t\geqslant 0,\\ X(0)=X_0,\end{cases}$$

其中 g 是常数，$X_0\sim N(0,\sigma^2)$.

解 由例 34 知，$X(t)=X_0+\int_0^t gs\mathrm{d}s=X_0+\frac{1}{2}gt^2$.

又因为 $X_0\sim N(0,\sigma^2)$，所以 $m_X(t)=\frac{1}{2}gt^2,t\geqslant0$；

$$R_X(s,t)=E[X(s)X(t)]=\sigma^2+\frac{1}{4}g^2s^2t^2,\quad s,t\geqslant 0;$$
$$C_X(s,t)=R_X(s,t)-m_X(s)m_X(t)=\sigma^2,\quad s,t\geqslant 0;$$
$$D_X(t)=\sigma^2,\quad t\geqslant 0.$$

2.4 习题选解

1. 设随机过程

$$X(t)=X\cos\omega_0 t,\quad -\infty<t<+\infty,$$

其中 ω_0 是正常数,而 X 是标准正态变量.试求 $X(t)$的一维概率分布.

解 当 $t=\frac{1}{\omega_0}\left(k\pi+\frac{\pi}{2}\right)$时,$X(t)=0$,则分布为 $P\{X(t)=0\}=1$.

当 $t\neq\frac{1}{\omega_0}\left(k\pi+\frac{\pi}{2}\right)$时,由于 $X\sim N(0,1)$,故 $X(t)=X\cos\omega_0 t$ 也服从正态分布,其均值

$$E[X(t)]=E(X)\cos\omega_0 t=0,$$

方差

$$D[X(t)]=E[X^2(t)]=E(X^2)\cos^2\omega_0 t=\cos^2\omega_0 t,$$

故 $X(t)$的一维概率密度

$$f(x,t)=\frac{1}{\sqrt{2\pi}\,|\cos\omega_0 t|}\mathrm{e}^{-\frac{x^2}{2\cos^2\omega_0 t}}.$$

2. 作重复抛掷硬币的试验,定义一个随机过程

$$X(t)=\begin{cases}\cos\pi t, & \text{正面},\\ 2t, & \text{反面},\end{cases}\quad -\infty<t<+\infty,$$

出现正面与反面的概率相等.求:$X(t)$的一维分布函数 $F(x,1/2)$和 $F(x,1)$,二维分布函数 $F(x_1,x_2,1/2,1)$.

解 (1) 以随机变量 Y 记抛掷硬币的试验结果

$$Y=\begin{cases}1, & \text{正面},\\ -1, & \text{反面}.\end{cases}$$

则

$$P\{Y=1\}=P\{Y=-1\}=1/2.$$

$X(1/2)$取两个值:0 和 1,且

$$P\{X(1/2)=0\}=P\{Y=1\}=\frac{1}{2},\quad P\{X(1/2)=1\}=P\{Y=-1\}=\frac{1}{2},$$

于是

$$F(x,1/2)=P\{X(1/2)\leqslant x\}=\begin{cases}0, & x<0,\\ 1/2, & 0\leqslant x<1,\\ 1, & 1\leqslant x.\end{cases}$$

$X(1)$取两个值-1和 2,且 $P\{X(1)=-1\}=\frac{1}{2}$,$P\{X(1)=2\}=\frac{1}{2}$,于是

$$F(x,1)=P\{X(1)\leqslant 1\}=\begin{cases}0, & x<-1,\\ 1/2, & -1\leqslant x<2,\\ 1, & 2\leqslant x.\end{cases}$$

$(X(1/2),X(1))$可能的取值为$(0,-1)$和$(1,2)$,且

$$P\{(X(1/2),X(1))=(0,-1)\}=\frac{1}{2},\quad P\{(X(1/2),X(1))=(1,2)\}=\frac{1}{2},$$

于是

$$F(x_1,x_2,1/2,1)=P\{X(1/2)\leqslant x_1,X(1)\leqslant x_2\}$$
$$=\begin{cases}0, & x_1<0,-\infty<x_2<+\infty,\\ 0, & x_1\geqslant 0,x_2<-1,\\ 1/2, & 0\leqslant x_1<1,2\leqslant x_2,\\ 1/2, & x_1\geqslant 0,-1\leqslant x_2<2,\\ 1, & x_1\geqslant 1,x_2\geqslant 2.\end{cases}$$

3. 设随机过程$\{X(t),-\infty<t<+\infty\}$总共有 3 条样本曲线

$$X(t,\omega_1)=1,\quad X(t,\omega_2)=\sin t,\quad X(t,\omega_3)=\cos t,$$

且$P(\omega_1)=P(\omega_2)=P(\omega_3)=\frac{1}{3}$. 试求数学期望$E[X(t)]$和自相关函数$R_X(t_1,t_2)$.

解 (1) $m_X(t)=E[X(t)]=\frac{1}{3}(1+\sin t+\cos t)$.

(2) 由于随机过程$\{X(t),-\infty<t<+\infty\}$只有 3 条样本曲线，故

$$P\{X(t_1)=1,X(t_2)=1\}=\frac{1}{3},\quad P\{X(t_1)=\sin t_1,X(t_2)=\sin t_2\}=\frac{1}{3},$$

$$P\{X(t_1)=\cos t_1,X(t_2)=\cos t_2\}=\frac{1}{3},$$

其余为 0，所以有

$$R_X(t_1,t_2)=E[X(t_1)X(t_2)]$$
$$=\frac{1}{3}(1+\sin t_1\sin t_2+\cos t_1\cos t_2)$$
$$=\frac{1}{3}[1+\cos(t_1-t_2)].$$

4. 设随机过程

$$X(t)=e^{-Xt},\quad t>0,$$

其中X是具有分布密度$f(x)$的随机变量. 试求$X(t)$的一维分布密度.

解 一维分布 $F(x,t)=P\{X(t)\leqslant x\}=P\{e^{-Xt}\leqslant x\}$.

当$x\leqslant 0$时，$F(x,t)=0$，则$f(x,t)=F'(x,t)=0$.

当$x>0$时，有

$$F(x,t)=P\left\{X\geqslant -\frac{1}{t}\ln x\right\}=\int_{-\frac{1}{t}\ln x}^{+\infty}f(u)\mathrm{d}u,$$

所以$f(x,t)=F'_X(x,t)=\frac{1}{tx}f\left(-\frac{1}{t}\ln x\right)$.

综上得一维分布密度为

$$f(x,t)=\begin{cases}\frac{1}{tx}f\left(-\frac{1}{t}\ln x\right), & x>0,\\ 0, & x\leqslant 0.\end{cases}$$

5. 在题4中，假定随机变量 X 具有在区间$[0,T]$上的均匀分布. 试求随机过程的数学期望 $E[X(t)]$ 和自相关函数 $R_X(t_1,t_2)$.

解 由随机变量 X 的概率密度函数

$$f_X(x)=\begin{cases}\dfrac{1}{T}, & x\in[0,T],\\ 0, & x\notin[0,T],\end{cases}$$

得

$$E[X(t)]=\int_0^T \mathrm{e}^{-xt}f_X(x)\mathrm{d}x=\int_0^T \mathrm{e}^{-xt}\ \frac{1}{T}\mathrm{d}x=\frac{1-\mathrm{e}^{-tT}}{tT},\quad t>0,$$

$$\begin{aligned}R_X(t_1,t_2)&=E[X(t_1)X(t_2)]=E[\mathrm{e}^{-X(t_1+t_2)}]\\&=\int_0^T \mathrm{e}^{-x(t_1+t_2)}f_X(x)\mathrm{d}x=\frac{1-\mathrm{e}^{-(t_1+t_2)T}}{(t_1+t_2)T}.\end{aligned}$$

6. 设随机过程$\{X(t),-\infty<t<+\infty\}$在每一时刻 t 的状态只能取0或1的数值，而在不同时刻的状态是相互独立的，且对任意固定的 t 有

$$P\{X(t)=1\}=p,\quad P\{X(t)=0\}=1-p,$$

其中 $0<p<1$. 试求 $X(t)$ 的一维和二维分布，并求 $X(t)$ 的数学期望和自相关函数.

解 (1) $X(t)$ 的取值为0或1，其一维分布律为

$X(t)$	0	1
p_k	$1-p$	p

当 $t_1=t_2$ 时，$(X(t_1),X(t_2))$ 的二维分布律为

$X(t_1)$	$X(t_2)$	
	0	1
0	$1-p$	0
1	0	p

当 $t_1\neq t_2$ 时，$X(t_1),X(t_2)$ 相互独立，故 $(X(t_1),X(t_2))$ 的二维分布律为

$X(t_1)$	$X(t_2)$	
	0	1
0	$(1-p)^2$	$p(1-p)$
1	$p(1-p)$	p^2

(2)
$$m_X(t)=E[X(t)]=p,$$

$$R_X(t_1,t_2)=E[X(t_1)X(t_2)]=\begin{cases}p, & t_1=t_2,\\ p^2, & t_1\neq t_2.\end{cases}$$

7. 设$\{X_n,n\geqslant 1\}$是独立同分布的随机序列，其中 $X_j(j=1,2,\cdots)$ 的分布律为

X_j	1	-1
p_k	$\dfrac{1}{2}$	$\dfrac{1}{2}$

定义 $Y_n=\sum_{j=1}^{n}X_j$. 试对随机序列 $\{Y_n,n\geqslant 1\}$ 求：

(1) Y_1 的分布律；　　(2) Y_2 的分布律；

(3) Y_n 的数学期望；　　(4) Y_n 的相关函数 $R_Y(n,m)$.

解　(1) $Y_1=X_1$ 的分布律为

Y_1	1	-1
p_k	1/2	1/2

(2) $Y_2=X_1+X_2$ 的取值为 $-2,0,2$，且

$$P\{Y_2=-2\}=P\{X_1=-1,X_2=-1\}=P\{X_1=-1\}\cdot P\{X_2=-1\}=\frac{1}{4},$$

$$\begin{aligned}P\{Y_2=0\}&=P\{X_1=-1,X_2=1\}+P\{X_1=1,X_2=-1\}\\&=P\{X_1=-1\}P\{X_2=1\}+P\{X_1=1\}P\{X_2=-1\}=\frac{1}{4}+\frac{1}{4}=\frac{1}{2},\end{aligned}$$

$$P\{Y_2=2\}=P\{x_1=1,x_2=1\}=P\{x_1=1\}P\{x_2=1\}=\frac{1}{4},$$

即 Y_2 的分布律为

Y_2	-2	0	2
p_k	1/4	1/2	1/4

(3) $m_Y(n)=E(Y_n)=E\left(\sum_{j=1}^{n}X_j\right)=\sum_{j=1}^{n}E(X_j)=0.$

(4) $R_Y(n,m)=E(Y_nY_m)=E\left(\sum_{j=1}^{n}X_j\sum_{k=1}^{m}X_k\right)=\sum_{j=1}^{n}\sum_{k=1}^{m}E(X_jX_k).$

因为

$$E(X_jX_k)=\begin{cases}1, & j=k,\\0, & j\neq k,\end{cases}$$

所以

$$R_Y(n,m)=\sum_{j=1}^{\min\{n,m\}}E(X_j^2)=\min\{n,m\}.$$

8. 设随机过程 $\{X(t),-\infty<t<+\infty\}$ 的数学期望为 $m_X(t)$，自协方差函数为 $C_X(t_1,t_2)$，$\varphi(t)$ 是一个函数. 试求随机过程 $Y(t)=X(t)+\varphi(t)$ 的数学期望和自协方差函数.

解　因为 $\varphi(t)$ 是普通函数，故 $E[\varphi(t)]=\varphi(t)$. 因此

$$m_Y(t)=E[Y(t)]=E[X(t)+\varphi(t)]=E[X(t)]+E[\varphi(t)]=m_X(t)+\varphi(t),$$

$$\begin{aligned}C_Y(t_1,t_2)&=E[(Y(t_1)-m_Y(t_1))(Y(t_2)-m_Y(t_2))]\\&=E[(X(t_1)-m_X(t_1))(X(t_2)-m_X(t_2))]\\&=C_X(t_1,t_2).\end{aligned}$$

9. 给定随机过程 $\{X(t),-\infty<t<+\infty\}$. 对于任意一个数 x，定义另一个随机过程

$$Y(t)=\begin{cases}1, & X(t)\leqslant x,\\ 0, & X(t)>x.\end{cases}$$

试证：$Y(t)$的数学期望和自相关函数分别为随机过程 $X(t)$的一维和二维分布函数(两个自变量都取 x).

证明 因为 $P\{Y(t)=1\}=P\{X(t)\leqslant x\}$,$P\{Y(t)=0\}=P\{X(t)>x\}$,所以

$$m_Y(t)=1\times P\{X(t)\leqslant x\}+0\times P\{X(t)>x\}=P\{X(t)\leqslant x\}=F(x;t).$$

$Y(t_1)Y(t_2)$只取两个值：0 和 1,且

$$P\{Y(t_1)Y(t_2)=1\}=P\{X(t_1)\leqslant x,X(t_2)\leqslant x\},$$
$$P\{Y(t_1)Y(t_2)=0\}=1-P\{X(t_1)\leqslant x,X(t_2)\leqslant x\},$$

故

$$\begin{aligned}R_Y(t_1,t_2)&=E[Y(t_1)Y(t_2)]\\&=1\times P\{X(t_1)\leqslant x,X(t_2)\leqslant x\}+\\&\quad 0\times(1-P\{X(t_1)\leqslant x,X(t_2)\leqslant x\})\\&=F(x,x;t_1,t_2).\end{aligned}$$

10. 给定一个随机过程 $X(t)$和常数 a,试用 $X(t)$的自相关函数表示随机过程

$$Y(t)=X(t+a)-X(t)$$

的自相关函数.

解 依定义有

$$\begin{aligned}R_Y(t_1,t_2)&=E[Y(t_1)Y(t_2)]\\&=E[(X(t_1+a)-X(t_1))(X(t_2+a)-X(t_2))]\\&=R_X(t_1+a,t_2+a)-R_X(t_1+a,t_2)-R_X(t_1,t_2+a)+R_X(t_1,t_2).\end{aligned}$$

11. 设随机过程

$$X(t)=A\cos(\omega_0 t+\Phi),\quad -\infty<t<+\infty,$$

其中 ω_0 为正常数,A 和 Φ 是相互独立的随机变量,且 A 服从区间[0,1]上的均匀分布,而 Φ 服从区间[0,2π]上的均匀分布. 试求 $X(t)$的数学期望和自相关函数.

解
$$\begin{aligned}m_X(t)&=E[X(t)]=\int_0^1\int_0^{2\pi}a\cos(\omega_0 t+\varphi)\cdot 1\cdot\frac{1}{2\pi}\mathrm{d}a\,\mathrm{d}\varphi\\&=\frac{1}{2\pi}\int_0^1 a\,\mathrm{d}a\int_0^{2\pi}\cos(\omega_0 t+\varphi)\,\mathrm{d}\varphi=\frac{1}{4\pi}[\sin(\omega_0 t+\varphi)]_0^{2\pi}=0,\end{aligned}$$

$$\begin{aligned}R_X(t_1,t_2)&=E[X(t_1)X(t_2)]=E[A^2\cos(\omega_0 t_1+\Phi)\cos(\omega_0 t_2+\Phi)]\\&=\int_0^1\int_0^{2\pi}a^2\cos(\omega_0 t_1+\varphi)\cos(\omega_0 t_2+\varphi)\cdot 1\cdot\frac{1}{2\pi}\mathrm{d}a\,\mathrm{d}\varphi\\&=\frac{1}{2\pi}\int_0^1 a^2\,\mathrm{d}a\int_0^{2\pi}\cos(\omega_0 t_1+\varphi)\cos(\omega_0 t_2+\varphi)\,\mathrm{d}\varphi\\&=\frac{1}{2\pi}\cdot\frac{1}{6}\int_0^{2\pi}[\cos(\omega_0 t_1+\omega_0 t_2+2\varphi)+\cos\omega_0(t_1-t_2)]\,\mathrm{d}\varphi\\&=\frac{1}{2\pi}\cdot\frac{1}{6}\left[0+\int_0^{2\pi}\cos\omega_0(t_1-t_2)\,\mathrm{d}\varphi\right]=\frac{1}{6}\cos\omega_0(t_1-t_2).\end{aligned}$$

12. 设随机过程

$$X(t)=\cos\omega t,\quad -\infty<t<+\infty,$$

其中 ω 是服从区间 $\left[\omega_0-\frac{1}{2}\Delta,\omega_0+\frac{1}{2}\Delta\right]$ 上均匀分布的随机变量. 试求 $X(t)$ 的数学期望和自协方差函数.

解 $X(t)$ 的数学期望

$$m_X(t)=E[X(t)]=E(\cos\omega t)=\int_{\omega_0-\frac{1}{2}\Delta}^{\omega_0+\frac{1}{2}\Delta}\cos\omega t\cdot\frac{1}{\Delta}\mathrm{d}\omega.$$

于是，当 $t=0$ 时，$m_X(0)=1$；当 $t\neq 0$ 时，有

$$m_X(t)=\frac{1}{t\Delta}\cdot\sin\omega t\Big|_{\omega_0-\frac{1}{2}\Delta}^{\omega_0+\frac{1}{2}\Delta}=\frac{1}{t\Delta}\left[\sin\left(\omega_0+\frac{1}{2}\Delta\right)t-\sin\left(\omega_0-\frac{1}{2}\Delta\right)t\right]$$
$$=\frac{2}{t\Delta}\sin\frac{t\Delta}{2}\cos\omega_0 t.$$

综上所述

$$m_X(t)=\begin{cases}\dfrac{2}{t\Delta}\sin\dfrac{t\Delta}{2}\cos\omega_0 t, & t\neq 0,\\ 1, & t=0.\end{cases}$$

$X(t)$ 的自相关函数为

$$R_X(t_1,t_2)=E[X(t_1)X(t_2)]=E(\cos\omega t_1\cos\omega t_2)$$
$$=\int_{\omega_0-\frac{1}{2}\Delta}^{\omega_0+\frac{1}{2}\Delta}\cos\omega t_1\cos\omega t_2\cdot\frac{1}{\Delta}\mathrm{d}\omega$$
$$=\frac{1}{2\Delta}\int_{\omega_0-\frac{1}{2}\Delta}^{\omega_0+\frac{1}{2}\Delta}[\cos\omega(t_2-t_1)+\cos\omega(t_2+t_1)]\mathrm{d}\omega.$$

当 $t_1-t_2\neq 0,t_1+t_2\neq 0$ 时，有

$$R_X(t_1,t_2)=\frac{1}{2\Delta}\left[\frac{1}{t_2-t_1}\sin\omega(t_2-t_1)\Big|_{\omega_0-\frac{1}{2}\Delta}^{\omega_0+\frac{1}{2}\Delta}+\frac{1}{t_2+t_1}\sin\omega(t_2+t_1)\Big|_{\omega_0-\frac{1}{2}\Delta}^{\omega_0+\frac{1}{2}\Delta}\right]$$
$$=\frac{1}{\Delta(t_2-t_1)}\sin\frac{1}{2}\Delta(t_2-t_1)\cos\omega_0(t_2-t_1)+$$
$$\frac{1}{\Delta(t_2+t_1)}\sin\frac{1}{2}\Delta(t_2+t_1)\cos\omega_0(t_2+t_1);$$

当 $t_2-t_1=0$ 且 $t_1+t_2\neq 0$，即 $t_1=t_2=t\neq 0$ 时，有

$$R_X(t,t)=\frac{1}{2}+\frac{1}{2t\Delta}\sin t\Delta\cos 2\omega_0 t;$$

当 $t_2-t_1\neq 0$ 且 $t_1+t_2=0$，即 $t_1=-t_2=t\neq 0$ 时，有

$$R_X(t,-t)=\frac{1}{2}+\frac{1}{2t\Delta}\sin t\Delta\cos 2\omega_0 t;$$

当 $t_2-t_1=0$ 且 $t_2+t_1=0$，即 $t_1=t_2=0$ 时，有 $R_X(0,0)=1$.

故自协方差函数

$$C_X(t_1,t_2)=R_X(t_1,t_2)-m_X(t_1)m_X(t_2)$$

$$
=\begin{cases}\dfrac{1}{\Delta(t_2-t_1)}\sin\dfrac{1}{2}\Delta(t_2-t_1)\cos\omega_0(t_2-t_1)+\dfrac{1}{\Delta(t_2+t_1)}\sin\dfrac{1}{2}\Delta(t_2+t_1)\cdot \\ \qquad\cos\omega_0(t_2+t_1)-\dfrac{4}{t_1\Delta t_2\Delta}\sin\dfrac{t_1\Delta}{2}\sin\dfrac{t_2\Delta}{2}\cos\omega_0 t_1\cos\omega_0 t_2, \\ \qquad\qquad \text{当 } t_2-t_1\neq 0, t_2+t_1\neq 0, t_1\neq 0, t_2\neq 0, \\ \dfrac{1}{2}+\dfrac{1}{2t\Delta}\sin t\Delta\cos 2\omega_0 t-\left(\dfrac{2}{t\Delta}\sin\dfrac{1}{2}t\Delta\cos\omega_0 t\right)^2, \\ \qquad\qquad \text{当 } t_1=t_2=t\neq 0, \quad \text{或} \quad t_1=-t_2=t\neq 0, \\ 0, \qquad \text{当 } t_1=t_2=0, \quad \text{或} \quad t_1=0, t_2\neq 0, \quad \text{或} \quad t_1\neq 0, t_2=0.\end{cases}
$$

13. 设随机过程 $X(t)=X$(随机变量),而 $E(X)=a, D(X)=\sigma^2$,试求 $X(t)$的数学期望和自协方差函数.

解 $E[X(t)]=E(X)=a$,

$C_X(t_1,t_2)=E[X(t_1)X(t_2)]-E[X(t_1)]E[X(t_2)]=E[X^2]-(E(X))^2=D(X)=\sigma^2$.

14. 设随机过程 $X(t)=X+Yt, -\infty<t<+\infty$,而随机向量$(X,Y)^{\mathrm{T}}$ 的协方差矩阵为 $\begin{bmatrix}\sigma_1^2 & \gamma \\ \gamma & \sigma_2^2\end{bmatrix}$,试求 $X(t)$的自协方差函数.

解
$$
\begin{aligned}
C_X(t_1,t_2)&=\mathrm{cov}(X(t_1),X(t_2)) \\
&=\mathrm{cov}(X+Yt_1, X+Yt_2) \\
&=\mathrm{cov}(X,X)+(t_1+t_2)\mathrm{cov}(X,Y)+t_1t_2\mathrm{cov}(Y,Y) \\
&=\sigma_1^2+(t_1+t_2)\gamma+t_1t_2\sigma_2^2.
\end{aligned}
$$

15. 设随机过程 $X(t)=X+Yt+Zt^2, -\infty<t<+\infty$,其中 X,Y,Z 是相互独立的随机变量,各自的数学期望为 0,方差为 1. 试求 $X(t)$的自协方差函数.

解 由 $E(X^2)=(E(X))^2+D(X)=1, E(Y^2)=(E(Y))^2+D(Y)=1$,及 $E(Z^2)=(E(Z))^2+D(Z)=1$ 得

$$
\begin{aligned}
E[X(t_1)X(t_2)]&=E[(X+Yt_1+Zt_1^2)(X+Yt_2+Zt_2^2)] \\
&=E[X^2+XYt_2+XZt_2^2+XYt_1+Y^2t_1t_2+YZt_1t_2^2+ \\
&\quad XZt_1^2+YZt_1^2t_2+Z^2t_1^2t_2^2] \\
&=E(X^2)+t_1t_2E(Y^2)+t_1^2t_2^2E(Z^2)=1+t_1t_2+t_1^2t_2^2.
\end{aligned}
$$

又 $E[X(t_1)]=E(X+Yt_1+Zt_1^2)=0$,所以

$$
C_X(t_1,t_2)=E[X(t_1)X(t_2)]-E[X(t_1)]\cdot E[X(t_2)]=1+t_1t_2+t_1^2t_2^2.
$$

16. 设随机过程 $X(t)$的导数存在,试证 $E\left[X(t)\dfrac{\mathrm{d}X(t)}{\mathrm{d}t}\right]=\left.\dfrac{\partial R_X(t_1,t)}{\partial t_1}\right|_{t_1=t}$.

证明
$$
\begin{aligned}
E\left[X(t)\frac{\mathrm{d}X(t)}{\mathrm{d}t}\right]&=E\left[X(t)\underset{\Delta t\to 0}{\mathrm{l.i.m}}\frac{X(t+\Delta t)-X(t)}{\Delta t}\right] \\
&=\lim_{\Delta t\to 0}\frac{R_X(t+\Delta t,t)-R_X(t,t)}{\Delta t}=\left.\frac{\partial R_X(t_1,t)}{\partial t_1}\right|_{t_1=t}.
\end{aligned}
$$

17. 设 X,Y 是相互独立且服从正态分布 $N(0,\sigma^2)$的随机变量,随机过程 $X(t)=Xt+Y$. 试求下列随机变量的数学期望:

$$Z_1=\int_0^1 X(t)\mathrm{d}t,\quad Z_2=\int_0^1 X^2(t)\mathrm{d}t.$$

解 $E(Z_1)=E\left[\int_0^1 X(t)\mathrm{d}t\right]=\int_0^1 E[X(t)]\mathrm{d}t=\int_0^1 E(Xt+Y)\mathrm{d}t=0,$

$$E(Z_2)=E\left[\int_0^1 X^2(t)\mathrm{d}t\right]=\int_0^1 E[X^2(t)]\mathrm{d}t$$

$$=\int_0^1 E[(Xt+Y)^2]\mathrm{d}t=\int_0^1[t^2E(X^2)+2tE(X)E(Y)+E(Y^2)]\mathrm{d}t$$

$$=\int_0^1\sigma^2(t^2+1)\mathrm{d}t=\sigma^2\left(\frac{1}{3}t^3\Big|_0^1+t\Big|_0^1\right)=\frac{4}{3}\sigma^2.$$

18. 试证均方导数的下列性质：

(1) $E\left[\dfrac{\mathrm{d}X(t)}{\mathrm{d}t}\right]=\dfrac{\mathrm{d}E[X(t)]}{\mathrm{d}t}$；

(2) 若 a,b 是常数，则$[aX(t)+bY(t)]'=aX'(t)+bY'(t)$.

分析 由于均方导数是用均方极限定义的，均方极限具有线性性，所以(2)既可以用均方极限的定义证明，也可以用均方极限的性质证明.

证明 (1) $E\left[\dfrac{\mathrm{d}X(t)}{\mathrm{d}t}\right]=E\left[\underset{\Delta t\to 0}{\mathrm{l.i.m}}\dfrac{X(t+\Delta t)-X(t)}{\Delta t}\right]$

$$=\lim_{\Delta t\to 0}\frac{m_X(t+\Delta t)-m_X(t)}{\Delta t}=m_X'(t)=\frac{\mathrm{d}E[X(t)]}{\mathrm{d}t}.$$

(2) 证法 1

$$E\left[\left|\frac{aX(t+\Delta t)+bY(t+\Delta t)-(aX(t)+bY(t))}{\Delta t}-(aX'(t)+bY'(t))\right|^2\right]$$

$$=E\left[\left|a\left(\frac{X(t+\Delta t)-X(t)}{\Delta t}-X'(t)\right)+b\left(\frac{Y(t+\Delta t)-Y(t)}{\Delta t}-Y'(t)\right)\right|^2\right]$$

$$\leqslant a^2E\left[\left|\frac{X(t+\Delta t)-X(t)}{\Delta t}-X'(t)\right|^2\right]+$$

$$2|a||b|\sqrt{E\left[\left|\frac{X(t+\Delta t)-X(t)}{\Delta t}-X'(t)\right|^2\right]}\cdot$$

$$\sqrt{E\left[\left|\frac{Y(t+\Delta t)-Y(t)}{\Delta t}-Y'(t)\right|^2\right]}+$$

$$b^2E\left[\left|\frac{Y(t+\Delta t)-Y(t)}{\Delta t}-Y'(t)\right|^2\right]\to 0(\Delta t\to 0),$$

即

$$\lim_{\Delta t\to 0}E\left[\left|\frac{aX(\Delta t+t)+bY(\Delta t+t)-(aX(t)+bY(t))}{\Delta t}-(aX'(t)+bY'(t))\right|^2\right]=0,$$

所以 $[aX(t)+bY(t)]'=aX'(t)+bY'(t)$.

证法 2 $\underset{\Delta t\to 0}{\mathrm{l.i.m}}\dfrac{(aX(t+\Delta t)+bY(t+\Delta t))-(aX(t)+bY(t))}{\Delta t}$

$$=\underset{\Delta t\to 0}{\mathrm{l.i.m}}\,a\frac{X(t+\Delta t)-X(t)}{\Delta t}+\underset{\Delta t\to 0}{\mathrm{l.i.m}}\,b\frac{Y(t+\Delta t)-Y(t)}{\Delta t}$$

$$=aX'(t)+bY'(t).$$

19. 试证均方积分的如下性质：

若 α,β 是常数，则 $\int_a^b[\alpha X(t)+\beta Y(t)]\mathrm{d}t=\alpha\int_a^b X(t)\mathrm{d}t+\beta\int_a^b Y(t)\mathrm{d}t$.

证明 证法1 因为

$$E\left[\left|\sum_{k=1}^{n}(\alpha X(u_k)+\beta Y(u_k))\Delta t_k-\left(\alpha\int_a^b X(t)\mathrm{d}t+\beta\int_a^b Y(t)\mathrm{d}t\right)\right|^2\right]$$

$$=E\left[\left|\alpha\left(\sum_{k=1}^{n}X(u_k)\Delta t_k-\int_a^b X(t)\mathrm{d}t\right)+\beta\left(\sum_{k=1}^{n}Y(u_k)\Delta t_k-\int_a^b Y(t)\mathrm{d}t\right)\right|^2\right]$$

$$\leqslant\alpha^2E\left[\left|\sum_{k=1}^{n}X(u_k)\Delta t_k-\int_a^b X(t)\mathrm{d}t\right|^2\right]+$$

$$2|\alpha||\beta|\sqrt{E\left[\left|\sum_{k=1}^{n}X(u_k)\Delta t_k-\int_a^b X(t)\mathrm{d}t\right|^2\right]}\cdot$$

$$\sqrt{E\left[\left|\sum_{k=1}^{n}Y(u_k)\Delta t_k-\int_a^b Y(t)\mathrm{d}t\right|^2\right]}+$$

$$\beta^2E\left[\left|\sum_{k=1}^{n}Y(u_k)\Delta t_k-\int_a^b Y(t)\mathrm{d}t\right|^2\right]$$

$$\to 0(\Delta=\max(\Delta t_k)\to 0),$$

即

$$\lim_{\Delta\to 0}E\left|\sum_{k=1}^{n}(\alpha X(u_k)+\beta Y(u_k))\Delta t_k-\left(\alpha\int_a^b X(t)\mathrm{d}t+\beta\int_a^b Y(t)\mathrm{d}t\right)\right|^2=0,$$

故

$$\int_a^b[\alpha X(t)+\beta Y(t)]\mathrm{d}t=\alpha\int_a^b X(t)\mathrm{d}t+\beta\int_a^b Y(t)\mathrm{d}t.$$

证法2 $\int_a^b[\alpha X(t)+\beta Y(t)]\mathrm{d}t=\underset{\Delta\to 0}{\mathrm{l.i.m}}\sum_{k=1}^{n}[\alpha X(u_k)+\beta Y(u_k)](t_k-t_{k-1})$

$$=\underset{\Delta\to 0}{\mathrm{l.i.m}}\sum_{k=1}^{n}\alpha X(u_k)(t_k-t_{k-1})+\underset{\Delta\to 0}{\mathrm{l.i.m}}\sum_{k=1}^{n}\beta Y(u_k)(t_k-t_{k-1})$$

$$=\alpha\int_a^b X(t)\mathrm{d}t+\beta\int_a^b Y(t)\mathrm{d}t.$$

20. 设 $\{X(t),a\leqslant t\leqslant b\}$ 是均方可导的随机过程，试证

$$\underset{t\to t_0}{\mathrm{l.i.m}}\,g(t)X(t)=g(t_0)X(t_0),$$

这里 $g(t)$ 是在区间 $[a,b]$ 上的连续函数.

证明 因为

$$E[|g(t)X(t)-g(t_0)X(t_0)|^2]$$

$$=E[|g(t)(X(t)-X(t_0))+X(t_0)(g(t)-g(t_0))|^2]$$

$$\leqslant|g(t)|^2E[|X(t)-X(t_0)|^2]+2|g(t)||g(t)-g(t_0)|\sqrt{E[X^2(t_0)]}\cdot$$

$$\sqrt{E([X(t)-X(t_0)]^2)}+|g(t)-g(t_0)|^2E[X^2(t_0)],$$

由于均方可导必均方连续，故 $\lim\limits_{t\to t_0}E[|X(t)-X(t_0)|^2]=0$.

又 $g(t)$在$[a,b]$上连续,所以

$$\lim_{t\to t_0}|g(t)-g(t_0)|=0,\lim_{t\to t_0}|g(t)|=g(t_0).$$

所以

$$\lim_{t\to t_0}E|g(t)X(t)-g(t_0)X(t_0)|^2=0,$$

即

$$\underset{t\to t_0}{\mathrm{l.i.m}}\, g(t)X(t)=g(t_0)X(t_0).$$

2.5 自主练习题

习题 1

1. 设$\{X(t),-\infty<t<+\infty\}$均方可导,均值函数 $m_X(t)=\cos 3t$,自相关函数 $R_X(s,t)=e^{-(t-s)^2}$,试求随机过程 $X'(t)$的均值函数、自相关函数、$X(t)$与 $X'(t)$的互相关函数.

2. 设 $X(t)=A\cos\alpha t+B\sin\alpha t,t\geqslant 0,\alpha$ 为常数,A,B 相互独立同服从$N(0,\sigma^2)$ 分布,判断 $X(t)$是否均方可积.若可积,求其均方不定积分过程的均值函数、自相关函数和方差函数.

3. 设 $X(t)=X+tY,a\leqslant t\leqslant b$,其中 X 与 Y 是相互独立且服从 $N(\mu,\sigma^2)$ 的随机变量.证明:$X(t)$是二阶矩过程,又是正态过程.

4. 设 $X_k(k=1,2,\cdots)$是相互独立同分布的随机变量序列,$D(X_k)=\sigma^2,E(X_k)=\mu$,$k=1,2,\cdots$,证明 $\underset{n\to\infty}{\mathrm{l.i.m}}\dfrac{1}{n}\sum_{k=1}^{n}X_k=\mu$.

5. 设有二阶矩随机序列$\{X_n\}$和二阶矩随机变量 X,且$\underset{n\to\infty}{\mathrm{l.i.m}}X_n=X$,$f(u)$是普通复函数,满足利普希茨条件$|f(u)-f(v)|\leqslant M|u-v|$,其中 M 是一正常数.证明:$\underset{n\to\infty}{\mathrm{l.i.m}}f(X_n)=f(X)$.

6. 设随机过程 $X(t)$的自相关函数 $R_X(t_1,t_2)=e^{-(t_1-t_2)^2}$,如果 $Y(t)=X(t)+X'(t)$,求 $R_Y(t_1,t_2)$.

7. 设 $X(t)=A^2e^{-3t}$,其中 A 是随机变量,$E(A^4)<+\infty$,证明对任意固定的 t,$\int_0^t X(s)\mathrm{d}s$ 存在,并计算$\int_0^t X(s)\mathrm{d}s$.

8. 设 $X_n(n=1,2,\cdots)$和 X 都是实随机变量,$\underset{n\to\infty}{\mathrm{l.i.m}}X_n=X$.证明:

(1) $\lim_{n\to\infty}D(X_n)=D(X)$;　　(2) $\lim_{n\to\infty}E(e^{\mathrm{i}tX_n})=E(e^{\mathrm{i}tX})$.

9. 设正弦波随机过程 $X(t)=A\cos(\omega t+\theta)$,其中 A,ω 都是常数,$\theta\sim U[-\pi,\pi]$,求随机过程 $X(t)$的一维概率分布.

习题 2

1. 设随机过程 $X(t)=e^{-Xt},t>0$,其中随机变量 X 的分布律为

X	-1	0	1
p_k	$\frac{1}{8}$	$\frac{1}{2}$	$\frac{3}{8}$

求 $E[X(t)], R_X(t_1,t_2)$.

2. 证明若二阶矩过程 $\{X(t), t\in T\}$ 均方可导，则 $\{X(t), t\in T\}$ 均方连续.

3. 设随机过程 $X(t)=\sum\limits_{k=1}^{n}[Y_k\cos\omega_k t - Z_k\sin\omega_k t], t\geqslant 0, \omega_k\neq 0, k=1,2,\cdots,n$ 为常数，$Y_k, Z_k, k=1,2,\cdots,n$ 是两两不相关，且 $E(Y_k)=E(Z_k)=0, D(Y_k)=D(Z_k)=\sigma_k^2, k=1,2,\cdots,n$ 的随机变量. 对任意的 $b>0$，判断 $X(t)$ 在 $[0,b]$ 上是否均方可积，若均方可积，求其均方不定积分过程的均方值函数.

4. 设 $\{X_n, n=1,2,\cdots\}$ 为复随机过程，其相关函数为 $R(m,n)=E(X_m\overline{X}_n)$. 又 $\{a_n, n=1,2,\cdots\}$ 为复数序列，试研究随机序列 $\left\{Y_n=\sum\limits_{k=1}^{n}a_k X_k, n=1,2,\cdots\right\}$ 均方收敛的条件.

5. 设随机过程 $\{X(t), t\in T\}$ 的自协方差函数为 $C_X(t_1,t_2)=(1+t_1t_2)\sigma^2$，试求 $Y(s)=\int_0^s X(t)\mathrm{d}s$ 的自协方差函数.

6. 设 $X(t)=X+Y\sin t, -\infty<t<+\infty$，其中 X, Y 是相互独立且同服从正态分布 $N(0,1)$ 的随机变量. 证明 $\{X(t), -\infty<t<+\infty\}$ 是二阶矩过程并求它的一维概率密度.

7. 二阶矩过程 $\{X(t), 0\leqslant t<1\}$ 的自相关函数为 $R_X(t_1,t_2)=\dfrac{\sigma^2}{1-t_1t_2}$，$0\leqslant t_1, t_2<1$，此过程是否均方连续、均方可导？若可导，试求 $R_{X'}(t_1,t_2)$ 和 $R_{XX'}(t_1,t_2)$.

8. 考察两个谐波信号 $X(t)$ 和 $Y(t)$，其中 $X(t)=A\cos(w_c t+\Phi), Y(t)=B\cos(w_c t)$，式中 A 和 w_c 为正的常数，Φ 是 $[-\pi,\pi]$ 上均匀分布的随机变量，B 是服从标准正态分布的随机变量.

(1) 求 $X(t)$ 的均值、方差和自相关函数；

(2) 若 Φ 与 B 独立，求 $X(t)$ 与 $Y(t)$ 的互相关函数.

9. 设 $X(t)$ 为二阶矩过程，$R_X(t_1,t_2)=\cos 2(t_2-t_1)$，若 $Y(t)=X(t)+\dfrac{\mathrm{d}X(t)}{\mathrm{d}t}$，试求 $R_Y(t_1,t_2)$.

2.6 自主练习题参考解答

习题 1 参考解答

1. 解 $m_{X'}(t)=E[X'(t)]=m_X'(t)=[\cos 3t]'=-3\sin 3t$,

$$R_{X'}(s,t)=\frac{\partial^2}{\partial t\partial s}R_X(s,t)=\frac{\partial^2}{\partial t\partial s}\mathrm{e}^{-(t-s)^2}$$

$$=\frac{\partial}{\partial s}[-2(t-s)\mathrm{e}^{-(t-s)^2}]=(2-4(t-s)^2)\mathrm{e}^{-(t-s)^2},$$

$$R_{XX'}(s,t)=\frac{\partial}{\partial t}R_X(s,t)=\frac{\partial}{\partial t}\mathrm{e}^{-(t-s)^2}=2(s-t)\mathrm{e}^{-(t-s)^2}.$$

2. 解 $m_X(t)=E(A\cos\alpha t+B\sin\alpha t)=0, \quad t\geqslant 0$,

$$R_X(s,t)=E[X(s)X(t)]=E[(A\cos\alpha s+B\sin\alpha s)(A\cos\alpha t+B\sin\alpha t)]$$

$$=E(A^2)\cos\alpha s\cos\alpha t+E(B^2)\sin\alpha s\sin\alpha t=\sigma^2\cos\alpha(t-s), \quad s,t\geqslant 0.$$

$R_X(s,t)$是连续函数,故 $X(t)$均方连续,从而均方可积,记 $Y(t)=\int_0^t X(s)\mathrm{d}s$,则

$$m_Y(t)=E[Y(t)]=\int_0^t E[X(s)]\mathrm{d}s=0,\quad t\geqslant 0,$$

$$\begin{aligned}R_Y(s,t)&=E[Y(s)Y(t)]=E\left[\int_0^s X(u)\mathrm{d}u\int_0^t X(v)\mathrm{d}v\right]\\&=\int_0^s\int_0^t R_X(u,v)\mathrm{d}u\mathrm{d}v=\int_0^s\int_0^t\sigma^2\cos\alpha(u-v)\mathrm{d}u\mathrm{d}v\\&=\frac{\sigma^2}{\alpha^2}[1-\cos\alpha s-\cos\alpha t+\cos\alpha(t-s)],\end{aligned}$$

$$D_Y(t)=\frac{2\sigma^2}{\alpha^2}(1-\cos\alpha t).$$

3. 证明 $m_X(t)=E(X)+tE(Y)=\mu(1+t)$,

$$E[X^2(t)]=D[X(t)]+(E[X(t)])^2=(1+t^2)\sigma^2+\mu^2(1+t)^2,$$

因此,$X(t)$ 的一、二阶矩存在,故 $X(t)$是二阶矩过程. 任取 $t_1,t_2,\cdots,t_n\in[a,b]$,则

$$(X(t_1),X(t_2),\cdots,X(t_n))^{\mathrm{T}}=\begin{bmatrix}X+Yt_1\\X+Yt_2\\\vdots\\X+Yt_n\end{bmatrix},\text{令 }\boldsymbol{Z}=\begin{bmatrix}X\\Y\end{bmatrix},\quad\boldsymbol{C}=\begin{bmatrix}1&t_1\\1&t_2\\\vdots&\vdots\\1&t_n\end{bmatrix},$$

则有$(X(t_1),X(t_2),\cdots,X(t_n))^{\mathrm{T}}=\boldsymbol{CZ}$,由于 $\boldsymbol{Z}$ 服从二维正态分布,由 n 维正态分布的性质,$(X(t_1),X(t_2),\cdots,X(t_n))^{\mathrm{T}}$ 服从 n 维正态分布,从而 $X(t)$是正态随机过程.

4. 证明 由于

$$E\left[\left|\frac{1}{n}\sum_{k=1}^n X_k-\mu\right|^2\right]=\frac{1}{n^2}E\left[\left|\sum_{k=1}^n(X_k-E(X_k))\right|^2\right]^2=\frac{1}{n^2}\sum_{k=1}^n\sum_{l=1}^n\operatorname{cov}(X_k,X_l)$$

$$=\frac{1}{n^2}\sum_{k=1}^n D(X_k)=\frac{\sigma^2}{n}\to 0,\quad n\to\infty,$$

因此,$\underset{n\to\infty}{\mathrm{l.i.m}}\frac{1}{n}\sum_{k=1}^n X_k=\mu$.

5. 证明 由利普希茨条件,有$|f(X(n))-f(X)|^2\leqslant M^2|X(n)-X|^2$,于是

$$E(|f(X(n))-f(X)|^2)\leqslant M^2E(|X(n)-X|^2).$$

因为$\lim_{n\to\infty}E(|X(n)-X|^2)=0$,故

$$\lim_{n\to\infty}E(|f(X_n)-f(X)|^2)=0,\quad\text{即}\quad\underset{n\to\infty}{\mathrm{l.i.m}}f(X_n)=f(X).$$

6. 解
$$\begin{aligned}R_Y(t_1,t_2)&=E[Y(t_1)Y(t_2)]=E[(X'(t_1)+X(t_1))(X'(t_2)+X(t_2))]\\&=E[X'(t_1)X'(t_2)]+E[X'(t_1)X(t_2)]+E[X(t_1)X'(t_2)]+\\&\quad E[X(t_1)X(t_2)]\\&=\frac{\partial^2R_X(t_1,t_2)}{\partial t_1\partial t_2}+\frac{\partial R_X(t_1,t_2)}{\partial t_1}+\frac{\partial R_X(t_1,t_2)}{\partial t_2}+R_X(t_1,t_2)\\&=3\mathrm{e}^{-(t_1-t_2)^2}-4(t_1-t_2)^2\mathrm{e}^{-(t_1-t_2)^2}.\end{aligned}$$

7. 证明 因为 $R_X(t_1,t_2)=E[X(t_1)X(t_2)]=E(A^4)\mathrm{e}^{-3(t_1+t_2)}$是二元连续函数,故对

任意固定的 t，$\int_0^t X(s)\mathrm{d}s$ 存在. 由均方积分的性质，有

$$\int_0^t X(s)\mathrm{d}s=\int_0^t A^2\mathrm{e}^{-3s}\mathrm{d}s=A^2\cdot\left(-\frac{\mathrm{e}^{-3s}}{3}\right)\Big|_0^t=\frac{A^2}{3}(1-\mathrm{e}^{-3t}).$$

8. 证明 (1) 由 $\underset{n\to\infty}{\mathrm{l.i.m}}\,X_n=X$ 知，$\lim\limits_{n\to\infty}E(X_n)=E(X)$，$\lim\limits_{n\to\infty}E(X_n^2)=E(X^2)$，从而

$$\lim_{n\to\infty}D(X_n)=\lim_{n\to\infty}[E(X_n^2)-(E(X_n))^2]=E(X^2)-(E(X))^2=D(X).$$

(2) $|E(\mathrm{e}^{\mathrm{i}tX_n})-E(\mathrm{e}^{\mathrm{i}tX})|=|E[\mathrm{e}^{\mathrm{i}tX}(1-\mathrm{e}^{\mathrm{i}t(X_n-X)})]|\leqslant E[1-\mathrm{e}^{\mathrm{i}t(X_n-X)}]$

$$\leqslant E[|t(X_n-X)|]\leqslant\sqrt{E[t^2(X_n-X)^2]}\to 0\quad(n\to\infty),$$

故 $\lim\limits_{n\to\infty}E(\mathrm{e}^{\mathrm{i}tX_n})=E(\mathrm{e}^{\mathrm{i}tX})$.

9. 解 若 $x<-A$，则 $F(x;t)=0$；若 $x>A$，则 $F(x;t)=1$；若 $-A<x<A$，则

$$\begin{aligned}F(x;t)&=P\{A\cos(\omega t+\theta)\leqslant x\}\\&=P\left\{-\pi-\omega t\leqslant\theta\leqslant-\arccos\frac{x}{A}-\omega t\cup\arccos\frac{x}{A}-\omega t\leqslant\theta\leqslant\pi-\omega t\right\}\\&=\int_{-\pi-\omega t}^{-\arccos\frac{x}{A}-\omega t}\frac{1}{2\pi}\mathrm{d}\theta+\int_{\arccos\frac{x}{A}-\omega t}^{\pi-\omega t}\frac{1}{2\pi}\mathrm{d}\theta=\frac{1}{\pi}\left(\pi-\arccos\frac{x}{A}\right).\end{aligned}$$

于是得，当 $-A<x<A$ 时，$f(x;t)=\dfrac{1}{\pi}\dfrac{1}{\sqrt{A^2-x^2}}$.

综上有

$$f(x;t)=\begin{cases}\dfrac{1}{\pi}\dfrac{1}{\sqrt{A^2-x^2}}, & -A<x<A,\\ 0, & x\leqslant-A\text{ 或 }x\geqslant A.\end{cases}$$

习题2参考解答

1. 解 $E[X(t)]=\dfrac{1}{2}+\dfrac{1}{8}\mathrm{e}^t+\dfrac{3}{8}\mathrm{e}^{-t}$.

$$\begin{aligned}R_X(t_1,t_2)&=E[X(t_1)X(t_2)]=(\mathrm{e}^{t_1}\cdot\mathrm{e}^{t_2})\cdot\frac{1}{8}+1\times1\times\frac{1}{2}+(\mathrm{e}^{-t_1}\cdot\mathrm{e}^{-t_2})\cdot\frac{3}{8}\\&=\frac{1}{2}+\frac{1}{8}\mathrm{e}^{(t_1+t_2)}+\frac{3}{8}\mathrm{e}^{-(t_1+t_2)}.\end{aligned}$$

2. 证明 任给 $t\in T$，设 $\{X(t),t\in T\}$ 在 t 处均方可导，则 $X'(t)$ 及 $E[X'(t)]$ 存在，由于

$$\begin{aligned}\lim_{\Delta t\to0}E[|X(t+\Delta t)-X(t)|^2]&=\lim_{\Delta t\to0}E\left[\left|\frac{X(t+\Delta t)-X(t)}{\Delta t}\right|^2\Delta t^2\right]\\&=\lim_{\Delta t\to0}E\left[\left|\frac{X(t+\Delta t)-X(t)}{\Delta t}\right|^2\right]\lim_{\Delta t\to0}(\Delta t)^2\\&=E[|X'(t)|^2]\cdot0=0.\end{aligned}$$

故 $\{X(t),t\in T\}$ 均方连续.

3. 解 (1)

$$\begin{aligned}R_X(t_1,t_2)&=E[X(t_1)X(t_2)]\\&=E\left[\sum_{k=1}^n(Y_k\cos\omega_k t_1-Z_k\sin\omega_k t_1)\sum_{k=1}^n(Y_k\cos\omega_k t_2-Z\sin\omega_k t_2)\right]\end{aligned}$$

$$=\sum_{k=1}^{n}[E(Y_k^2)\cos\omega_k t_1\cos\omega_k t_2+E(Z_k^2)\sin\omega_k t_1\sin\omega_k t_2]$$

$$=\sum_{k=1}^{n}\sigma_k^2\cos\omega_k(t_2-t_1).$$

因为 $R_X(t_1,t_2)$在$[0,b]\times[0,b]$上连接,所以 $X(t)$在$[0,b]$上均方连续,从而 $X(t)$均方连续,因此 $X(t)$在$[0,b]$上均方可积.

(2) 记 $Y(t)=\int_0^t X(s)\mathrm{d}s$,则

$$E[Y(t)^2]=E\left(\int_0^t X(s)\mathrm{d}s\right)^2=\int_0^t\int_0^t R_X(t_1,t_2)\mathrm{d}t_1\mathrm{d}t_2$$

$$=\int_0^t\int_0^t\sum_{k=1}^{n}\sigma_k^2\cos\omega_k(t_2-t_1)\mathrm{d}t_1\mathrm{d}t_2$$

$$=\sum_{k=1}^{n}\sigma_k^2\left[\int_0^t\left(\frac{\sin(\omega_k t_2)}{\omega_k}-\frac{\sin(\omega_k(t_2-t))}{\omega_k}\right)\mathrm{d}t_2\right]$$

$$=\sum_{k=1}^{n}\frac{2\sigma_k^2}{\omega_k^2}(1-\cos\omega_k t),\quad t\geqslant 0.$$

4. 解 因为 $R_Y(m,n)=E(Y_m\overline{Y}_n)=E\left(\sum_{k=1}^{m}\sum_{l=1}^{n}a_k\bar{a}_l X_k\overline{X}_l\right)$

$$=\sum_{k=1}^{m}\sum_{l=1}^{n}a_k\bar{a}_l E(X_k\overline{X}_l)=\sum_{k=1}^{m}\sum_{l=1}^{n}a_k\bar{a}_l R(k,l),$$

由均方收敛准则可知$\{Y_n\}$均方收敛的充分必要条件是 $\lim\limits_{m,n\to\infty}E(Y_m\overline{Y}_n)$ 为常数,即级数 $\sum\limits_{l=1}^{\infty}a_k\bar{a}_l R(k,l)$ 收敛,故$\{Y_n\}$均方收敛的条件为$\sum\limits_{l=1}^{\infty}a_k\bar{a}_l R(k,l)$收敛.

5. 解 $C_Y(s_1,s_2)=E[(Y(s_1)-E[Y(s_1)])(Y(s_2)-E[Y(s_2)])]$

$$=E\left[\int_0^{s_1}(X(t_1)-E[X(t_1)])\mathrm{d}t_1\int_0^{s_2}(X(t_2)-E[X(t_2)])\mathrm{d}t_2\right]$$

$$=\int_0^{s_1}\int_0^{s_2}C_X(t_1,t_2)\mathrm{d}t_1\mathrm{d}t_2=\int_0^{s_1}\int_0^{s_2}(1+t_1t_2)\sigma^2\mathrm{d}t_1\mathrm{d}t_2$$

$$=s_1s_2\sigma^2+\frac{s_1^2s_2^2}{4}\sigma^2.$$

6. 证明 因为 $m_X(t)=E[X(t)]=E(X+Y\sin t)$

$$=E(X)+E(Y)\cdot\sin t=0,\ -\infty<t<+\infty,$$

$$R_X(s,t)=E[X(s)X(t)]=E[(X+Y\sin s)(X+Y\sin t)]$$

$$=E(X^2)+(\sin s+\sin t)E(XY)+(\sin s\cdot\sin t)E(Y^2)$$

$$=1+\sin s\cdot\sin t,\ -\infty<s,t<+\infty,$$

$$E[X^2(t)]=1+\sin^2 t,\ -\infty<t<+\infty,$$

所以$\{X(t),-\infty<t<+\infty\}$的一、二阶矩阵存在,从而$\{X(t),-\infty<t<+\infty\}$是二阶矩过程.

由于 X,Y 是相互独立且同服从 $N(0,1)$的随机变量,因此任给 $t\in(-\infty,+\infty)$,$X(t)=X+Y\sin t$ 服从正态分布,且 $E[X(t)]=0$,$D[X(t)]=D(X+Y\sin t)=D(X)+\sin^2 t\ \cdot$

$D(Y)=1+\sin^2 t$，所以 $\{X(t),-\infty<t<+\infty\}$ 的一维分布为 $X(t)\sim N(0,1+\sin^2 t)$，$-\infty<t<+\infty$，从而 $\{X(t),-\infty<t<+\infty\}$ 的一维概率密度函数为

$$f(x;t)=\frac{1}{\sqrt{2\pi(1+\sin^2 t)}}e^{-\frac{x^2}{2(1+\sin^2 t)}},\quad -\infty<x<+\infty,-\infty<t<+\infty.$$

7. 解

$$\frac{\partial R_X(t_1,t_2)}{\partial t_1}=\frac{\sigma^2 t_2}{(1-t_1t_2)^2},\frac{\partial R_X(t_1,t_2)}{\partial t_2}=\frac{\sigma^2 t_1}{(1-t_1t_2)^2},$$

$$\frac{\partial^2 R_X(t_1,t_2)}{\partial t_1\partial t_2}=\frac{\partial^2 R_X(t_1,t_2)}{\partial t_2\partial t_1}=\frac{\sigma^2(1+t_1t_2)}{(1-t_1t_2)^3},\quad 0\leqslant t_1,t_2<1,$$

显然，$\frac{\partial^2 R_X(t_1,t_2)}{\partial t_1\partial t_2}$，$\frac{\partial^2 R_X(t_1,t_2)}{\partial t_2\partial t_1}$在任意点$\{(t_1,t_2),0\leqslant t_1,t_2<1\}$上连续，故 $R_X(t_1,t_2)$广义二阶可导，从而$\{X(t),0\leqslant t<1\}$是均方可导的随机过程，从而均方连续.

$$R_{X'}(t_1,t_2)=E[X'(t_1)X'(t_2)]=\frac{\partial^2 R_X(t_1,t_2)}{\partial t_1\partial t_2}=\frac{\sigma^2(1+t_1t_2)}{(1-t_1t_2)^3},$$

$$R_{XX'}(t_1,t_2)=E[X(t_1)X'(t_2)]=\frac{\partial R_X(t_1,t_2)}{\partial t_2}=\frac{\sigma^2 t_1}{(1-t_1t_2)^2}.$$

8. 解 (1) $m_X=E[X(t)]=0$，

$$\begin{aligned}R_X(t_1,t_2)&=E[X(t_1)X(t_2)]\\&=\int_{-\pi}^{\pi}A^2\cos(w_ct_1+\phi)\cos(w_ct_2+\phi)\frac{1}{2\pi}d\phi\\&=\frac{A^2}{2}\cos(w_c(t_2-t_1)),\end{aligned}$$

$$D[X(t)]=C_X(t,t)=R_X(t,t)-m_X^2(t)=\frac{A^2}{2}.$$

(2) $$\begin{aligned}R_{XY}(t_1,t_2)&=E[X(t_1)Y(t_2)]=E[A\cos(w_ct+\phi)\cdot B\cos w_ct]\\&=E(A)\cdot\cos(w_ct+\phi)\cdot E(B)\cdot\cos w_ct=0.\end{aligned}$$

9. 解 $$\begin{aligned}R_Y(t_1,t_2)&=E[Y(t_1)Y(t_2)]=E[(X(t_1)+X'(t_1))(X(t_2)+X'(t_2))]\\&=E[X(t_1)X(t_2)+X(t_1)X'(t_2)+X(t_2)X'(t_1)+X'(t_1)X'(t_2)]\\&=R_X(t_1,t_2)+\frac{\partial R_X(t_1,t_2)}{\partial t_2}+\frac{\partial R_X(t_1,t_2)}{\partial t_1}+\frac{\partial^2 R_X(t_1,t_2)}{\partial t_1\partial t_2}\\&=5\cos 2(t_2-t_1).\end{aligned}$$

第 3 章 平稳过程

3.1 基本内容

一、强(严)平稳过程

1. 强平稳过程定义 设$\{X(t),t\in T\}$为一随机过程,若对任意正整数n,任意的$t_1, t_2,\cdots,t_n\in T, t_1+\tau, t_2+\tau,\cdots,t_n+\tau\in T$,有

$$F(x_1,x_2,\cdots,x_n;\ t_1,t_2,\cdots,t_n)=F(x_1,x_2,\cdots,x_n;\ t_1+\tau,t_2+\tau,\cdots,t_n+\tau),$$

则称此随机过程为强平稳过程或称为严(狭义)平稳过程.

2. 强平稳过程的数字特征 如果强平稳过程的二阶矩存在,则:

(1) 均值函数 $m_X(t)=E[X(t)]=m_X=$常数;

(2) 均方值函数 $\psi_X(t)=E[X^2(t)]=$常数;

(3) 方差函数 $D_X(t)=D[X(t)]=D_X=$常数;

(4) 自相关函数 $R_X(t_1,t_2)=E[X(t_1)X(t_2)]=R_X(t_2-t_1)$, $\forall t_1,t_2\in T$;

(5) 自协方差函数

$$\begin{aligned}C_X(t_1,t_2)&=\mathrm{cov}(X(t_1),X(t_2))=R_X(t_2-t_1)-m_X(t_1)m_X(t_2)\\&=R_X(t_2-t_1)-m_X^2.\end{aligned}$$

二、弱(宽)平稳过程

1. 弱平稳过程的定义 设$\{X(t),t\in T\}$为二阶矩过程,若满足条件:

(1) 均值函数 $m_X(t)=E[X(t)]=m_X=$常数;

(2) 自相关函数 $R_X(t_1,t_2)=E[X(t_1)X(t_2)]=R_X(t_2-t_1)$;

则称该过程为弱(或宽,广义)平稳过程.

2. 宽平稳过程的数字特征

(1) 均值函数与时间t无关,即 $m_X(t)=m_X=$常数;

(2) 均方值函数有限,即 $\psi_X(t)=E[X^2(t)]<+\infty$;

(3) 方差函数有限,即 $D_X(t)=D[X(t)]=\psi_X(t)-m_X^2<+\infty$;

(4) 自相关函数 $R_X(t_1,t_2)=R_X(t_2-t_1)=R_X(\tau)$具有以下性质:

① $R_X(0)\geqslant 0$;

② $R_X(\tau)=R_X(-\tau)$;

③ $|R_X(\tau)|\leqslant R_X(0)$;

④ $R_X(\tau)$ 非负定，即对任意的正整数 n，任意的 $t_1,t_2,\cdots,t_n\in T$ 以及任意的复数 z_1，$z_2,\cdots,z_n$，有 $\sum_{k=1}^{n}\sum_{l=1}^{n}z_k\overline{z_l}R_X(t_l-t_k)\geqslant 0$；

(5) 自协方差函数 $C_X(t_1,t_2)=C_X(t_2-t_1)=C_X(\tau)$.

3. 强平稳过程和弱平稳过程的关系

(1) 若 $\{X(t),t\in T\}$ 为强平稳过程，且其二阶矩存在，即 $E[|X(t)|^2]<+\infty$，则 $\{X(t),t\in T\}$ 为弱平稳过程；

(2) 若 $\{X(t),t\in T\}$ 为弱平稳过程，它不一定是强平稳过程，但若 $\{X(t),t\in T\}$ 为弱平稳的正态过程，则它必是强平稳过程.

三、联合平稳过程

1. 联合平稳过程的定义 设 $\{X(t),t\in T\}$ 和 $\{Y(t),t\in T\}$ 为两个平稳过程，若对于任意的 $t,\tau\in T$，满足条件 $E[X(t)Y(t+\tau)]=R_{XY}(\tau)$，则称 $X(t)$ 和 $Y(t)$ 平稳相关，或称 $X(t)$ 与 $Y(t)$ 为联合平稳过程.

2. 性质 若 $X(t)$ 与 $Y(t)$ 为联合平稳过程，则其互相关函数 $R_{XY}(\tau)$ 具有如下性质：

(1) $R_{XY}(0)=R_{YX}(0)$；

(2) $R_{XY}(-\tau)=R_{YX}(\tau)$；

(3) $|R_{XY}(\tau)|\leqslant\sqrt{R_X(0)}\sqrt{R_Y(0)}$.

四、平稳过程的各态历经性

1. 时间均值和时间相关函数

(1) 时间均值 $X(t)$ 在 $(-\infty,+\infty)$ 上的时间均值定义为

$$\langle X(t)\rangle=\underset{T\to+\infty}{\mathrm{l.i.m}}\frac{1}{2T}\int_{-T}^{T}X(t)\mathrm{d}t.$$

(2) 时间相关函数 $X(t)$ 在 $(-\infty,+\infty)$ 上的时间相关函数定义为

$$\langle X(t)X(t+\tau)\rangle=\underset{T\to+\infty}{\mathrm{l.i.m}}\frac{1}{2T}\int_{-T}^{T}X(t)X(t+\tau)\mathrm{d}t.$$

2. 均值和相关函数的各态历经性

(1) 均值各态历经性的定义 若 $\langle X(t)\rangle=E[X(t)]=m_X$ 以概率 1 成立，即

$$P\{\langle X(t)\rangle=m_X\}=1 \quad \text{或} \quad \forall\varepsilon>0,\lim_{\varepsilon\to 0}P\{|\langle X(t)\rangle-m_X|\leqslant\varepsilon\}=1,$$

则称 $X(t)$ 的均值具有各态历经性(遍历性).

(2) 时间相关函数各态历经性的定义

若 $\langle X(t)X(t+\tau)\rangle=R_X(\tau)=E[X(t)X(t+\tau)]$ 以概率 1 成立，即

$$P\{\langle X(t)X(t+\tau)\rangle=R_X(\tau)\}=1 \quad \text{或}$$

$$\forall\varepsilon>0,\quad \lim_{\varepsilon\to 0}P\{|\langle X(t)X(t+\tau)\rangle-R_X(\tau)|\leqslant\varepsilon\}=1,$$

则称 $X(t)$ 的自相关函数具有各态历经性(遍历性).

3. 平稳过程$\{X(t),t\in(-\infty,+\infty)\}$各态历经性定理

定理 1(数学期望的各态历经性定理) 平稳过程$\{X(t),t\in(-\infty,+\infty)\}$具有数学期望各态历经性的充要条件为

$$\lim_{T\to+\infty}\frac{1}{T}\int_0^{2T}\left(1-\frac{\tau}{2T}\right)C_X(\tau)\mathrm{d}\tau=0.$$

推论(充分条件) 若$\lim\limits_{\tau\to+\infty}C_X(\tau)=0$,即$\lim\limits_{\tau\to+\infty}R_X(\tau)=m_X^2$,则$X(t)$具有数学期望各态历经性.

定理 2(相关函数各态历经性定理) 随机过程$\{X(t),t\in(-\infty,+\infty)\}$是平稳过程,若对于任意给定的$\tau$,$\{Z(t)=X(t)X(t+\tau),t\in(-\infty,+\infty)\}$也是平稳过程,则$X(t)$具有相关函数各态历经性的充要条件为

$$\lim_{T\to+\infty}\frac{1}{T}\int_0^{2T}\left(1-\frac{\tau_1}{2T}\right)[B_\tau(\tau_1)-R_X^2(\tau)]\mathrm{d}\tau_1=0,$$

其中$B_\tau(\tau_1)=E[X(t)X(t+\tau)X(t+\tau_1)X(t+\tau+\tau_1)]$.

4. 平稳过程$\{X(t),0\leqslant t<+\infty\}$各态历经性定理

定理 3(数学期望的各态历经性定理) 设$\{X(t),0\leqslant t<+\infty\}$为平稳过程,则

$$\underset{T\to+\infty}{\mathrm{l.i.m}}\frac{1}{T}\int_0^{T}X(t)\mathrm{d}t=m_X,\quad \text{a. s.}$$

的充要条件为

$$\lim_{T\to+\infty}\frac{1}{T}\int_0^{T}\left(1-\frac{\tau}{T}\right)C_X(\tau)\mathrm{d}\tau=0.$$

定理 4(相关函数的各态历经性定理) 设$\{X(t)X(t+\tau),0\leqslant t<+\infty\}$为平稳过程,则

$$\underset{T\to+\infty}{\mathrm{l.i.m}}\frac{1}{T}\int_0^{T}X(t)X(t+\tau)\mathrm{d}t=R_X(\tau),\quad \text{a. s.}$$

的充要条件为

$$\lim_{T\to+\infty}\frac{1}{T}\int_0^{T}\left(1-\frac{\tau_1}{T}\right)\left[B_\tau(\tau_1)-R_X^2(\tau)\right]\mathrm{d}\tau_1=0,$$

其中$B_\tau(\tau_1)=E[X(t)X(t+\tau)X(t+\tau_1)X(t+\tau+\tau_1)]$.

5. 平稳序列$\{X(n),n=0,1,2,\cdots\}$各态历经性定理

定理 5(数学期望的各态历经性定理) 设$\{X(n),n=0,1,2,\cdots\}$为平稳序列,则

$$\underset{n\to\infty}{\mathrm{l.i.m}}\frac{1}{n+1}\sum_{j=0}^{n}X(j)=m_X,\quad \text{a. s.}$$

的充要条件为

$$\lim_{n\to\infty}\frac{1}{n+1}\sum_{j=0}^{n}\left(1-\frac{j}{n+1}\right)[R_X(j)-m_X^2]=0.$$

定理 6(相关函数的各态历经性定理) 设$\{X(n)X(n+m),n=0,1,2,\cdots\}$为平稳序列,则

$$\underset{n\to\infty}{\mathrm{l.i.m}}\frac{1}{n+1}\sum_{j=0}^{n}X(j)X(j+m)=R_X(m),\quad \text{a. s.}$$

的充要条件为

$$\lim_{n\to\infty}\frac{1}{n+1}\sum_{j=0}^{n}\left(1-\frac{j}{n+1}\right)[B_m(j)-R_X^2(m)]=0,$$

其中 $B_m(j)=E[X(n)X(n+m)X(n+j)X(n+m+j)]$.

6. 平稳过程 $\{X(t),0\leqslant t<+\infty\}$ 数学期望和相关函数的近似计算

设 $x(t)$ 是具有各态历经性的平稳过程 $\{X(t),0\leqslant t<+\infty\}$ 的一条样本函数，则有：

(1) 均值函数的近似计算公式

$$m_X\approx\frac{1}{N}\sum_{k=1}^{N}x\left(k\,\frac{T}{N}\right);$$

(2) 相关函数的近似计算公式

$$R_X\left(r\,\frac{T}{N}\right)\approx\frac{1}{N-r}\sum_{k=1}^{N-r}x\left(k\,\frac{T}{N}\right)x\left((k+r)\,\frac{T}{N}\right),$$

其中 $r=0,1,\cdots,m$，通常 $m=\frac{N}{5}\sim\frac{N}{2}$.

五、平稳过程的功率谱密度

1. 平稳过程的功率谱密度的定义 设平稳过程 $\{X(t),-\infty<t<+\infty\}$ 的自相关函数为 $R_X(\tau)$，若 $\int_{-\infty}^{+\infty}R_X(\tau)e^{-i\omega\tau}d\tau$ 存在，则称 $S_X(\omega)=\int_{-\infty}^{+\infty}R_X(\tau)e^{-i\omega\tau}d\tau$ 为 $\{X(t),-\infty<t<+\infty\}$ 的功率谱密度，而 $F_X(\omega)=\int_{-\infty}^{\omega}S_X(\omega)d\omega$ 称为 $X(t)$ 的谱函数，或称为功率谱函数.

若 $\{X(n),n=0,\pm1,\pm2,\cdots\}$ 是平稳序列，则 $S_X(\omega)=\sum_{m=-\infty}^{+\infty}R_X(m)e^{-i\omega m}$.

2. 平稳过程功率谱密度的物理定义 设 $\{X(t),-\infty<t<+\infty\}$ 是平稳过程，则 $S_X(\omega)=\lim_{T\to+\infty}\frac{1}{2T}E[|F_X(\omega,T)|^2]$ 称为 $\{X(t),-\infty<t<+\infty\}$ 的功率谱密度，其中 $F_X(\omega,T)=\int_{-T}^{T}X(t)e^{-i\omega t}dt$.

3. 平稳过程的功率谱密度的性质

(1) 相关函数和功率谱密度的关系

$$S_X(\omega)=\int_{-\infty}^{+\infty}R_X(\tau)e^{-i\omega\tau}d\tau,\quad \omega\in(-\infty,+\infty),$$

$$R_X(\tau)=\frac{1}{2\pi}\int_{-\infty}^{+\infty}S_X(\omega)e^{i\omega\tau}d\omega,\quad \tau\in(-\infty,+\infty).$$

以上两个公式均称为维纳-辛钦公式. 均方值 $\psi_X=R_X(0)=\frac{1}{2\pi}\int_{-\infty}^{+\infty}S_X(\omega)d\omega$ 表示平均功率.

(2) $S_X(\omega)$ 是 ω 的实值非负的偶函数，且

$$S_X(\omega)=2\int_0^{+\infty}R_X(\tau)\cos\omega\tau\,d\tau,\quad R_X(\tau)=\frac{1}{\pi}\int_0^{+\infty}S_X(\omega)\cos\omega\tau\,d\omega.$$

(3) 常见的相关函数和功率谱密度的对应关系式

$R_X(\tau)$	$S_X(\omega)$
$e^{-\alpha\|\tau\|}$	$\dfrac{2\alpha}{\alpha^2+\omega^2}$
$e^{-(\omega_0\tau)^2},\omega_0\neq 0$	$\dfrac{\sqrt{\pi}}{\omega_0}\exp\left\{-\left(\dfrac{\omega}{2\omega_0}\right)^2\right\}$
$\dfrac{\sin\omega_0\tau}{\pi\tau}$	$\begin{cases}1, & \|\omega\|<\omega_0\\ 0, & \|\omega\|\geqslant\omega_0\end{cases}$
$\dfrac{1}{2\pi}$	$\delta(\omega)$
$S_0\delta(\tau)$	$S_0,\quad -\infty<\omega<+\infty$
$1-\dfrac{\|\tau\|}{T},\|\tau\|\leqslant T$	$\dfrac{4}{T\omega^2}\sin^2\left(\dfrac{\omega T}{2}\right)$
$\dfrac{\omega_0 S_0}{\pi}\left(\dfrac{\sin\omega_0\tau}{\omega_0\tau}\right)$	$\begin{cases}S_0, & \|\omega\|\leqslant\omega_0\\ 0, & \|\omega\|>\omega_0\end{cases}$
$e^{-\alpha\|\tau\|}\cos\omega_0\tau$	$\dfrac{\alpha}{\alpha^2+(\omega-\omega_0)^2}+\dfrac{\alpha}{\alpha^2+(\omega+\omega_0)^2}$

其中 δ-函数满足傅里叶变换对

$$\int_{-\infty}^{+\infty}\frac{1}{2\pi}e^{-i\omega\tau}d\tau=\delta(\omega)\leftrightarrow\frac{1}{2\pi}=\frac{1}{2\pi}\int_{-\infty}^{+\infty}\delta(\omega)e^{i\omega\tau}d\omega,$$

$$\int_{-\infty}^{+\infty}\delta(\tau)e^{-i\omega\tau}d\tau=1\leftrightarrow\delta(\tau)=\frac{1}{2\pi}\int_{-\infty}^{+\infty}1\cdot e^{i\omega\tau}d\omega.$$

4. 平稳序列的谱密度

设平稳序列$\{X(n),n=0,\pm1,\pm2,\cdots\}$的相关函数是$R_X(m)$，则

$$R_X(m)=\frac{1}{2\pi}\int_{-\pi}^{\pi}e^{im\omega}d\widetilde{F}(\omega),\quad m=0,\pm1,\pm2,\cdots,$$

其中$\widetilde{F}(\omega)$是$[-\pi,\pi]$上的有界非降函数，且$\widetilde{F}(-\pi)=0,\widetilde{F}(\pi)=2\pi R_X(0)$. $\widetilde{F}(\omega),\omega\in[-\pi,\pi]$称为平稳序列$\{X(n),n=0,\pm1,\pm2,\cdots\}$的谱函数.

如果存在非负函数$S_X(\omega)$使$\widetilde{F}(\omega)=\int_{-\pi}^{\omega}S_X(\omega)d\omega,-\pi\leqslant\omega\leqslant\pi$，称$S_X(\omega),\omega\in[-\pi,\pi]$为平稳序列$\{X(n),n=0,\pm1,\pm2,\cdots\}$的谱密度.

如果平稳序列$\{X(n),n=0,\pm1,\pm2,\cdots\}$的相关函数$R_X(m)$绝对可积，即$\sum\limits_{m=-\infty}^{+\infty}|R_X(m)|<+\infty$，则$\{X(n),n=0,\pm1,\pm2,\cdots\}$的谱密度$S_X(\omega)$存在，且有

$$S_X(\omega)=\sum_{m=-\infty}^{\infty}e^{-im\omega}R_X(m),\quad \omega\in[-\pi,\pi],$$

$$R_X(m)=\frac{1}{2\pi}\int_{-\pi}^{\pi}e^{im\omega}S_X(\omega)d\omega,\quad m=0,\pm1,\pm2,\cdots.$$

六、联合平稳过程的互谱密度及性质

1. 联合平稳过程互谱密度定义 设$R_{XY}(\tau)$为联合平稳过程$\{X(t),t\in T\}$和

$\{Y(t),t\in T\}$的互相关函数,若$\int_{-\infty}^{+\infty}|R_{XY}(\tau)|\mathrm{d}\tau<+\infty$,则

$$S_{XY}(\omega)=\int_{-\infty}^{+\infty}R_{XY}(\tau)\mathrm{e}^{-\mathrm{i}\omega\tau}\mathrm{d}\tau,\quad \omega\in(-\infty,+\infty)$$

称为$\{X(t),t\in T\}$与$\{Y(t),t\in T\}$的互谱密度.

2. 联合平稳过程互谱密度性质

(1) $S_{XY}(\omega)$和$R_{XY}(\tau)$构成傅里叶变换对,即

$$S_{XY}(\omega)=\int_{-\infty}^{+\infty}R_{XY}(\tau)\mathrm{e}^{-\mathrm{i}\omega\tau}\mathrm{d}\tau,\quad \omega\in(-\infty,+\infty),$$

$$R_{XY}(\tau)=\frac{1}{2\pi}\int_{-\infty}^{+\infty}S_{XY}(\omega)\mathrm{e}^{\mathrm{i}\omega\tau}\mathrm{d}\omega,\quad \tau\in(-\infty,+\infty).$$

(2) $S_{XY}(\omega)$具有共轭对称性,即$S_{XY}(-\omega)=\overline{S_{XY}(\omega)}$.

(3) 互谱密度实部是偶函数,虚部是奇函数.

(4) $S_{XY}(\omega)=\lim\limits_{T\to+\infty}\frac{1}{2T}E[F_X(\omega,T)\overline{F_Y(\omega,T)}]$满足不等式

$$|S_{XY}(\omega)|^2\leqslant S_X(\omega)S_Y(\omega).$$

七、复平稳过程

复平稳过程定义 设$\{Z(t),t\in T\}$是复随机过程,且满足

$$m_Z(t)=m_Z\quad(\text{复常数}),\quad t\in T,$$

$$R_Z(t,t+\tau)=E[Z(t)\overline{Z(t+\tau)}]=R_Z(\tau),\quad t,t+\tau\in T,$$

则称$\{Z(t),t\in T\}$是复平稳过程.

八、线性系统中的平稳过程

1. 线性系统定义 设系统L,如果$y_1(t)=L[x_1(t)]$,$y_2(t)=L[x_2(t)]$,而对于任意常数c_1,c_2有$c_1y_1(t)+c_2y_2(t)=L[c_1x_1(t)+c_2x_2(t)]$,那么称$L$是线性系统.

如果系统L对任意的τ有$L[x(t+\tau)]=y(t+\tau)$,则称系统是时不变的.

2. 线性系统输入和输出间的关系

频率域 $Y(p)=H(p)X(p)$,其中$H(p)$称为系统的传递函数.

时间域 $y(t)=\int_{-\infty}^{+\infty}x(t-\lambda)h(\lambda)\mathrm{d}\lambda$,其中$h(\lambda)$称为系统的脉冲响应函数.

$H(p)$是$h(\lambda)$的拉普拉斯变换,$H(\mathrm{i}\omega)$是$h(\lambda)$的傅里叶变换,即满足:$H(\mathrm{i}\omega)=\int_{-\infty}^{+\infty}h(t)\mathrm{e}^{-\mathrm{i}\omega t}\mathrm{d}t$,$H(\mathrm{i}\omega)$为频率响应函数.

3. 物理可实现和稳定的系统

若当$t<0$时,$h(t)=0$,则称系统为物理可实现系统.

如果物理可实现的定常线性系统的脉冲响应函数满足$\int_0^{+\infty}|h(t)|\mathrm{d}t<+\infty$,则系统是稳定的.

4. 线性系统输出的数学期望、自相关函数和自谱密度

定理 7 设定常的线性系统(亦称时不变的线性系统)L 的脉冲响应函数为 $h(t)(t\geqslant 0)$,若系统的输入$\{X(t),-\infty<t<+\infty\}$是一个平稳过程,则系统的输出 $Y(t)$是一个平稳过程,且

$$E[Y(t)]=m_X\int_0^{+\infty}h(\lambda)\mathrm{d}\lambda,$$

$$R_Y(\tau)=\int_0^{+\infty}\int_0^{+\infty}R_X(\lambda_2-\lambda_1-\tau)h(\lambda_1)h(\lambda_2)\mathrm{d}\lambda_1\mathrm{d}\lambda_2,$$

$$S_Y(\omega)=|H(\mathrm{i}\omega)|^2S_X(\omega).$$

5. 输入和输出的互相关函数、互谱密度

定理 8 在定理 7 的系统条件下,若输入$\{X(t),-\infty<t<+\infty\}$是一个平稳过程,则输入过程 $X(t)$和输出过程 $Y(t)$是平稳相关的,且

$$R_{XY}(\tau)=\int_0^{\infty}R_X(\tau-\lambda)h(\lambda)\mathrm{d}\lambda,\quad S_{XY}(\omega)=S_X(\omega)H(\mathrm{i}\omega).$$

3.2 解疑释惑

1. 强平稳过程和弱平稳过程的区别与联系是什么?

答 强平稳过程是任意的有限维分布函数不随时间的推移而改变的随机过程,弱平稳过程是均值函数和相关函数不随时间的推移而改变的随机过程;强平稳过程的二阶矩不一定存在,因此强平稳过程不一定是弱平稳过程.弱平稳过程的有限维分布函数族有可能随时间推移是变化的,所以弱平稳过程不一定是强平稳过程;如果强平稳过程的二阶矩存在,则强平稳过程一定是弱平稳过程;正态随机过程是强平稳过程当且仅当它是弱平稳过程.

2. 为什么要引入时间均值函数和时间相关函数的概念?

答 平稳随机过程$\{X(t),t\in T\}$的均值函数和相关函数在实际中是通过随机试验近似确定的,即通过 n 次试验,得到样本 $x_1(t),x_2(t),\cdots,x_n(t)$,对固定的 t_0,有

$$m_X=E[X(t_0)]\approx\frac{1}{n}\sum_{k=1}^{n}x_k(t_0),$$

$$R_X(t)=E[X(t_0+t)X(t_0)]\approx\frac{1}{n}\sum_{k=1}^{n}x_k(t_0+t)x_k(t_0).$$

这需要做 n 次试验,而且为了计算精确需要 n 充分大,这在实际问题中有时是非常困难的,很多场合是不可能的,即使有时能够做到,但是代价可能非常大.由于平稳过程的统计特性不随时间推移而改变,那么就自然想到用一个样本函数去近似均值函数和相关函数.在一定的条件下可以证明

$$\langle X(t)\rangle=\underset{T\to+\infty}{\mathrm{l.i.m}}\frac{1}{2T}\int_{-T}^{T}X(t)\mathrm{d}t=m_X=E[X(t)],\quad \text{a. s.}$$

$$\langle X(t)X(t+\tau)\rangle=\underset{T\to+\infty}{\mathrm{l.i.m}}\frac{1}{2T}\int_{-T}^{T}X(t)X(t+\tau)\mathrm{d}t=R_X(\tau),\quad \text{a. s.}$$

即在一定条件下平稳随机过程$\{X(t),t\in T\}$时间均值函数和均值函数依概率 1 相等,平稳随机过程$\{X(t),t\in T\}$时间相关函数和相关函数依概率 1 相等.基于此,再利用实际推断原理可以说明

$$m_X \approx \frac{1}{N}\sum_{k=1}^{N} x\left(k\frac{T}{N}\right),$$

$$R_X\left(r\frac{T}{N}\right) \approx \frac{1}{N-r}\sum_{k=1}^{N-r} x\left(k\frac{T}{N}\right)x\left((k+r)\frac{T}{N}\right), \quad r=0,1,2,\cdots,m.$$

T 可根据实际问题确定，N 由采样定理确定，$m=\frac{N}{5}\sim\frac{N}{2}$，这样就可以用一个样本函数 $x(t)$ 的时间均值近似计算平稳随机过程 $\{X(t),t\in T\}$ 的均值函数，用一个样本函数 $x(t)$ 的时间相关函数近似计算平稳随机过程 $\{X(t),t\in T\}$ 的相关函数.

3. 维纳-辛钦公式的重要意义是什么？

答 若平稳过程 $X(t)$ 的相关函数 $R_X(\tau)$ 满足 $\int_{-\infty}^{+\infty}|R_X(\tau)|\mathrm{d}\tau<+\infty$，则 $X(t)$ 的功率谱密度 $S_X(\omega)$ 和 $R_X(\tau)$ 是一傅里叶变换对，即

$$S_X(\omega)=\int_{-\infty}^{+\infty}R_X(\tau)\mathrm{e}^{-\mathrm{i}\omega\tau}\mathrm{d}\tau, \quad R_X(\tau)=\frac{1}{2\pi}\int_{-\infty}^{+\infty}S_X(\omega)\mathrm{e}^{\mathrm{i}\omega\tau}\mathrm{d}\omega.$$

它们统称为维纳-辛钦(Wiener-Khintchine)公式.

维纳-辛钦公式又称为平稳过程自相关函数的谱表示式，它揭示了从时间角度描述平稳过程 $X(t)$ 的统计规律和从频率角度描述平稳过程 $X(t)$ 的统计规律之间的关系. 据此，在应用上可以根据具体情况选择时间域方法或等价的频率域方法解决实际问题. 如在计算线性系统输出的相关函数时，有时先算出输出的功率谱密度，再算相关函数，比直接用时域法求输出的相关函数简单. 功率谱密度有明显的物理意义，可以用功率谱密度分析平稳过程 $X(t)$，如果知道了随机过程的相关函数，可用维纳-辛钦公式计算平稳过程的谱密度.

3.3 典型例题

例 1 已知一个随机变量 X 和一个常数 a，X 的特征函数为 $\varphi(t)=E(\mathrm{e}^{\mathrm{i}tX})=E(\cos tX)+\mathrm{i}E(\sin tX)$. 令 $X(t)=\cos(at+X)$，$t\in(-\infty,+\infty)$. 试证：$\{X(t),t\in(-\infty,+\infty)\}$ 为平稳过程的充分必要条件为 $\varphi(1)=0$，且 $\varphi(2)=0$.

证明 由题设知

$$\varphi(1)=E(\cos X)+\mathrm{i}E(\sin X), \quad \varphi(2)=E(\cos 2X)+\mathrm{i}E(\sin 2X).$$

必要性：若 $X(t)$ 是平稳过程，则

$$E[X(t)]=E[\cos(at+X)]=\cos at E(\cos X)-\sin at E(\sin X)=C(\text{常数}).$$

取 $t=\frac{2\pi}{a}$，$t=-\frac{2\pi}{a}$ 及 $t=\frac{\pi}{4a}$，可得

$$\begin{cases} E(\cos X)=C, \\ -E(\cos X)=C, \\ E(\cos X)-E(\sin X)=\sqrt{2}C, \end{cases}$$

解得 $E(\cos X)=E(\sin X)=0$，即

$$\varphi(1)=E(\cos X)+\mathrm{i}E(\sin X)=0.$$

$$R_X(t_1,t_2)=E[X(t_1)X(t_2)]=E[\cos(at_1+X)\cos(at_2+X)]$$

$$=\frac{1}{2}\cos a(t_1-t_2)+\frac{1}{2}E[\cos(a(t_1+t_2)+2X)]$$

$$=\frac{1}{2}\cos(a(t_1-t_2))+\frac{1}{2}[\cos(a(t_1+t_2))\cdot$$

$$E(\cos 2X)-\sin(a(t_1+t_2))E(\sin 2X)].$$

由于 $R_X(t_1,t_2)=R_X(t_2-t_1)$ 只与 t_2-t_1 有关，故 $E(\cos 2X)=E(\sin 2X)=0$，从而

$$\varphi(2)=E(\cos 2X)+\mathrm{i}E(\sin 2X)=0.$$

充分性：若 $\varphi(1)=\varphi(2)=0$，则

$$E(\cos X)=E(\sin X)=0,\quad E(\cos 2X)=E(\sin 2X)=0,$$

故：(1) $E[X(t)]=E[\cos(at+X)]=\cos atE(\cos X)-\sin atE(\sin X)=0$ 为常数，

(2) $R_X(t_1,t_2)=E[X(t_1)X(t_2)]=\frac{1}{2}\cos(a(t_1-t_2))\stackrel{\text{def}}{=\!=}R_X(t_2-t_1)$.

所以 $X(t)$ 是平稳过程.

例 2 设随机序列 $\{X(t)=\sin(2\pi tX),t\in T\}$，其中 $T=\{0,1,2,\cdots\}$，$X\sim U(0,1)$，试讨论此随机序列的平稳性.

解 $E[X(t)]=\int_0^1\sin(2\pi tx)\mathrm{d}x$. 于是：

当 $t=0$ 时，$E[X(t)]=\int_0^1 0\mathrm{d}x=0$；

当 $t=1,2,\cdots$ 时，$E[X(t)]=\int_0^1\sin(2\pi tx)\mathrm{d}x=-\frac{1}{2\pi t}(\cos 2\pi t-1)=0$.

所以 $E[X(t)]$ 为常数.

当 $t=0$ 时，$E[X^2(t)]=\int_0^1 0^2\mathrm{d}x=0$；

当 $t=1,2,\cdots$ 时，

$$E[X^2(t)]=\int_0^1\sin^2(2\pi tx)\mathrm{d}x=\frac{1}{2}\int_0^1[1-\cos(4\pi tx)]\mathrm{d}x=\frac{1}{2}<+\infty;$$

当 $t_1,t_2=1,2,\cdots$，且 $t_1<t_2$ 时，有

$$R_X(t_1,t_2)=E[X(t_1)X(t_2)]=\int_0^1\sin(2\pi t_1x)\sin(2\pi t_2x)\mathrm{d}x$$

$$=\frac{1}{2}\int_0^1[\cos(2\pi(t_2-t_1)x)-\cos(2\pi(t_1+t_2)x)]\mathrm{d}x$$

$$=\frac{1}{4\pi(t_2-t_1)}\sin 2\pi(t_2-t_1)-\frac{1}{4\pi(t_2+t_1)}\sin 2\pi(t_2+t_1)$$

$$=0;$$

当 $t_1,t_2=1,2,\cdots$，且 $t_1>t_2$ 时，同理可得 $R_X(t_1,t_2)=0$.

综上可得

$$R_X(t_1,t_2)=\begin{cases}\frac{1}{2}, & t_1=t_2\neq 0,\\ 0, & \text{其他},\end{cases}$$

所以 $X(t)$ 是平稳过程.

例3 设$\{X(t),t\in T\}$是均方可微的实平稳过程,则$E[X(t)X'(t)]=0$.

证明 $E[X(t)X'(s)]=\frac{\partial}{\partial s}E[X(t)X(s)]=\frac{\partial}{\partial s}R_X(s-t)$

$$=R_X'(s-t)=R_X'(\tau),\tau=s-t.$$

由于实平稳过程有$R_X(\tau)=R_X(-\tau)$,故$R'_X(\tau)=-R'_X(-\tau)$,当$\tau=0$时,有$R'_X(0)=-R'_X(0)$,即$R'_X(0)=0$. 故有

$$E[X(t)X'(t)]=E[X(t)X'(s)]\big|_{s=t}=R'_X(s-t)\big|_{s=t}=R'_X(0)=0.$$

例4 设二阶矩过程$\{X(t),t\in(-\infty,+\infty)\}$的均值函数为$m_X(t)=a+\beta t$,自相关函数$R_X(t,t+\tau)=\mathrm{e}^{-\lambda|\tau|}$,试证$\{Y(t)=X(t+1)-X(t)\}$为平稳过程,并求它的均值函数与自相关函数.

证明 $m_Y(t)=E[Y(t)]=E[X(t+1)-X(t)]=\alpha+\beta(t+1)-(\alpha+\beta t)=\beta$为常数,

$$\begin{aligned}R_Y(t_1,t_2)&=E[Y(t_1)Y(t_2)]=E[(X(t_1+1)-X(t_1))(X(t_2+1)-X(t_2))]\\&=E[X(t_1+1)X(t_2+1)]-E[X(t_1+1)X(t_2)]-\\&\quad E[X(t_1)X(t_2+1)]+E[X(t_1)X(t_2)]\\&=2\mathrm{e}^{-\lambda|t_2-t_1|}-\mathrm{e}^{-\lambda|t_2-t_1-1|}-\mathrm{e}^{-\lambda|t_2-t_1+1|}\xlongequal{\text{def}}R_Y(t_2-t_1),\end{aligned}$$

显然$R_Y(t_1,t_2)$只与t_2-t_1有关,故$Y(t)$是平稳过程.

例5 设$X(t)=A\sin(t+\Theta)$,其中A与Θ是相互独立的随机变量,$P\left\{\Theta=\frac{\pi}{4}\right\}=\frac{1}{2}$,$P\left\{\Theta=-\frac{\pi}{4}\right\}=\frac{1}{2}$,$A$在$(-1,1)$区间上服从均匀分布,试证明$X(t)$是平稳过程.

证明:由$A\sim U(-1,1)$可知$E(A)=0,E(A^2)=D(A)+[E(A)]^2=\frac{2^2}{12}=\frac{1}{3}$. 由于$P\left\{\Theta=\frac{\pi}{4}\right\}=\frac{1}{2},P\left\{\Theta=-\frac{\pi}{4}\right\}=\frac{1}{2}$,且$A$与$\Theta$相互独立,故

$$m_X(t)=E[X(t)]=E[A\sin(t+\Theta)]=E(A)E[\sin(t+\Theta)]=0,$$

$$\begin{aligned}R_X(t,t+\tau)&=E[X(t)X(t+\tau)]\\&=E(A^2)E[\sin(t+\Theta)\sin(t+\tau+\Theta)]\\&=\frac{1}{3}\times\frac{1}{2}E[\cos\tau-\cos(2(t+\Theta)+\tau)]\\&=\frac{1}{6}\cos\tau-\frac{1}{6}\left[\cos\left(\frac{\pi}{2}+2t+\tau\right)\cdot\frac{1}{2}+\right.\\&\quad\left.\cos\left(-\frac{\pi}{2}+2t+\tau\right)\cdot\frac{1}{2}\right]\\&=\frac{1}{6}\cos\tau-\frac{1}{12}[-\sin(2t+\tau)+\sin(2t+\tau)]\\&=\frac{1}{6}\cos\tau\xlongequal{\text{def}}R_X(\tau),\end{aligned}$$

故$X(t)$是平稳的.

例6 设有随机过程$Z(t)=X\sin t+Y\cos t$,其中X和Y是相互独立的随机变量,它们都分别以2/3和1/3的概率取值-1和2,证明$Z(t)$是平稳过程,但不是严平稳过程.

解 $E(X)=-1\times\frac{2}{3}+2\times\frac{1}{3}=0, E(X^2)=(-1)^2\times\frac{2}{3}+2^2\times\frac{1}{3}=2.$

同理可得，$E(Y)=0, E(Y^2)=2$. 因 X 和 Y 相互独立，故

$$m_Z(t)=E[X\sin t+Y\cos t]=E(X)\sin t+E(Y)\cos t=0,$$

$$\begin{aligned}R_Z(t_1,t_2)&=E[Z(t_1)Z(t_2)]=E[(X\sin t_1+Y\cos t_1)(X\sin t_2+Y\cos t_2)]\\&=E(X^2)\sin t_1\sin t_2+E(Y^2)\cos t_1\cos t_2+E(XY)(\sin t_1\cos t_2+\cos t_1\sin t_2)\\&=2[\sin t_1\sin t_2+\cos t_1\cos t_2]=2\cos(t_2-t_1)\\&\overset{\text{def}}{=\!=\!=}R_Z(t_2-t_1),\end{aligned}$$

所以 $Z(t)$ 是平稳过程.

又因为

$$\begin{aligned}E[Z^3(t)]&=E[(X\sin t+Y\cos t)^3]\\&=E(X^3)\sin^3t+3E(X^2Y)\sin^2t\cos t+3E(XY^2)\sin t\cos^2t+E(Y^3)\cos^3t,\end{aligned}$$

而

$$E(X^3)=E(Y^3)=(-1)^3\times\frac{2}{3}+2^3\times\frac{1}{3}=2,$$

$$E(X^2Y)=E(X^2)E(Y)=0,\quad E(XY^2)=0,$$

故 $E[Z^3(t)]=2(\sin^3t+\cos^3t)$ 与 t 有关，即 $Z(t)$ 的一维分布函数与 t 有关，所以 $Z(t)$ 不是严平稳过程.

例 7 设 $X(t)$ 是实平稳过程，其相关函数为 $R_X(\tau)$，试证：对任意的正整数 n 有 $R_X(0)-R_X(\tau)\geqslant\left(\frac{1}{4}\right)^n[R_X(0)-R_X(2^n\tau)]$.

证明 用数学归纳法. 当 $n=1$ 时，有

$$\begin{aligned}\frac{1}{4}[R_X(0)-R_X(2\tau)]&=\frac{1}{4\pi}\int_0^{+\infty}S_X(\omega)(1-\cos2\tau\omega)\mathrm{d}\omega\\&=\frac{1}{2\pi}\int_0^{+\infty}S_X(\omega)\sin^2\tau\omega\mathrm{d}\omega\\&=\frac{2}{\pi}\int_0^{+\infty}S_X(\omega)\sin^2\frac{\tau\omega}{2}\cos^2\frac{\tau\omega}{2}\mathrm{d}\omega\\&\leqslant\frac{2}{\pi}\int_0^{+\infty}S_X(\omega)\sin^2\frac{\tau\omega}{2}\mathrm{d}\omega\\&=\frac{1}{\pi}\int_0^{+\infty}S_X(\omega)(1-\cos\tau\omega)\mathrm{d}\omega\\&=R_X(0)-R_X(\tau),\end{aligned}$$

结论成立.

假设当 $n=k$ 时结论成立，即

$$R_X(0)-R_X(\tau)\geqslant\left(\frac{1}{4}\right)^k[R_X(0)-R_X(2^k\tau)],$$

则当 $n=k+1$ 时，有

$$\left(\frac{1}{4}\right)^{k+1}[R_X(0)-R_X(2^{k+1}\tau)]=\left(\frac{1}{4}\right)^{k+1}\frac{1}{\pi}\int_0^{+\infty}S_X(\omega)(1-\cos2(2^k\tau\omega))\mathrm{d}\omega$$

$$
\begin{aligned}
&=\left(\frac{1}{4}\right)^{k+1}\frac{2}{\pi}\int_0^{+\infty}S_X(\omega)\sin^2(2^k\tau\omega)\mathrm{d}\omega\\
&=\left(\frac{1}{4}\right)^{k+1}\frac{8}{\pi}\int_0^{+\infty}S_X(\omega)\sin^2(2^{k-1}\tau\omega)\cos^2(2^{k-1}\tau\omega)\mathrm{d}\omega\\
&\leqslant\left(\frac{1}{4}\right)^{k}\frac{2}{\pi}\int_0^{+\infty}S_X(\omega)\sin^2(2^{k-1}\tau\omega)\mathrm{d}\omega\\
&=\left(\frac{1}{4}\right)^{k}\frac{1}{\pi}\int_0^{+\infty}S_X(\omega)(1-\cos 2^k\tau\omega)\mathrm{d}\omega\\
&=\left(\frac{1}{4}\right)^{k}(R_X(0)-R_X(2^k\tau))\leqslant R_X(0)-R_X(\tau).
\end{aligned}
$$

综上所述，$R_X(0)-R_X(\tau)\geqslant\left(\frac{1}{4}\right)^n[R_X(0)-R_X(2^n\tau)]$.

例 8 设随机过程 $X(t)=\sin(2\pi Ut+V)$，$t\in\mathbb{R}$. U 和 V 是相互独立的随机变量，U 的概率密度 $f_U(u)$ 为偶函数，V 服从 $[-\pi,\pi]$ 上的均匀分布. 试证明：

(1) $X(t)$ 为平稳过程；

(2) $X(t)$ 的均值函数具有各态历经性.

证明 (1)
$$
\begin{aligned}
m_X(t)&=\int_{-\infty}^{+\infty}\int_{-\infty}^{+\infty}\sin(2\pi ut+v)f_U(u)f_V(v)\mathrm{d}u\mathrm{d}v\\
&=\int_{-\infty}^{+\infty}\left(\int_{-\pi}^{\pi}\sin(2\pi ut+v)\frac{1}{2\pi}\mathrm{d}v\right)f_U(u)\mathrm{d}u=0,
\end{aligned}
$$

$$
\begin{aligned}
R_X(t,t+\tau)&=\int_{-\infty}^{+\infty}\int_{-\infty}^{+\infty}\sin(2\pi ut+v)\sin(2\pi u(t+\tau)+v)f_U(u)f_V(v)\mathrm{d}u\mathrm{d}v\\
&=\frac{1}{2}\int_{-\infty}^{+\infty}\left[\int_{-\pi}^{\pi}(\cos(2\pi u\tau)-\cos(4\pi ut+2\pi u\tau+2v))\frac{1}{2\pi}\mathrm{d}v\right]f_U(u)\mathrm{d}u\\
&=\frac{1}{2}\int_{-\infty}^{+\infty}\cos(2\pi u\tau)f_U(u)\mathrm{d}u=\int_0^{+\infty}\cos(2\pi u\tau)f_U(u)\mathrm{d}u\stackrel{\text{def}}{=\!=}R_X(\tau),
\end{aligned}
$$

$$
E[|X(t)|^2]=R_X(0)=\frac{1}{2}\int_{-\infty}^{+\infty}f_U(u)\mathrm{d}u=\frac{1}{2}<+\infty,
$$

只与 τ 有关系，所以 $X(t)$ 为平稳过程.

(2) 因为
$$
\begin{aligned}
\langle X(t)\rangle&=\underset{T\to+\infty}{\mathrm{l.i.m}}\frac{1}{2T}\int_{-T}^{T}X(t)\mathrm{d}t=\underset{T\to+\infty}{\mathrm{l.i.m}}\frac{1}{2T}\int_{-T}^{T}\sin(2\pi Ut+V)\mathrm{d}t\\
&=\underset{T\to+\infty}{\mathrm{l.i.m}}\frac{1}{2T}\left[\cos V\int_{-T}^{T}\sin(2\pi Ut)\mathrm{d}t+\sin V\int_{-T}^{T}\cos(2\pi Ut)\mathrm{d}t\right]\\
&=\underset{T\to+\infty}{\mathrm{l.i.m}}\frac{\sin V\sin(2\pi UT)}{2T\pi U}=0,
\end{aligned}
$$

故 $X(t)$ 的均值函数具有各态历经性.

例 9 设随机过程 $X(t)=A\sin\lambda t+B\cos\lambda t$，$-\infty<t<+\infty$，其中 A，B 是相互独立的均值为零，方差为 σ^2 的高斯（正态）随机变量，试问：

(1) $X(t)$ 的均值是否具有各态历经性？

(2) 若将题设中的 A 换成 $\sqrt{2}\sigma\sin\varphi$，$B$ 换成 $\sqrt{2}\sigma\cos\varphi$，而随机变量 $\varphi\sim U(0,2\pi)$，此时 $X(t)$ 的均方值是否具有各态历经性.

解 (1) 易求得：$E[X(t)]=0$；$R_X(s,t)=\sigma^2\cos\lambda(s-t)$，

$$\langle X(t)\rangle = \underset{T\to+\infty}{\mathrm{l.i.m}}\ \frac{1}{2T}\int_{-T}^{T}(A\sin\lambda t + B\cos\lambda t)\mathrm{d}t$$

$$= \underset{T\to+\infty}{\mathrm{l.i.m}}\ \frac{B}{T}\int_0^T\cos(\lambda t)\mathrm{d}t = \underset{T\to+\infty}{\mathrm{l.i.m}}\ \frac{B}{T\lambda}\sin(\lambda T)=0,$$

故$\langle X(t)\rangle=0=E[X(t)]$，因此 $X(t)$的均值具有各态历经性.

(2) $X(t)=\sqrt{2}\sigma\cos(\varphi-\lambda t)$且 $\varphi\sim U(0,2\pi)$. 令 $Y(t)=X^2(t)$，则

$$m_Y(t)=E[Y(t)]=E[X^2(t)]=\sigma^2\overset{\text{def}}{=\!=}m_Y,$$

$$R_Y(t,t+\tau)=E[Y(t)Y(t+\tau)]=4\sigma^4E[\cos^2(\varphi-\lambda t)\cos^2(\varphi-\lambda t-\lambda\tau)]$$

$$=\sigma^4E([\cos(2\varphi-2\lambda t-\lambda\tau)+\cos(\lambda\tau)]^2)$$

$$=\sigma^4E\left[\frac{1+\cos(4\varphi-4\lambda t-2\lambda\tau)}{2}+\cos^2(\lambda\tau)+\right.$$

$$\left.2\cos(2\varphi-2\lambda t-\lambda\tau)\cos(\lambda\tau)\right]$$

$$=\sigma^4\left[\frac{1}{2}+\cos^2(\lambda\tau)\right]=R_Y(\tau).$$

由此可知，$Y(t)$也是平稳过程. 由于

$$\lim_{T\to+\infty}\frac{1}{T}\int_0^{2T}\left(1-\frac{\tau}{2T}\right)(R_Y(\tau)-m_Y^2)\mathrm{d}\tau=\lim_{T\to+\infty}\frac{\sigma^4}{2T}\int_0^{2T}\left(1-\frac{\tau}{2T}\right)\cos2(\lambda\tau)\mathrm{d}\tau$$

$$=\lim_{T\to+\infty}\left[\frac{\sigma^4(1-\cos(4\lambda T))}{16\lambda^2T^2}\right]=0,$$

故 $X(t)$的均方值具有各态历经性.

例 10 设随机过程$\{X(t),t\in(-\infty,+\infty)\}$是均值函数为零的实平稳正态过程，若 $X(t)$的自相关函数满足 $\lim\limits_{\tau\to+\infty}R_X(\tau)=0$，证明随机过程$\{X(t),t\in(-\infty,+\infty)\}$的自相关函数具有各态历经性.

证明 对固定的实数 τ，令 $Y(t)=X(t)X(t+\tau)$，则有 $m_Y(t)=R_X(\tau)$.

$R_Y(t,t+u)=E[Y(t)Y(t+u)]=E[X(t)X(t+\tau)X(t+u)X(t+u+\tau)]$.

下面用特征函数法计算 $E[X(t)X(t+\tau)X(t+u)X(t+u+\tau)]$.

$(X(t),X(t+\tau),X(t+u),X(t+u+\tau))$的协方差矩阵为

$$\boldsymbol{B}=\begin{bmatrix} R_X(0) & R_X(\tau) & R_X(u) & R_X(u+\tau) \\ R_X(\tau) & R_X(0) & R_X(u-\tau) & R_X(u) \\ R_X(u) & R_X(u-\tau) & R_X(0) & R_X(\tau) \\ R_X(u+\tau) & R_X(u) & R_X(\tau) & R_X(0) \end{bmatrix}.$$

$(X(t),X(t+\tau),X(t+u),X(t+u+\tau))$的特征函数为 $\varphi(v_1,v_2,v_3,v_4)=\exp\left(-\frac{1}{2}\boldsymbol{v}^{\mathrm{T}}\boldsymbol{B}\boldsymbol{v}\right)$，其中$\boldsymbol{v}=(v_1,v_2,v_3,v_4)^{\mathrm{T}}$ 由此可得

$$\left.\frac{\partial^4\varphi}{\partial v_4\partial v_3\partial v_2\partial v_1}\right|_{v_1=v_2=v_3=v_4=0}=\left(\exp\left\{-\frac{1}{2}\boldsymbol{v}^{\mathrm{T}}\boldsymbol{B}\boldsymbol{v}\right\}\frac{\partial^2}{\partial v_3\partial v_1}\left(-\frac{1}{2}\boldsymbol{v}^{\mathrm{T}}\boldsymbol{B}\boldsymbol{v}\right)\cdot\frac{\partial^2}{\partial v_4\partial v_2}\left(-\frac{1}{2}\boldsymbol{v}^{\mathrm{T}}\boldsymbol{B}\boldsymbol{v}\right)+\right.$$

$$\exp\left\{-\frac{1}{2}\boldsymbol{v}^{\mathrm{T}}\boldsymbol{B}\boldsymbol{v}\right\}\frac{\partial^2}{\partial v_4\partial v_1}\left(-\frac{1}{2}\boldsymbol{v}^{\mathrm{T}}\boldsymbol{B}\boldsymbol{v}\right)\cdot\frac{\partial^2}{\partial v_3\partial v_2}\left(-\frac{1}{2}\boldsymbol{v}^{\mathrm{T}}\boldsymbol{B}v\right)+$$

$$\exp\left\{-\frac{1}{2}\boldsymbol{v}^{\mathrm{T}}\boldsymbol{B}\boldsymbol{v}\right\}\frac{\partial^2}{\partial v_2\partial v_1}\left(-\frac{1}{2}\boldsymbol{v}^{\mathrm{T}}\boldsymbol{B}\boldsymbol{v}\right)\cdot\frac{\partial^2}{\partial v_4\partial v_3}\left(-\frac{1}{2}\boldsymbol{v}^{\mathrm{T}}\boldsymbol{B}\boldsymbol{v}\right)\Bigg)\Bigg|_{v_1=v_2=v_3=v_4=0}$$

$$=R_X^2(\tau)+R_X^2(u)+R_X(u+\tau)R_X(u-\tau),$$

故

$$E[X(t)X(t+\tau)X(t+u)X(t+u+\tau)]=\mathrm{i}^{-4}\frac{\partial^4\varphi}{\partial v_4\partial v_3\partial v_2\partial v_1}\Bigg|_{v_1=v_2=v_3=v_4=0}$$

$$=R_X^2(\tau)+R_X^2(u)+R_X(u+\tau)R_X(u-\tau).$$

因此，$Y(t)$是平稳过程，且$Y(t)$的自协方差函数为

$$C_Y(u)=R_X^2(u)+R_X(u+\tau)R_X(u-\tau).$$

由题设有$\lim\limits_{u\to\infty}C_Y(u)=0$，故$\{X(t),t\in(-\infty,+\infty)\}$的自相关函数具有各态历经性.

例 11 设平稳过程$\{X(t),t\geqslant 0\}$的相关函数为

$$R_X(\tau)=\frac{1}{\beta}\mathrm{e}^{-\beta|\tau|}-\frac{1}{\alpha}\mathrm{e}^{-\alpha|\tau|},$$

其中$\alpha\geqslant\beta>0$，试判断$\{X(t),t\geqslant 0\}$是否均方可导；若均方可导，试求：

(1) $E[\overline{X(t)}X'(t+\tau)]$；　　(2) $E[\overline{X'(t)}X'(t+\tau)]$.

解 由于

$$R_X(\tau)=\begin{cases}\dfrac{1}{\beta}\mathrm{e}^{-\beta\tau}-\dfrac{1}{\alpha}\mathrm{e}^{-\alpha\tau}, & \tau\geqslant 0,\\ \dfrac{1}{\beta}\mathrm{e}^{\beta\tau}-\dfrac{1}{\alpha}\mathrm{e}^{\alpha\tau}, & \tau<0,\end{cases}$$

因此，当$\tau>0$时，$R'_X(\tau)=-\mathrm{e}^{-\beta\tau}+\mathrm{e}^{-\alpha\tau}$；当$\tau<0$时，$R'_X(\tau)=\mathrm{e}^{\beta\tau}-\mathrm{e}^{\alpha\tau}$；当$\tau=0$时，有

$$R'_{X^-}(0)=\lim_{\tau\to 0^-}\frac{R_X(\tau)-R_X(0)}{\tau-0}=\lim_{\tau\to 0^-}\frac{\dfrac{1}{\beta}\mathrm{e}^{\beta\tau}-\dfrac{1}{\alpha}\mathrm{e}^{\alpha\tau}-\left(\dfrac{1}{\beta}-\dfrac{1}{\alpha}\right)}{\tau}$$

$$=\lim_{\tau\to 0^-}\frac{\mathrm{e}^{\beta\tau}-1}{\beta\tau}-\lim_{\tau\to 0^-}\frac{\mathrm{e}^{\alpha\tau}-1}{\alpha\tau}=1-1=0,$$

同理，$R'_{X^+}(0)=0$. 故$R_X(\tau)$可导，且

$$R'_X(\tau)=\begin{cases}-\mathrm{e}^{-\beta\tau}+\mathrm{e}^{-\alpha\tau}, & \tau\geqslant 0,\\ \mathrm{e}^{\beta\tau}-\mathrm{e}^{\alpha\tau}, & \tau<0.\end{cases}$$

当$\tau>0$时，$R''_X(\tau)=\beta\mathrm{e}^{-\beta\tau}-\alpha\mathrm{e}^{-\alpha\tau}$；当$\tau<0$时，$R''_X(\tau)=\beta\mathrm{e}^{\beta\tau}-\alpha\mathrm{e}^{\alpha\tau}$；当$\tau=0$时，有

$$R''_{X^-}(0)=\lim_{\tau\to 0^-}\frac{R'_X(\tau)-R'_X(0)}{\tau-0}=\lim_{\tau\to 0^-}\frac{\mathrm{e}^{\beta\tau}-\mathrm{e}^{\alpha\tau}-0}{\tau}$$

$$=\lim_{\tau\to 0^-}\beta\cdot\frac{\mathrm{e}^{\beta\tau}-1}{\beta\tau}-\lim_{\tau\to 0^-}\alpha\cdot\frac{\mathrm{e}^{\alpha\tau}-1}{\alpha\tau}=\beta-\alpha.$$

同理，$R''_{X^+}(0)=\beta-\alpha$. 故$R'_X(\tau)$可导，且

$$R''_X(\tau)=\begin{cases}\beta\mathrm{e}^{-\beta\tau}-\alpha\mathrm{e}^{-\alpha\tau}, & \tau\geqslant 0,\\ \beta\mathrm{e}^{\beta\tau}-\alpha\mathrm{e}^{\alpha\tau}, & \tau<0,\end{cases}$$

于是$\{X(t),t\geqslant 0\}$均方可导.

(1) $E[\overline{X(t)}X'(t+\tau)]=R'_X(\tau)=\begin{cases}-\mathrm{e}^{-\beta\tau}+\mathrm{e}^{-\alpha\tau}, & \tau\geqslant 0,\\ \mathrm{e}^{\beta\tau}-\mathrm{e}^{\alpha\tau}, & \tau<0.\end{cases}$

(2) $E[\overline{X'(t)}X'(t+\tau)]=-R''_X(\tau)=\begin{cases}-\beta e^{-\beta\tau}+\alpha e^{-\alpha\tau}, & \tau\geqslant 0,\\ -\beta e^{\beta\tau}+\alpha e^{\alpha\tau}, & \tau<0.\end{cases}$

例 12 设随机过程 $X(t)=Ah(t)$ 为复随机过程,其中 A 是均值为零,方差为 σ^2 的实随机变量,$h(t)$ 是 t 的确定函数,试证明 $X(t)$ 是平稳过程的充要条件是 $h(t)=Ce^{i(\omega t+\theta)}$,其中 C,ω,θ 为常数.

证明 必要性. 设 $X(t)$ 是平稳过程,则

$R_X(t,t+\tau)=E[X(t)\overline{X(t+\tau)}]=h(t)\overline{h(t+\tau)}E(|A|^2)=\sigma^2 h(t)\overline{h(t+\tau)}$

应与 t 无关. 取 $\tau=0$,有

$$|h(t)|^2=\frac{R_X(t,t)}{\sigma^2}=C^2(\text{常数}).$$

因此 $h(t)=Ce^{i\varphi(t)}$,其中 $\varphi(t)$ 为实函数,于是 $h(h+\tau)\overline{h(t)}=C^2 e^{i[\varphi(t+\tau)-\varphi(t)]}$ 应与 t 无关,故

$$\frac{d}{dt}[\varphi(t+\tau)-\varphi(t)]=0,$$

即 $\dfrac{d\varphi(t+\tau)}{dt}=\dfrac{d\varphi(t)}{dt}$ 对一切 τ 成立,于是 $\varphi(t)=\omega t+\theta$,故 $h(t)=Ce^{i(\omega t+\theta)}$.

充分性. 设 $h(t)=Ce^{i(\omega t+\theta)}$,则 $E[X(t)]=E[Ah(t)]=h(t)E(A)=0$,

$R_X(t,t+\tau)=E[X(t)\overline{X(t+\tau)}]=E(|A|^2)C^2 e^{i(\omega t+\theta)}e^{-i[\omega(t+\tau)+\theta]}=C^2\sigma^2 e^{-i\omega\tau}$

与 t 无关,所以 $X(t)$ 是平稳过程.

例 13 设 $\{Y(t),-\infty<t<+\infty\}$ 为零均值的正交增量过程,且 $E[Y(t_2)-Y(t_1)]^2=t_2-t_1$,$t_1<t_2$. 令 $X(t)=Y(t)-Y(t-1)$,$-\infty<t<+\infty$,证明 $\{X(t),-\infty<t<+\infty\}$ 为平稳过程,并求其谱密度.

证明 容易算得 $m_X(t)=E[X(t)]=E[Y(t)-Y(t-1)]$

$$=E[Y(t)]-E[Y(t-1)]=0,\quad -\infty<t<+\infty,$$

又

$$\begin{aligned}R_X(t,t+\tau)&=E[X(t)X(t+\tau)]\\&=E[(Y(t)-Y(t-1))(Y(t+\tau)-Y(t+\tau-1))].\end{aligned}$$

当 $\tau>1$ 时,$t-1<t<t+\tau-1<t+\tau$,则由正交增量过程的定义得 $R_X(t,t+\tau)=0$;同理,当 $\tau<-1$ 时,$R_X(t,t+\tau)=0$;而当 $0\leqslant\tau\leqslant 1$ 时,有

$$\begin{aligned}R_X(t,t+\tau)&=E[(Y(t)-Y(t-1))(Y(t+\tau)-Y(t+\tau-1))]\\&=E[(Y(t)-Y(t+\tau-1))+(Y(t+\tau-1)-Y(t-1))\cdot\\&\quad(Y(t+\tau)-Y(t))+(Y(t)-Y(t+\tau-1))]\\&=E[Y(t)-Y(t+\tau-1)]^2=1-\tau;\end{aligned}$$

同理,当 $-1\leqslant\tau<0$ 时,$R_X(t,t+\tau)=1+\tau$. 故

$$R_X(t,t+\tau)=\begin{cases}1-|\tau|, & |\tau|\leqslant 1,\\ 0, & |\tau|>1,\end{cases}$$

所以 $\{X(t),-\infty<t<+\infty\}$ 为平稳过程.

功率谱密度

$$S_X(\omega)=\int_{-1}^{1}\mathrm{e}^{-\mathrm{i}\omega\tau}(1-|\tau|)\mathrm{d}\tau=\int_0^1(\mathrm{e}^{\mathrm{i}\omega\tau}+\mathrm{e}^{-\mathrm{i}\omega\tau})(1-\tau)\mathrm{d}\tau=\begin{cases}\dfrac{2(1-\cos\omega)}{\omega^2}, & \omega\neq 0,\\ 1, & \omega=0.\end{cases}$$

例 14 设$\{X(t),-\infty<t<+\infty\}$是平稳过程,其谱密度为$S_X(\omega)$,令$Y(t)=X(t+a)-X(t)$,$-\infty<t<+\infty$,其中$a>0$是常数. 试证明$\{Y(t),-\infty<t<+\infty\}$是平稳过程,并求其谱密度.

证明 因为

$$m_Y(t)=E[Y(t)]=E[X(t+a)-X(t)]=m_X-m_X=0,\quad -\infty<t<+\infty,$$

$$\begin{aligned}R_Y(t,t+\tau)&=E[Y(t)Y(t+\tau)]=E[(X(t+a)-X(t))(X(t+\tau+a)-X(t+\tau))]\\&=R_X(\tau)-R_X(\tau-a)-R_X(\tau+a)+R_X(\tau)\\&=2R_X(\tau)-R_X(\tau-a)-R_X(\tau+a)\overset{\text{def}}{=}R_Y(\tau),\end{aligned}$$

所以$\{Y(t),-\infty<t<+\infty\}$是平稳过程.

$$\begin{aligned}S_Y(\omega)&=\int_{-\infty}^{+\infty}\mathrm{e}^{-\mathrm{i}\omega\tau}R_Y(\tau)\mathrm{d}\tau\\&=\int_{-\infty}^{+\infty}\mathrm{e}^{-\mathrm{i}\omega\tau}[2R_X(\tau)-R_X(\tau-a)-R_X(\tau+a)]\mathrm{d}\tau\\&=2S_X(\omega)-\int_{-\infty}^{+\infty}\mathrm{e}^{-\mathrm{i}\omega\tau}R_X(\tau-a)\mathrm{d}\tau-\int_{-\infty}^{+\infty}\mathrm{e}^{-\mathrm{i}\omega\tau}R_X(\tau+a)\mathrm{d}\tau\\&=2S_X(\omega)-\mathrm{e}^{-\mathrm{i}\omega a}S_X(\omega)-\mathrm{e}^{\mathrm{i}\omega a}S_X(\omega)\\&=(2-\mathrm{e}^{-\mathrm{i}\omega a}-\mathrm{e}^{\mathrm{i}\omega a})S_X(\omega)\\&=2(1-\cos\omega a)S_X(\omega),\end{aligned}$$

即$S_Y(\omega)=2(1-\cos\omega a)S_X(\omega)$.

例 15 试证明随机过程$X(t)=A\cos\omega t+B\sin\omega t$,$-\infty<t<+\infty$($\omega$为常数)是平稳过程的充要条件是$A$与$B$是互不相关的随机变量,且具有零均值和等方差.

证明 充分性教材第2章第1节例4已证.

必要性 设$X(t)$是平稳过程,则对任意的$t\in\mathbb{R}$,$E[X(t)]=E(A\cos\omega t+B\sin\omega t)=E(A)\cos\omega t+E(B)\sin\omega t=$常数,取$t=0,\dfrac{\pi}{\omega},\dfrac{\pi}{2\omega}$可以算得$E(A)=E(B)=0$.

又因为

$$\begin{aligned}R_X(t_1,t_2)&=E[X(t_1)X(t_2)]\\&=D(A)\cos\omega t_1\cos\omega t_2+D(B)\sin\omega t_1\sin\omega t_2+\mathrm{cov}(A,B)\sin\omega(t_1+t_2),\end{aligned}$$

$X(t)$是平稳过程,所以$R_X(t_1,t_2)$只与t_2-t_1有关,故当$t_2=t_1=t$时,$R_X(t_1,t_2)$为常数,即$D(A)\cos^2\omega t+D(B)\sin^2\omega t+\mathrm{cov}(A,B)\sin 2\omega t$为常数. 取$t=\dfrac{2\pi}{\omega},\dfrac{\pi}{2\omega}$,可得$D(A)=D(B)$,由此可以得到$\mathrm{cov}(A,B)=0$,即$A$与$B$是互不相关的随机变量.

例 16 设$X(t)=A\cos(\omega t+\Theta)$,$-\infty<t<+\infty$,其中$\omega$是常数,$A$与$\Theta$是相互独立的随机变量,且$\Theta\sim U[0,2\pi]$,$A$的概率密度函数为

$$f(x)=\begin{cases}\dfrac{x}{\sigma^2}\mathrm{e}^{-\frac{x^2}{2\sigma^2}}, & x\geqslant 0,\\ 0, & x<0,\end{cases}$$

其中 $\sigma>0$. 试讨论$\{X(t),-\infty<t<+\infty\}$的各态历经性.

解 易求 $m_X=0, R_X(\tau)=\sigma^2\cos\omega\tau$, 故$\{X(t),-\infty<t<+\infty\}$是平稳过程, 且时间平均

$$\begin{aligned}\langle X(t)\rangle&=\underset{T\to+\infty}{\mathrm{l.i.m}}\frac{1}{2T}\int_{-T}^{T}A\cos(\omega t+\Theta)\mathrm{d}t\\&=\underset{T\to+\infty}{\mathrm{l.i.m}}\frac{A}{2T}\int_{-T}^{T}(\cos\omega t\cos\Theta-\sin\omega t\sin\Theta)\mathrm{d}t\\&=\underset{T\to+\infty}{\mathrm{l.i.m}}\frac{A}{2T}\cos\Theta\int_{-T}^{T}\cos\omega t\,\mathrm{d}t\\&=\underset{T\to+\infty}{\mathrm{l.i.m}}\frac{A\cos\Theta\sin\omega T}{\omega T}=0.\end{aligned}$$

因$\langle X(t)\rangle=m_X$ 以概率 1 成立, 从而$\{X(t),-\infty<t<+\infty\}$的均值具有各态历经性.

又时间相关函数

$$\begin{aligned}\langle X(t)X(t+\tau)\rangle&=\underset{T\to+\infty}{\mathrm{l.i.m}}\frac{A^2}{2T}\int_{-T}^{T}\cos(\omega t+\Theta)\cos[\omega(t+\tau)+\Theta]\mathrm{d}t\\&=\underset{T\to+\infty}{\mathrm{l.i.m}}\frac{A^2}{4T}\int_{-T}^{T}[\cos(2\omega t+\omega\tau+2\Theta)+\cos\omega\tau]\mathrm{d}t\\&=\frac{A^2}{2}\cos\omega\tau.\end{aligned}$$

显然$\frac{A^2}{2}\cos\omega\tau\neq\sigma^2\cos\omega\tau$, 故$\{X(t),-\infty<t<+\infty\}$的相关函数不具有各态历经性.

例 17 设随机过程$\{X(t)=A\sin(2\pi Bt+\Theta), t\in(-\infty,+\infty)\}$, 其中 A 为常数, B 和 Θ 为相互独立的随机变量. 已知 B 的概率密度为偶函数, $\Theta\sim U(-\pi,\pi)$. 试证:

(1) $X(t)$为一平稳过程;

(2) $X(t)$的均值具有各态历经性.

证明 (1)
$$\begin{aligned}m_X(t)&=\int_{-\infty}^{+\infty}\int_{-\infty}^{+\infty}A\sin(2\pi xt+y)f_B(x)f_\Theta(y)\mathrm{d}x\,\mathrm{d}y\\&=A\int_{-\infty}^{+\infty}\left(\int_{-\pi}^{\pi}\sin(2\pi xt+y)\frac{1}{2\pi}\mathrm{d}y\right)f_B(x)\mathrm{d}x=0,\end{aligned}$$

$$\begin{aligned}R_X(t,t+\tau)&=A^2\int_{-\infty}^{+\infty}\int_{-\infty}^{+\infty}\sin(2\pi xt+y)\sin(2\pi x(t+\tau)+y)f_B(x)f_\Theta(y)\mathrm{d}x\mathrm{d}y\\&=\frac{A^2}{2}\int_{-\infty}^{+\infty}\left[\int_{-\pi}^{\pi}[\cos(2\pi x\tau)-\cos(4\pi xt+2y+2\pi x\tau)]\frac{1}{2\pi}\mathrm{d}y\right]f_B(x)\mathrm{d}x\\&=\frac{A^2}{2}\int_{-\infty}^{+\infty}f_B(x)\cos2\pi x\tau\,\mathrm{d}x=R_X(\tau),\end{aligned}$$

所以 $X(t)$为平稳过程.

(2) 因为

$$\langle X(t)\rangle=\underset{T\to+\infty}{\mathrm{l.i.m}}\frac{1}{2T}\int_{-T}^{T}X(t)\mathrm{d}t=\underset{T\to+\infty}{\mathrm{l.i.m}}\frac{1}{2T}\int_{-T}^{T}A\sin(2\pi Bt+\Theta)\mathrm{d}t=0=m_X(t),$$

故 $X(t)$的均值具有各态历经性.

例 18 设 $S(t)$是一个周期为 a 的函数, Φ 是在$[0,a]$上服从均匀分布的随机变量, 则

$X(t)=S(t+\Phi)$称为随机相位过程，若$S(t)$在一个周期的表达为

$$S(t)=\begin{cases}\dfrac{8A}{a}t, & 0<t\leqslant\dfrac{a}{8},\\ \dfrac{-8A}{a}\left(t-\dfrac{a}{4}\right), & \dfrac{a}{8}<t\leqslant\dfrac{a}{4},\\ 0, & \dfrac{a}{4}<t\leqslant a,\end{cases}$$

其中A为常数，试计算$E[X(t)]$，$\langle X(t)\rangle$，并验证均值函数具有各态历经性.

解 $E[X(t)]=E[S(t+\Phi)]=\dfrac{1}{a}\displaystyle\int_0^a S(t+x)\mathrm{d}x$

$$=\frac{1}{a}\int_t^{t+a}S(y)\mathrm{d}y=\frac{1}{a}\int_0^a S(y)\mathrm{d}y$$

$$=\frac{1}{a}\left[\int_0^{\frac{a}{8}}\frac{8A}{a}y\mathrm{d}y+\int_{\frac{a}{8}}^{\frac{a}{4}}\frac{-8A}{a}\left(y-\frac{a}{4}\right)\mathrm{d}y\right]$$

$$=\frac{A}{16}+\frac{A}{16}=\frac{A}{8},$$

$$\langle X(t)\rangle=\underset{T\to+\infty}{\mathrm{l.i.m}}\frac{1}{2T}\int_{-T}^{T}S(t+\Phi)\mathrm{d}t$$

$$=\underset{n\to\infty}{\mathrm{l.i.m}}\frac{1}{2(na+a_0)}\int_{-(na+a_0)}^{na+a_0}S(t+\Phi)\mathrm{d}t\quad(0\leqslant a_0<a)$$

$$=\underset{n\to\infty}{\mathrm{l.i.m}}\frac{1}{2(na+a_0)}\left[2n\int_0^a S(t+\Phi)\mathrm{d}t+\int_{-a_0}^{a_0}S(t+\Phi)\mathrm{d}t\right]$$

$$=\frac{1}{a}\int_0^a S(t+\Phi)\mathrm{d}t=\frac{1}{a}\int_0^a S(u)\mathrm{d}u=\frac{A}{8}=E[X(t)],$$

故$X(t)$的均值函数具有各态历经性.

例19 设均方连续的平稳过程$\{X(t),t\in(-\infty,+\infty)\}$有

$$X(t)=A\cos\omega t+B\sin\omega t,\quad t\in(-\infty,+\infty),$$

其中A,B为两个随机变量，满足条件

$$E(A)=E(B)=0,\quad E(A^2)=E(B^2)=\sigma^2,\quad E(AB)=0,$$

试讨论该过程均值的历经性.

解 由于$\{X(t),t\in(-\infty,+\infty)\}$是平稳过程，且

$$E(A)=E(B)=0,\quad E(A^2)=E(B^2)=\sigma^2,\quad E(AB)=0,$$

故

$$m_X(t)=E[X(t)]=E(A\cos\omega t+B\sin\omega t)=E(A)\cos\omega t+E(B)\sin\omega t=0,$$

$$\begin{aligned}R_X(t,t+\tau)&=E[X(t)X(t+\tau)]\\&=E[(A\cos\omega t+B\sin\omega t)(A\cos\omega(t+\tau)+B\sin\omega(t+\tau))]\\&=E(A^2)\cos(\omega t)\cos(\omega(t+\tau))+E(B^2)\sin(\omega t)\sin(\omega(t+\tau))+\\&\quad E(AB)[\sin\omega t\cos(\omega(t+\tau))+\cos\omega t\sin(\omega(t+\tau))]\\&=\sigma^2\cos\omega\tau=R_X(\tau),\end{aligned}$$

$$C_X(\tau)=R_X(\tau)-m_X^2=R_X(\tau).$$

由于

$$\lim_{T\to+\infty}\frac{1}{2T}\int_{-2T}^{2T}\left(1-\frac{|\tau|}{2T}\right)C_X(\tau)\mathrm{d}\tau=\lim_{T\to+\infty}\frac{1}{T}\int_0^{2T}\left(1-\frac{\tau}{2T}\right)\sigma^2\cos\omega\tau\mathrm{d}\tau$$

$$=\lim_{T\to+\infty}\frac{\sigma^2}{T}\left[\frac{1}{\omega}\sin2T\omega-\frac{1}{2T\omega}\left(2T\sin2T\omega+\frac{1}{\omega}(\cos2T\omega-1)\right)\right]$$

$$=\lim_{T\to+\infty}\frac{\sigma^2}{2T^2\omega^2}(1-\cos2T\omega)=0,$$

故此过程的均值具有各态历经性.

例 20 设 X 和 Y 是两个相互独立的随机变量，$E(X)=0$，$D(X)=1$，Y 的分布函数为 $F(y)$，令 $Z(t)=X\mathrm{e}^{\mathrm{i}tY}$，$-\infty<t<+\infty$，试求 $\{Z(t),-\infty<t<+\infty\}$ 的谱函数.

解 首先证明 $\{Z(t),-\infty<t<+\infty\}$ 是平稳过程.

因为 $m_Z(t)=E[Z(t)]=E[X\mathrm{e}^{\mathrm{i}tY}]=E(X)E(\mathrm{e}^{\mathrm{i}tY})=0$ 为常数，则

$$R_Z(t,t+\tau)=E[Z(t)\overline{Z(t+\tau)}]=E[X\mathrm{e}^{\mathrm{i}tY}X\mathrm{e}^{-\mathrm{i}(t+\tau)Y}]$$

$$=E[X^2\mathrm{e}^{-\mathrm{i}\tau Y}]=E(X^2)E(\mathrm{e}^{-\mathrm{i}\tau Y})$$

$$=\int_{-\infty}^{+\infty}\mathrm{e}^{-\mathrm{i}\tau u}\mathrm{d}F(u)\xlongequal{\text{def}}R_Z(\tau)$$

与 t 无关，所以 $Z(t)$ 是平稳过程.

再求 $\{Z(t),-\infty<t<+\infty\}$ 的谱函数. 因为

$$R_Z(\tau)=\int_{-\infty}^{+\infty}\mathrm{e}^{\mathrm{i}\tau u}\mathrm{d}F(u)\xlongequal{\text{令 }\omega=-u}\int_{-\infty}^{+\infty}\mathrm{e}^{\mathrm{i}\tau\omega}\mathrm{d}(-F(-\omega))$$

$$=\frac{1}{2\pi}\int_{-\infty}^{+\infty}\mathrm{e}^{\mathrm{i}\tau\omega}\mathrm{d}(-2\pi F(-\omega)),$$

所以 $\{Z(t),-\infty<t<+\infty\}$ 的谱函数为 $F_Z(\omega)=-2\pi F(-\omega)$，$-\infty<\omega<+\infty$.

例 21 设 L 是线性时不变系统，若输入 $x(t)=\mathrm{e}^{\mathrm{i}\omega t}$，证明输出 $y(t)=H(\omega)\mathrm{e}^{\mathrm{i}\omega t}$，其中 $H(\omega)=L(\mathrm{e}^{\mathrm{i}\omega t})\big|_{t=0}$.

证明 设 $y(t)=L(\mathrm{e}^{\mathrm{i}\omega t})$，则 $y(t+\tau)=L(\mathrm{e}^{\mathrm{i}\omega(t+\tau)})=L(\mathrm{e}^{\mathrm{i}\omega t}\mathrm{e}^{\mathrm{i}\omega\tau})=\mathrm{e}^{\mathrm{i}\omega\tau}L(\mathrm{e}^{\mathrm{i}\omega t})$. 令 $t=0$，得 $y(\tau)=\mathrm{e}^{\mathrm{i}\omega\tau}L(\mathrm{e}^{\mathrm{i}\omega t})\big|_{t=0}=H(\omega)\mathrm{e}^{\mathrm{i}\omega\tau}$，即 $y(t)=H(\omega)\mathrm{e}^{\mathrm{i}\omega t}$.

例 22 已知平稳过程 $\{X(t),-\infty<t<+\infty\}$ 的功率谱密度 $S_X(\omega)=\dfrac{\omega^2+1}{\omega^4+5\omega^2+6}$，试求 $\{X(t),-\infty<t<+\infty\}$ 的相关函数.

解 由于

$$\frac{\omega^2+1}{\omega^4+5\omega^2+6}=\frac{2}{\omega^2+3}-\frac{1}{\omega^2+2}=\frac{1}{\sqrt{3}}\frac{2\sqrt{3}}{\omega^2+(\sqrt{3})^2}-\frac{1}{2\sqrt{2}}\frac{2\sqrt{2}}{\omega^2+(\sqrt{2})^2},$$

所以

$$R_X(\tau)=\frac{1}{\sqrt{3}}\mathrm{e}^{-\sqrt{3}|\tau|}-\frac{1}{2\sqrt{2}}\mathrm{e}^{-\sqrt{2}|\tau|}.$$

例 23 设 $X(t)$ 为平稳正态过程，其自相关函数为

$$R_X(\tau)=\mathrm{e}^{-2|\tau|}\sin(3\pi|\tau|)+\cos\pi\tau.$$

试求功率谱密度函数.

解 $S_X(\omega)=\int_{-\infty}^{+\infty}R_X(\tau)e^{-i\omega\tau}d\tau=\int_{-\infty}^{+\infty}[e^{-2|\tau|}\sin(3\pi|\tau|)+\cos(\pi\tau)]e^{-i\omega\tau}d\tau$

$$=2\int_0^{+\infty}e^{-2\tau}\sin3\pi\tau\cos\omega\tau d\tau+\frac{1}{2}\int_{-\infty}^{+\infty}(e^{i\pi\tau}+e^{-i\pi\tau})e^{-i\omega\tau}d\tau$$

$$=\int_0^{+\infty}e^{-2\tau}[\sin((3\pi+\omega)\tau)+\sin((3\pi-\omega)\tau)]d\tau+$$

$$\frac{1}{2}\int_{-\infty}^{+\infty}(e^{-i(\omega-\pi)\tau}+e^{-i(\omega+\pi)\tau})d\tau$$

$$=\frac{3\pi+\omega}{4+(3\pi+\omega)^2}+\frac{3\pi-\omega}{4+(3\pi-\omega)^2}+\pi[\delta(\omega-\pi)+\delta(\omega+\pi)].$$

例 24 设平稳过程$\{X(t),-\infty<t<+\infty\}$的均值函数 $m_X=0$,相关函数 $R_X(\tau)=e^{-|\tau|}$,平稳过程$\{Y(t),-\infty<t<+\infty\}$满足 $Y'(t)+Y(t)=X(t)$.

(1) 求$\{Y(t),-\infty<t<+\infty\}$的均值函数、相关函数和功率谱密度;

(2) 求$\{X(t),-\infty<t<+\infty\}$与$\{Y(t),-\infty<t<+\infty\}$的互相关函数和互谱密度.

解 (1) 系统两边取拉普拉斯变换有

$$Y(p)=\frac{1}{p+1}X(p),$$

故传递函数为 $H(p)=\frac{1}{p+1}$,频率响应函数为 $H(i\omega)=\frac{1}{i\omega+1}$,脉冲响应函数为

$$h(t)=\frac{1}{2\pi}\int_{-\infty}^{+\infty}e^{i\omega t}H(i\omega)d\omega=\frac{1}{2\pi}\int_{-\infty}^{+\infty}e^{i\omega t}\frac{1}{i\omega+1}d\omega=\begin{cases}e^{-t}, & t\geqslant 0,\\ 0, & t<0,\end{cases}$$

所以

$$m_Y(t)=m_X\int_{-\infty}^{+\infty}h(t)dt=0,\quad -\infty<t<+\infty.$$

又$\{X(t),-\infty<t<+\infty\}$的相关函数 $R_X(\tau)=e^{-|\tau|}$,故其谱密度为

$$S_X(\omega)=\int_{-\infty}^{+\infty}e^{-i\omega\tau}R_X(\tau)d\tau=\int_{-\infty}^{+\infty}e^{-i\omega\tau}e^{-|\tau|}d\tau=\frac{2}{\omega^2+1},$$

所以$\{Y(t),-\infty<t<+\infty\}$的谱密度为

$$S_Y(\omega)=|H(i\omega)|^2S_X(\omega)=\frac{1}{\omega^2+1}\frac{2}{\omega^2+1}=\frac{2}{(\omega^2+1)^2},$$

$$R_Y(\tau)=\frac{1}{2\pi}\int_{-\infty}^{+\infty}e^{i\omega\tau}S_Y(\omega)d\omega=\frac{1}{2\pi}\int_{-\infty}^{+\infty}e^{i\omega\tau}\frac{2}{(\omega^2+1)^2}d\omega=\frac{1+|\tau|}{2}e^{-|\tau|}.$$

(2) 互相关函数

$$R_{XY}(\tau)=\int_{-\infty}^{+\infty}h(s)R_X(\tau-s)ds=\int_0^{+\infty}e^{-s}e^{-|\tau-s|}ds=\int_0^{+\infty}e^{-s-|\tau-s|}ds.$$

当 $\tau>0$ 时,$R_{XY}(\tau)=\int_0^{\tau}e^{-\tau}ds+\int_{\tau}^{+\infty}e^{-2s+\tau}ds=\left(\tau+\frac{1}{2}\right)e^{-\tau}$;

当 $\tau\leqslant 0$ 时,$R_{XY}(\tau)=\int_0^{+\infty}e^{-2s+\tau}ds=\frac{1}{2}e^{\tau}$.

综上所述,有

$$R_{XY}(\tau)=\begin{cases}\left(\tau+\dfrac{1}{2}\right)e^{-\tau}, & \tau>0,\\ \dfrac{1}{2}e^{\tau}, & \tau\leqslant 0.\end{cases}$$

互谱密度为

$$S_{XY}(\omega)=H(i\omega)S_X(\omega)=\frac{1}{i\omega+1}\cdot\frac{2}{\omega^2+1}=\frac{2}{(\omega^2+1)(i\omega+1)}.$$

例 25 设平稳过程$\{X(t),-\infty<t<+\infty\}$的均值函数 $m_X=0$,相关函数$R_X(\tau)=\sigma^2 e^{-\beta|\tau|}$,平稳过程$\{Y(t),-\infty<t<+\infty\}$满足系统$\dfrac{dY(t)}{dt}+bY(t)=aX(t)$,其中 a,b 为大于零的常数,且 $b\neq\beta$. 求:(1)系统的传递函数、频率响应函数,脉冲响应函数;(2)$Y(t)$的相关函数和功率谱密度;(3)$X(t)$与 $Y(t)$的互功率谱密度.

解 (1) 对系统两边取拉普拉斯变换,得 $pY(p)+bY(p)=aX(p)$,从而有:

传递函数 $H(p)=\dfrac{a}{p+b}$;

频率响应函数 $H(i\omega)=\dfrac{a}{i\omega+b}$;

脉冲响应函数 $h(t)=L^{-1}\left[\dfrac{a}{p+b}\right]=\begin{cases}ae^{-bt}, & t\geqslant 0,\\ 0, & t<0.\end{cases}$

(2) 由于 $R_X(\tau)=\sigma^2 e^{-\beta|\tau|}$,故 $S_X(\omega)=F[R_X(\tau)]=\sigma^2\dfrac{2\beta}{\omega^2+\beta^2}$,于是

$$\begin{aligned}S_Y(\omega)&=|H(i\omega)|^2S_X(\omega)=\frac{2\beta a^2\sigma^2}{(\omega^2+b^2)(\omega^2+\beta^2)}\\&=\frac{2\beta a^2\sigma^2}{\beta^2-b^2}\left[\frac{1}{\omega^2+b^2}-\frac{1}{\omega^2+\beta^2}\right],\end{aligned}$$

$$R_Y(\tau)=F^{-1}[S_Y(\omega)]=\frac{a^2\sigma^2}{\beta^2-b^2}\left(\frac{\beta}{b}e^{-b|\tau|}-e^{-\beta|\tau|}\right).$$

(3) $X(t)$与 $Y(t)$的互功率谱密度为

$$S_{XY}(\omega)=H(i\omega)S_X(\omega)=\frac{2a\beta\sigma^2}{(i\omega+b)(\omega^2+\beta^2)}.$$

例 26 设$\{X(t),-\infty<t<+\infty\}$是实平稳过程,其相关函数为 $R_X(\tau)$,谱密度为 $S_X(\omega)$,且当$|\omega|>\omega_0$($\omega_0>0$ 是常数)时,$S_X(\omega)=0$. 试证明:

(1) $R_X(0)-R_X(\tau)\leqslant\dfrac{1}{2}R_X(0)\omega_0^2\tau^2$;

(2) $\forall\varepsilon>0,P\{|X(t+\tau)-X(t)|\geqslant\varepsilon\}\leqslant\dfrac{\omega_0^2\tau^2R_X(0)}{\varepsilon^2}$;

(3) 当$|\tau|\leqslant\dfrac{\pi}{\omega_0}$时,$\dfrac{2}{\pi^2}|R''_X(0)|\tau^2\leqslant R_X(0)-R_X(\tau)\leqslant\dfrac{1}{2}|R''_X(0)|\tau^2$.

证明 (1) 由$|\sin x|\leqslant|x|$,得

$$1-\cos\omega\tau=2\sin^2\frac{\omega\tau}{2}\leqslant\frac{\omega^2\tau^2}{2},$$

于是

$$
\begin{aligned}
R_X(0)-R_X(\tau)&=\left[\frac{1}{2\pi}\int_{-\infty}^{+\infty}S_X(\omega)\,\mathrm{e}^{\mathrm{i}\omega\tau}\mathrm{d}\omega\right]_{\tau=0}-\frac{1}{2\pi}\int_{-\infty}^{+\infty}S_X(\omega)\,\mathrm{e}^{\mathrm{i}\omega\tau}\mathrm{d}\omega\\
&=\frac{1}{2\pi}\int_{-\omega_0}^{\omega_0}S_X(\omega)(1-\cos\omega\tau)\mathrm{d}\omega\\
&\leqslant\frac{1}{2\pi}\int_{-\omega_0}^{\omega_0}S_X(\omega)\frac{\omega^2\tau^2}{2}\mathrm{d}\omega\\
&\leqslant\frac{\omega_0^2\tau^2}{2}\cdot\frac{1}{2\pi}\int_{-\omega_0}^{\omega_0}S_X(\omega)\mathrm{d}\omega\\
&=\frac{1}{2}\omega_0^2\tau^2R_X(0).
\end{aligned}
$$

(2) 由切比雪夫不等式，$\forall\varepsilon>0$，有

$$
\begin{aligned}
P\{|X(t+\tau)-X(t)|\geqslant\varepsilon\}&\leqslant\frac{E[|X(t+\tau)-X(t)|^2]}{\varepsilon^2}\\
&=\frac{2[R_X(0)-R_X(\tau)]}{\varepsilon^2}.
\end{aligned}
$$

再由(1)的结论得

$$
P\{|X(t+\tau)-X(t)|\geqslant\varepsilon\}\leqslant\frac{\omega_0^2\tau^2R_X(0)}{\varepsilon^2}.
$$

(3)
$$
\begin{aligned}
R_X(0)-R_X(\tau)&=\frac{1}{2\pi}\int_{-\omega_0}^{\omega_0}S_X(\omega)(1-\cos\omega\tau)\mathrm{d}\omega\\
&\leqslant\frac{1}{2\pi}\int_{-\omega_0}^{\omega_0}S_X(\omega)\frac{\omega^2\tau^2}{2}\mathrm{d}\omega\\
&=\frac{\tau^2}{2}\cdot\frac{1}{2\pi}\int_{-\omega_0}^{\omega_0}\omega^2S_X(\omega)\mathrm{d}\omega=-\frac{\tau^2}{2}R''_X(0).
\end{aligned}
$$

当 $|x|\leqslant\dfrac{\pi}{2}$ 时，$|\sin x|\geqslant\left|\dfrac{2}{\pi}x\right|$，所以

$$
\begin{aligned}
R_X(0)-R_X(\tau)&=\frac{1}{2\pi}\int_{-\omega_0}^{\omega_0}S_X(\omega)(1-\cos\omega\tau)\mathrm{d}\omega\\
&=\frac{1}{2\pi}\int_{-\omega_0}^{\omega_0}S_X(\omega)\cdot2\sin^2\frac{\omega\tau}{2}\mathrm{d}\omega\\
&\geqslant\frac{2\tau^2}{\pi^2}\cdot\frac{1}{2\pi}\int_{-\omega_0}^{\omega_0}\omega^2S_X(\omega)\mathrm{d}\omega=-\frac{2\tau^2}{\pi^2}R''_X(0).
\end{aligned}
$$

又 $E([X'(t)]^2)=-R''_X(0)\geqslant0$，故 $R''_X(0)\leqslant0$，因此

$$
\frac{2}{\pi^2}|R''_X(0)|\tau^2\leqslant R_X(0)-R_X(\tau)\leqslant\frac{1}{2}|R''_X(0)|\tau^2.
$$

例 27 设 $\{X(t),-\infty<t<+\infty\}$ 是二阶均方可导的平稳过程，$\{Y(t),-\infty<t<+\infty\}$ 是均方连续的平稳过程，谱密度为 $S_Y(\omega)$，且

$$
X''(t)+\beta X'(t)+\omega_0^2X(t)=Y(t),
$$

其中 β,ω_0 为常数. 试求 $S_X(\omega)$ 和 $S_{YX}(\omega)$.

解 系统两边取拉普拉斯变换有 $X(p)=\frac{1}{p^2+\beta p+\omega_0^2}Y(p)$，因此传递函数为 $H(p)=\frac{1}{p^2+\beta p+\omega_0^2}$，频率响应函数为 $H(\mathrm{i}\omega)=\frac{1}{\omega_0^2+\beta\mathrm{i}\omega-\omega^2}$. 所以

$$S_X(\omega)=|H(\mathrm{i}\omega)|^2S_Y(\omega)=\left|\frac{1}{\omega_0^2-\omega^2+\mathrm{i}\beta\omega}\right|^2S_Y(\omega)$$

$$=\frac{1}{(\omega_0^2-\omega^2)^2+\beta^2\omega^2}S_Y(\omega),$$

从而

$$S_{YX}(\omega)=H(\mathrm{i}\omega)S_Y(\omega)=\frac{1}{\omega_0^2-\omega^2+\mathrm{i}\beta\omega}S_Y(\omega).$$

例 28 设平稳过程 $\{X(t),-\infty<t<+\infty\}$ 的均值函数 $m_X=2$，相关函数 $R_X(\tau)=K\delta(\tau)$，平稳过程 $\{Y(t),-\infty<t<+\infty\}$ 满足系统

$$Y''(t)+3Y'(t)+2Y(t)=X(t).$$

试求：(1)系统的传递函数、频率响应函数、脉冲响应函数；(2)$Y(t)$的均值函数 m_Y 及功率谱密度 $S_Y(\omega)$；(3)$X(t)$与$Y(t)$的互功率谱密度 $S_{XY}(\omega)$.

解 (1) 在系统 $Y''(t)+3Y'(t)+2Y(t)=X(t)$ 两边取拉普拉斯变换，有 $p^2Y(p)+3pY(p)+2Y(p)=X(p)$，即 $Y(p)=\frac{1}{p^2+3p+2}X(p)$，故系统的传递函数为 $H(p)=\frac{1}{p^2+3p+2}$；频率响应函数 $H(\mathrm{i}\omega)=\frac{1}{-\omega^2+3\mathrm{i}\omega+2}$；而脉冲响应函数

$$h(t)=F^{-1}[H(\mathrm{i}\omega)]=\begin{cases}\mathrm{e}^{-t}-\mathrm{e}^{-2t}, & t\geqslant 0,\\ 0, & t<0.\end{cases}$$

(2) $Y(t)$的均值函数

$$m_Y=m_X\int_0^{+\infty}h(\lambda)\mathrm{d}\lambda=2\int_0^{+\infty}(\mathrm{e}^{-\lambda}-\mathrm{e}^{-2\lambda})\mathrm{d}\lambda=1,$$

$X(t)$功率谱密度

$$S_X(\omega)=\int_{-\infty}^{+\infty}R_X(\tau)\mathrm{e}^{-\mathrm{i}\omega\tau}\mathrm{d}\tau=\int_{-\infty}^{+\infty}K\delta(\tau)\mathrm{e}^{-\mathrm{i}\omega\tau}\mathrm{d}\tau=K.$$

由此可得 $Y(t)$ 功率谱密度

$$S_Y(\omega)=|H(\mathrm{i}\omega)|^2S_X(\omega)=\frac{K}{(2-\omega^2)^2+9\omega^2}.$$

(3) $X(t)$与$Y(t)$的互功率谱密度为

$$S_{XY}(\omega)=H(\mathrm{i}\omega)S_X(\omega)=\frac{K}{-\omega^2+3\mathrm{i}\omega+2}.$$

例 29 设有一个离散时间的平稳白噪声 $X(n)$，其相关函数为 $R_X(n)=\sigma_X^2\delta(n)$. 将 $X(n)$输入无限冲激响应滤波器，输出 $Y(n)$ 与输入 $X(n)$ 之间的关系式为 $Y(n)=X(n)+aY(n-1)$，其中$|a|<1$. 试求 $Y(n)$ 的自相关函数和功率谱密度.

解 由 $Y(n)=X(n)+aY(n-1)$，可知 $Y(n)-aY(n-1)=X(n)$，在方程两边取双边拉普拉斯变换得 $\widetilde{Y}(p)-a\mathrm{e}^{-p}\widetilde{Y}(p)=\widetilde{X}(p)$，故 $H(p)=\frac{1}{1-a\mathrm{e}^{-p}}$，从而 $H(\mathrm{i}\omega)=\frac{1}{1-a\mathrm{e}^{-\mathrm{i}\omega}}$，

$$S_X(\omega)=\sum_{n=-\infty}^{+\infty}R_X(n)\mathrm{e}^{-\mathrm{i}n\omega}=\sum_{n=-\infty}^{+\infty}\sigma_X^2\delta(n)\mathrm{e}^{-\mathrm{i}n\omega}=\sigma_X^2,$$

$$S_Y(\omega)=S_X(\omega)\mid H(\mathrm{i}\omega)\mid^2=\frac{\sigma_X^2}{\mid 1-a\mathrm{e}^{-\mathrm{i}\omega}\mid^2}=\frac{\sigma_X^2}{1-2a\cos\omega+a^2},$$

$$R_Y(m)=\frac{1}{2\pi}\int_{-\pi}^{\pi}S_Y(\omega)\mathrm{e}^{\mathrm{i}m\omega}\mathrm{d}\omega=\frac{\sigma_X^2}{2\pi}\int_{-\pi}^{\pi}\frac{\cos n\omega+\mathrm{i}\sin n\omega}{1-2a\cos\omega+a^2}\mathrm{d}\omega.$$

利用留数定理计算定积分

$$\int_{-\pi}^{\pi}\frac{\cos n\omega+\mathrm{i}\sin n\omega}{1-2a\cos\omega+a^2}\mathrm{d}\omega=\frac{\mathrm{i}}{a}\oint_{|z|=1}\frac{z^n}{\left(z-\frac{1}{a}\right)(z-a)}\mathrm{d}z=\frac{\mathrm{i}}{a}\cdot 2\pi\mathrm{i}\cdot\mathrm{Res}[R(z),a]$$

$$=\frac{\mathrm{i}}{a}\cdot 2\pi\mathrm{i}\cdot\frac{a^{n+1}}{a^2-1}=\frac{2\pi a^n}{1-a^2},$$

所以 $R_Y(n)=\frac{\sigma_X^2}{2\pi}\frac{2\pi a^n}{1-a^2}=\frac{\sigma_X^2a^n}{1-a^2}$.

3.4 习题选解

2. 设随机过程 $X(t)=\sin ut$,其中 u 是在$[0,2\pi]$上均匀分布的随机变量. 试证:

(1) 若 $t\in T$,而 $T=\{1,2,\cdots\}$,则$\{X(t),t=1,2,\cdots\}$是平稳过程;

(2) 若 $t\in T$,而 $T=[0,+\infty)$,则$\{X(t),t\geqslant 0\}$不是平稳过程.

证明 (1) 因为 $m_X(t)=E[X(t)]=\int_0^{2\pi}\sin ut\cdot\frac{1}{2\pi}\mathrm{d}u=-\frac{1}{2\pi t}\cos ut\Big|_0^{2\pi}=0$,

$$R_X(t_1,t_2)=E[X(t_1)X(t_2)]=E(\sin ut_1\sin ut_2)=\int_0^{2\pi}\sin ut_1\sin ut_2\cdot\frac{1}{2\pi}\mathrm{d}u$$

$$=\frac{1}{4\pi}\int_0^{2\pi}[\cos(t_1-t_2)u-\cos(t_1+t_2)u]\mathrm{d}u$$

$$=\begin{cases}\frac{1}{4\pi}\left[\frac{1}{t_1-t_2}\sin(t_1-t_2)u\Big|_0^{2\pi}-\frac{1}{t_1+t_2}\sin(t_1+t_2)u\Big|_0^{2\pi}\right], & t_2-t_1\neq 0\\ \frac{1}{4\pi}\left[2\pi-\frac{1}{t_1+t_2}\sin(t_1+t_2)u\Big|_0^{2\pi}\right], & t_2-t_1=0\end{cases}$$

$$=\begin{cases}0, & t_2-t_1\neq 0\\ \frac{1}{2}, & t_2-t_1=0\end{cases}$$

$$=R_X(t_2-t_1),$$

故$\{X(t),t=1,2,\cdots\}$是平稳过程.

(2) $$m_X(t)=E[X(t)]=\int_0^{2\pi}\sin ut\cdot\frac{1}{2\pi}\mathrm{d}u=\begin{cases}0, & t=0\\ -\frac{1}{2\pi t}\cos ut\Big|_0^{2\pi}, & t\neq 0\end{cases}$$

$$=\begin{cases}0, & t=0,\\ \frac{1-\cos 2\pi t}{2\pi t}, & t\neq 0\end{cases}$$

不为常数，故$\{X(t),t\geqslant 0\}$不是平稳过程.

3. 设随机过程

$$X(t)=A\cos(\omega_0 t+\Phi),\quad -\infty<t<\infty,$$

其中ω_0是常数，A与Φ是独立随机变量.Φ服从区间$[0,2\pi]$上的均匀分布.A服从瑞利分布，其密度为

$$f(x)=\begin{cases}\dfrac{x}{\sigma^2}e^{-\frac{x^2}{2\sigma^2}}, & x\geqslant 0,\\ 0, & x<0.\end{cases}$$

又设随机过程$Y(t)=B\cos\omega_0 t+C\sin\omega_0 t$，$-\infty<t<\infty$，其中$B$与$C$是相互独立正态变量，且都具有分布$N(0,\sigma^2)$.

(1) 试证$X(t)$是平稳过程；

(2) 证明$Y(t)$是平稳过程；

(3) 如果把$X(t)$改写为$X(t)=B\cos\omega_0 t+C\sin\omega_0 t$，其中$B=A\cos\Phi$，$C=-A\sin\Phi$.试证$B$与$C$是分别具有分布$N(0,\sigma^2)$的独立正态变量.

证明 (1)
$$\begin{aligned}m_X(t)&=E[X(t)]=E[A\cos(\omega_0 t+\Phi)]\\&=E(A)E[\cos(\omega_0 t+\Phi)]\\&=\int_0^{+\infty}\frac{x^2}{\sigma^2}e^{-\frac{x^2}{2\sigma^2}}dx\int_0^{2\pi}\cos(\omega_0 t+\varphi)\cdot\frac{1}{2\pi}d\varphi\\&=\frac{1}{2}\sqrt{2\pi}\cdot\sigma\cdot 0=0,\end{aligned}$$

$$\begin{aligned}R_X(t_1,t_2)&=E[X(t_1)X(t_2)]\\&=E(A^2)E[\cos(\omega_0 t_1+\Phi)\cos(\omega_0 t_2+\Phi)]\\&=\int_0^{+\infty}\frac{x^3}{\sigma^2}e^{-\frac{x^2}{2\sigma^2}}dx\int_0^{2\pi}\cos(\omega_0 t_1+\varphi)\cos(\omega_0 t_2+\varphi)\cdot\frac{1}{2\pi}d\varphi\\&=-\int_0^{+\infty}x^2 de^{-\frac{x^2}{2\sigma^2}}\cdot\frac{1}{4\pi}\int_0^{2\pi}[\cos\omega_0(t_2-t_1)+\cos(\omega_0(t_2+t_1)+2\varphi)]d\varphi\\&=-\frac{1}{2}\cos\omega_0(t_2-t_1)\cdot\left[x^2e^{-\frac{x^2}{2\sigma^2}}\Big|_0^{+\infty}-\int_0^{+\infty}2xe^{-\frac{x^2}{2\sigma^2}}dx\right]\\&=\frac{1}{2}\cos\omega_0(t_2-t_1)\left[(-2\sigma^2)\cdot e^{-\frac{x^2}{2\sigma^2}}\Big|_0^{+\infty}\right]\\&=\sigma^2\cos\omega_0(t_2-t_1)=\sigma^2\cos\omega_0\tau\quad(\tau=t_2-t_1),\end{aligned}$$

所以$X(t)$为平稳过程.

(2) $m_Y(t)=0$，$R_Y(t_1,t_2)=\sigma^2\cos\omega_0(t_2-t_1)=\sigma^2\cos\omega_0\tau$，故$Y(t)$为平稳过程.

(3) $(A,\Phi)^{\mathrm{T}}$的概率密度为

$$f_{A,\Phi}(a,\varphi)=\begin{cases}\dfrac{a}{2\pi\sigma^2}\mathrm{e}^{-\frac{a^2}{2\sigma^2}}, & a\geqslant 0,0\leqslant\varphi\leqslant 2\pi,\\ 0, & \text{其他},\end{cases}$$

$(B,C)^{\mathrm{T}}$ 的分布函数为

$$\begin{aligned}F_{B,C}(b,c)&=P\{B\leqslant b,C\leqslant c\}\\&=P\{A\cos\Phi\leqslant b,-A\sin\Phi\leqslant c\}\\&=\iint\limits_{\substack{a\cos\varphi\leqslant b\\-a\sin\varphi\leqslant c}} f_{A,\Phi}(a,\varphi)\mathrm{d}\varphi\mathrm{d}a.\end{aligned}$$

令 $\begin{cases}x=a\cos\varphi,\\ y=-a\sin\varphi,\end{cases}$ 则 $\dfrac{\partial(x,y)}{\partial(a,\varphi)}=\begin{vmatrix}\cos\varphi & -a\sin\varphi\\ -\sin\varphi & -a\cos\varphi\end{vmatrix}=-a$，故 $\dfrac{\partial(a,\varphi)}{\partial(x,y)}=-\dfrac{1}{a}$，即 $\mathrm{d}\varphi\mathrm{d}a=\left|-\dfrac{1}{a}\right|\mathrm{d}x\mathrm{d}y=\dfrac{1}{a}\mathrm{d}x\mathrm{d}y$，所以

$$F_{B,C}(b,c)=\iint\limits_{\substack{x\leqslant b\\y\leqslant c}}\frac{1}{2\pi\sigma^2}\mathrm{e}^{-\frac{x^2+y^2}{2\sigma^2}}\mathrm{d}x\mathrm{d}y,$$

即 $(B,C)^{\mathrm{T}}$ 的概率密度为

$$f_{B,C}(b,c)=\frac{1}{2\pi\sigma^2}\mathrm{e}^{-\frac{b^2+c^2}{2\sigma^2}},\quad -\infty<b<+\infty,-\infty<c<+\infty.$$

而 $f_B(b)=\int_{-\infty}^{+\infty}f_{B,C}(b,c)\mathrm{d}c=\dfrac{1}{\sqrt{2\pi}\sigma}\mathrm{e}^{-\frac{b^2}{2\sigma^2}}$，$f_C(c)=\int_{-\infty}^{+\infty}f_{B,C}(b,c)\mathrm{d}b=\dfrac{1}{\sqrt{2\pi}\sigma}\mathrm{e}^{-\frac{c^2}{2\sigma^2}}$，所以 $f_{B,C}(b,c)=f_B(b)\cdot f_C(c)$，故 B,C 独立，且均服从 $N(0,\sigma^2)$.

4. 设 $S(t)$ 是周期 T 的周期函数，而 Φ 是在区间 $[0,T]$ 上均匀分布的随机变量. 随机过程

$$X(t)=S(t+\Phi),\quad -\infty<t<+\infty$$

称为随机相位周期过程. 试问：$X(t)$ 是否是平稳过程，它是否具有各态历经性.

解
$$\begin{aligned}m_X(t)&=E[S(t+\Phi)]=\int_0^T S(t+\varphi)\cdot\frac{1}{T}\mathrm{d}\varphi\\&\xlongequal{t+\varphi=u}\frac{1}{T}\int_t^{t+T}S(u)\mathrm{d}u=\frac{1}{T}\int_0^T S(u)\mathrm{d}u=\text{常数},\end{aligned}$$

$$\begin{aligned}R_X(t,t+\tau)&=E[X(t)X(t+\tau)]\\&=E[S(t+\Phi)S(t+\tau+\Phi)]\\&=\frac{1}{T}\int_0^T S(t+\varphi)S(t+\tau+\varphi)\mathrm{d}\varphi\\&\xlongequal{t+\varphi=u}\frac{1}{T}\int_t^{t+T}S(u)S(\tau+u)\mathrm{d}u\\&=\frac{1}{T}\int_0^T S(u)S(\tau+u)\mathrm{d}u=R_X(\tau),\end{aligned}$$

所以 $X(t)$ 为平稳过程.

$$\text{又}\langle X(t)\rangle=\underset{T_1\to+\infty}{\text{l.i.m}}\frac{1}{2T_1}\int_{-T_1}^{T_1}S(t+\Phi)\mathrm{d}t$$
$$=\underset{n\to\infty}{\text{l.i.m}}\frac{1}{2(nT+t_0)}\int_{-(nT+t_0)}^{nT+t_0}S(t+\Phi)\mathrm{d}t\quad(0\leqslant t_0<T)$$
$$=\underset{n\to\infty}{\text{l.i.m}}\frac{1}{2(nT+t_0)}\left[2n\int_0^T S(t+\Phi)\mathrm{d}t+\int_{-t_0}^{t_0}S(t+\Phi)\mathrm{d}t\right]$$
$$=\frac{1}{T}\int_0^T S(t+\Phi)\mathrm{d}t=\frac{1}{T}\int_0^T S(u)\mathrm{d}u=m_X.$$

同理

$$\langle X(t)X(t+\tau)\rangle=\underset{T_1\to+\infty}{\text{l.i.m}}\frac{1}{2T_1}\int_{-T_1}^{T_1}S(t+\Phi)S(t+\tau+\Phi)\mathrm{d}t$$
$$=\underset{n\to\infty}{\text{l.i.m}}\frac{1}{2(nT+t_0)}\int_{-(nT+t_0)}^{nT+t_0}S(t+\Phi)S(t+\tau+\Phi)\mathrm{d}t\quad(0\leqslant t_0<T)$$
$$=\underset{n\to\infty}{\text{l.i.m}}\frac{1}{2(nT+t_0)}\left[2n\int_0^T S(t+\Phi)S(t+\tau+\Phi)\mathrm{d}t+\right.$$
$$\left.\int_{-t_0}^{t_0}S(t+\Phi)S(t+\tau+\Phi)\mathrm{d}t\right]$$
$$=\frac{1}{T}\int_0^T S(t+\Phi)S(t+\tau+\Phi)\mathrm{d}t=\frac{1}{T}\int_0^T S(u)S(u+\tau)\mathrm{d}u=R_X(\tau),$$

所以 $X(t)$的均值、相关函数均具有各态历经性.

5. 设$\{X(t),-\infty<t<+\infty\}$是随机相位周期过程,它的一个样本函数由图 3-1 给出,周期 T 与幅度 a 都是常数,相位 t_0 是在区间$[0,T]$上均匀分布的随机变量,求 $E[X(t)]$.

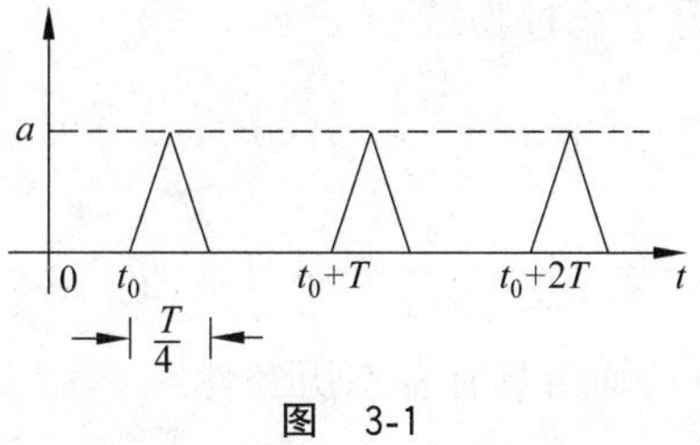

图 3-1

解 由图 3-1 知

$$X(t)=\begin{cases}\dfrac{8a}{T}(t-t_0), & t_0\leqslant t<t_0+\dfrac{T}{8},\\ -\dfrac{8a}{T}\left(t-t_0-\dfrac{T}{4}\right), & t_0+\dfrac{T}{8}\leqslant t\leqslant t_0+\dfrac{T}{4},\\ 0, & t_0+\dfrac{T}{4}\leqslant t\leqslant t_0+T.\end{cases}$$

令 $X(t)=S(t-t_0)$,S 是周期为 T 的函数,则

$$E[X(t)]=E[S(t-t_0)]=\int_0^T S(t-t_0)\cdot\frac{1}{T}\mathrm{d}t_0$$
$$\xlongequal{\text{令 }t+T-t_0=u}\frac{1}{T}\int_t^{t+T}S(u)\mathrm{d}u=\frac{1}{T}\int_0^T S(u)\mathrm{d}u$$

$$=\frac{1}{T}\left[\int_0^{\frac{T}{8}}\frac{8a}{T}u\,\mathrm{d}u+\int_{\frac{T}{8}}^{\frac{T}{4}}\left(-\frac{8a}{T}\right)\left(u-\frac{T}{4}\right)\mathrm{d}u\right]$$

$$=\frac{1}{T}\left[\frac{8a}{T}\frac{1}{2}u^2\Big|_0^{\frac{T}{8}}-\frac{8a}{T}\left(\frac{1}{2}u^2-\frac{T}{4}u\right)\Big|_{\frac{T}{8}}^{\frac{T}{4}}\right]=\frac{a}{8}.$$

6. 随机过程 $X(t)=A\cos(\omega_0 t+\Phi)$，$-\infty<t<+\infty$，其中 A 和 Φ 是相互独立的随机变量，而 A 的二阶矩存在且 Φ 在区间 $[0,2\pi]$ 上均匀分布. 试问 $\{X(t),-\infty<t<+\infty\}$ 是否具有各态历经性.

解 因为
$$\begin{aligned}m_X(t)&=E[X(t)]=E[A\cos(\omega_0 t+\Phi)]\\&=E(A)E[\cos(\omega_0 t+\Phi)]\\&=E(A)\int_0^{2\pi}\cos(\omega_0 t+\varphi)\cdot\frac{1}{2\pi}\mathrm{d}\varphi\\&=0\overset{\text{def}}{=\!=}m_X,\quad -\infty<t<+\infty,\end{aligned}$$

$$\begin{aligned}R_X(t,t+\tau)&=E[X(t)X(t+\tau)]\\&=E[A\cos(\omega_0 t+\Phi)A\cos(\omega_0(t+\tau)+\Phi)]\\&=E(A^2)E[\cos(\omega_0 t+\Phi)\cos(\omega_0(t+\tau)+\Phi)]\\&=E(A^2)\int_0^{2\pi}\cos(\omega_0 t+\varphi)\cos(\omega_0(t+\tau)+\varphi)\cdot\frac{1}{2\pi}\mathrm{d}\varphi\\&=E(A^2)\ \frac{1}{4\pi}\int_0^{2\pi}(\cos\omega_0\tau+\cos(2\omega_0 t+\omega_0\tau+2\varphi))\mathrm{d}\varphi\\&=\frac{E(A^2)}{2}\cos\omega_0\tau=R_X(\tau),\end{aligned}$$

于是 $\{X(t),-\infty<t<+\infty\}$ 是平稳过程.

$$\begin{aligned}\langle X(t)\rangle&=\underset{T\to+\infty}{\mathrm{l.i.m}}\ \frac{1}{2T}\int_{-T}^{T}A\cos(\omega_0 t+\Phi)\mathrm{d}t\\&=\underset{T\to+\infty}{\mathrm{l.i.m}}\ \frac{A}{\omega_0 T}\sin\omega_0 T\cos\Phi=0=m_X.\end{aligned}$$

因此，$\{X(t),-\infty<t<+\infty\}$ 的均值具有各态历经性.

$$\begin{aligned}\langle X(t)X(t+\tau)\rangle&=\underset{T\to+\infty}{\mathrm{l.i.m}}\ \frac{A^2}{2T}\int_{-T}^{T}\cos(\omega_0 t+\Phi)\cos(\omega_0(t+\tau)+\Phi)\mathrm{d}t\\&=\frac{A^2}{2}\cos\omega_0\tau\neq R_X(\tau).\end{aligned}$$

因此，$\{X(t),-\infty<t<+\infty\}$ 的相关函数不具有各态历经性.

7. 随机过程 $X(t)=A\sin t+B\cos t$，$-\infty<t<\infty$，其中 A 和 B 是均值为零不相关的随机变量，且 $E(A^2)=E(B^2)=\sigma^2$. 试证 $X(t)$ 具有数学期望的各态历经性，而无相关函数的各态历经性.

证明 由于

$$m_X(t)=E[X(t)]=E[A\cos t+B\sin t]=E(A)\cos t+E(B)\sin t=0\overset{\text{def}}{=\!=}m_X,$$

$$\begin{aligned}R_X(t,t+\tau)&=E[X(t)X(t+\tau)]\\&=E[(A\cos t+B\sin t)(A\cos(t+\tau)+B\sin(t+\tau))]\end{aligned}$$

$$=E(A^2)\cos t\cos(t+\tau)+E(B^2)\sin t\sin(t+\tau)+$$
$$E(AB)\cos t\sin(t+\tau)+E(AB)\sin t\cos(t+\tau)$$
$$=\sigma^2\cos\tau=R_X(\tau),$$

因此$\{X(t),-\infty<t<+\infty\}$是平稳过程. 又

$$\langle X(t)\rangle=\underset{T\to+\infty}{\text{l.i.m}}\frac{1}{2T}\int_{-T}^{T}X(t)\mathrm{d}t=\underset{T\to+\infty}{\text{l.i.m}}\frac{1}{2T}\int_{-T}^{T}(A\cos t+B\sin t)\mathrm{d}t$$
$$=\underset{T\to+\infty}{\text{l.i.m}}\frac{1}{2T}\int_{-T}^{T}A\cos t\,\mathrm{d}t+\underset{T\to+\infty}{\text{l.i.m}}\frac{1}{2T}\int_{-T}^{T}B\sin t\,\mathrm{d}t$$
$$=\underset{T\to+\infty}{\text{l.i.m}}A\frac{\sin T-\sin(-T)}{2T}+\underset{T\to+\infty}{\text{l.i.m}}B\frac{-\cos T+\cos(-T)}{2T}$$
$$=\underset{T\to+\infty}{\text{l.i.m}}\frac{A\sin T}{T}=0,$$

因此$\langle X(t)\rangle=m_X$以概率1成立,即$\{X(t),-\infty<t<+\infty\}$的均值具有各态历经性. 而

$$\langle X(t)X(t+\tau)\rangle=\underset{T\to+\infty}{\text{l.i.m}}\frac{1}{2T}\int_{-T}^{T}X(t)X(t+\tau)\mathrm{d}t$$
$$=\underset{T\to+\infty}{\text{l.i.m}}\frac{1}{2T}\int_{-T}^{T}(A\cos t+B\sin t)[A\cos(t+\tau)+B\sin(t+\tau)]\mathrm{d}t$$
$$=\underset{T\to+\infty}{\text{l.i.m}}\frac{1}{2T}\int_{-T}^{T}[A^2\sin t\cos(t+\tau)+AB\cos t\sin(t+\tau)+$$
$$AB\sin t\cos(t+\tau)+B^2\sin t\sin(t+\tau)]\mathrm{d}t$$
$$=\underset{T\to+\infty}{\text{l.i.m}}\frac{1}{2T}\int_{-T}^{T}A^2\cos t\cos(t+\tau)\mathrm{d}t+\underset{T\to+\infty}{\text{l.i.m}}\frac{1}{2T}\int_{-T}^{T}AB[\cos t\sin(t+\tau)+$$
$$\sin t\cos(t+\tau)]\mathrm{d}t+\underset{T\to+\infty}{\text{l.i.m}}\frac{1}{2T}\int_{-T}^{T}B^2\sin t\sin(t+\tau)\mathrm{d}t,$$
$$=\frac{A^2}{2}\cos\tau+\frac{AB}{2T}\underset{T\to+\infty}{\text{l.i.m}}\int_{-T}^{T}\sin(2t+\tau)\mathrm{d}t+\frac{B}{2}\cos\tau=\frac{A^2+B^2}{2}\cos\tau$$
$$\neq\sigma^2\cos\tau,$$

所以$\{X(t),-\infty<t<+\infty\}$的相关函数不具有各态历经性.

8. 设平稳过程$\{X(t),-\infty<t<+\infty\}$的相关函数为

$$R_X(\tau)=A\mathrm{e}^{-\alpha|\tau|}(1+|\tau|),\quad 其中 A,\ \alpha 都是正常数,$$

而$E[X(t)]=0$. 试问$X(t)$对数学期望是否具有各态历经性?

解 因为$\lim\limits_{\tau\to\infty}R_X(\tau)=\lim\limits_{\tau\to\infty}A\mathrm{e}^{-\alpha|\tau|}(1+|\tau|)=0=m_X^2$,所以均值具有各态历经性.

13. 设$X(t)=A\cos(\omega t+\Phi)$, $-\infty<t<+\infty$,其中A,ω,Φ是相互独立的随机变量, $E(A)=2$, $D(A)=4$, $\omega\sim U(-5,5)$, $\Phi\sim U(-\pi,\pi)$. 试研究$\{X(t),-\infty<t<+\infty\}$的平稳性和各态历经性.

解 因为$m_X(t)=E[X(t)]=E[A\cos(\omega t+\Phi)]$

$$=E(A)E[\cos(\omega t+\Phi)]$$
$$=2\times\frac{1}{20\pi}\int_{-5}^{5}\mathrm{d}\omega\int_{-\pi}^{\pi}\cos(\omega t+\varphi)\mathrm{d}\varphi$$
$$=0\overset{\text{def}}{=\!=}m_X,\quad -\infty<t<+\infty,$$

$$
\begin{aligned}
R_X(t,t+\tau) &= E[X(t)X(t+\tau)] \\
&= E[A\cos(\omega t+\Phi)A\cos(\omega(t+\tau)+\Phi)] \\
&= E(A^2)E[\cos(\omega t+\Phi)\cos(\omega(t+\tau)+\Phi)] \\
&= \frac{8}{20\pi}\int_{-5}^{5}\mathrm{d}\omega\int_{-\pi}^{\pi}\cos(\omega t+\varphi)\cos(\omega(t+\tau)+\varphi)\mathrm{d}\varphi \\
&= \frac{8}{40\pi}\int_{-5}^{5}\mathrm{d}\omega\int_{-\pi}^{\pi}[\cos\omega\tau+\cos(2\omega t+\omega\tau+2\varphi)]\mathrm{d}\varphi \\
&= \frac{8}{20}\int_{-5}^{5}\cos\omega\tau\,\mathrm{d}\omega = \frac{4}{5}\,\frac{\sin 5\tau}{\tau} \overset{\text{def}}{=} R_X(\tau),
\end{aligned}
$$

所以$\{X(t),-\infty<t<+\infty\}$是平稳过程.

$$
\langle X(t)\rangle = \underset{T\to+\infty}{\mathrm{l.i.m}}\frac{1}{2T}\int_{-T}^{T}A\cos(\omega t+\Phi)\mathrm{d}t = \underset{T\to+\infty}{\mathrm{l.i.m}}\frac{A}{\omega T}\sin\omega T\cos\Phi = 0 = m_X,
$$

因此,$\{X(t),-\infty<t<+\infty\}$的均值具有各态历经性.

$$
\begin{aligned}
\langle X(t)X(t+\tau)\rangle &= \underset{T\to+\infty}{\mathrm{l.i.m}}\frac{A^2}{2T}\int_{-T}^{T}\cos(\omega t+\Phi)\cos(\omega(t+\tau)+\Phi)\mathrm{d}t \\
&= \frac{A^2}{2}\cos\omega\tau \neq R_X(\tau),
\end{aligned}
$$

因此,$\{X(t),-\infty<t<+\infty\}$的相关函数不具有各态历经性.

14. 设随机过程$Z(t)=VX(t)Y(t)$,$-\infty<t<+\infty$,其中平稳过程$X(t)$和$Y(t)$及随机变量V三者相互独立,且V的二阶矩存在,且

$$
m_X=0,\quad m_Y=0,\quad R_X(\tau)=2\mathrm{e}^{-2|\tau|}\cos\omega_0 t,\quad R_Y(\tau)=9+\mathrm{e}^{-3\tau^2}.
$$

又$E(V)=2$,$D(V)=9$. 试求$Z(t)$的数学期望、相关函数和方差.

解 $m_Z(t)=E[VX(t)Y(t)]=E(V)E[X(t)]E[Y(t)]=0$,

$R_Z(t,t+\tau)=E(V^2)R_X(\tau)R_Y(\tau)=26\mathrm{e}^{-2\tau}(9+\mathrm{e}^{-3\tau^2})\cos\omega_0\tau=R_Z(\tau)$,

$D_Z(t)=R_Z(0)-m_Z^2=260$.

15. 设$X(t)$是雷达发射信号,遇目标后返回接收机的微弱信号为$\alpha X(t-\tau_1)\ll 1$,τ_1是信号返回时间,由于接受信号总是伴有噪声,记噪声为$N(t)$,于是接受机收到的全信号为$Y(t)=\alpha X(t-\tau_1)+N(t)$.

(1) 若$X(t)$与$Y(t)$是平稳相关的,试求互相关函数$R_{XY}(\tau)$;

(2) 若$N(t)$的数学期望为零,且与$X(t)$相互独立,求$R_{XY}(\tau)$.

解 (1)
$$
\begin{aligned}
R_{XY}(\tau) &= E[X(t)Y(t+\tau)] \\
&= E[X(t)(\alpha X(t+\tau-\tau_1)+N(t+\tau))] \\
&= \alpha R_X(\tau-\tau_1)+R_{XN}(\tau).
\end{aligned}
$$

(2) 若$E[N(t)]=0$,$N(t)$与$X(t)$相互独立,则

$$
R_{XN}(t,t+\tau)=E[X(t)N(t+\tau)]=0,
$$

故有$R_{XY}(\tau)=\alpha R_X(\tau-\tau_1)+R_{XN}(\tau)=\alpha R_X(\tau-\tau_1)$.

16. 设有两个平稳过程

$$
X(t)=a\cos(\omega_0 t+\Phi),\quad Y(t)=b\sin(\omega_0 t+\Phi),\quad -\infty<t<+\infty,
$$

其中a,b,ω_0为常量,而Φ是在$[0,2\pi]$上均匀分布的随机变量. 试求$R_{XY}(\tau)$与$R_{YX}(\tau)$.

解

$$R_{XY}(\tau)=E[X(t)Y(t+\tau)]=E[ab\cos(\omega_0 t+\Phi)\sin(\omega_0(t+\tau)+\Phi)]$$
$$=ab\int_0^{2\pi}\cos(\omega_0 t+\varphi)\sin(\omega_0(t+\tau)+\varphi)\frac{1}{2\pi}\mathrm{d}\varphi$$
$$=\frac{ab}{2}\sin\omega_0\tau,$$
$$R_{YX}(\tau)=E[Y(t)X(t+\tau)]$$
$$=ab\int_0^{2\pi}\sin(\omega_0 t+\varphi)\cos(\omega_0(t+\tau)+\varphi)\frac{1}{2\pi}\mathrm{d}\varphi$$
$$=-\frac{ab}{2}\sin\omega_0\tau.$$

或

$$R_{YX}(\tau)=R_{XY}(-\tau)=-\frac{ab}{2}\sin\omega_0\tau.$$

17. 设$\{X(t),-\infty<t<+\infty\}$是独立同分布的随机过程，且$E[X(t)]=0$，$D[X(t)]=1$. 试问$X(t)$是否平稳过程？又$X(t)$是否均方连续？

解 因为$m_X(t)=E[X(t)]=0=m_X$，

$$R_X(t,t+\tau)=E[X(t)X(t+\tau)]=\begin{cases}0, & \tau\neq 0,\\ 1, & \tau=0\end{cases}$$

与t无关，所以$X(t)$为平稳过程.

由于$R_X(\tau)$在$\tau=0$处不连续，故$X(t)$不是均方连续随机过程.

18. 设$\{X(t),-\infty<t<+\infty\}$是平稳过程. 证明：

(1) 若存在$T>0$，使得$R_X(T)=R_X(0)$，则对固定t有

$$X(t+T)=X(t),\quad \text{a.s.}$$

(2) 若$X(t)$可导，则

$$E[X(t)X'(t)]=R'_X(0)=0.$$

(3) 若$X(t)$可导，则$X'(t)$是平稳过程，且它的相关函数

$$R_{X'}(\tau)=-\frac{\mathrm{d}^2R_X(\tau)}{\mathrm{d}\tau^2}.$$

证明 (1) 因为$E([X(t+T)-X(t)]^2)=2R_X(0)-2R_X(T)=0$，所以

$$X(t+\tau)=X(t),\quad \text{a.s.}$$

(2) $$E[X(t)X'(t)]=E\left[X(t)\operatorname*{l.i.m}_{h\to 0}\frac{X(t+h)-X(t)}{h}\right]$$
$$=\lim_{h\to 0}\frac{R_X(h)-R_X(0)}{h}=R'_X(0).$$

又

$$E[X'(t)X(t)]=E\left[\operatorname*{l.i.m}_{h\to 0}\frac{X(t+h)-X(t)}{h}\cdot X(t)\right]$$
$$=\lim_{h\to 0}\frac{R_X(-h)-R_X(0)}{h}=-R'_X(0).$$

而 $E[X(t)X'(t)]=E[X'(t)X(t)]$，所以 $E[X(t)X'(t)]=R'_X(0)=0$.

(3) $m_{X'}(t)=(m_X)'=0$，设 $X(t)$ 的相关函数 $R_X(\tau)=R_X(t_2-t_1)$，$\tau=t_2-t_1$，则

$$R_{X'}(\tau)=\frac{\partial^2 R_X(t_2-t_1)}{\partial t_1\partial t_2}=\frac{\partial}{\partial t_2}\left(R'_X(\tau)\cdot\frac{\partial\tau}{\partial t_1}\right)=-\frac{\partial}{\partial t_2}R'_X(\tau)=-R''_X(\tau)\frac{\partial\tau}{\partial t_2}=-R''_X(\tau).$$

19. 设 $\{X(t),-\infty<t<\infty\}$ 和 $\{Y(t),-\infty<t<+\infty\}$ 是平稳相关随机过程. 若 $X(t)$ 和 $Y(t)$ 满足微分方程 $Y'(t)+aY(t)=X(t)$，其中 a 是非零常数，则它们的数学期望函数满足 $m_Y=\frac{1}{a}m_X$.

证明 方程 $Y'(t)+aY(t)=X(t)$，两边取期望，得

$$E[Y'(t)]+aE[Y(t)]=E[X(t)],\quad 即\quad (m_Y)'+am_Y=m_X,$$

所以 $m_Y=\frac{1}{a}m_X$.

另证 方程看作一线性系统，传递函数 $H(p)=\frac{1}{p+a}$，故 $H(\mathrm{i}\omega)=\frac{1}{\mathrm{i}\omega+a}$. 而

$$h(t)=\frac{1}{2\pi}\int_{-\infty}^{+\infty}\frac{1}{\mathrm{i}\omega+a}\mathrm{e}^{\mathrm{i}\omega t}\,\mathrm{d}\omega=\frac{1}{2\pi\mathrm{i}}\cdot 2\pi\mathrm{i}\cdot\mathrm{e}^{\mathrm{i}\omega t}\Big|_{\omega=\mathrm{i}a}=\mathrm{e}^{-at},\quad t\geqslant 0,$$

所以 $m_Y=m_X\int_0^{+\infty}h(t)\,\mathrm{d}t=m_X\int_0^{+\infty}\mathrm{e}^{-at}\,\mathrm{d}t=\frac{1}{a}m_X$.

20. 设 $\{X(t),-\infty<t<+\infty\}$ 是平稳过程，且 $E[X(t)]=1$，$R_X(\tau)=1+\mathrm{e}^{-2|\tau|}$. 试求随机变量 $S=\int_0^1 X(t)\,\mathrm{d}t$ 的数学期望和方差.

解 $E(S)=\int_0^1 E[X(t)]\mathrm{d}t=\int_0^1\mathrm{d}t=1$,

$$\begin{aligned}E(S^2)&=E\left[\int_0^1 X(s)\,\mathrm{d}s\int_0^1 X(t)\,\mathrm{d}t\right]=\int_0^1\int_0^1 R_X(s,t)\,\mathrm{d}s\,\mathrm{d}t\\&=\int_0^1\int_0^1 R_X(t-s)\,\mathrm{d}s\,\mathrm{d}t=\int_0^1\int_0^1(1+\mathrm{e}^{-2|t-s|})\,\mathrm{d}s\,\mathrm{d}t\\&=1+\int_0^1\mathrm{d}s\int_0^s\mathrm{e}^{-2(s-t)}\,\mathrm{d}t+\int_0^1\mathrm{d}s\int_s^1\mathrm{e}^{-2(t-s)}\,\mathrm{d}t\\&=\frac{1}{2}(3+\mathrm{e}^{-2}),\end{aligned}$$

所以 $D(S)=E(S^2)-E^2(S)=\frac{1}{2}(1+\mathrm{e}^{-2})$.

21. 设复随机过程 $Z(t)=\mathrm{e}^{\mathrm{i}(\omega_0 t+\phi)}$，$-\infty<t<+\infty$，其中 ϕ 是在 $[0,2\pi]$ 上均匀分布的随机变量，而 ω_0 是常量. 试求 $Z(t)$ 的相关函数，并讨论它的平稳性.

解 $m_Z(t)=E[Z(t)]=E(\mathrm{e}^{\mathrm{i}(\omega_0 t+\phi)})=\int_0^{2\pi}\mathrm{e}^{\mathrm{i}(\omega_0 t+\phi)}\cdot\frac{1}{2\pi}\mathrm{d}\phi=\frac{1}{2\pi\mathrm{i}}\mathrm{e}^{\mathrm{i}(\omega_0 t+\phi)}\Big|_0^{2\pi}=0$ 为常数,

$$R_Z(t,t+\tau)=E[Z(t)\overline{Z(t+\tau)}]=E(\mathrm{e}^{\mathrm{i}(\omega_0 t+\phi)}\overline{\mathrm{e}^{\mathrm{i}(\omega_0(t+\tau)+\phi)}})=E(\mathrm{e}^{-\mathrm{i}\omega_0\tau})=\mathrm{e}^{-\mathrm{i}\omega_0\tau}$$

与 t 无关，所以 $Z(t)$ 为平稳过程.

22. 设 $X(t)$ 是数学期望为零的平稳正态过程. 又 $Y(t)=X^2(t)$，求证 $R_Y(\tau)=R_X^2(0)+2R_X^2(\tau)$.

证法 1 $R_Y(\tau)=E[Y(t)Y(t+\tau)]=E[X^2(t)X^2(t+\tau)]$.

由题知$(X(t),X(t+\tau))^{\mathrm{T}}$的特征函数为

$$\varphi(t_1,t_2)=\mathrm{e}^{-\frac{1}{2}[R_X(0)t_1^2+2R_X(\tau)t_1t_2+R_X(0)t_2^2]}.$$

记 $u=-\dfrac{1}{2}[R_X(0)t_1^2+2R_X(\tau)t_1t_2+R_X(0)t_2^2]$,则 $\varphi(t_1,t_2)=\mathrm{e}^u$(注意到 u 求到三阶偏导数为 0),于是有

$$\frac{\partial\varphi}{\partial t_1}=\mathrm{e}^u\frac{\partial u}{\partial t_1},\quad \frac{\partial^2\varphi}{\partial t_1^2}=\mathrm{e}^u\left(\frac{\partial u}{\partial t_1}\right)^2+\mathrm{e}^u\frac{\partial^2 u}{\partial t_1^2},$$

$$\frac{\partial^3\varphi}{\partial t_1^2\partial t_2}=\mathrm{e}^u\left(\frac{\partial u}{\partial t_1}\right)^2\frac{\partial u}{\partial t_2}+\mathrm{e}^u\cdot 2\frac{\partial u}{\partial t_1}\cdot\frac{\partial^2 u}{\partial t_1\partial t_2}+\mathrm{e}^u\frac{\partial u}{\partial t_2}\frac{\partial^2 u}{\partial t_1^2},$$

$$\begin{aligned}\frac{\partial^4\varphi}{\partial t_1^2\partial t_2^2}=&\mathrm{e}^u\left(\frac{\partial u}{\partial t_1}\right)^2\left(\frac{\partial u}{\partial t_2}\right)^2+\mathrm{e}^u\left(\frac{\partial u}{\partial t_1}\right)^2\frac{\partial^2 u}{\partial t_2^2}+\mathrm{e}^u\frac{\partial u}{\partial t_2}2\frac{\partial u}{\partial t_1}\cdot\frac{\partial^2 u}{\partial t_1\partial t_2}+\\&2\left[\mathrm{e}^u\frac{\partial u}{\partial t_2}\frac{\partial u}{\partial t_1}\frac{\partial^2 u}{\partial t_1\partial t_2}+\mathrm{e}^u\left(\frac{\partial^2 u}{\partial t_1\partial t_2}\right)^2\right]+\left[\mathrm{e}^u\left(\frac{\partial u}{\partial t_2}\right)^2\frac{\partial^2 u}{\partial t_1^2}+\mathrm{e}^u\frac{\partial^2 u}{\partial t_2^2}\frac{\partial^2 u}{\partial t_1^2}\right].\end{aligned}$$

注意到

$$\left.\frac{\partial u}{\partial t_1}\right|_{t_1=t_2=0}=0,\quad \left.\frac{\partial u}{\partial t_2}\right|_{t_1=t_2=0}=0,$$

$$\frac{\partial^2 u}{\partial t_1^2}=\frac{\partial^2 u}{\partial t_2^2}=-R_X(0),\quad \mathrm{e}^u\big|_{t_1=t_2=0}=1,\quad \frac{\partial^2 u}{\partial t_1\partial t_2}=-R_X(\tau),$$

所以$\left.\dfrac{\partial^4\varphi}{\partial t_1^2\partial t_2^2}\right|_{t_1=t_2=0}=2R_X^2(\tau)+R_X^2(0)$,故

$$R_Y(\tau)=E[X^2(t)X^2(t+\tau)]=\frac{1}{\mathrm{i}^4}\left.\frac{\partial^4\varphi}{\partial t_1^2\partial t_2^2}\right|_{t_1=t_2=0}=2R_X^2(\tau)+R_X^2(0).$$

证法 2 根据已知条件可知,$R_X(t_1,t_2)=R_X(\tau)$,$m_X(t)=0$. 设 $R_X(t,t)=R_X(0)=D_X(t)=\sigma^2$. 由于 $X(t)$ 是正态过程,所以$(X(t_1),X(t_2))\sim N(0,0,\sigma^2,\sigma^2,\rho)$,$\rho=\dfrac{\mathrm{cov}(X(t_1),X(t_2))}{\sqrt{D[X(t_1)]}\sqrt{D[X(t_2)]}}=\dfrac{R_X(\tau)}{\sigma^2}$,

$$\begin{aligned}f(x,y)&=\frac{1}{2\pi\sigma^2\sqrt{1-\rho^2}}\exp\left(-\frac{x^2-2\rho xy+y^2}{2(1-\rho^2)\sigma^2}\right)\\&=\frac{1}{2\pi\sigma^2\sqrt{1-\rho^2}}\mathrm{e}^{-\frac{x^2}{2\sigma^2}}\exp\left(-\frac{(y-\rho x)^2}{2(1-\rho^2)\sigma^2}\right).\end{aligned}$$

令 $X(t_1)=X$,$X(t_2)=Y$,则 $X\sim N(0,\sigma^2)$,$Y\sim N(0,\sigma^2)$,从而 $f_X(x)=\dfrac{1}{\sqrt{2\pi}\sigma}\mathrm{e}^{-\frac{x^2}{2\sigma^2}}$. 所以 $f_{Y|X}(y|x)=\dfrac{f(x,y)}{f_X(x)}=\dfrac{1}{\sigma\sqrt{2\pi(1-\rho^2)}}\exp\left(-\dfrac{(y-\rho x)^2}{2(1-\rho^2)\sigma^2}\right)$,从而

$$E[Y\mid X=x]=\int_{-\infty}^{+\infty}yf_{Y|X}(y\mid x)\mathrm{d}y=\rho x,$$

$$E[Y^2 \mid X=x]=\int_{-\infty}^{+\infty} y^2 f_{Y|X}(y \mid x)\mathrm{d}y=(1-\rho^2)\sigma^2+\rho^2 x^2,$$

$$E(XY)=E[XE(Y \mid X)]=E(X\rho X)=\rho E(X^2)=\rho\sigma^2,$$

$$\begin{aligned}E(X^2Y^2)&=E[X^2E(Y^2 \mid X)]=E[X^2(1-\rho^2)\sigma^2+\rho^2X^4]\\&=\sigma^4(1-\rho^2)+\rho^2E(X^4).\end{aligned}$$

又由于 X 的特征函数 $\phi_X(t)=\mathrm{e}^{-\frac{\sigma^2t^2}{2}}$，所以 $E(X^4)=(-\mathrm{i})^4\phi^{(4)}(0)=3\sigma^4$. 故 $E(X^2Y^2)=\sigma^4(1-\rho^2)+3\rho^2\sigma^4=(2\rho^2+1)\sigma^4$，所以

$$\begin{aligned}R_{X^2}(t_1,t_1)&=E[X^2(t_1)X^2(t_2)]=E(X^2Y^2)=(2\rho^2+1)\sigma^4=\left(\frac{2R_X^2(\tau)}{\sigma^4}+1\right)\sigma^4\\&=2R_X^2(\tau)+\sigma^4=R_X^2(0)+2R_X^2(\tau).\end{aligned}$$

23. 下列函数哪些是功率谱密度，哪些不是？为什么？

$$S_1(\omega)=\frac{\omega^2+9}{(\omega^2+4)(\omega+1)^2},\quad S_2(\omega)=\frac{\omega^2+1}{\omega^4+5\omega^2+6},$$

$$S_3(\omega)=\frac{\omega^2+4}{\omega^4-4\omega^2+3},\qquad S_4(\omega)=\frac{\mathrm{e}^{-\mathrm{i}\omega^2}}{\omega^2+2}.$$

解 根据功率谱密度的性质，功率谱密度是实的，非负的偶函数，所以 S_1,S_3,S_4 不是功率谱密度，而 S_2 是功率谱密度.

24. 已知平稳过程 $X(t)$的功率谱密度为

$$S_X(\omega)=\begin{cases}a^2-\omega^2, & |\omega|<a,\\0, & |\omega|\geqslant a.\end{cases}$$

求 $X(t)$的均方值.

解 $$\begin{aligned}E[X^2(t)]&=R_X(0)=\frac{1}{2\pi}\int_{-\infty}^{+\infty}S_X(\omega)\,\mathrm{d}\omega\\&=\frac{1}{2\pi}\int_{-a}^{a}(a^2-\omega^2)\,\mathrm{d}\omega=\frac{1}{\pi}\int_{0}^{a}(a^2-\omega^2)\,\mathrm{d}\omega=\frac{2a^3}{3\pi}.\end{aligned}$$

25. 试说明图 3-2 所示函数不可能是某个平稳过程的自相关函数.

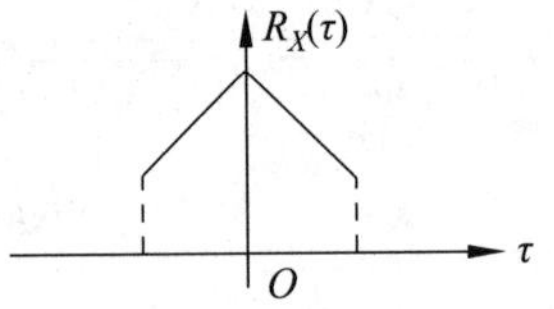

图 3-2

解 平稳过程$\{X(t),t\in(-\infty,+\infty)\}$的自相关函数 $R_X(\tau)$在 $\tau=0$ 处连续与在$(-\infty,+\infty)$上连续等价. 在本题中，$X(t)$的自相关函数 $R_X(\tau)$在 $\tau=0$ 处连续，但在$(-\infty,+\infty)$上不连续. 故图 3-2 所示的函数不可能是某个平稳过程的自相关函数.

26. 已知平稳过程$\{X(t),-\infty<t<+\infty\}$的相关函数如下，试求$\{X(t),-\infty<t<+\infty\}$的谱密度.

(1) $R_X(\tau)=\mathrm{e}^{-a|\tau|}\cos\omega_0\tau, a>0$；

(2) $R_X(\tau)=\begin{cases}1-\dfrac{|\tau|}{T_0}, & |\tau|\leqslant T_0,\\0, & |\tau|>T_0;\end{cases}$

(3) $R_X(\tau)=4\mathrm{e}^{-|\tau|}\cos\pi\tau+\cos 3\pi\tau$;

(4) $R_X(\tau)=\sigma^2\mathrm{e}^{-a|\tau|}\left(\cos b\tau-\dfrac{a}{b}\sin b|\tau|\right), a>0$.

解 (1) $$S_X(\omega)=\int_{-\infty}^{+\infty}\mathrm{e}^{-\mathrm{i}\omega\tau}R_X(\tau)\mathrm{d}\tau=\int_{-\infty}^{+\infty}\mathrm{e}^{-\mathrm{i}\omega\tau}\mathrm{e}^{-a|\tau|}\cos\omega_0\tau\,\mathrm{d}\tau$$

$$=\int_{-\infty}^{+\infty}\mathrm{e}^{-\mathrm{i}\omega\tau}\mathrm{e}^{-a|\tau|}\frac{\mathrm{e}^{\mathrm{i}\omega_0\tau}+\mathrm{e}^{-\mathrm{i}\omega_0\tau}}{2}\mathrm{d}\tau$$

$$=\frac{1}{2}\int_{-\infty}^{+\infty}(\mathrm{e}^{-\mathrm{i}\omega\tau-a|\tau|+\mathrm{i}\omega_0\tau}+\mathrm{e}^{-\mathrm{i}\omega\tau-a|\tau|-\mathrm{i}\omega_0\tau})\mathrm{d}\tau$$

$$=\frac{1}{2}\left[\int_{-\infty}^{0}(\mathrm{e}^{-\mathrm{i}\omega\tau+a\tau+\mathrm{i}\omega_0\tau}+\mathrm{e}^{-\mathrm{i}\omega\tau+a\tau-\mathrm{i}\omega_0\tau})\mathrm{d}\tau+\right.$$
$$\left.\int_{0}^{+\infty}(\mathrm{e}^{-\mathrm{i}\omega\tau-a\tau+\mathrm{i}\omega_0\tau}+\mathrm{e}^{-\mathrm{i}\omega\tau-a\tau-\mathrm{i}\omega_0\tau})\mathrm{d}\tau\right]$$

$$=\frac{1}{2}\left[\frac{1}{\mathrm{i}\omega_0+a-\mathrm{i}\omega}\mathrm{e}^{(\mathrm{i}\omega_0+a-\mathrm{i}\omega)\tau}\Big|_{-\infty}^{0}+\frac{1}{a-\mathrm{i}\omega_0-\mathrm{i}\omega}\mathrm{e}^{(a-\mathrm{i}\omega_0-\mathrm{i}\omega)\tau}\Big|_{-\infty}^{0}+\right.$$
$$\left.\frac{1}{\mathrm{i}\omega_0-a-\mathrm{i}\omega}\mathrm{e}^{(\mathrm{i}\omega_0-a-\mathrm{i}\omega)\tau}\Big|_{0}^{+\infty}-\frac{1}{a+\mathrm{i}\omega_0+\mathrm{i}\omega}\mathrm{e}^{-(a+\mathrm{i}\omega_0+\mathrm{i}\omega)\tau}\Big|_{-\infty}^{0}\right]$$

$$=\frac{1}{2}\left[\frac{1}{\mathrm{i}\omega_0+a-\mathrm{i}\omega}+\frac{1}{a-\mathrm{i}\omega_0-\mathrm{i}\omega}-\frac{1}{\mathrm{i}\omega_0-a-\mathrm{i}\omega}+\right.$$
$$\left.\frac{1}{a+\mathrm{i}\omega_0+\mathrm{i}\omega}\right]$$

$$=\frac{a}{a^2+(\omega-\omega_0)^2}+\frac{a}{a^2+(\omega+\omega_0)^2}.$$

(2) $$S_X(\omega)=\int_{-\infty}^{+\infty}\mathrm{e}^{-\mathrm{i}\omega\tau}R_X(\tau)\mathrm{d}\tau=\int_{-T_0}^{T_0}\mathrm{e}^{-\mathrm{i}\omega\tau}\left(1-\frac{|\tau|}{T_0}\right)\mathrm{d}\tau=\frac{4}{T_0\omega^2}\sin^2\frac{\omega T_0}{2}.$$

(3) $$S_X(\omega)=\int_{-\infty}^{+\infty}(4\mathrm{e}^{-|\tau|}\cos\pi\tau+\cos 3\pi\tau)\mathrm{e}^{-\mathrm{i}\omega\tau}\mathrm{d}\tau$$

$$=8\int_{0}^{+\infty}\mathrm{e}^{-\tau}\cos\omega\tau\cos\pi\tau\,\mathrm{d}\tau+\frac{1}{2}\int_{-\infty}^{+\infty}(\mathrm{e}^{3\pi\tau\mathrm{i}}+\mathrm{e}^{-3\pi\tau\mathrm{i}})\mathrm{e}^{-\mathrm{i}\omega\tau}\mathrm{d}\tau$$

$$=4\int_{0}^{+\infty}\mathrm{e}^{-\tau}[\cos(\omega+\pi)\tau+\cos(\omega-\pi)\tau]\mathrm{d}\tau+$$
$$\frac{1}{2}\int_{-\infty}^{\infty}[\mathrm{e}^{-\mathrm{i}(\omega-3\pi)\tau}+\mathrm{e}^{-\mathrm{i}(\omega+3\pi)\tau}]\mathrm{d}\tau$$

$$=4\left[\frac{1}{1+(\omega-\pi)^2}+\frac{1}{1+(\omega+\pi)^2}\right]+\pi[\delta(\omega-3\pi)+\delta(\omega+3\pi)].$$

(4) $$S_X(\omega)=2\int_{0}^{+\infty}R_X(\tau)\cos\omega\tau\,\mathrm{d}\tau$$

$$=2\sigma^2\int_{0}^{+\infty}\mathrm{e}^{-a\tau}\cos b\tau\cos\omega\tau\,\mathrm{d}\tau-\frac{2a\sigma^2}{b}\int_{0}^{+\infty}\mathrm{e}^{-a\tau}\sin b\tau\cos\omega\tau\,\mathrm{d}\tau$$

$$=\sigma^2\int_{0}^{+\infty}\mathrm{e}^{-a\tau}[\cos(\omega+b)\tau+\cos(\omega-b)\tau]\mathrm{d}\tau-$$
$$\frac{a\sigma^2}{b}\int_{0}^{+\infty}\mathrm{e}^{-a\tau}[\sin(\omega+b)\tau-\sin(\omega-b)\tau]\mathrm{d}\tau$$

$$=\sigma^2\left[\frac{a}{a^2+(\omega+b)^2}+\frac{a}{a^2+(\omega-b)^2}\right]-$$

$$\frac{a\sigma^2}{b}\left[\frac{\omega+b}{a^2+(\omega+b)^2}-\frac{\omega-b}{a^2+(\omega-b)^2}\right]$$

$$=\frac{a\sigma^2\omega}{b}\left[\frac{1}{a^2+(\omega-b)^2}-\frac{1}{a^2+(\omega+b)^2}\right].$$

27. 已知平稳过程$\{X(t),-\infty<t<+\infty\}$的功率谱密度如下,试求$\{X(t),-\infty<t<+\infty\}$的相关函数.

(1) $S_X(\omega)=\begin{cases}1, & |\omega|\leqslant a,\\ 0, & |\omega|>a.\end{cases}$

解 $R_X(\tau)=\dfrac{1}{\pi}\displaystyle\int_0^{+\infty}S_X(\omega)\cos\omega\tau\,\mathrm{d}\omega=\dfrac{1}{\pi}\int_0^{a}\cos\omega\tau\,\mathrm{d}\omega=\dfrac{\sin a\tau}{\pi\tau}.$

(2) $S_X(\omega)=\begin{cases}8\delta(\omega)+20\left(1-\dfrac{|\omega|}{10}\right), & |\omega|\leqslant 10,\\ 0, & \text{其他}.\end{cases}$

解 $R_X(\tau)=\dfrac{1}{2\pi}\displaystyle\int_{-\infty}^{+\infty}S_X(\omega)\mathrm{e}^{\mathrm{i}\omega\tau}\,\mathrm{d}\omega$

$$=\frac{1}{2\pi}\int_{-\infty}^{+\infty}8\delta(\omega)\mathrm{e}^{\mathrm{i}\omega\tau}\,\mathrm{d}\omega+\frac{20}{\pi}\int_0^{10}\left(1-\frac{\omega}{10}\right)\cos\omega\tau\,\mathrm{d}\omega$$

$$=\frac{4}{\pi}+\frac{20}{\pi}\left[\frac{1}{\tau}\sin\omega\tau\,\Big|_0^{10}-\frac{1}{10\tau}\omega\sin\omega\tau\,\Big|_0^{10}-\frac{1}{10\tau^2}\cos\omega\tau\,\Big|_0^{10}\right]$$

$$=\frac{4}{\pi}+\frac{2}{\pi\tau^2}(1-\cos 10\tau).$$

(4) $S_X(\omega)=\dfrac{1}{(1+\omega^2)^2}.$

解 $R_X(\tau)=\dfrac{1}{2\pi}\displaystyle\int_{-\infty}^{+\infty}\frac{1}{(1+\omega^2)^2}\mathrm{e}^{\mathrm{i}\omega\tau}\,\mathrm{d}\omega=\frac{1}{2\pi}\cdot 2\pi\mathrm{i}\cdot\mathrm{Res}\left[\frac{1}{(1+\omega^2)^2}\mathrm{e}^{\mathrm{i}\omega|\tau|},\mathrm{i}\right]$

$$=\mathrm{i}\left[\frac{1}{(\mathrm{i}+\omega)^2}\mathrm{e}^{\mathrm{i}\omega|\tau|}\right]'_{\omega=\mathrm{i}}=\mathrm{i}\cdot\frac{[\mathrm{i}\,|\tau|\,(\omega+\mathrm{i})-2]\mathrm{e}^{\mathrm{i}\omega|\tau|}}{(\omega+\mathrm{i})^3}\Bigg|_{\omega=\mathrm{i}}$$

$$=\frac{1+|\tau|}{4}\mathrm{e}^{-|\tau|}.$$

注:i为二阶奇点.

(5) $S_X(\omega)=\displaystyle\sum_{k=1}^{n}\frac{a_k}{\omega^2+b_k^2}$,其中$a_k>0,k=1,2,\cdots,n$.

解 $R_X(\tau)=\dfrac{1}{2\pi}\displaystyle\int_{-\infty}^{+\infty}\sum_{k=1}^{n}\frac{a_k}{\omega^2+b_k^2}\mathrm{e}^{\mathrm{i}\omega|\tau|}\,\mathrm{d}\omega$

$$=\frac{1}{2\pi}\sum_{k=1}^{n}2\pi\mathrm{i}\mathrm{Res}\left[\frac{a_k}{\omega^2+b_k^2}\cdot\mathrm{e}^{\mathrm{i}\omega|\tau|},b_k\mathrm{i}\right]$$

$$=\mathrm{i}\sum_{k=1}^{n}\left[\frac{a_k}{\omega+b_k\mathrm{i}}\cdot\mathrm{e}^{\mathrm{i}\omega|\tau|}\right]_{\omega=\mathrm{i}b_k}=\sum_{k=1}^{n}\frac{a_k}{2b_k}\mathrm{e}^{-b_k|\tau|}.$$

(6) $S_X(\omega)=\begin{cases}b^2, & a\leqslant|\omega|\leqslant 2a,\\ 0, & \text{其他}.\end{cases}$

解 $R_X(\tau)=\dfrac{1}{2\pi}\int_{-\infty}^{+\infty}\mathrm{e}^{\mathrm{i}\omega\tau}S_X(\omega)\mathrm{d}\omega=\dfrac{1}{2\pi}\left[\int_{-2a}^{-a}\mathrm{e}^{\mathrm{i}\omega\tau}b^2\mathrm{d}\omega+\int_a^{2a}\mathrm{e}^{\mathrm{i}\omega\tau}b^2\mathrm{d}\omega\right]$

$$=\frac{b^2}{2\pi\mathrm{i}\tau}\left[\mathrm{e}^{\mathrm{i}\omega\tau}\Big|_{-2a}^{-a}+\mathrm{e}^{\mathrm{i}\omega\tau}\Big|_a^{2a}\right]=\frac{b^2}{2\pi\mathrm{i}\tau}[\mathrm{e}^{-\mathrm{i}a\tau}-\mathrm{e}^{-2\mathrm{i}a\tau}+\mathrm{e}^{2\mathrm{i}a\tau}-\mathrm{e}^{\mathrm{i}a\tau}]$$

$$=\frac{b^2}{2\pi\mathrm{i}\tau}[2\mathrm{i}\sin 2a\tau-2\mathrm{i}\sin a\tau]=\frac{b^2}{\pi\tau}(\sin 2a\tau-\sin a\tau).$$

28. 记随机过程 $Y(t)=X(t)\cos(\omega_0 t+\Phi)$，$-\infty<t<\infty$，其中 $X(t)$ 是平稳过程，Φ 为在区间 $[0,2\pi]$ 上均匀分布的随机变量，ω_0 为常数，且 $X(t)$ 与 Φ 相互独立. 记 $X(t)$ 的自相关函数为 $R_X(\tau)$，功率谱密度为 $S_X(\omega)$. 试证：

(1) $Y(t)$ 是平稳过程，且它的自相关函数 $R_Y(\tau)=\dfrac{1}{2}R_X(\tau)\cos\omega_0 t$；

(2) $Y(t)$ 的功率谱密度为 $S_Y(\omega)=\dfrac{1}{4}[S_X(\omega-\omega_0)+S_X(\omega+\omega_0)]$.

证明 (1) 因为 $\Theta\sim U[0,2\pi]$，因此 Θ 的概率密度函数为

$$f_\Theta(\theta)=\begin{cases}\dfrac{1}{2\pi}, & 0\leqslant\theta\leqslant 2\pi,\\ 0, & \text{其他}.\end{cases}$$

由题设得

$$\begin{aligned}m_Y(t)&=E[Y(t)]=E[X(t)\cos(\omega_0 t+\Theta)]\\&=E[X(t)]E[\cos(\omega_0 t+\Theta)]\\&=m_X\int_0^{2\pi}\cos(\omega_0 t+\theta)\cdot\frac{1}{2\pi}\mathrm{d}\theta\\&=0,\quad -\infty<t<+\infty,\\R_Y(t,t+\tau)&=E[Y(t)Y(t+\tau)]\\&=E[X(t)\cos(\omega_0 t+\Theta)X(t+\tau)\cos(\omega_0(t+\tau)+\Theta)]\\&=E[X(t)X(t+\tau)]E[\cos(\omega_0 t+\Theta)\cos(\omega_0(t+\tau)+\Theta)]\\&=\frac{1}{2}R_X(\tau)\int_0^{2\pi}[\cos\omega_0\tau+\cos(2(\omega_0 t+\theta)+\omega_0\tau)]\cdot\frac{1}{2\pi}\mathrm{d}\theta\\&=\frac{1}{2}R_X(\tau)\cos\omega_0\tau.\end{aligned}$$

因此，$\{Y(t),-\infty<t<+\infty\}$ 是平稳过程，且相关函数为

$$R_Y(\tau)=\frac{1}{2}R_X(\tau)\cos\omega_0\tau.$$

(2) $S_Y(\omega)=\displaystyle\int_{-\infty}^{+\infty}\mathrm{e}^{-\mathrm{i}\omega\tau}R_Y(\tau)\mathrm{d}\tau=\int_{-\infty}^{+\infty}\mathrm{e}^{-\mathrm{i}\omega\tau}\frac{1}{2}R_X(\tau)\cos\omega_0\tau\,\mathrm{d}\tau$

$$=\int_{-\infty}^{+\infty}\mathrm{e}^{-\mathrm{i}\omega\tau}\frac{1}{2}R_X(\tau)\frac{\mathrm{e}^{\mathrm{i}\omega_0\tau}+\mathrm{e}^{-\mathrm{i}\omega_0\tau}}{2}\mathrm{d}\tau$$

$$=\frac{1}{4}\left[\int_{-\infty}^{+\infty}\mathrm{e}^{-\mathrm{i}(\omega-\omega_0)\tau}R_X(\tau)\mathrm{d}\tau+\int_{-\infty}^{+\infty}\mathrm{e}^{-\mathrm{i}(\omega+\omega_0)\tau}R_X(\tau)\mathrm{d}\tau\right]$$

$$=\frac{1}{4}[S_X(\omega-\omega_0)+S_X(\omega+\omega_0)].$$

29. 如图 3-3 所示的系统中,若输入 $X(t)$ 为平稳过程,输出为 $Y(t)=X(t)+X(t-T)$. 求证 $Y(t)$ 的功率谱密度 $S_Y(\omega)=2S_X(\omega)(1+\cos\omega T)$.

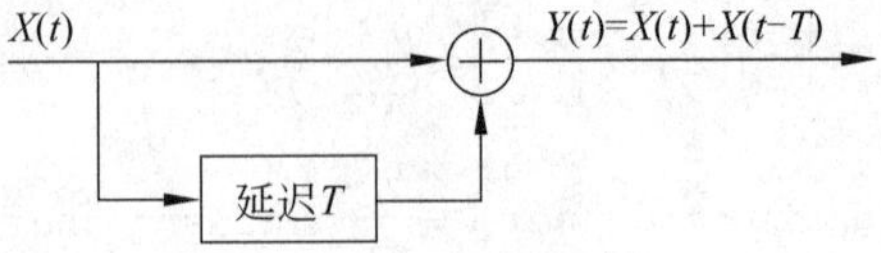

图 3-3

证明
$$\begin{aligned}R_Y(\tau)&=E[Y(t)Y(t+\tau)]\\&=E[(X(t)+X(t-T))(X(t+\tau)+X(t+\tau-T))]\\&=2R_X(\tau)+R_X(\tau-T)+R_X(\tau+T),\end{aligned}$$

$$\begin{aligned}S_Y(\omega)&=\int_{-\infty}^{+\infty}e^{-i\omega\tau}R_Y(\tau)d\tau\\&=2\int_{-\infty}^{+\infty}e^{-i\omega\tau}R_X(\tau)d\tau+\int_{-\infty}^{+\infty}e^{-i\omega\tau}R_X(\tau-T)d\tau+\int_{-\infty}^{+\infty}e^{-i\omega\tau}R_X(\tau+T)d\tau\\&=2\int_{-\infty}^{+\infty}e^{-i\omega\tau}R_X(\tau)d\tau+\int_{-\infty}^{+\infty}e^{-i\omega(\tau+T)}R_X(\tau)d\tau+\int_{-\infty}^{+\infty}e^{-i\omega(\tau-T)}R_X(\tau)d\tau\\&=2S_X(\omega)+S_X(\omega)e^{-i\omega T}+S_X(\omega)e^{i\omega T}\\&=2S_X(\omega)(1+\cos\omega T),\end{aligned}$$

故 $\{Y(t),-\infty<t<+\infty\}$ 的功率谱密度为 $S_Y(\omega)=2S_X(\omega)(1+\cos\omega T)$.

30. 设平稳过程 $X(t)=a\cos(\Omega t+\Phi)$,其中 a 是常数,Φ 是在 $[0,2\pi]$ 上均匀分布的随机变量,Ω 是其分布密度 $f(x)$ 为偶函数的随机变量,且 Φ 与 Ω 相互独立. 试证 $X(t)$ 的功率谱密度为 $S_X(\omega)=a^2\pi f(\omega)$.

证明
$$\begin{aligned}R_X(\tau)&=E[X(t)X(t+\tau)]\\&=a^2E[\cos(\Omega t+\Phi)\cos(\Omega(t+\tau)+\Phi)]\\&=a^2\int_{-\infty}^{+\infty}d\omega\int_0^{2\pi}\cos(\omega t+\varphi)\cos(\omega(t+\tau)+\varphi)\cdot\frac{1}{2\pi}f(\omega)d\varphi\\&=\frac{a^2}{2}\int_{-\infty}^{+\infty}\cos(\omega\tau)f(\omega)d\omega\\&=a^2\int_0^{+\infty}\cos(\omega\tau)f(\omega)d\omega\\&=\frac{1}{\pi}\int_0^{+\infty}\cos(\omega\tau)\pi a^2f(\omega)d\omega.\end{aligned}$$

又 $R_X(\tau)=\frac{1}{\pi}\int_0^{+\infty}\cos(\omega\tau)S_X(\omega)d\omega$,所以 $S_X(\omega)=\pi a^2f(\omega)$.

31. 有两个随机过程

$$X(t)=A(t)\cos\omega t,\quad Y(t)=B(t)\sin\omega t,\quad -\infty<t<+\infty,$$

其中 $A(t)$ 和 $B(t)$ 是相互独立数学期望为零的平稳过程,且有相同的自相关函数. 试证 $Z(t)=X(t)+Y(t)$ 是平稳过程,而 $X(t)$ 和 $Y(t)$ 都不是平稳过程.

证明 $m_Z(t)=E[Z(t)]=E[A(t)]\cos\omega t+E[B(t)]\sin\omega t=0$,

$$R_Z(t,t+\tau)=E[Z(t)Z(t+\tau)]$$
$$=E[(A(t)\cos\omega t+B(t)\sin\omega t)(A(t+\tau)\cos\omega(t+\tau)+B(t+\tau)\sin\omega(t+\tau))]$$
$$=R_A(\tau)\cos\omega t\cos\omega(t+\tau)+R_B(\tau)\sin\omega t\sin\omega(t+\tau)$$
$$=R_A(\tau)\cos\omega\tau\quad(R_A(\tau)=R_B(\tau)),$$

所以 $Z(t)$ 为平稳过程.

由于 $E[X^2(t)]=E[A^2(t)]\cos^2\omega t=R_A(0)\cos^2\omega t\neq$ 常数，$E[Y^2(t)]=R_B(0)\sin^2\omega t\neq$ 常数，所以 $X(t)$，$Y(t)$ 不是平稳过程.

32. 设平稳过程 $X(t)$ 和 $Y(t)$ 平稳相关，试证

$$\mathrm{Re}[S_{XY}(\omega)]=\mathrm{Re}[S_{YX}(\omega)],\quad \mathrm{Im}[S_{XY}(\omega)]=-\mathrm{Im}[S_{YX}(\omega)].$$

证明 由 $R_{XY}(\tau)=R_{YX}(-\tau)$，得

$$S_{XY}(\omega)=\int_{-\infty}^{+\infty}R_{XY}(\tau)\mathrm{e}^{-\mathrm{i}\omega\tau}\mathrm{d}\tau$$
$$=\int_{-\infty}^{+\infty}R_{XY}(\tau)\cos\omega\tau\mathrm{d}\tau-\mathrm{i}\int_{-\infty}^{+\infty}R_{XY}(\tau)\sin\omega\tau\mathrm{d}\tau$$
$$=\int_{-\infty}^{+\infty}R_{YX}(-\tau)\cos\omega\tau\mathrm{d}\tau-\mathrm{i}\int_{-\infty}^{+\infty}R_{YX}(-\tau)\sin\omega\tau\mathrm{d}\tau$$
$$=\int_{-\infty}^{+\infty}R_{YX}(\tau)\cos\omega\tau\mathrm{d}\tau+\mathrm{i}\int_{-\infty}^{+\infty}R_{YX}(\tau)\sin\omega\tau\mathrm{d}\tau.$$

而 $S_{YX}(\omega)=\int_{-\infty}^{+\infty}R_{YX}(\tau)\mathrm{e}^{-\mathrm{i}\omega\tau}\mathrm{d}\tau=\int_{-\infty}^{+\infty}R_{YX}(\tau)\cos\omega\tau\mathrm{d}\tau-\mathrm{i}\int_{-\infty}^{+\infty}R_{YX}(\tau)\sin\omega\tau\mathrm{d}\tau$，故

$$\mathrm{Re}[S_{XY}(\omega)]=\mathrm{Re}[S_{YX}(\omega)],\quad \mathrm{Im}[S_{XY}(\omega)]=-\mathrm{Im}[S_{YX}(\omega)].$$

33. 设 $X(t)$ 和 $Y(t)$ 是两个不相关的平稳过程，数学期望 m_X 和 m_Y 都不为零，定义

$$Z(t)=X(t)+Y(t),$$

试求互谱密度 $S_{XY}(\omega)$ 和 $S_{XZ}(\omega)$.

解 $R_{XY}(\tau)=E[X(t)Y(t+\tau)]=E[X(t)]E[Y(t)]=m_Xm_Y$，所以

$$S_{XY}(\omega)=\int_{-\infty}^{+\infty}R_{XY}(\tau)\mathrm{e}^{-\mathrm{i}\omega\tau}\mathrm{d}\tau=m_Xm_Y\int_{-\infty}^{+\infty}\mathrm{e}^{-\mathrm{i}\omega\tau}\mathrm{d}\tau=2\pi m_Xm_Y\delta(\omega).$$

又 $R_{XZ}(\tau)=E[X(t)Z(t+\tau)]=E[X(t)(X(t+\tau)+Y(t+\tau))]=R_X(\tau)+m_Xm_Y$，所以

$$S_{XZ}(\omega)=\int_{-\infty}^{+\infty}R_{XZ}(\tau)\mathrm{e}^{-\mathrm{i}\omega\tau}\mathrm{d}\tau=\int_{-\infty}^{+\infty}[R_X(\tau)+m_Xm_Y]\mathrm{e}^{-\mathrm{i}\omega\tau}\mathrm{d}\tau$$
$$=S_X(\omega)+2\pi m_Xm_Y\delta(\omega).$$

34. 设复随机过程 $X(t)$ 是平稳的，试证：

(1) 自相关函数满足 $\overline{R_X(-\tau)}=R_X(\tau)$；

(2) $X(t)$ 的功率谱密度是实函数(复平稳过程功率谱密度的定义为 $S_X(\omega)=\int_{-\infty}^{+\infty}\mathrm{e}^{-\mathrm{i}\omega t}R_X(\tau)\mathrm{d}\tau$).

证明 (1) $\overline{R_X(-\tau)}=\overline{E[X(t)\overline{X(t-\tau)}]}=E[X(t-\tau)\overline{X(t)}]=R_X(\tau)$.

(2) 由于

$$\overline{S_X(\omega)}=\overline{\int_{-\infty}^{+\infty}\mathrm{e}^{-\mathrm{i}\omega\tau}R_X(\tau)\mathrm{d}\tau}=\int_{-\infty}^{+\infty}\mathrm{e}^{\mathrm{i}\omega\tau}\overline{R_X(\tau)}\mathrm{d}\tau$$
$$\xlongequal{-\tau=\tau_1}\int_{-\infty}^{+\infty}\mathrm{e}^{-\mathrm{i}\omega\tau_1}R_X(\tau_1)\mathrm{d}\tau_1=S_X(\omega),$$

所以 $S_X(\omega)$ 为实函数.

35. 如果一个均值为零的平稳过程 $\{X(t),-\infty<t<+\infty\}$ 输入到脉冲响应函数为

$$h(t)=\begin{cases}\alpha e^{-\alpha t}, & 0\leqslant t<T,\alpha>0,\\ 0, & \text{其他}\end{cases}$$

的线性滤波器,试证它的输出 $\{Y(t),-\infty<t<+\infty\}$ 的功率谱密度为

$$S_Y(\omega)=\frac{\alpha^2}{\alpha^2+\omega^2}(1-2e^{-\alpha T}\cos\omega T+e^{-2\alpha T})S_X(\omega).$$

证明　由于

$$H(i\omega)=\int_{-\infty}^{+\infty}e^{-i\omega t}h(t)dt=\int_0^T e^{-i\omega t}\alpha e^{-\alpha t}dt=\int_0^T\alpha e^{-(\alpha+i\omega)t}dt$$

$$=\frac{\alpha}{i\omega+\alpha}(1-e^{-(\alpha+i\omega)T}),\quad -\infty<\omega<+\infty,$$

所以

$$S_Y(\omega)=|H(i\omega)|^2S_X(\omega)=\left|\frac{\alpha}{i\omega+\alpha}(1-e^{-(\alpha+i\omega)T})\right|^2S_X(\omega)$$

$$=\frac{\alpha^2}{\alpha^2+\omega^2}(1-2e^{-\alpha T}\cos\omega T+e^{-2\alpha T})S_X(\omega).$$

36. 把自相关函数为 $R_X(\tau)=S_0\delta(\tau)$ 的白噪声电压 $X(t)$ 输入到如图 3-4 所示的二级 R-C 电路系统. 求:(1)系统的脉冲响应函数;(2)输出电压的均方值.

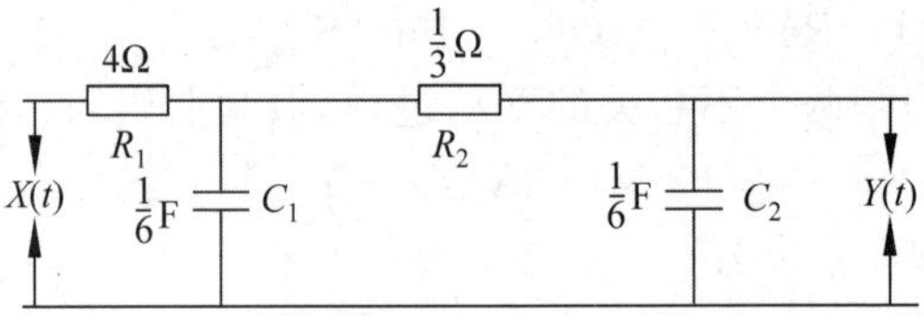

图　3-4

解　(1) 输入 $X(t)$,输出 $Y(t)$ 满足的方程为

$$Y''(t)+\frac{C_1R_1+C_2R_2+C_2R_1}{C_1C_2R_1R_2}Y'(t)+\frac{1}{C_1C_2R_1R_2}Y(t)=\frac{1}{C_1C_2R_1R_2}X(t),$$

即 $y''(t)+44y'(t)+36y(t)=36x(t)$,取拉普拉斯变换有

$$p^2Y(p)+44pY(p)+36Y(p)=36X(p),\quad 即\quad Y(p)=\frac{36}{p^2+44p+36}X(p),$$

所以传递函数 $H(p)=\frac{36}{p^2+44p+36}$. 于是

$$H(i\omega)=\frac{36}{36+44i\omega-\omega^2}=\frac{36}{16\sqrt{7}i}\left[\frac{1}{\omega-(22-8\sqrt{7})i}-\frac{1}{\omega-(22+8\sqrt{7})i}\right],$$

$$h(t)=\frac{1}{2\pi}\int_{-\infty}^{+\infty}H(i\omega)e^{i\omega t}d\omega=\frac{1}{2\pi}\cdot 2\pi i\cdot\frac{36}{16\sqrt{7}i}\left[e^{i\omega t}\big|_{\omega=22-8\sqrt{7}i}-e^{i\omega t}\big|_{\omega=22+8\sqrt{7}i}\right]$$

$$=\frac{9}{4\sqrt{7}}\left[e^{-(22-8\sqrt{7})t}-e^{-(22+8\sqrt{7})t}\right].$$

(2) $Y(t)$均方值

$$\begin{aligned}
R_Y(0) &= \int_0^{+\infty}\int_0^{+\infty} R_X(\lambda_2-\lambda_1)h(\lambda_1)h(\lambda_2)\mathrm{d}\lambda_2\mathrm{d}\lambda_1 \\
&= \int_0^{+\infty}\left[\int_0^{+\infty} S_0\delta(\lambda_2-\lambda_1)h(\lambda_2)\mathrm{d}\lambda_2\right]h(\lambda_1)\mathrm{d}\lambda_1 = S_0\int_0^{+\infty} h^2(\lambda_1)\mathrm{d}\lambda_1 \\
&= S_0\int_0^{+\infty}\left[\frac{9}{4\sqrt{7}}\left(\mathrm{e}^{-(22-8\sqrt{7})\lambda_1}-\mathrm{e}^{-(22+8\sqrt{7})\lambda_1}\right)\right]^2\mathrm{d}\lambda_1 \\
&= \frac{81}{112}S_0\left[-\frac{1}{2(22-8\sqrt{7})}\mathrm{e}^{-(22-8\sqrt{7})\lambda_1}\Big|_0^{+\infty}+\frac{1}{22}\mathrm{e}^{-44\lambda_1}\Big|_0^{+\infty}-\right. \\
&\qquad \left.\frac{1}{2(22+8\sqrt{7})}\mathrm{e}^{-(22+8\sqrt{7})\lambda_1}\Big|_0^{+\infty}\right] \\
&= \frac{81}{112}S_0\left[\frac{1}{2(22-8\sqrt{7})}-\frac{1}{22}+\frac{1}{2(22+8\sqrt{7})}\right] \\
&= \frac{9}{22}S_0.
\end{aligned}$$

37. 在如图 3-5 所示的 R-C 电路系统中,如果输入电压为

$$X(t)=X_0+\cos(2\pi t+\Theta),$$

其中 X_0 是在$[0,1]$上均匀分布的随机变量,而 Θ 是与 X_0 相互独立且在$[0,2\pi]$上均匀分布的随机变量,试分别用时间域方法和频率域方法求输出电压 $Y(t)$的自相关函数.

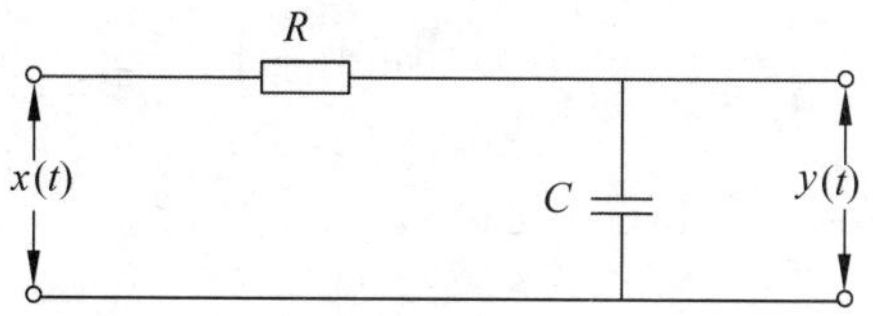

图 3-5

解 在 R-C 系统中,有

$$H(\mathrm{i}\omega)=\frac{\alpha}{\alpha+\mathrm{i}\omega},\quad h(t)=\alpha\mathrm{e}^{-\alpha t},\quad t\geqslant 0,\quad \alpha=\frac{1}{RC}.$$

输入的相关函数为

$$\begin{aligned}
R_X(\tau) &= E[X(t)X(t+\tau)] \\
&= E[(X_0+\cos(2\pi t+\Theta))(X_0+\cos(2\pi(t+\tau)+\Theta))] \\
&= E(X_0^2)+E(X_0)E[\cos(2\pi(t+\tau)+\Theta)]+E(X_0)E[\cos(2\pi t+\Theta)]+ \\
&\qquad E[(\cos(2\pi t+\Theta))(\cos(2\pi(t+\tau)+\Theta))] \\
&= \frac{1}{3}+\frac{1}{2}\int_0^{2\pi}\cos(2\pi(t+\tau)+\theta)\cdot\frac{1}{2\pi}\mathrm{d}\theta+ \\
&\qquad \int_0^{2\pi}\cos(2\pi t+\theta)\cos(2\pi(t+\tau)+\theta)\cdot\frac{1}{2\pi}\mathrm{d}\theta \\
&= \frac{1}{3}+\frac{1}{2}\cos 2\pi\tau.
\end{aligned}$$

输入 $X(t)$的谱密度为

$$S_X(\omega)=\int_{-\infty}^{+\infty}R_X(\tau)\mathrm{e}^{-\mathrm{i}\omega\tau}\mathrm{d}\tau=\int_{-\infty}^{+\infty}\left(\frac{1}{3}+\frac{1}{2}\cos 2\pi\tau\right)\mathrm{e}^{-\mathrm{i}\omega\tau}\mathrm{d}\tau$$

$$=\frac{2}{3}\pi\delta(\omega)+\frac{1}{4}\int_{-\infty}^{+\infty}[\mathrm{e}^{-\mathrm{i}(\omega+2\pi)\tau}+\mathrm{e}^{-\mathrm{i}(\omega-2\pi)\tau}]\mathrm{d}\tau$$

$$=\frac{2}{3}\pi\delta(\omega)+\frac{\pi}{2}[\delta(\omega+2\pi)+\delta(\omega-2\pi)].$$

利用时域法求 $R_Y(\tau)$，得

$$R_Y(\tau)=\int_0^{+\infty}\int_0^{+\infty}R_X(\lambda_2-\lambda_1-\tau)h(\lambda_1)h(\lambda_2)\mathrm{d}\lambda_1\mathrm{d}\lambda_2$$

$$=\int_0^{+\infty}\int_0^{+\infty}\left[\frac{1}{3}+\frac{1}{2}\cos 2\pi(\lambda_2-\lambda_1-\tau)\right]\alpha^2\mathrm{e}^{-\alpha\lambda_1}\mathrm{e}^{-\alpha\lambda_2}\mathrm{d}\lambda_1\mathrm{d}\lambda_2$$

$$=\frac{1}{3}+\frac{\alpha^2}{2}\cdot\frac{\cos 2\pi\tau}{\alpha^2+4\pi^2}.$$

利用频域方法求 $R_Y(\tau)$，有

$$S_Y(\omega)=|H(\mathrm{i}\omega)|^2S_X(\omega)$$

$$=\frac{a^2}{a^2+\omega^2}\left\{\frac{2}{3}\pi\delta(\omega)+\frac{\pi}{2}[\delta(\omega+2\pi)+\delta(\omega-2\pi)]\right\},$$

所以

$$R_Y(\tau)=\frac{1}{2\pi}\int_{-\infty}^{+\infty}S_Y(\omega)\mathrm{e}^{\mathrm{i}\omega\tau}\mathrm{d}\omega$$

$$=\frac{1}{2\pi}\left[\frac{2}{3}\pi\int_{-\infty}^{+\infty}\frac{a^2}{a^2+\omega^2}\mathrm{e}^{\mathrm{i}\omega\tau}\delta(\omega)\mathrm{d}\omega+\frac{\pi}{2}\int_{-\infty}^{+\infty}\frac{a^2}{a^2+\omega^2}\mathrm{e}^{\mathrm{i}\omega\tau}\delta(\omega+2\pi)\mathrm{d}\omega+\right.$$

$$\left.\frac{\pi}{2}\int_{-\infty}^{+\infty}\frac{a^2}{a^2+\omega^2}\mathrm{e}^{\mathrm{i}\omega\tau}\delta(\omega-2\pi)\mathrm{d}\omega\right]$$

$$=\frac{1}{2\pi}\left[\frac{2}{3}\pi+\frac{\pi}{2}\left(\frac{a^2}{a^2+4\pi^2}\mathrm{e}^{-\mathrm{i}2\pi\tau}+\frac{a^2}{a^2+4\pi^2}\mathrm{e}^{\mathrm{i}2\pi\tau}\right)\right]$$

$$=\frac{1}{3}+\frac{a^2}{2}\frac{\cos 2\pi\tau}{a^2+4\pi^2}.$$

38. 在如图 3-6 所示的 R-L 电路系统中，输入电压是谱密度为 S_0 的白噪声 $X(t)$，试用频率域方法求系统输出电压的自相关函数 $R_Y(\tau)$.

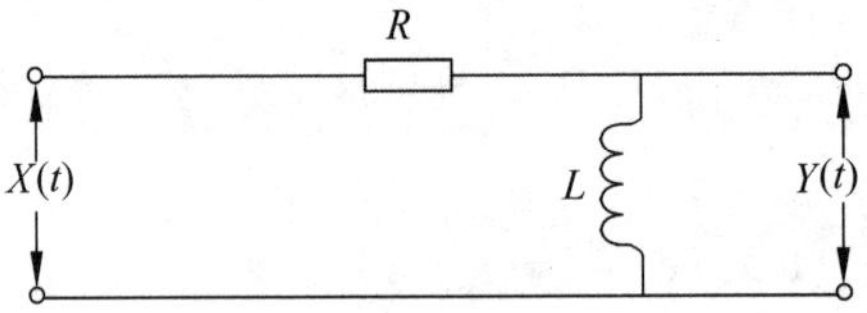

图 3-6

解 R-L 系统的微分方程为

$$Y'(t)+\frac{R}{L}Y(t)=X'(t).$$

取拉普拉斯变换有

$$pY(p)+\frac{R}{L}Y(p)=pX(p),\quad 即\quad Y(p)=\frac{p}{\frac{R}{L}+p}X(p)=\frac{Lp}{R+Lp}X(p),$$

所以

$$H(p)=\frac{Lp}{R+Lp},\quad H(\mathrm{i}\omega)=\frac{\mathrm{i}L\omega}{R+\mathrm{i}L\omega},\quad S_Y(\omega)=|H(\mathrm{i}\omega)|^2S_X(\omega)=\frac{L^2\omega^2S_0}{R^2+L^2\omega^2}.$$

当 $\tau>0$ 时,有

$$\begin{aligned}R_Y(\tau)&=\frac{1}{2\pi}\int_{-\infty}^{+\infty}\frac{L^2\omega^2S_0}{R^2+L^2\omega^2}\mathrm{e}^{\mathrm{i}\omega\tau}\mathrm{d}\omega\\&=\frac{S_0}{2\pi}\left[\int_{-\infty}^{+\infty}\mathrm{e}^{\mathrm{i}\omega\tau}\mathrm{d}\omega-R^2\int_{-\infty}^{+\infty}\frac{1}{R^2+L^2\omega^2}\mathrm{e}^{\mathrm{i}\omega\tau}\mathrm{d}\omega\right]\\&=\frac{S_0}{2\pi}\left[2\pi\delta(\tau)-\frac{R^2}{L^2}\cdot 2\pi\mathrm{i}\cdot\left(\frac{1}{\omega+\frac{R}{L}\mathrm{i}}\mathrm{e}^{\mathrm{i}\omega\tau}\right)\Bigg|_{\omega=\frac{R}{L}\mathrm{i}}\right]\\&=S_0\left[\delta(\tau)-\frac{R}{2L}\mathrm{e}^{-\frac{R}{L}\tau}\right].\end{aligned}$$

由相关函数的性质得 $R_Y(\tau)=S_0\left[\delta(\tau)-\frac{R}{2L}\mathrm{e}^{-\frac{R}{L}|\tau|}\right]$.

39. 有一系统如图 3-7 所示,$X(t)$是输入,$Z(t)$是输出,试求:

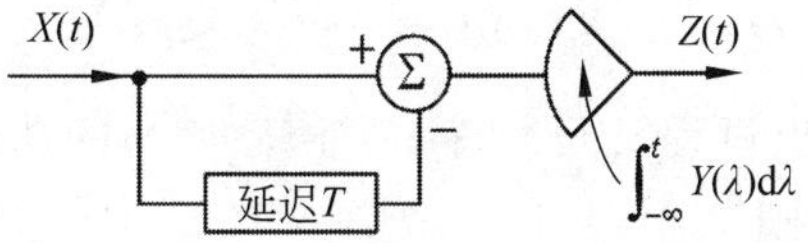

图 3-7

(1) 系统的传递函数;

(2) 当输入是谱密度为 S_0 的白噪声时,输出 $Z(t)$ 的均方值.

$\left(提示:\int_0^{\infty}\frac{\sin^2(ax)}{x^2}\mathrm{d}x=|a|\frac{\pi}{2}\right)$.

解 (1) 由题知,系统可表示为

$$Z(t)=\int_{-\infty}^{t}[X(\lambda)-X(\lambda-T)]\mathrm{d}\lambda,\quad 或\quad Z'(t)=X(t)-X(t-T).$$

取拉普拉斯变换得

$$pZ(p)=X(p)-\mathrm{e}^{-pT}X(p),\quad 即\quad Z(p)=\frac{1-\mathrm{e}^{-pT}}{p}X(p),$$

所求传递函数为 $H(p)=\frac{1-\mathrm{e}^{-pT}}{p}$.

(2) 频率响应 $H(\mathrm{i}\omega)=\frac{1-\mathrm{e}^{-\mathrm{i}\omega T}}{\mathrm{i}\omega}$,所以

$$S_Z(\omega)=|H(\mathrm{i}\omega)|^2S_X(\omega)=\frac{2(1-\cos\omega T)}{\omega^2}S_0.$$

所以均方值为

$$R_Z(0)=\frac{1}{2\pi}\int_{-\infty}^{+\infty}S_Z(\omega)\mathrm{d}\omega=\frac{2S_0}{\pi}\int_0^{+\infty}\frac{1-\cos\omega T}{\omega^2}\mathrm{d}\omega$$

$$=\frac{4S_0}{\pi}\int_0^{+\infty}\frac{\sin^2\frac{\omega}{2}T}{\omega^2}\mathrm{d}\omega=\frac{4S_0}{\pi}\cdot\frac{|T|}{2}\cdot\frac{\pi}{2}=|T|S_0.$$

40. 设$\{X(t),-\infty<t<+\infty\}$是平稳过程,其谱密度为$S_X(\omega)$,通过一个微分器,输出过程为$\{Y(t),-\infty<t<+\infty\}$,其中$Y(t)=\mathrm{d}X(t)/\mathrm{d}t,-\infty<t<+\infty$.试求:

(1) 系统的频率响应函数;

(2) 输入与输出的互谱密度;

(3) 输出的功率谱密度.

解 (1) 方法1 设$X(t)=\mathrm{e}^{\mathrm{i}\omega t}$,则

$$H(\mathrm{i}\omega)=(\mathrm{e}^{\mathrm{i}\omega t})'\Big|_{t=0}=\mathrm{i}\omega,\quad -\infty<\omega<+\infty.$$

方法2 对方程两边取拉普拉斯变换有$Y(p)=pX(p)$.从而传递函数$H(p)=p$,频率响应函数为$H(\mathrm{i}\omega)=\mathrm{i}\omega$.

(2) $S_{XY}(\omega)=H(\mathrm{i}\omega)S_X(\omega)=\mathrm{i}\omega S_X(\omega)$.

(3) $S_Y(\omega)=|H(\mathrm{i}\omega)|^2S_X(\omega)=\omega^2S_X(\omega)$.

41. 设$\{X(t),-\infty<t<+\infty\}$是谱密度为$S_X(\omega)$的平稳过程,输入到积分电路,其输入和输出满足如下的关系:

$$Y(t)=\int_{t-T}^{t}X(s)\mathrm{d}s,\quad -\infty<t<+\infty,$$

其中T为积分时间,试求输出过程$\{Y(t),-\infty<t<+\infty\}$的功率谱密度$S_Y(\omega)$.

解法1 设$X(t)=\mathrm{e}^{\mathrm{i}\omega t}$,则

$$H(\mathrm{i}\omega)=\int_{t-T}^{t}\mathrm{e}^{\mathrm{i}\omega s}\mathrm{d}s\Big|_{t=0}=\frac{1}{\mathrm{i}\omega}(1-\mathrm{e}^{-\mathrm{i}\omega T}),\quad -\infty<\omega<+\infty,$$

于是

$$S_Y(\omega)=|H(\mathrm{i}\omega)|^2S_X(\omega)=\left|\frac{1}{\mathrm{i}\omega}(1-\mathrm{e}^{-\mathrm{i}\omega T})\right|^2S_X(\omega)=\frac{\sin^2(\omega T/2)}{(\omega/2)^2}S_X(\omega).$$

解法2 由均方积分性质,$Y'(t)=X(t)-X(t-T)$,方程两边实施拉普拉斯变换有$pY(p)=X(p)-\mathrm{e}^{-Tp}X(p)$,从而$H(p)=\frac{1-\mathrm{e}^{-Tp}}{p}$,$H(\mathrm{i}\omega)=\frac{1-\mathrm{e}^{-\mathrm{i}\omega t}}{\mathrm{i}\omega}$,故

$$S_Y(\omega)=|H(\mathrm{i}\omega)|^2S_X(\omega)=\left|\frac{1}{\mathrm{i}\omega}(1-\mathrm{e}^{-\mathrm{i}\omega T})\right|^2S_X(\omega)=\frac{\sin^2(\omega T/2)}{(\omega/2)^2}S_X\omega.$$

42. 如图3-8为单个输入、两个输出的线性系统,求证输出$Y_1(t)$和$Y_2(t)$的互谱密度为

$$S_{Y_1Y_2}(\omega)=\overline{H_1(\mathrm{i}\omega)}H_2(\mathrm{i}\omega)S_X(\omega).$$

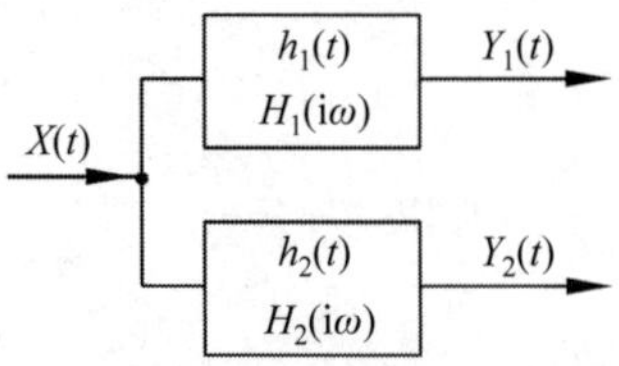

图 3-8

证明 $Y_1(t)=\int_0^{+\infty}X(t-\lambda)h_1(\lambda)\mathrm{d}\lambda, Y_2(t)=\int_0^{+\infty}X(t-\lambda)h_2(\lambda)\mathrm{d}\lambda$,

$$\begin{aligned}R_{Y_1Y_2}(\tau)&=E[Y_1(t)Y_2(t+\tau)]\\&=E\left[\int_0^{+\infty}X(t-\lambda_1)h_1(\lambda_1)\mathrm{d}\lambda_1\cdot\int_0^{+\infty}X(t+\tau-\lambda_2)h_2(\lambda_2)\mathrm{d}\lambda_2\right]\\&=\int_0^{+\infty}\int_0^{+\infty}R_X(\tau-\lambda_2+\lambda_1)h_1(\lambda_1)h_2(\lambda_2)\mathrm{d}\lambda_1\mathrm{d}\lambda_2,\end{aligned}$$

所以

$$\begin{aligned}S_{Y_1Y_2}(\omega)&=\int_{-\infty}^{+\infty}R_{Y_1Y_2}(\tau)\mathrm{e}^{-\mathrm{i}\omega\tau}\mathrm{d}\tau\\&=\int_0^{+\infty}\int_0^{+\infty}\int_{-\infty}^{+\infty}R_X(\tau-\lambda_2+\lambda_1)\mathrm{e}^{-\mathrm{i}\omega\tau}\mathrm{d}\tau h_1(\lambda_1)h_2(\lambda_2)\mathrm{d}\lambda_1\mathrm{d}\lambda_2\\&\xlongequal{\tau_1=\tau-\lambda_2+\lambda_1}\int_0^{+\infty}\int_0^{+\infty}\int_{-\infty}^{+\infty}R_X(\tau_1)\mathrm{e}^{-\mathrm{i}\omega\tau_1}\mathrm{d}\tau_1h_1(\lambda_1)h_2(\lambda_2)\mathrm{e}^{-\mathrm{i}\omega\lambda_2+\mathrm{i}\omega\lambda_1}\mathrm{d}\lambda_1\mathrm{d}\lambda_2\\&=S_X(\omega)\int_0^{+\infty}h_2(\lambda_2)\mathrm{e}^{-\mathrm{i}\omega\lambda_2}\mathrm{d}\lambda_2\int_0^{+\infty}h_1(\lambda_1)\mathrm{e}^{\mathrm{i}\omega\lambda_1}\mathrm{d}\lambda_1\\&=\overline{H_1(\mathrm{i}\omega)}H_2(\mathrm{i}\omega)S_X(\omega).\end{aligned}$$

3.5 自主练习题

习题 1

1. 设$\{X(t),t\in(-\infty,+\infty)\}$是一平稳过程，求$Y(t)=X(t)+X(0)$的相关函数，举例说明$Y(t)$不一定是平稳过程.

2. 设$X(t)$和$Y(t)$是两个不相关的平稳过程，均值函数m_X和m_Y均不为零，定义$Z(t)=X(t)+Y(t)$，试求互谱密度$S_{XY}(\omega)$和$S_{XZ}(\omega)$.

3. 已知平稳过程$X(t)$的功率谱密度为

$$S_X(\omega)=\begin{cases}C^2, & \omega_0\leqslant|\omega|<2\omega_0,\\0, & \text{其他}.\end{cases}$$

试求相关函数$R_X(\tau)$.

4. 设$X(t)$是一平稳的正态过程，$E[X(t)]=0$，$R_X(\tau)$是其相关函数，试证$Y(t)=\mathrm{sgn}[X(t)]$是平稳过程，且其标准相关函数为

$$R(\tau)=\frac{R_Y(\tau)}{R_Y(0)}=\frac{2}{\pi}\arcsin\frac{R_X(\tau)}{R_X(0)}.$$

5. 若$\{X(t),-\infty<t<+\infty\}$，$\{Y(t),-\infty<t<+\infty\}$是具有均值各态历经性的平稳过程，$X(t)$和$Y(t)$平稳相关，证明$Z(t)=aX(t)+bY(t)$是具有均值各态历经性的平稳随机过程，其中$a,b$为常数.

6. 设$\{X(t),-\infty<t<+\infty\}$是实平稳过程，其相关函数为$R_X(\tau)$，试证明：$\forall\varepsilon>0$，

$$P\{|X(t+\tau)-X(t)|\geqslant\varepsilon\}\leqslant\frac{2[R_X(0)-R_X(\tau)]}{\varepsilon^2}.$$

7. 设 $X(t)$是平稳过程,令

$$Y(t)=X(t)\cos(\omega_0 t+\Phi),\quad W(t)=X(t)\cos[(\omega_0+\omega_1)t+\Phi],$$

ω_0,ω_1 为常数,Φ 是在$[0,2\pi]$上均匀分布的随机变量,Φ 与 $X(t)$相互独立. 试证 $Z(t)=W(t)+Y(t)$是非平稳过程.

8. 设$\{X(t),t\in T\}$,$\{Y(t),t\in T\}$是均值为零的实平稳过程,它们的相关函数分别为 $R_X(\tau)$,$R_Y(\tau)$,互相关函数为 $R_{XY}(\tau)$,如果 $R_X(\tau)=R_Y(\tau)$,$R_{XY}(\tau)=-R_{XY}(-\tau)$,试证明 $Z(t)=X(t)\cos\omega_0 t+Y(t)\sin\omega_0 t$ 是平稳过程(ω_0 为常数).

若 $X(t)$,$Y(t)$的谱密度为 $S_X(\omega)$,$S_Y(\omega)$,互谱密度为 $S_{XY}(\omega)$,试求 $Z(t)$的谱密度.

9. 设$\{X(n),n=0,\pm1,\pm2,\cdots\}$为白噪声序列,求 $X(n)$的谱函数.

10. 设有如图 3-9 所示的电路系统,输入平稳过程 $X(t)$的相关函数 $R_X(\tau)=\cos\omega_0\tau$. 求 $Y_1(t)$,$Y_2(t)$的互相关函数 $R_{Y_1Y_2}(t_1,t_2)$.

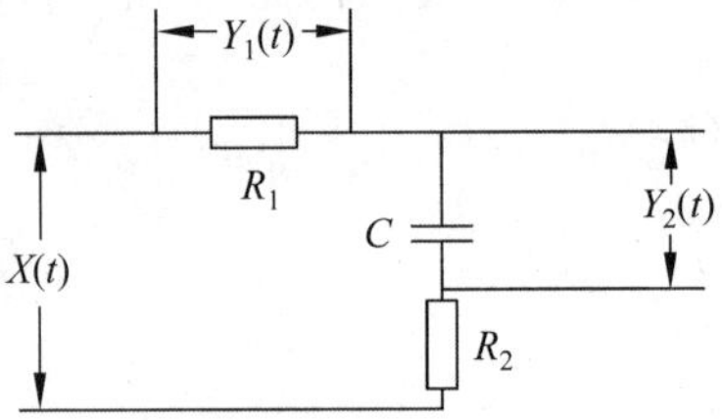

图 3-9

习题 2

1. 设 $X(t)=X$,$-\infty<t<+\infty$,其中 X 具有概率分布 $P\{X=i\}=\dfrac{1}{3}$,$i=1,2,3$,讨论 $X(t)$的各态历经性.

2. 设正态过程$\{X(t),t\in T\}$是一均方可导的实平稳过程,则任给 $t\in T$,$X(t)$与 $X'(t)$相互独立.

3. 设$\{X(t),t\in T\}$是平稳过程,相关函数 $R_X(\tau)=\alpha e^{-\beta\tau}$,其中 α,β 是正数,求 $X(t)$的谱密度和谱函数.

4. 设系统的输入过程为 $X(t)=\xi+\eta\cos(20t+\Theta)$,式中 ξ,η 与 Θ 是三个相互独立的随机变量,且 $E(\xi)=5$,$D(\xi)=64$,$E(\eta^2)=32$,$\Theta\sim U(0,2\pi)$,系统的冲激响应为

$h(t)=\delta(t)-10e^{-10t}U(t)$,$U(t)=\begin{cases}1,t\geqslant 0,\\0,t<0.\end{cases}$ 试求输出 $Y(t)$的均值函数 $m_Y(t)$和均方值 $E[Y^2(t)]$.

5. 设实平稳过程 $X(t)$的均值为零,协方差函数为 $C_X(\tau)$,$(X(t),X(t+\tau))$的二维概率密度函数 $f(x_1,x_2,t,t+\tau)=f(x_1,x_2,\tau)$,证明

$$P\{|X(t+\tau)-X(t)|\geqslant a\}\leqslant\frac{2[C(0)-C(\tau)]}{a^2}.$$

6. 设 $X(t)=X\cos\alpha t+Y\sin\alpha t$,$-\infty<t<+\infty$,$Y(t)=Y\cos\alpha t-X\sin\alpha t$,$-\infty<t<+\infty$,其中 α 为实常数,X 和 Y 是不相关的实随机变量,且 $E(X)=E(Y)=0$,$D(X)=D(Y)=\sigma^2$,试证明:$\{X(t),-\infty<t<+\infty\}$和$\{Y(t),-\infty<t<+\infty\}$是联合平稳过程.

7. 设$\{X(n),n=0,\pm1,\pm2,\cdots\}$为白噪声序列,证明其均值具有各态历经性.

8. 设$\{X(t),t\in T\}$为一个均方可微的实平稳过程,试证$\{X'(t),t\in T\}$为平稳过程.

9. 设平稳过程$X(t)$的谱密度$S_X(\omega)$存在二阶导数,试证$\dfrac{\mathrm{d}^2S_X(\omega)}{\mathrm{d}\omega^2}$不是非零均值函数随机过程的功率谱密度.

10. 设$\{X(t),-\infty<t<+\infty\}$是平稳过程,其协方差函数$C_X(\tau)$绝对可积,即$\int_{-\infty}^{+\infty}|C_X(\tau)|\,\mathrm{d}\tau<+\infty$. 试证明$\{X(t),-\infty<t<+\infty\}$的均值具有各态历经性.

3.6 自主练习题参考解答

习题 1 参考解答

1. 解 (1)
$$\begin{aligned}R_Y(t_1,t_2)&=E[(X(t_1)+X(0))(X(t_2)+X(0))]\\&=R_X(t_2-t_1)+R_X(t_1)+R_X(t_2)+R_X(0).\end{aligned}$$

(2) 反例. 设$X(t)=a\cos(\omega t+\Phi)$,其中$a,\omega$为常数,$\Phi\sim U(0,2\pi)$,则$R_X(t_2-t_1)=\dfrac{a^2}{2}\cos\omega(t_2-t_1)$. 若$Y(t)=X(t)+X(0)$,则由(1)得

$$R_Y(t_1,t_2)=\frac{a^2}{2}\cos\omega(t_2-t_1)+\frac{a^2}{2}\cos(\omega t_1)+\frac{a^2}{2}\cos(\omega t_2)+\frac{a^2}{2}.$$

$R_Y(t_1,t_2)$与t_1,t_2有关,故$Y(t)=X(t)+X(0)$不是平稳过程.

2. 解 由于$X(t)$和$Y(t)$不相关,故

$$R_{XY}(\tau)=E[X(t)Y(t+\tau)]=E[X(t)]E[Y(t+\tau)]=m_Xm_Y,$$

$$\begin{aligned}R_{XZ}(\tau)&=E[X(t)(X(t+\tau)+Y(t+\tau))]\\&=E[X(t)X(t+\tau)]+E[X(t)]E[Y(t+\tau)]\\&=R_X(\tau)+R_{XY}(\tau).\end{aligned}$$

因此

$$S_{XY}(\omega)=\int_{-\infty}^{+\infty}R_{XY}(\tau)\mathrm{e}^{-\mathrm{i}\omega\tau}\mathrm{d}\tau=\int_{-\infty}^{+\infty}m_Xm_Y\mathrm{e}^{-\mathrm{i}\omega\tau}\mathrm{d}\tau=2\pi m_Xm_Y\delta(\omega),$$

$$\begin{aligned}S_{XZ}(\omega)&=\int_{-\infty}^{+\infty}R_{XZ}(\tau)\mathrm{e}^{-\mathrm{i}\omega\tau}\mathrm{d}\tau\\&=\int_{-\infty}^{+\infty}R_X(\tau)\mathrm{e}^{-\mathrm{i}\omega\tau}\mathrm{d}\tau+\int_{-\infty}^{+\infty}R_{XY}(\tau)\mathrm{e}^{-\mathrm{i}\omega\tau}\mathrm{d}\tau=S_X(\omega)+2\pi m_Xm_Y\delta(\omega).\end{aligned}$$

3. 解
$$\begin{aligned}R_X(\tau)&=\frac{1}{2\pi}\int_{-\infty}^{+\infty}S_X(\omega)\mathrm{e}^{\mathrm{i}\omega\tau}\mathrm{d}\omega\\&=\frac{1}{2\pi}\left[\int_{-2\omega_0}^{-\omega_0}C^2\mathrm{e}^{\mathrm{i}\omega\tau}\mathrm{d}\omega+\int_{\omega_0}^{2\omega_0}C^2\mathrm{e}^{\mathrm{i}\omega\tau}\mathrm{d}\omega\right]\\&=\frac{1}{2\pi}C^2\left[\int_{\omega_0}^{2\omega_0}\mathrm{e}^{-\mathrm{i}\omega\tau}\mathrm{d}\omega+\int_{\omega_0}^{2\omega_0}\mathrm{e}^{\mathrm{i}\omega\tau}\mathrm{d}\omega\right]=\frac{1}{\pi}C^2\int_{\omega_0}^{2\omega_0}\cos\omega\tau\,\mathrm{d}\omega\\&=\frac{C^2}{\pi\tau}(\sin2\omega_0\tau-\sin\omega_0\tau)=\frac{2C^2}{\pi\tau}\cos\frac{3\omega_0\tau}{2}\sin\frac{\omega_0\tau}{2}.\end{aligned}$$

4. 证明 (1) $E[Y(t)]=P\{X(t)>0\}-P\{X(t)<0\}=m_Y$(常数).

(2) $R_Y(t,t+\tau)=E[Y(t)Y(t+\tau)]$

$$=P\{X(t)X(t+\tau)>0\}-P\{X(t)X(t+\tau)<0\}.$$

由于 $X(t)$为平稳正态过程,且 $E[X(t)]=0$,故

$$P\{X(t)X(t+\tau)>0\}=\frac{1}{2}+\frac{\alpha}{\pi},\quad P\{X(t)X(t+\tau)<0\}=\frac{1}{2}-\frac{\alpha}{\pi},$$

其中 $\alpha=\arcsin\dfrac{R_X(\tau)}{R_X(0)}$,所以

$$R_Y(t,t+\tau)=\frac{1}{2}+\frac{\alpha}{\pi}-\left(\frac{1}{2}-\frac{\alpha}{\pi}\right)=\frac{2\alpha}{\pi}=\frac{2}{\pi}\arcsin\frac{R_X(\tau)}{R_X(0)}.$$

由(1),(2)可知 $Y(t)$是平稳过程,且有

$$R(\tau)=\frac{2}{\pi}\arcsin\frac{R_X(\tau)}{R_X(0)}.$$

5. 解 因为 $X(t),Y(t)$是平稳相关的随机过程,所以

$$E[Z(t)]=aE[X(t)]+bE[Y(t)]=am_X+bm_Y\text{ 为常数},$$

$$R_Z(\tau)=E[(aX(t)+bY(t))(aX(t+\tau)+bY(t+\tau))]$$
$$=a^2R_X(\tau)+abR_{XY}(\tau)+abR_{YX}(\tau)+R_Y(\tau)\text{ 与 } t \text{ 无关},$$

$$E[Z^2(t)]=a^2R_X(0)+2abR_{XY}(0)+b^2R_Y(0)$$
$$\leqslant a^2R_X(0)+2\mid ab\mid\sqrt{R_X(0)R_Y(0)}+b^2R_Y(0)<+\infty.$$

故 $Z(t)$是平稳随机过程.

因为 $X(t),Y(t)$具有均值各态历经性,所以

$$P\{\langle X(t)\rangle=m_X\}=1,\quad P\{\langle Y(t)\rangle=m_Y\}=1,$$

$$\langle Z(t)\rangle=\underset{T\to+\infty}{\text{l.i.m}}\frac{1}{2T}\int_{-T}^{T}[aX(t)+bY(t)]\mathrm{d}t$$
$$=\underset{T\to+\infty}{\text{l.i.m}}\frac{a}{2T}\int_{-T}^{T}X(t)\mathrm{d}t+\underset{T\to+\infty}{\text{l.i.m}}\frac{b}{2T}\int_{-T}^{T}Y(t)\mathrm{d}t$$
$$=a\langle X(t)\rangle+b\langle Y(t)\rangle,$$

$$0\leqslant P\{a\langle X(t)\rangle+b\langle Y(t)\rangle\neq am_X+bm_Y\}$$
$$\leqslant P\{\langle X(t)\rangle\neq m_X\}+P\{\langle Y(t)\rangle\neq m_Y\}=0.$$

从而

$$\langle Z(t)\rangle=a\langle X(t)\rangle+b\langle Y(t)\rangle=am_X+bm_Y,\text{a. s.}$$

即 $Z(t)$的均值具有各态历经性.

6. 解 由于$\{X(t),-\infty<t<+\infty\}$是实平稳过程,因此 $R_X(-\tau)=R_X(\tau)$,于是由切比雪夫不等式,得

$$P\{|X(t+\tau)-X(t)|\geqslant\varepsilon\}\leqslant\frac{E[|X(t+\tau)-X(t)|^2]}{\varepsilon^2}$$

$$=\frac{E[(X(t+\tau)-X(t))^2]}{\varepsilon^2}$$

$$=\frac{E[X(t+\tau)X(t+\tau)]-E[X(t+\tau)X(t)]-E[X(t)X(t+\tau)]+E[X(t)X(t)]}{\varepsilon^2}$$

$$= \frac{R_X(0)-R_X(-\tau)-R_X(\tau)+R_X(0)}{\varepsilon^2}$$

$$= \frac{2[R_X(0)-R_X(\tau)]}{\varepsilon^2}.$$

7. 证明 $R_Z(t,t+\tau)=E[Z(t)Z(t+\tau)]$

$$\begin{aligned}
&=E[W(t)+Y(t)]E[W(t+\tau)+Y(t+\tau)]\\
&=E[X(t)X(t+\tau)\cdot\cos[(\omega_0+\omega_1)t+\Phi]\cdot\\
&\quad\cos[(\omega_0+\omega_1)(t+\tau)+\Phi]]+\\
&\quad E[X(t)X(t+\tau)\cdot\cos[(\omega_0+\omega_1)t+\Phi]\cdot\\
&\quad\cos[\omega_0(t+\tau)+\Phi]]+\\
&\quad E[X(t)X(t+\tau)\cdot\cos(\omega_0 t+\Phi)\cdot\\
&\quad\cos[(\omega_0+\omega_1)(t+\tau)+\Phi]]+\\
&\quad E[X(t)X(t+\tau)\cdot\cos(\omega_0 t+\Phi)\cdot\\
&\quad\cos[(\omega_0+\omega_1)(t+\tau)+\Phi]]\\
&=\frac{R_X(\tau)}{2}[\cos(\omega_0+\omega_1)\tau+\cos(\omega_0\tau-\omega_1 t)+\\
&\quad\cos(\omega_0\tau+\omega_1 t+\omega_1\tau)+\cos\omega_0\tau].
\end{aligned}$$

$R_Z(t,t+\tau)$与t有关系,故$W(t)+Y(t)$为非平稳过程.

8. 证明 (1) $E[Z(t)]=\cos\omega_0 t\cdot E[X(t)]+\sin\omega_0 t\cdot E[Y(t)]=0$.

(2) $R_Z(t,t+\tau)=E[Z(t)Z(t+\tau)]$

$$\begin{aligned}
&=E[(X(t)\cos\omega_0 t+Y(t)\sin\omega_0 t)(X(t+\tau)\cos\omega_0(t+\tau)+\\
&\quad Y(t+\tau)\sin\omega_0(t+\tau))]\\
&=R_X(\tau)\cos\omega_0\tau+R_{XY}(\tau)[\cos\omega_0 t\sin\omega_0(t+\tau)-\\
&\quad\sin\omega_0 t\cos\omega_0(t+\tau)]\\
&=R_X(\tau)\cos\omega_0\tau+R_{XY}(\tau)\sin\omega_0\tau,
\end{aligned}$$

$Z(t)$的相关函数与t无关.

由(1),(2)知$Z(t)$是平稳过程.

$$\begin{aligned}
S_Z(\omega)&=\int_{-\infty}^{+\infty}R_Z(\tau)e^{-i\omega\tau}d\tau\\
&=\int_{-\infty}^{+\infty}R_X(\tau)\cos(\omega_0\tau)e^{-i\omega\tau}d\tau+\int_{-\infty}^{+\infty}R_{XY}(\tau)\sin(\omega_0\tau)e^{-i\omega\tau}d\tau\\
&=\int_{-\infty}^{+\infty}R_X(\tau)\,\frac{e^{-i\omega_0\tau}+e^{i\omega_0\tau}}{2}e^{-i\omega\tau}d\tau+\int_{-\infty}^{+\infty}R_{XY}(\tau)\,\frac{e^{i\omega_0\tau}+e^{-i\omega_0\tau}}{2i}e^{-i\omega\tau}d\tau\\
&=\frac{1}{2}[S_X(\omega+\omega_0)+S_X(\omega-\omega_0)]-\frac{i}{2}[S_{XY}(\omega-\omega_0)+S_{XY}(\omega+\omega_0)].
\end{aligned}$$

9. 解 因为$X(n)$为白噪声序 列,所以$m_X=E[X(n)]=0$,相关函数$R_X(m)=\begin{cases}\sigma^2, m=0,\\ 0, m\neq 0,\end{cases}$故$\sum\limits_{n=-\infty}^{+\infty}|R_X(n)|<+\infty$,所以$X(n)$的谱密度存在,且$S_X(\omega)=\sum\limits_{n=-\infty}^{+\infty}e^{-in\omega}R_X(n)=\sigma^2, \omega\in[-\pi,\pi]$.

$X(n)$的谱函数为$F_X(\omega)=\int_{-\pi}^{\omega}S_X(\omega)d\omega=\sigma^2(\omega+\pi), -\pi\leqslant\omega\leqslant\pi$。

10. 解 输出 $Y_2(t)$ 满足 $C(R_1+R_2)\frac{dY_2(t)}{dt}+Y_2(t)=X(t)$，令 $\alpha=\frac{1}{C(R_1+R_2)}$，则 $H(p)=\frac{\alpha}{p+\alpha}$，$H(i\omega)=\frac{\alpha}{i\omega+\alpha}$，于是

$$S_{Y_2}(\omega)=|H(i\omega)|^2S_X(\omega)=\frac{\pi\alpha^2}{\omega^2+\alpha^2}[\delta(\omega-\omega_0)+\delta(\omega+\omega_0)],$$

$$\begin{aligned}R_{Y_2}(\tau)&=\frac{1}{2\pi}\int_{-\infty}^{+\infty}\frac{\pi\alpha^2}{\omega^2+\alpha^2}[\delta(\omega-\omega_0)+\delta(\omega+\omega_0)]e^{-i\omega\tau}d\omega\\&=\frac{\alpha^2}{2(\omega_0^2+\alpha^2)}(e^{-i\omega_0\tau}+e^{i\omega_0\tau})=\frac{\alpha^2\cos\omega_0\tau}{\omega_0^2+\alpha^2}.\end{aligned}$$

又 $Y_1(t)=R_1C\frac{dY_2(t)}{dt}$，故

$$\begin{aligned}R_{Y_1Y_2}(t_1,t_2)&=E[Y_1(t_1)Y_2(t_2)]=R_1C\cdot E\left[Y_2(t_2)\frac{dY_2(t_1)}{dt_1}\right]\\&=R_1C\cdot\frac{\partial R_{Y_2}(t_1,t_2)}{\partial t_1}\\&=R_1C\cdot\frac{\partial}{\partial t_1}\left[\frac{\alpha^2}{\omega_0^2+\alpha^2}\cos\omega_0(t_2-t_1)\right]\\&=\frac{\alpha^2R_1C\omega_0}{\omega_0^2+\alpha^2}\sin\omega_0(t_2-t_1).\end{aligned}$$

习题2参考解答

1. 解 因为 $m_X(t)=2$，$R_X(t,t+\tau)=E[X^2]=1^2\times\frac{1}{3}+2^2\times\frac{1}{3}+3^2\times\frac{1}{3}=\frac{14}{3}$，所以 X 是平稳过程. 又

$$\langle X(t)\rangle=\underset{T\to+\infty}{\text{l.i.m}}\frac{1}{2T}\int_{-T}^{T}X(t)dt=\underset{T\to+\infty}{\text{l.i.m}}\frac{1}{2T}\int_{-T}^{T}X\,dt=X,$$

$$\langle X(t),X(t+\tau)\rangle=\underset{T\to+\infty}{\text{l.i.m}}\frac{1}{2T}\int_{-T}^{T}X(t)X(t+\tau)dt=\underset{T\to+\infty}{\text{l.i.m}}\frac{1}{2T}\int_{-T}^{T}X^2dt=X^2,$$

而 $P\{X=2\}=\frac{1}{3}\neq1$ 和 $P\left\{X^2=\frac{14}{3}\right\}=0\neq1$，所以 $X(t)$ 不具有各态历经性.

2. 解 由于 $\{X(t),t\in T\}$ 是正态过程，因此任给 $t\in T$，$(X(t),X(t+\Delta t))$ 是二维正态随机变量. 又因

$$\left(X(t),\frac{X(t+\Delta t)-X(t)}{\Delta t}\right)=(X(t),X(t+\Delta t))\begin{bmatrix}1&-\frac{1}{\Delta t}\\0&\frac{1}{\Delta t}\end{bmatrix},$$

所以 $\left(X(t),\frac{X(t+\Delta t)-X(t)}{\Delta t}\right)$ 是二维正态随机变量，且 $\underset{\Delta t\to0}{\text{l.i.m}}\frac{X(t+\Delta t)-X(t)}{\Delta t}=X'(t)$，故 $(X(t),X'(t))$ 是二维正态随机变量. 由本书第3章例3，$E[X(t)X'(t)]=0$，又 $E[X'(t)]=(m_X)'=0$，所以 $X(t)$ 与 $X'(t)$ 不相关，从而 $X(t)$ 与 $X'(t)$ 相互独立.

3. 解 $S_X(\omega)=\int_{-\infty}^{+\infty}\alpha\,\mathrm{e}^{-\beta|\tau|}\,\mathrm{e}^{-\mathrm{i}\omega\tau}\,\mathrm{d}\tau=\dfrac{2\alpha\beta}{\omega^2+\beta^2}$，故 $X(t)$ 的谱函数为

$$F_X(\omega)=\int_{-\infty}^{\omega}S_X(v)\,\mathrm{d}v=2\alpha\beta\int_{-\infty}^{\omega}\frac{1}{\beta^2+v^2}\mathrm{d}v$$

$$=2\alpha\arctan\left(\frac{v}{\beta}\right)\Bigg|_{-\infty}^{\omega}=2\alpha\left[\arctan\left(\frac{\omega}{\beta}\right)+\frac{\pi}{2}\right].$$

4. 解 $m_X(t)=E[\xi+\eta\cos(20t+\Theta)]=E(\xi)+E(\eta)E[\cos(20t+\Theta)]=5$，

$$m_Y(t)=5\int_{-\infty}^{+\infty}[\delta(t)-10\mathrm{e}^{-10t}U(t)]\mathrm{d}t$$

$$=5\int_{-\infty}^{+\infty}\delta(t)\,\mathrm{d}t-50\int_{0}^{+\infty}\mathrm{e}^{-10t}\,\mathrm{d}t=5-50\times\frac{1}{10}=0,$$

$$H(\mathrm{i}\omega)=\int_{-\infty}^{+\infty}[\delta(t)-10\mathrm{e}^{-10t}U(t)]\mathrm{e}^{-\mathrm{i}\omega t}\,\mathrm{d}t=1-10\,\frac{1}{10+\mathrm{i}\omega}=\frac{\mathrm{i}\omega}{10+\mathrm{i}\omega},$$

$$|H(\mathrm{i}\omega)|^2=\frac{\omega^2}{100+\omega^2},$$

$$R_X(\tau)=E[X(t)X(t+\tau)]=E[(\xi+\eta\cos(20t+\Theta))(\xi+\eta\cos(20t+20\tau+\Theta))]$$

$$=E(\xi^2)+E(\xi\eta)\cos(20t+20\tau+\Theta)+E(\xi\eta)\cos(20t+\Theta)+$$

$$E(\eta^2)\cos(20t+20\tau+\Theta)\cos(20t+\Theta)=89+32\times\frac{\cos20\tau}{2}=89+16\cos20\tau.$$

$$S_X(\omega)=\int_{-\infty}^{+\infty}R_X(\tau)\mathrm{e}^{-\mathrm{i}\omega\tau}\,\mathrm{d}\tau=\int_{-\infty}^{+\infty}\mathrm{e}^{-\mathrm{i}\omega\tau}(89+16\cos20\tau)\,\mathrm{d}\tau$$

$$=89\times2\pi\delta(\omega)+16\pi[\delta(\omega+20)+\delta(\omega-20)].$$

$$R_Y(0)=\frac{1}{2\pi}\int_{-\infty}^{+\infty}|H(\mathrm{i}\omega)|^2S_X(\omega)\,\mathrm{d}\omega$$

$$=\frac{1}{2\pi}\int_{-\infty}^{+\infty}\frac{\omega^2}{100+\omega^2}(178\delta(\omega)+16\pi[\delta(\omega+20)+\delta(\omega-20)])\,\mathrm{d}\omega$$

$$=0+8\times2\times\frac{20^2}{100+20^2}=\frac{64}{5}.$$

5. 证明 由已知，对于任意的 t，$E[X(t)]=0$，$C_X(0)=E[X^2(t)]=R_X(0)$，故有

$$P\{|X(t+\tau)-X(t)|\geqslant a\}=\iint\limits_{|x_2-x_1|\geqslant a}f(x_1,x_2,\tau)\,\mathrm{d}x_1\,\mathrm{d}x_2$$

$$\leqslant\frac{1}{a^2}\iint\limits_{|x_2-x_1|\geqslant a}(x_2-x_1)^2f(x_1,x_2,\tau)\,\mathrm{d}x_1\,\mathrm{d}x_2$$

$$=\frac{1}{a^2}E[(X(t+\tau)-X(t))^2]$$

$$=\frac{1}{a^2}E[X^2(t+\tau)+X^2(t)-2X(t+\tau)X(t)]$$

$$=\frac{1}{a^2}(2R_X(0)-2R_X(\tau))=\frac{2}{a^2}(C_X(0)-C_X(\tau)).$$

6. 证明 由于 $m_X(t)=E[X(t)]=E[X\cos\alpha t+Y\sin\alpha t]$

$$=E(X)\cos\alpha t+E(Y)\sin\alpha t=0,$$

$$\begin{aligned}R_X(t,t+\tau)&=E[X(t)X(t+\tau)]\\&=E[(X\cos\alpha t+Y\sin\alpha t)(X\cos\alpha(t+\tau)+Y\sin\alpha(t+\tau))]\\&=E(X^2)\cos\alpha t\cos\alpha(t+\tau)+E(Y^2)\sin\alpha t\sin\alpha(t+\tau)+\\&\quad E(XY)[\cos\alpha t\sin\alpha(t+\tau)+E(XY)\sin\alpha t\cos\alpha(t+\tau)]\\&=\sigma^2\cos\alpha\tau\text{ 与 }t\text{ 无关,}\end{aligned}$$

因此，$\{X(t),-\infty<t<+\infty\}$是平稳过程.

同理，$m_Y(t)=0$，$R_Y(\tau)=\sigma^2\cos\alpha\tau$，因此，$\{Y(t),-\infty<t<+\infty\}$是平稳过程.

又因为

$$\begin{aligned}R_{XY}(t,t+\tau)&=E[X(t)Y(t+\tau)]\\&=E[(X\cos\alpha t+Y\sin\alpha t)(Y\cos\alpha(t+\tau)-X\sin\alpha(t+\tau))]\\&=-E(X^2)\cos\alpha t\sin\alpha(t+\tau)+E(Y^2)\sin\alpha t\cos\alpha(t+\tau)+\\&\quad E(XY)[\cos\alpha t\cos\alpha(t+\tau)-\sin\alpha t\sin\alpha(t+\tau)]\\&=-\sigma^2\sin\alpha\tau\text{ 与 }t\text{ 无关,}\end{aligned}$$

所以$\{X(t),-\infty<t<+\infty\}$和$\{Y(t),-\infty<t<+\infty\}$是联合平稳过程.

7. 证法1 因为$X(n)$为白噪声序列，所以$m_X=E[X(n)]=0$，相关函数

$$R_X(m)=\begin{cases}\sigma^2, & m=0,\\0, & m\neq 0,\end{cases}$$

从而$\lim\limits_{n\to\infty}\dfrac{1}{2n+1}\sum\limits_{j=-n}^{n}\left(1-\dfrac{j}{2n+1}\right)[R_X(j)-m_X^2]=\lim\limits_{n\to\infty}\dfrac{R_X(0)}{2n+1}=0$，故$X(n)$具有均值各态历经性.

证法2 用均值各态历经性的定义证明. 因为$\lim\limits_{n\to\infty}E\left[\left(\dfrac{1}{2n+1}\sum\limits_{j=-n}^{n}X(j)\right)^2\right]=\lim\limits_{n\to\infty}\dfrac{1}{(2n+1)^2}\sum\limits_{j=-n}^{n}E(X^2(j))=\lim\limits_{n\to\infty}\dfrac{\sigma^2}{2n+1}=0$，所以$\underset{n\to\infty}{\text{l.i.m}}\dfrac{1}{2n+1}\sum\limits_{j=-n}^{n}X(j)=0=m_X$，$X(n)$的均值具有各态历经性.

8. 证明 $E[X'(t)]=(E[X(t)])'=(m_X)'=0$，

$$E[X'(s)X'(t)]=\frac{\partial^2}{\partial s\partial t}E[X(s)X(t)]=\frac{\partial^2}{\partial s\partial t}R_X(s-t)=-R_X''(s-t),$$

故$\{X'(t),t\in T\}$为平稳过程.

9. 证明 设$X(t)$的相关函数为$R_X(\tau)$，则$S_X(\omega)=\int_{-\infty}^{+\infty}R_X(\tau)e^{-i\omega\tau}d\tau$，$\dfrac{d^2S_X(\omega)}{d\omega^2}=\int_{-\infty}^{+\infty}-\tau^2R_X(\tau)e^{-i\omega\tau}d\tau$. 假设$\dfrac{d^2S_X(\omega)}{d\omega^2}$是随机过程$Y(t)$的功率谱密度，$R_Y(\tau)$是该过程的相关函数，则$\dfrac{d^2S_X(\omega)}{d\omega^2}=\int_{-\infty}^{+\infty}R_Y(\tau)e^{-i\omega\tau}d\tau$，从而$R_Y(\tau)=-\tau^2R_X(\tau)$，$R_Y(0)=0$. 又$(E[Y(t)])^2\leqslant R_Y(0)$，故$E[Y(t)]=0$，与题设相矛盾.

10. 证明 令

$$C_X^T(\tau)=\begin{cases}\left(1-\dfrac{|\tau|}{2T}\right)C_X(\tau), & |\tau|\leqslant 2T,\\0, & |\tau|>2T.\end{cases}$$

则

$$\lim_{T\to+\infty} C_X^T(\tau) = C_X(\tau).$$

又 $C_X(\tau)$绝对可积,即 $\int_{-\infty}^{+\infty} |C_X(\tau)| \mathrm{d}\tau < +\infty$, 因此

$$\begin{aligned}
\lim_{T\to+\infty} \frac{1}{2T}\int_{-2T}^{2T}\left(1-\frac{|\tau|}{2T}\right)C_X(\tau)\mathrm{d}\tau &= \lim_{T\to+\infty} \frac{1}{2T}\int_{-\infty}^{+\infty} C_X^T(\tau)\mathrm{d}\tau \\
&= \lim_{T\to+\infty} \frac{1}{2T} \cdot \lim_{T\to+\infty}\int_{-\infty}^{+\infty} (C_X^T(\tau))\,\mathrm{d}\tau \\
&= \lim_{T\to+\infty} \frac{1}{2T} \cdot \int_{-\infty}^{+\infty} (\lim_{T\to+\infty} C_X^T(\tau))\,\mathrm{d}\tau \\
&= 0 \cdot \int_{-\infty}^{+\infty} C_X(\tau)\mathrm{d}\tau,
\end{aligned}$$

故$\{X(t), -\infty < t < +\infty\}$的均值具有各态历经性.

第 4 章 平稳时间序列的线性模型和预报

4.1 基本内容

一、平稳时间序列的线性模型

1. 平稳时间序列 设时间序列$\cdots Z_{-2},Z_{-1},Z_0,Z_1,Z_2,\cdots$或$\{Z_t,t=\cdots,-2,-1,0,1,2,\cdots\}$.满足

(1) $E(Z_t)=\mu$(常量),$t=0,\pm1,\pm2,\cdots$;

(2) $E(Z_tZ_{t+k})$与 t 无关,$k=0,\pm1,\pm2,\cdots$,则称 Z_t 是**平稳时间序列**,或简称**平稳序列**.

如果平稳时间序列的任意有限维分布服从多维正态分布,则该平稳时间序列称为正态平稳时间序列.

2. 自回归模型 若均值为零的平稳时间序列$\{W_t,t=0,\pm1,\pm2,\cdots\}$可表示为

$$W_t=\phi_1W_{t-1}+\phi_2W_{t-2}+\cdots+\phi_pW_{t-p}+a_t$$

或

$$W_t-\phi_1W_{t-1}-\phi_2W_{t-2}-\cdots-\phi_pW_{t-p}=a_t,\quad t=0,\pm1,\pm2,\cdots,$$

其中$\{a_t,t=0,\pm1,\pm2,\cdots\}$是白噪声,$\phi_p\neq0$,则称其为 p 阶**自回归模型**,简记为 AR(p).常数 p(正整数)叫做**阶数**,常数系数 $\phi_1,\phi_2,\cdots,\phi_p$ 叫做**参数**.

3. 滑动平均模型 若均值为零的平稳时间序列$\{W_t,t=0,\pm1,\pm2,\cdots\}$可表示为

$$W_t=a_t-\theta_1a_{t-1}-\theta_2a_{t-2}-\cdots-\theta_qa_{t-q},\quad t=0,\pm1,\pm2,\cdots,$$

其中$\{a_t,t=0,\pm1,\pm2,\cdots\}$是白噪声,$\theta_q\neq0$,则称其为 q 阶**滑动平均模型**,简记为 MA(q).其中常数 q(正整数)叫做**阶数**,常数系数 $\theta_1,\theta_2,\cdots,\theta_q$ 叫做**参数**.

4. 自回归滑动平均模型或混合模型 若均值为零的平稳时间序列$\{W_t,t=0,\pm1,\pm2,\cdots\}$可表示为下列线性差分方程形式

$$\begin{aligned}&W_t-\phi_1W_{t-1}-\phi_2W_{t-2}-\cdots-\phi_pW_{t-p}\\&=a_t-\theta_1a_{t-1}-\theta_2a_{t-2}-\cdots-\theta_qa_{t-q},\quad t=0,\pm1,\pm2,\cdots,\end{aligned}$$

其中 $p>0,q>0,\phi_p\neq0,\theta_q\neq0$,则称平稳时间序列$\{W_t,t=0,\pm1,\pm2,\cdots\}$为**自回归滑动平均模型或混合模型**.简记为 ARMA(p,q).p 与 q 叫做混合模型的阶数.$\phi_1,\phi_2,\cdots,\phi_p,\theta_1,\theta_2,\cdots,\theta_q$ 称为混合模型的参数.

5. 平稳解 设$\Theta(z)=1-\theta_1z-\theta_2z^2-\cdots-\theta_qz^q$与$\Phi(z)=1-\phi_1z-\phi_2z^2-\cdots-\phi_pz^p$无公共因子,且它们的零点全部在复平面 Z 上的单位圆$|z|=1$之外.如果均值为零的平稳时间序列$\{W_t,t=0,\pm1,\pm2,\cdots\}$满足:

$$W_t-\phi_1W_{t-1}-\phi_2W_{t-2}-\cdots-\phi_pW_{t-p}$$

$$=a_t-\theta_1 a_{t-1}-\theta_2 a_{t-2}-\cdots-\theta_q a_{t-q},\quad t=0,\pm1,\pm2,\cdots,\tag{4.1}$$

其中$\{a_t,t=0,\pm1,\pm2,\cdots\}$是白噪声，$E(a_t^2)=\sigma_a^2$，且当$s>t$时，$E(W_t a_s)=0$，则称$\{W_t\}$为随机差分方程的**平稳解**.

随机差分方程(4.1)的平稳解$\{W_t\}$具有有理谱密度

$$S_W(\omega)=\sigma_a^2\left|\frac{\Theta(e^{i\omega})}{\Phi(e^{i\omega})}\right|^2,\quad -\pi<\omega<\pi.\tag{4.2}$$

具有有理谱密度(4.2)的均值为零的平稳序列$\{W_t\}$一定是随机差分方程(4.1)的平稳解.

6. 算子表达式

(1) ARMA(p,q)模型的算子表达式

令

$$\Phi(B)=1-\phi_1 B-\phi_2 B^2-\cdots-\phi_p B^p,\quad \Theta(B)=1-\theta_1 B-\theta_2 B^2-\cdots-\theta_q B^q,$$

则有

$$\Phi(B)W_t=\Theta(B)a_t,\quad t=0,\pm1,\pm2,\cdots,$$

该式称为 ARMA(p,q)模型的**算子表达式**，其中B为一步延迟算子，即$BW_t=W_{t-1}$，$BB\cdots BW_t=B^kW_t=W_{t-k}$，$k\geqslant1$.

(2) AR(p)模型的算子表达式：$\Phi(B)W_t=a_t$，$t=0,\pm1,\pm2,\cdots$.

(3) MA(q)模型的算子表达式：$W_t=\Theta(B)a_t$，$t=0,\pm1,\pm2,\cdots$.

7. 平稳域 若p维欧氏空间中的子集

$\Phi^{(p)}=\{(\phi_1,\phi_2,\cdots,\phi_p):\Phi(B)=1-\phi_1B-\phi_2B^2-\cdots-\phi_pB^p=0\}$的$p$个根全部在单位圆$|B|=1$之外，则称$\Phi^{(p)}$是 ARMA($p,q$)模型的**平稳域**.

8. 可逆域 若q维欧氏空间中的子集

$\Theta^{(q)}=\{(\theta_1,\theta_2,\cdots,\theta_q):\Theta(B)=1-\theta_1B-\theta_2B^2-\cdots-\theta_qB^q=0\}$的$q$个根全部在单位圆$|B|=1$之外，则称$\Theta^{(q)}$是 ARMA($p,q$)模型的**可逆域**.

9. 格林函数 设 ARMA(p,q)模型为$\Phi(B)W_t=\Theta(B)a_t$，$t=0,\pm1,\pm2,\cdots$，令$G(B)=\Phi^{-1}(B)\Theta(B)$，$|B|<1$. 设$G(B)$的幂级数展开式为

$$G(B)=\sum_{k=0}^{\infty}G_kB^k,$$

则$G_k(k=0,1,2,\cdots)$称为 ARMA(p,q)模型的**格林函数**，称

$$W_t=\sum_{k=0}^{\infty}G_ka_{t-k}=G_0a_t+G_1a_{t-1}+G_2a_{t-2}+\cdots$$

为 ARMA(p,q)模型的传递形式.

10. 逆函数 设 ARMA(p,q)模型为$\Phi(B)W_t=\Theta(B)a_t$，$t=0,\pm1,\pm2,\cdots$，令$I(B)=\Theta^{-1}(B)\Phi(B)$，$|B|<1$，设$I(B)$的幂级数展开式为

$$I(B)=I_0-\sum_{k=1}^{\infty}I_kB^k,$$

则$I_k(k=0,1,2,\cdots)$称为 ARMA(p,q)模型的**逆函数**，称

$$a_t=W_t-\sum_{k=1}^{\infty}I_kW_{t-k},$$

为 ARMA(p,q)模型的**逆转形式**.

二、自相关函数与偏相关函数的性质

设$\{W_t,t=0,\pm1,\pm2,\cdots\}$是均值为零的平稳时间序列.

1. 自相关函数的定义 $\rho_k=\dfrac{\gamma_k}{\gamma_0}(k=0,\pm1,\pm2,\cdots)$称为$\{W_t,t=0,\pm1,\pm2,\cdots\}$的**自相关函数**,其中$\gamma_k=E(W_tW_{t+k}),k=\pm1,\pm2,\cdots$.

2. 偏相关函数的定义 设尤尔-沃克(Yule-Walker)方程

$$\begin{bmatrix}1&\rho_1&\rho_2&\cdots&\rho_{k-1}\\\rho_1&1&\rho_1&\cdots&\rho_{k-2}\\\rho_2&\rho_1&1&\cdots&\rho_{k-3}\\\vdots&\vdots&\vdots&&\vdots\\\rho_{k-1}&\rho_{k-2}&\rho_{k-3}&\cdots&1\end{bmatrix}\begin{bmatrix}\phi_{k1}\\\phi_{k2}\\\phi_{k3}\\\vdots\\\phi_{kk}\end{bmatrix}=\begin{bmatrix}\rho_1\\\rho_2\\\rho_3\\\vdots\\\rho_k\end{bmatrix}\tag{4.3}$$

的解为$\phi_{k1},\phi_{k2},\cdots,\phi_{kk}(k\geqslant0)$,称$\phi_{kk}$为平稳时间序列$\{W_t,t=0,\pm1,\pm2,\cdots\}$的**偏相关函数**.

3. 自相关函数$\boldsymbol{\rho_k}$拖尾 指ρ_k随着k无限增大以负指数的速度趋向于零,即当k相当大时有$|\rho_k|<ce^{-\delta k}$(其中$c>0,\delta>0$).此时$\lim\limits_{k\to\infty}\rho_k=0$,它的图像像拖着一条尾巴.

4. 偏相关函数$\boldsymbol{\phi_{kk}}$截尾 指ϕ_{kk}满足

$$\phi_{kk}\begin{cases}\neq0, & k=p,\\=0, & k>p,\end{cases}$$

即ϕ_{kk}在k等于p时不为0,在$k=p$以后都等于0,它的图像像截断了尾巴一样,而且尾巴截断在$k=p$处.

自回归模型AR(p)的自相关函数ρ_k拖尾,偏相关函数ϕ_{kk}截尾,尾巴截断在$k=p$处.

滑动平均模型MA(q)的自相关函数ρ_k截尾,尾巴截断在$k=q$处,偏相关函数拖尾.

自相关函数ρ_k截尾,尾巴截断在$k=q$的地方,偏相关函数ϕ_{kk}拖尾.

混合模型ARMA(p,q)模型自相关函数ρ_k和偏相关函数ϕ_{kk}都是拖尾的.

三、模型参数估计

设$W_1,W_2,\cdots,W_n$为时间序列$\{W_t,t=0,\pm1,\pm2,\cdots\}$的一个样本,则其样本自协方差函数定义为

$$\hat{\gamma}_k=\frac{W_1W_{1+k}+W_2W_{2+k}+\cdots+W_{n-k}W_n}{n}=\frac{1}{n}\sum_{j=1}^{n-k}W_jW_{j+k},$$

样本自相关函数定义为$\hat{\rho}_k=\dfrac{\hat{\gamma}_k}{\gamma_0},k=0,1,2,\cdots,K,K<n$.

定理 4.1 对于具有MA(q)模型的正态平稳时间序列$\{W_t\}$,当n很大时,有:

(1) 样本自相关函数$\hat{\rho}_k(k>q)$近似服从正态分布$N\left(0,\dfrac{1}{n}\left(1+2\sum\limits_{l=1}^{q}\rho_l^2\right)\right)$.

(2) $P\left\{|\hat{\rho}_k|<\frac{2}{\sqrt{n}}\right\}\approx 95\%$.

1. 偏相关函数的估计

偏相关函数 ϕ_{kk} 的估计 $\hat{\phi}_{kk}$ 可以通过下面的线性方程组

$$\begin{bmatrix}\hat{\phi}_{k1}\\ \hat{\phi}_{k2}\\ \hat{\phi}_{k3}\\ \vdots\\ \hat{\phi}_{kp}\end{bmatrix}=\begin{bmatrix}1 & \hat{\rho}_1 & \hat{\rho}_2 & \cdots & \hat{\rho}_{k-1}\\ \hat{\rho}_1 & 1 & \hat{\rho}_1 & \cdots & \hat{\rho}_{k-2}\\ \hat{\rho}_2 & \hat{\rho}_1 & 1 & \cdots & \hat{\rho}_{k-3}\\ \vdots & \vdots & \vdots & \ddots & \vdots\\ \hat{\rho}_{p-1} & \hat{\rho}_{p-2} & \hat{\rho}_{p-3} & \cdots & 1\end{bmatrix}^{-1}\begin{bmatrix}\hat{\rho}_1\\ \hat{\rho}_2\\ \hat{\rho}_3\\ \vdots\\ \hat{\rho}_k\end{bmatrix} \tag{4.4}$$

算出.

利用(4.4)计算偏相关函数计算量较大，通常利用下面的递推公式(4.5)计算偏相关函数的估计：

$$\begin{cases}\hat{\phi}_{11}=\hat{\rho}_1,\\ \hat{\phi}_{k+1,k+1}=\left[\hat{\rho}_{k+1}-\sum_{j=1}^{k}\hat{\rho}_{k+1-j}\hat{\phi}_{kj}\right]\left[1-\sum_{j=1}^{k}\hat{\rho}_j\hat{\phi}_{kj}\right]^{-1},\\ \hat{\phi}_{k+1,j}=\hat{\phi}_{kj}-\hat{\phi}_{k+1,k+1}\hat{\phi}_{k,k-(j-1)},\quad j=1,2,\cdots,k.\end{cases} \tag{4.5}$$

定理 4.2 对于具有 AR(p)模型的正态平稳时间序列$\{W_t\}$，当 n 很大时，有

(1) 样本偏相关函数估计 $\hat{\phi}_{kk}(k>p)$近似服从正态分布 $N\left(0,\frac{1}{n}\right)$.

(2) $P\left\{|\hat{\phi}_{kk}|<\frac{2}{\sqrt{n}}\right\}\approx 95\%$.

2. AR(p)模型参数估计的计算

(1) 参数 $\phi_1,\phi_2,\cdots,\phi_p$ 的估计值的计算，通过表达式

$$\begin{bmatrix}\hat{\phi}_1\\ \hat{\phi}_2\\ \hat{\phi}_3\\ \vdots\\ \hat{\phi}_p\end{bmatrix}=\begin{bmatrix}1 & \hat{\rho}_1 & \hat{\rho}_2 & \cdots & \hat{\rho}_{p-1}\\ \hat{\rho}_1 & 1 & \hat{\rho}_1 & \cdots & \vdots\\ \hat{\rho}_2 & \hat{\rho}_1 & 1 & \cdots & \hat{\rho}_2\\ \vdots & & \vdots & \ddots & \hat{\rho}_1\\ \hat{\rho}_{p-1} & \cdots & \hat{\rho}_2 & \hat{\rho}_1 & 1\end{bmatrix}^{-1}\begin{bmatrix}\hat{\rho}_1\\ \hat{\rho}_2\\ \hat{\rho}_3\\ \vdots\\ \hat{\rho}_p\end{bmatrix},$$

可以计算出参数 $\phi_1,\phi_2,\cdots,\phi_p$ 的估计 $\hat{\phi}_1,\hat{\phi}_2,\cdots,\hat{\phi}_p$.

如果利用线性方程组(4.4)解出了 $\hat{\phi}_{pj}(j=1,2,\cdots,p)$，则参数 $\phi_1,\phi_2,\cdots,\phi_p$ 的估计为 $\hat{\phi}_j=\hat{\phi}_{pj},j=1,2,\cdots,p$.

(2) σ_a^2 的估计值的计算 σ_a^2 的估计为 $\hat{\sigma}_a^2=\hat{\gamma}_0-\sum_{j=1}^{p}\hat{\phi}_j\hat{\gamma}_j$.

特别地，对于

AR(1)模型：$\hat{\phi}_1=\hat{\rho}_1$，　$\hat{\sigma}_a^2=\hat{\gamma}_0(1-\hat{\rho}_1^2)$；

AR(2)模型：$\hat{\phi}_1=\dfrac{\hat{\rho}_1(1-\hat{\rho}_2)}{1-\hat{\rho}_1^2}$，　$\hat{\phi}_2=\dfrac{\hat{\rho}_2-\hat{\rho}_1^2}{1-\hat{\rho}_1^2}$，　$\hat{\sigma}_a^2=\hat{\gamma}_0(1-\hat{\phi}_1\hat{\rho}_1-\hat{\phi}_2\hat{\rho}_2)$.

3. MA(q)模型参数估计的计算

解方程组

$$\begin{cases}\hat{\gamma}_0=\hat{\sigma}_a^2(1+\hat{\theta}_1^2+\hat{\theta}_2^2+\cdots+\hat{\theta}_q^2),\\ \hat{\gamma}_1=\hat{\sigma}_a^2(-\hat{\theta}_1+\hat{\theta}_1\hat{\theta}_2+\cdots+\hat{\theta}_{q-1}\hat{\theta}_q),\\ \hat{\gamma}_2=\hat{\sigma}_a^2(-\hat{\theta}_2+\hat{\theta}_1\hat{\theta}_3+\cdots+\hat{\theta}_{q-2}\hat{\theta}_q),\\ \quad\vdots\\ \hat{\gamma}_q=\hat{\sigma}_a^2(-\hat{\theta}_q).\end{cases}$$

可得参数 $\theta_1,\theta_2,\cdots,\theta_q,\sigma_a^2$ 的估计 $\hat{\theta}_1,\hat{\theta}_2,\cdots,\hat{\theta}_q,\hat{\sigma}_a^2$.

特别地，MA(1)模型的参数估计式为

$$\hat{\theta}_1=\frac{-2\hat{\rho}_1}{1+\sqrt{1-4\hat{\rho}_1^2}},\quad \hat{\sigma}_a^2=\hat{\gamma}_0\,\frac{1+\sqrt{1-4\hat{\rho}_1^2}}{2}.$$

4. ARMA(p,q)模型参数估计的计算

(1) 参数 $\phi_1,\phi_2,\cdots,\phi_p$ 的估计值的计算

通过表达式

$$\begin{bmatrix}\hat{\phi}_1\\ \hat{\phi}_2\\ \hat{\phi}_3\\ \vdots\\ \hat{\phi}_p\end{bmatrix}=\begin{bmatrix}\hat{\rho}_q & \hat{\rho}_{q-1} & \hat{\rho}_{q-2} & \cdots & \hat{\rho}_{q-p+1}\\ \hat{\rho}_{q+1} & \hat{\rho}_q & \hat{\rho}_{q-1} & \cdots & \hat{\rho}_{q-p+2}\\ \hat{\rho}_{q+2} & \hat{\rho}_{q+1} & \hat{\rho}_q & \cdots & \hat{\rho}_{q-p+3}\\ \vdots & \vdots & \vdots & & \vdots\\ \hat{\rho}_{q+p-1} & \hat{\rho}_{q+p-2} & \hat{\rho}_{q+p-3} & \cdots & \hat{\rho}_q\end{bmatrix}^{-1}\begin{bmatrix}\hat{\rho}_{q+1}\\ \hat{\rho}_{q+2}\\ \hat{\rho}_{q+3}\\ \vdots\\ \hat{\rho}_{q+p}\end{bmatrix}$$

可以计算出参数 $\phi_1,\phi_2,\cdots,\phi_p$ 的估计 $\hat{\phi}_1,\hat{\phi}_2,\cdots,\hat{\phi}_p$.

(2) 参数 $\theta_1,\theta_2,\cdots,\theta_q,\sigma_a^2$ 估计值的计算.

通过解方程组

$$\begin{cases}\hat{\gamma}_0^{W'}=\hat{\sigma}_a^2(1+\hat{\theta}_1^2+\hat{\theta}_2^2+\cdots+\hat{\theta}_q^2),\\ \hat{\gamma}_1^{W'}=\hat{\sigma}_a^2(-\hat{\theta}_1+\hat{\theta}_1\hat{\theta}_2+\cdots+\hat{\theta}_{q-1}\hat{\theta}_q),\\ \hat{\gamma}_2^{W'}=\hat{\sigma}_a^2(-\hat{\theta}_2+\hat{\theta}_1\hat{\theta}_3+\cdots+\hat{\theta}_{q-2}\hat{\theta}_q),\\ \quad\vdots\\ \hat{\gamma}_q^{W'}=\hat{\sigma}_a^2(-\hat{\theta}_q).\end{cases}$$

可得参数 $\theta_1,\theta_2,\cdots,\theta_q,\sigma_a^2$ 的估计 $\hat{\theta}_1,\hat{\theta}_2,\cdots,\hat{\theta}_q,\hat{\sigma}_a^2$，其中

$$\hat{\gamma}_k^{W'}=\hat{\gamma}_k+\sum_{l=1}^{p}\sum_{j=1}^{p}\hat{\phi}_l\hat{\phi}_j\hat{\gamma}_{|k-j+l|}-\sum_{j=1}^{p}\hat{\phi}_j\hat{\gamma}_{|k-j|}-\sum_{l=1}^{p}\hat{\phi}_l\hat{\gamma}_{k+l}.$$

四、平稳时间序列的预报

1. 递推预报法 所谓预报是指已经知道一个时间序列现在与过去的数值，对将来的数值进行估计.

递推预报法研究的问题是：用记号表示时间序列$\cdots,Z_{-2},Z_{-1},Z_0,Z_1,Z_2,\cdots,Z_k,\cdots,Z_{k+l},\cdots$其中$k\geqslant1,l\geqslant1$，若已观测到$Z_1,Z_2,\cdots,Z_k$的数值，要估计$Z_{k+l}$的数值，称为在$k$时刻作$l$步预报. Z_{k+l}的估计值记为$\hat{Z}_{k+l}$或$\hat{Z}_k(l)$，称为**l步预报值**.

基本引理 4.1 若已经观测到平稳时间序列$Z_1,Z_2,\cdots,Z_k$的数值，则：

① 将来第$k+l$个时刻的白噪声估计值$\hat{a}_{k+l}=0$；

② 现在或过去第j个时刻平稳序列估计值$\hat{Z}_j=Z_j(j=1,2,\cdots,k)$.

(1) **自回归模型预报** 设自回归模型为

$$Z_t-\phi_1Z_{t-1}-\cdots-\phi_pZ_{t-p}=\theta_0+a_t,$$

或

$$Z_t=\theta_0+\phi_1Z_{t-1}+\cdots+\phi_pZ_{t-p}+a_t.$$

若已经观测到$Z_1,Z_2,\cdots,Z_k(k\geqslant p)$的数值，则$Z_{k+l}$的估计值为

$$\hat{Z}_k(l)=\hat{Z}_{k+l}=\theta_0+\phi_1\hat{Z}_{k+l-1}+\phi_2\hat{Z}_{k+l-2}+\cdots+\phi_p\hat{Z}_{k+l-p}.$$

当$l=1,2,\cdots$时，分别得到一步、二步、…的预报值.

(2) **滑动平均模型的预报** 设滑动平均模型为

$$Z_t-\mu=a_t-\theta_1a_{t-1}-\theta_2a_{t-2}-\cdots-\theta_qa_{t-q}$$

或

$$Z_t=\mu+a_t-\theta_1a_{t-1}-\theta_2a_{t-2}-\cdots-\theta_qa_{t-q}.$$

若已经观测到$Z_1,Z_2,\cdots,Z_k(k\geqslant q)$的数值，则$Z_{k+l}$的估计值为

$$\hat{Z}_k(l)=\hat{Z}_{k+l}=\mu+\hat{a}_{k+l}-\theta_1\hat{a}_{k+l-1}-\theta_2\hat{a}_{k+l-2}-\cdots-\theta_q\hat{a}_{k+l-q}.$$

或将上式写成通式：

当$l=1,2,\cdots,q$时，$\hat{Z}_k(l)=\mu-\theta_l\hat{a}_k-\theta_{l+1}\hat{a}_{k-1}-\cdots-\theta_q\hat{a}_{k-q+l}$；

当$l>q$时，$\hat{Z}_k(l)=\mu$.

当$l=1,2,\cdots$时，分别得到一步、二步、…的预报值.

(3) **混合模型的预报** 设混合模型为

$$Z_t-\phi_1Z_{t-1}-\cdots-\phi_pZ_{t-p}=\theta_0+a_t-\theta_1a_{t-1}-\theta_2a_{t-2}-\cdots-\theta_qa_{t-q}.$$

若已经观测到$Z_1,Z_2,\cdots,Z_k(k\geqslant p,k\geqslant q)$的数值，则$Z_{k+l}$的估计值为

$$\hat{Z}_k(l)=\hat{Z}_{k+l}=\theta_0+\phi_1\hat{Z}_{k+l-1}+\phi_2\hat{Z}_{k+l-2}+\cdots+\phi_p\hat{Z}_{k+l-p}-\theta_1\hat{a}_{k+l-1}-\theta_2\hat{a}_{k+l-2}-\cdots-\theta_q\hat{a}_{k+l-q},$$

或将上式写成通式：

当$l\leqslant q$时，

$$\hat{Z}_k(l)=\theta_0+\phi_1\hat{Z}_{k+l-1}+\phi_2\hat{Z}_{k+l-2}+\cdots+\phi_p\hat{Z}_{k+l-p}-\theta_l\hat{a}_k-\cdots-\theta_q\hat{a}_{k+l-q}；$$

当$l>q$时，$\hat{Z}_k(l)=\theta_0+\phi_1\hat{Z}_{k+l-1}+\phi_2\hat{Z}_{k+l-2}+\cdots+\phi_p\hat{Z}_{k+l-p}$.

2. 直接预报法

直接预报法研究的问题是：设平稳序列$\{z_t, t=0,\pm1,\pm2,\cdots\}$具有ARMA$(p,q)$模型$\Phi(B)Z_t=\theta_0+\Theta(B)a_t$，已知$Z_j(-\infty<j\leqslant k, k\geqslant1)$的值，对$Z_{k+l}(l\geqslant1)$作估计，称为$\{Z_t\}$在$k$时刻作$l$步预报. Z_{k+l}的估计值记为$\hat{Z}_{k+l}$或$\hat{Z}_k(l)$，称为l步预报值.

令$W_t=Z_t-\mu$，μ为Z_t的期望.

基本引理 4.2 若已经观测到平稳时间序列$\{W_t\}$中$W_k, W_{k-1}, W_{k-2},\cdots$的值，则

(1) $\hat{a}_{k+l}=0(l\geqslant1)$； (2) $\hat{W}_j=W_j(j\leqslant k)$.

(3) l步预报公式 当$l>q$时，l步预报公式为

$$\hat{W}_k(l)=A_1\lambda_1^l+A_2\lambda_2^l+\cdots+A_p\lambda_p^l,$$

其中$A_1, A_2,\cdots,A_p$为方程组$\hat{W}_k(l)=A_1\lambda_1^l+A_2\lambda_2^l+\cdots+A_p\lambda_p^l$，$l=q-p+1,\cdots,q-1,q$的解，而$\lambda_1^{-1},\lambda_2^{-1},\cdots,\lambda_p^{-1}$是代数方程$\Phi(B)=0$在单位圆$|B|=1$外$p$个不同的根.

当$l\geqslant1$时，l步预报公式为：$\hat{W}_k(l)=\sum\limits_{j=1}^{\infty}I_j^{(l)}W_{k+1-j}$，其中

$$\begin{cases} I_j^{(1)}=I_j, & j\geqslant1, \\ I_j^{(l)}=I_{j+l-1}+\sum\limits_{m=1}^{l-1}I_mI_j^{(l-m)}, & j\geqslant1, l\geqslant2, \end{cases}$$

而$I_j(j\geqslant1)$是ARMA(p,q)的逆函数.

(4) l步预报误差 $\hat{e}_k(l)=W_{k+l}-\hat{W}_k(l)=\sum\limits_{j=0}^{l-1}G_ja_{k+l-1}$，$l\geqslant1$，其中$G_j(j=0,1,2,\cdots)$为格林函数.

4.2 解疑释惑

1. 平稳序列$\{X_t, t=0,\pm1,\pm2,\cdots\}$的自回归模型

$$X_t=\varphi_1X_{t-1}+\varphi_2X_{t-2}+\cdots+\varphi_pX_{t-p}+a_t$$

与线性回归模型

$$Y=\beta_1X_1+\beta_2X_2+\cdots+\beta_rX_r+\varepsilon$$

有什么不同？

答 自回归模型反映的是一个量不同时刻的值之间的关系，是动态模型. 而线性回归模型反映的是因变量Y在同一个时刻同自变量$X_1, X_2,\cdots,X_n$之间的关系，是静态模型；自回归模型中的p是依据自相关函数ρ_k拖尾，偏相关函数ϕ_{kk}截尾确定的，而线性回归模型中自变量的个数是根据实际意义或假设检验等办法确定的；自回归模型的平稳域给出了系数$\varphi_1,\varphi_2,\cdots,\varphi_p$的取值范围. p固定，平稳域是固定的. 线性回归模型中的回归系数在r确定的情况下，$\beta_1,\beta_2,\cdots,\beta_r$不同的实际解释其取值范围不一定相同.

2. 时间序列自相关函数同偏相关函数的区别和联系是什么？

答 自相关函数表现出时间序列中任意两个状态的相关性是如何随着时间间隔改变而改变的. 它刻画了时间序列相邻变量之间的相关性. 偏相关函数排除了时间序列中两个状态

之间各状态的影响,真实地反映两个状态的相关性.关于 AR(p),MA(q),ARMA(p,q)模型自相关函数和偏相关函数的特性如表 4-1 所示.

表 4-1 自相关函数和偏相关函数的特性

类　别	AR(p)	MA(q)	ARMA(p,q)
自相关函数	拖尾	截尾	拖尾
偏相关函数	截尾	拖尾	拖尾

偏相关函数可由 Yule-Walker 方程解出,从而偏相关函数可由自相关函数表出.对于 AR(1)模型自相关函数 $\rho(k)$与偏相关函数 φ_{kk} 之间的关系为 $\rho(k)=(\varphi_{11})^k$,$k>0$.

4.3 典型例题

例 1 试判断下列线性模型的参数是否在平稳域或可逆域中:

(1) $W_t=a_t-0.9a_{t-1}$;

(2) $W_t=a_t+1.5a_{t-1}+0.6a_{t-2}$;

(3) $W_t+2.0W_{t-1}+0.5W_{t-2}=a_t-0.4a_{t-1}-0.5a_{t-2}$

解 (1) 因为$-1<\theta_1=0.9<1$,故参数在可逆域中.

(2) 因为$-1<\theta_2=-0.6<1$,$\theta_1=-1.5$,即

$$\theta_1+\theta_2=-2.1<1,\quad \theta_2-\theta_1=0.9<1,$$

故参数在可逆域中.

(3) $\phi_1=-2.0$,$\phi_2=-0.5$,$\theta_1=0.4$,$\theta_2=0.5$. 因为

$$-1<\phi_2<1;\quad \phi_1+\phi_2=-2.5<1,\quad \phi_2-\phi_1=1.5>1;$$

$$-1<\theta_2<1;\quad \theta_1+\theta_2=0.9<1,\quad \theta_2-\theta_1=0.1<1.$$

故参数不在平稳域中,而在可逆域中.

例 2 试求 AR(1):$X_t-\phi_1X_{t-1}=a_t$ 自相关函数.

解 用 $X_{t-k}(k>0)$乘 $X_t-\phi_1X_{t-1}=a_t$ 两边取均值得

$E(X_{t-k}X_t)-\phi_1E(X_{t-k}X_{t-1})=E(a_tX_{t-k})$,由此可得

$$\begin{cases}\gamma_1=\phi_1\gamma_0,\\ \gamma_k=\phi_1\gamma_{k-1},k\geqslant 2,\end{cases}\qquad 或\begin{cases}\rho_1=\phi_1,\\ \rho_k=\phi_1\rho_{k-1},k\geqslant 2.\end{cases}$$

解得 $\rho_k=(\phi_1)^k$,$k>0$.

例 3 试求 AR(2):$X_t-\phi_1X_{t-1}-\phi_2X_{t-2}=a_t$ 的自相关函数 ρ_3.

解 用 $X_{t-k}(k>0)$乘 $X_t-\phi_1X_{t-1}-\phi_2X_{t-2}=a_t$ 两边取均值得

$$E(X_{t-k}X_t)-\phi_1E(X_{t-k}X_{t-1})-\phi_2E(X_{t-k}X_{t-2})=E(a_tX_{t-k}),$$

当 $k=1,2$ 时,有

$$\begin{bmatrix}\rho(1)\\ \rho(2)\end{bmatrix}=\begin{bmatrix}1 & \rho(1)\\ \rho(1) & 1\end{bmatrix}\begin{bmatrix}\phi_1\\ \phi_2\end{bmatrix},$$

解得 $\rho(1)=\dfrac{\phi_1}{1-\phi_2}$,$\rho(2)=\dfrac{\phi_1^2}{1-\phi_2}+\phi_2$.

当 $k=3$ 时有:$\gamma_3-\phi_1\gamma_2-\phi_2\gamma_1=0$ 或

$$\rho_3=\phi_1\rho_2+\phi_2\rho_1=\phi_1\left(\frac{\phi_1^2}{1-\phi_2}+\phi_2\right)+\phi_2\left(\frac{\phi_1}{1-\phi_2}\right)=\frac{\phi_1^3+\phi_1\phi_2}{1-\phi_2}+\phi_1\phi_2,$$

即所求 $\rho_3=\dfrac{\phi_1^3+\phi_1\phi_2}{1-\phi_2}+\phi_1\phi_2$.

例 4 设$\{Z_t,t=1,2,\cdots\}$为相互独立,均值为零,方差 $\sigma_Z^2<\infty$ 的随机变量序列,定义 $X_t=Z_t+\theta Z_{t-1}$. (1) 证明$\{X_t,t=1,2,\cdots\}$是平稳时间序列. (2)求 X_t 的谱密度 $S_X(\omega)$.

证明 (1) 因为 $E(X_t)=E(Z_t+\theta Z_{t-1})=0$,并且

$$\begin{aligned}R(t,t+m)&=E(X_tX_{t+m})=E[(Z_t+\theta Z_{t-1})(Z_{t+m}+\theta Z_{t+m-1})]\\&=E(Z_tZ_{t+m})+\theta E(Z_tZ_{t+m-1})+\theta E(Z_{t-1}Z_{t+m})+\theta^2E(Z_{t-1}Z_{t+m-1})\\&=\begin{cases}(1+\theta^2)\sigma_Z^2, & m=0,\\ \theta\sigma_Z^2, & m=\pm1,\\ 0, & |m|>1,\end{cases}\end{aligned}$$

它与 t 没有关系,所以$\{X_t,t=1,2,\cdots\}$是平稳序列.

$$\begin{aligned}(2)\ S_X(\omega)&=\sum_{m=-\infty}^{\infty}\mathrm{e}^{-\mathrm{i}m\omega}R_X(m)=(1+\theta^2)\sigma_Z^2+\mathrm{e}^{-\mathrm{i}\omega}\theta\sigma_Z^2+\mathrm{e}^{\mathrm{i}\omega}\theta\sigma_Z^2\\&=(1+\theta^2+2\theta\cos\omega)\sigma_Z^2.\end{aligned}$$

例 5 设 ARMA(1,1)模型:$W_t-\phi_1W_{t-1}=a_t-\theta_1a_{t-1}$,且 $a_i,a_j(i\neq j)$相互独立,$a_t\sim N(0,\sigma^2)$,$t=0,\pm1,\pm2,\cdots$,试求 W_t 的分布.

解 因为 $W_t-\phi_1W_{t-1}=a_t-\theta_1a_{t-1}$ 的传递形式为 $W_t=a_t+\sum\limits_{k=1}^{\infty}\phi_1^{k-1}(\phi_1-\theta_1)a_{t-k}$,所以 $W_t=\underset{n\to\infty}{\mathrm{l.i.m}}\left(a_t+\sum\limits_{k=1}^{n}\phi_1^{k-1}(\phi_1-\theta_1)a_{t-k}\right)$. 又因为 $a_t,a_{t-1},\cdots,a_{t-n}$ 相互独立且都服从 $N(0,\sigma^2)$,所以 $a_t+\sum\limits_{k=1}^{n}\phi_1^{k-1}(\phi_1-\theta_1)a_{t-k}\sim N\left(0,\sigma^2+\sigma^2\sum\limits_{k=1}^{n}\phi_1^{2(k-1)}(\phi_1-\theta)^2\right)$,由此可知 W_t 服从正态分布. 又由于 $\lim\limits_{n\to\infty}\left(\sigma^2+\sigma^2\sum\limits_{k=1}^{n}\phi_1^{2(k-1)}(\phi_1-\theta)^2\right)=\sigma^2+\sigma^2\sum\limits_{k=1}^{\infty}\phi_1^{2(k-1)}(\phi_1-\theta)^2=\sigma^2\left(1+\dfrac{(\phi_1-\theta_1)^2}{1-\phi_1^2}\right)$,故 $W_t\sim N\left(0,\sigma^2\left(1+\dfrac{(\phi_1-\theta_1)^2}{1-\phi_1^2}\right)\right)$.

例 6 试求下列线性模型的传递形式和逆转形式,并写出格林函数和逆函数:

(1) $W_t=a_t+1.2a_{t-1}+0.27a_{t-2}$; (2) $W_t+0.3W_{t-1}=a_t-0.4a_{t-1}$.

解 (1) 此模型为 MA(2)模型,$\theta_1=-1.2,\theta_2=-0.27$. 传递形式为

$$W_t=a_t+1.2a_{t-1}+0.27a_{t-2}.$$

格林函数为

$$G_k=\begin{cases}1, & k=0,\\ 1.2, & k=1,\\ 0.27, & k=2,\\ 0, & k\geqslant 2.\end{cases}$$

下面求逆转形式和逆转函数. $\Phi(B)=1,\Theta(B)=1+1.2B+0.27B^2$,所以

$$I(B)=\frac{1}{\Theta(B)}=\frac{1}{1+1.2B+0.27B^2}=\frac{1}{(1+0.3B)(1+0.9B)}$$

$$=\frac{\frac{3}{2}}{1+0.9B}-\frac{\frac{1}{2}}{1+0.3B}=\frac{3}{2}\sum_{k=0}^{\infty}(-0.9)^kB^k-\frac{1}{2}\sum_{k=0}^{\infty}(-0.3)^kB^k$$

$$=\sum_{k=0}^{\infty}\left[\frac{3}{2}(-0.9)^k-\frac{1}{2}(-0.3)^k\right]B^k,$$

逆转形式为

$$a_t=\sum_{k=0}^{\infty}\left[\frac{3}{2}(-0.9)^k-\frac{1}{2}(-0.3)^k\right]W_{t-k}.$$

逆转函数为 $I_0=1, I_k=\frac{1}{2}(-0.3)^k-\frac{3}{2}(-0.9)^k, k=1,2,\cdots$.

(2) 此模型为 ARMA(1,1)模型, $\phi_1=-0.3, \theta_1=0.4$. $\Phi(B)=1+0.3B, \Theta(B)=1-0.4B$,所以

$$I(B)=\frac{\Phi(B)}{\Theta(B)}=\frac{1+0.3B}{1-0.4B}=\frac{1}{1-0.4B}+\frac{0.3B}{1-0.4B}$$

$$=\sum_{k=0}^{\infty}0.4^kB^k+0.3\sum_{k=1}^{\infty}0.4^{k-1}B^k$$

$$=1+\sum_{k=1}^{\infty}[(0.4)^k+0.3(0.4)^{k-1}]B^k,$$

所以逆转形式为 $a_t=W_t+\sum_{k=1}^{+\infty}[(0.4)^k+0.3(0.4)^{k-1}]W_{t-k}$. 逆函数为 $I_0=1, I_k=-(0.4)^k+0.3(0.4)^{k-1}, k=1,2,\cdots$.

又因为

$$G(B)=\frac{\Theta(B)}{\Phi(B)}=\frac{1-0.4B}{1+0.3B},$$

容易得传递形式为

$$W_t=a_t+\sum_{k=1}^{\infty}[(-0.3)^k-0.4(-0.3)^{k-1}]a_{t-k}.$$

格林函数为 $G_0=1, G_k=(-0.3)^k-0.4(-0.3)^{k-1}, k=1,2,\cdots$.

例 7 设方程 $1-\phi_1B-\phi_2B^2=0$ 有两个不相同的根 λ_1^{-1} 和 λ_2^{-1}. 又 $-1<\theta_1<1$. 试求 ARMA(2,1)模型 $W_t-\phi_1W_{t-1}-\phi_2W_{t-2}=a_t-\theta_1a_{t-1}$ 的传递形式和逆转形式,并写出格林函数和逆函数.

解 因为 $\Phi(B)=1-\phi_1B-\phi_2B^2, \Theta(B)=1-\theta_1B$,所以

$$G(B)=\frac{\Theta(B)}{\Phi(B)}=\frac{1-\theta_1B}{1-\phi_1B-\phi_2B^2}=\frac{1-\theta_1B}{(1-\lambda_1B)(1-\lambda_2B)}$$

$$=\frac{\theta_1-\lambda_1}{\lambda_2-\lambda_1}\cdot\frac{1}{1-\lambda_1B}-\frac{\theta_1-\lambda_2}{\lambda_2-\lambda_1}\cdot\frac{1}{1-\lambda_2B}$$

$$=\frac{\theta_1}{\lambda_2-\lambda_1}\sum_{k=0}^{\infty}\lambda_1^kB^k-\frac{\lambda_1}{\lambda_2-\lambda_1}\sum_{k=0}^{\infty}\lambda_1^kB^k-\frac{\theta_1}{\lambda_2-\lambda_1}\sum_{k=0}^{\infty}\lambda_2^kB^k+\frac{\lambda_2}{\lambda_2-\lambda_1}\sum_{k=0}^{\infty}\lambda_2^kB^k$$

$$=1+\sum_{k=1}^{\infty}\left[\frac{\lambda_1^{k+1}-\lambda_2^{k+1}}{\lambda_1-\lambda_2}-\theta_1\frac{\lambda_1^k-\lambda_2^k}{\lambda_1-\lambda_2}\right]B^k.$$

故传递形式为

$$W_t = a_t + \sum_{k=1}^{\infty}\left[\theta_1 \frac{\lambda_1^k - \lambda_2^k}{\lambda_2 - \lambda_1} + \frac{\lambda_1^{k+1} - \lambda_2^{k+1}}{\lambda_1 - \lambda_2}\right] a_{t-k}, \quad t = 0, \pm 1, \pm 2, \cdots$$

格林函数为

$$G_0 = 1, \quad G_k = \theta_1 \frac{\lambda_1^k - \lambda_2^k}{\lambda_2 - \lambda_1} + \frac{\lambda_1^{k+1} - \lambda_2^{k+1}}{\lambda_1 - \lambda_2}, \quad k = 1, 2, \cdots$$

$$\begin{aligned} I(B) &= \frac{\Phi(B)}{\Theta(B)} = \frac{1 - \phi_1 B - \phi_2 B^2}{1 - \theta_1 B} = (1 - \phi_1 B - \phi_2 B^2)\sum_{k=0}^{\infty}\theta_1^k B^k \\ &= \sum_{k=0}^{\infty}\theta_1^k B^k - \sum_{k=0}^{\infty}\phi_1\theta_1^k B^{k+1} - \sum_{k=0}^{\infty}\phi_2\theta_1^k B^{k+2} \\ &= \sum_{k=0}^{\infty}\theta_1^k B^k - \sum_{l=1}^{\infty}\phi_1\theta_1^{l-1} B^l - \sum_{l=2}^{\infty}\phi_2\theta_1^{l-2} B^l \\ &= 1 + (\theta_1 - \phi_1) B + \sum_{k=2}^{\infty}(\theta_1^k - \phi_1\theta_1^{k-1} - \phi_2\theta_1^{k-2}) B^k \\ &= 1 - (\phi_1 - \theta_1) B - \sum_{k=2}^{\infty}(-\theta_1^k + \phi_1\theta_1^{k-1} + \phi_2\theta_1^{k-2}) B^k, \end{aligned}$$

所以逆函数为

$$I_0 = 1, \quad I_1 = -(\phi_1 - \theta_1), \quad I_k = -\theta_1^k + \phi_1\theta_1^{k-1} + \phi_2\theta_1^{k-2}, \quad k = 2, 3, \cdots.$$

逆转形式为

$$a_t = W_t - (\phi_1 - \theta_1) W_{t-1} - \sum_{k=2}^{\infty}(-\theta_1^k + \phi_1\theta_1^{k-1} + \phi_2\theta_1^{k-2}) W_{t-k}, \quad t = 0, \pm 1, \pm 2, \cdots.$$

例 8 试求 MA(2)模型 $W_t = a_t - a_{t-1} + 0.24 a_{t-2}$ 的自相关函数.

解 在模型中,由于 $\theta_1 = 1, \theta_2 = -0.24, q = 2$,代入公式有

$$\rho_0 = 1, \quad \rho_1 = \frac{-\theta_1 + \theta_1\theta_2}{1 + \theta_1^2 + \theta_2^2} = \frac{-1 + 1 \times (-0.24)}{1 + 1^2 + (0.24)^2} = -0.6026,$$

$$\rho_2 = \frac{-\theta_2}{1 + \theta_1^2 + \theta_2^2} = \frac{-(-0.24)}{1 + 1^2 + (0.24)^2} = 0.1166, \quad \rho_k = 0, k \geqslant 3.$$

例 9 试求 AR(2)模型 $W_t = -0.5 W_{t-1} + 0.4 W_{t-1} + a_t$ 的偏相关函数.

解 这里 $\phi_1 = -0.5, \phi_2 = 0.4$,则

$$\rho_1 = \frac{\phi_1}{1 - \phi_2} = \frac{-0.5}{1 - 0.4} \approx -0.8333,$$

$$\rho_2 = \frac{\phi_1^2}{1 - \phi_2} + \phi_2 = \frac{(-0.5)^2}{1 - 0.4} + 0.4 \approx 0.8167,$$

则 $\phi_{11} = \rho_1 = -0.8333$. 由

$$\begin{bmatrix} 1 & \rho_1 \\ \rho_1 & 1 \end{bmatrix}\begin{bmatrix} \phi_{21} \\ \phi_{22} \end{bmatrix} = \begin{bmatrix} \rho_1 \\ \rho_2 \end{bmatrix},$$

解得 $\phi_{22} = \dfrac{\rho_2 - \rho_1^2}{1 - \rho_1^2} = \dfrac{0.8167 - (-0.8333)^2}{1 - (-0.8333)^2} \approx 0.4.$

由 AR(p)模型偏相关函数的截尾性知,当 $k \geqslant 3$ 时,$\phi_{kk} = 0$.

例 10 平稳序列$\{W_t\}$的样本自相关函数如表 4-2：

表 4-2

k	1	2	3	4	5
$\hat{\rho}_k$	0.32	0.37	0.16	0.25	0.11

$\hat{\mu}=0.06$，$\hat{\gamma}_0=0.98$. 假定模型识别为 AR(2)，试求 Z_t 的模型方程和 $\hat{\sigma}_a^2$ 的值.

解 因为 $\hat{\rho}_1=0.32$，$\hat{\rho}_2=0.37$，$\hat{\gamma}_0=0.98$，故

$$\hat{\phi}_1=\frac{\hat{\rho}_1(1-\hat{\rho}_2)}{1-\hat{\rho}_1^2}=0.22,\quad \hat{\phi}_1=\frac{\hat{\rho}_2-\hat{\rho}_1^2}{1-\hat{\rho}_1^2}=0.30,$$

$$\hat{\sigma}_a^2=\hat{\gamma}_0(1-\hat{\phi}_1\hat{\rho}_1-\hat{\phi}_2\hat{\rho}_2)=0.73.$$

从而得到关于$\{W_t\}$的线性模型为 $W_t-0.22W_{t-1}-0.30W_{t-2}=a_t$.

将 $W_t=Z_t-\hat{\mu}=Z_t-0.06$ 代入上式得关于 Z_t 的线性模型

$$(Z_t-0.06)-0.22(Z_{t-1}-0.06)-0.30(Z_{t-2}-0.06)=a_t,$$

化简得 $Z_t=0.0288+0.22Z_{t-1}+0.30Z_{t-2}+a_t$.

例 11 平稳序列$\{W_t\}$的样本自相关函数如表 4-3：

表 4-3

k	1	2	3	4	5
$\hat{\rho}_k$	−0.23	−0.08	−0.05	0.09	−0.13

$\hat{\mu}=34.4$，$\hat{\gamma}_0=1.23$. 假定模型识别为 MA(1)，试求 Z_t 的模型方程和 $\hat{\sigma}_a^2$ 的值.

解 因为 $\hat{\rho}_1=-0.23$，$\hat{\gamma}_0=1.23$，$\hat{\mu}=34.4$，故

$$\hat{\theta}_1=\frac{-2\hat{\rho}_1}{1+\sqrt{1-4\hat{\rho}_1^2}}=\frac{-2\times(-0.23)}{1+\sqrt{1-4\times(-0.23)^2}}=0.24,$$

$$\hat{\sigma}_a^2=\hat{\gamma}_0\ \frac{1+\sqrt{1-4\hat{\rho}_1^2}}{2}=1.23\times\frac{1+\sqrt{1-4\times(-0.23)^2}}{2}=1.16.$$

从而得到关于$\{W_t\}$的线性模型为 $W_t=a_t-0.24a_{t-1}$.

将 $W_t=Z_t-\hat{\mu}=Z_t-34.4$ 代入上式有

$$Z_t-34.4=a_t-0.24a_{t-1},\quad 即\quad Z_t=34.4+a_t-0.24a_{t-1}.$$

例 12 平稳序列$\{Z_t\}$的线性模型为 $Z_t=0.03+0.27Z_{t-1}+0.36Z_{t-2}+a_t$，而 $\hat{\sigma}_a^2=0.82$，已知观察值 $Z_{100}=3.6$，$Z_{99}=5.7$，试用递推法求预报值 $\hat{Z}_{100}(1)$，$\hat{Z}_{100}(2)$，$\hat{Z}_{100}(3)$，并求置信概率为 95%的一步预报绝对误差的范围(假定$\{Z_t\}$为正态平稳序列).

解 自回归模型的预报公式为

$$\hat{Z}_{k+l}=0.03+0.27\hat{Z}_{k+l-1}+0.36\hat{Z}_{k+l-2},$$

从而

$$\begin{aligned}\hat{Z}_{101}=\hat{Z}_{100}(1)&=0.03+0.27Z_{100}+0.36Z_{99}\\&=0.03+0.27\times3.6+0.36\times5.7=3.05,\end{aligned}$$

$$\hat{Z}_{102}=\hat{Z}_{100}(2)=0.03+0.27\hat{Z}_{101}+0.36Z_{100}$$
$$=0.03+0.27\times 3.05+0.36\times 3.6=2.15,$$
$$\hat{Z}_{103}=\hat{Z}_{100}(3)=0.03+0.27\times 2.15+0.36\times 3.05=1.71.$$

由已知条件,该序列为正态平稳序列,且 $2\sqrt{\hat{\sigma}_a^2}=1.81$,即置信概率为95%的一步预报绝对误差范围为1.81.

例13 平稳序列$\{Z_t\}$的线性模型为$Z_t=1.56+a_t-0.9a_{t-1}+0.31a_{t-2}$,而$\hat{\sigma}_a^2=0.89$,利用观察值$Z_1,Z_2,\cdots,Z_{50}$算得$\hat{a}_{50}=1.36,\hat{a}_{49}=0.68$,试用递推法求预报值$\hat{Z}_{50}(1),\hat{Z}_{50}(2),\hat{Z}_{50}(3)$.

解 由$Z_t=1.56+a_t-0.9a_{t-1}+0.31a_{t-2}$,得$\mu=1.56,\theta_1=0.9,\theta_2=-0.31$,代入预报公式得

$$\hat{Z}_{k+l}=1.56-0.9\hat{a}_{k+l-1}+0.31\hat{a}_{k+l-2}.$$

则 $\hat{Z}_{50}(1)=1.56-0.9\hat{a}_{50}+0.31\hat{a}_{49}=1.56-0.9\times 1.36+0.31\times 0.68=0.55.$

由基本定理知$\hat{a}_{51}=\hat{a}_{52}=\hat{a}_{53}=0$,从而有

$$\hat{Z}_{50}(2)=1.56-0.9\hat{a}_{51}+0.31\hat{a}_{50}=1.56-0+0.31\times 1.36=1.98,$$
$$\hat{Z}_{50}(3)=1.56-1.2\hat{a}_{52}+0.31\hat{a}_{51}=1.56.$$

例14 平稳序列$\{Z_t\}$的线性模型为$Z_t=1.12+0.51Z_{t-1}+a_t-0.92a_{t-1}$,而$\hat{\sigma}_a^2=0.98$,利用观察值$Z_1,Z_2,\cdots,Z_{50}$算得$\hat{a}_{50}=1.02,\hat{Z}_{50}=16.5$,用递推法求预报值$\hat{Z}_{50}(1),\hat{Z}_{50}(2),\hat{Z}_{50}(3)$.

解 由$Z_t=1.12+0.51Z_{t-1}+a_t-0.92a_{t-1}$,得

$$Z_{k+l}=1.12+0.51Z_{k+l-1}+a_{k+l}-0.92a_{k+l-1}.$$

两边取估计值得,$\hat{Z}_{k+l}=1.12+0.51\hat{Z}_{k+l-1}-0.92\hat{a}_{k+l-1}$.

由基本定理知$\hat{a}_{51}=\hat{a}_{52}=0$,从而得预报

$$\hat{Z}_{50}(1)=1.12+0.51\hat{Z}_{50}-0.92\hat{a}_{50}$$
$$=1.12+0.51\times 16.5-0.92\times 1.02=8.59,$$
$$\hat{Z}_{50}(2)=1.12+0.51\hat{Z}_{51}-0.92\hat{a}_{51}=1.12+0.51\times 8.59-0=5.5,$$
$$\hat{Z}_{50}(3)=1.12+0.51\hat{Z}_{52}-0.92\hat{a}_{52}=1.12+0.51\times 5.5-0=3.93.$$

例15 AR(1)模型$W_t-0.71W_{t-1}=a_t,\hat{\sigma}_a^2=0.98$. 已知$W_k=7.8$,试求$l$步预报值$\hat{W}_k(l)$.

解 报值公式为$\hat{W}_k(l)=W_k\phi_1^l$,由$W_k=7.8,\phi_1=0.71$,得

$$\hat{W}_k(l)=W_k\phi_1^l=7.8\times(0.71)^l.$$

例16 设MA(2)模型$W_t=a_t-1.3a_{t-1}+0.36a_{t-2}$,已知$W_1,W_2,\cdots,W_k$($k$很大)的值,试用直接预报法求预报值$\hat{W}_k(1),\hat{W}_k(2)$.

解 由题意知$\theta_1=1.3,\theta_2=-0.36$. 令$\Theta(B)=1-1.3B+0.36B^2=0$解得$\mu_1=0.4$,

$\mu_2=0.9$,因此预报值

$$\hat{W}_k(1)=\sum_{j=1}^{k}\frac{\mu_2^{j+1}-\mu_1^{j+1}}{\mu_1-\mu_2}W_{k+1-j}=\sum_{j=1}^{k}\frac{(0.9)^{j+1}-(0.4)^{j+1}}{-0.5}W_{k+1-j}$$

$$=-2\sum_{j=1}^{k}[(0.9)^{j+1}-(0.4)^{j+1}]W_{k+1-j},$$

$$\hat{W}(2)=\sum_{j=1}^{k}\frac{1}{\mu_1-\mu_2}[2(\mu_2^{j+2}-\mu_1^{j+2})+\mu_1\mu_2(\mu_2^{j}-\mu_1^{j})]W_{k+1-j}$$

$$=-2\sum_{j=1}^{k}[2(0.9^{j+2}-0.4^{j+2})+0.36(0.9^{j}-0.4^{j})]W_{k+1-j}.$$

例 17 ARMA(1,1)模型 $W_t-0.43W_{t-1}=a_t-0.78a_{t-1}$. 已知 $W_1,W_2,\cdots,W_k$(k 很大)的值,试用直接预报法求预报值 $\hat{W}_k(l)$.

解 由题意知 $\phi_1=0.43,\theta_1=0.78$,当 k 很大时,有

$$\hat{W}_k(l)\approx-\phi_1^{l-1}\sum_{j=1}^{k}\theta_1^{j-1}(\theta_1-\phi_1)W_{k+1-j}$$

$$=-(0.43)^{l-1}\sum_{j=1}^{k}(0.78)^{j-1}(0.78-0.43)W_{k+1-j}$$

$$=-0.35(0.43)^{l-1}\sum_{j=1}^{k}(0.78)^{j-1}W_{k+1-j}.$$

例 18 设$\{Z_t,t=1,2,\cdots\}$为平稳时间序列,并且 $E(Z_t)=\mu,D(Z_t)=\sigma^2>0$,协方差函数和自相关函数分别为 $\gamma_k,\rho_k,k=0,1,2,\cdots$. 令 $\bar{Z}=\frac{1}{n}\sum_{t=1}^{n}Z_t$,证明:若 $\lim_{k\to+\infty}\rho_k=0$,则 $\bar{Z}\xrightarrow{P}\mu$.

证明 $\forall\varepsilon>0$,由于 $\lim_{k\to+\infty}\rho_k=0$,所以存在正整数 N_1,当 $k>N_1$ 时,有 $|\rho_k|<\frac{\varepsilon}{4\sigma^2}$.

因为 $D(\bar{X})=D\left(\frac{1}{n}\sum_{t=1}^{n}Z_t\right)=\frac{1}{n^2}\sum_{t=1}^{n}\sum_{s=1}^{n}\mathrm{cov}(Z_t,Z_s)=\frac{\sigma^2}{n^2}\sum_{t=1}^{n}\sum_{s=1}^{n}\rho_{(t-s)}=\frac{\sigma^2}{n^2}\sum_{k=-(n-1)}^{n-1}(n-|k|)\rho_k=\frac{\sigma^2}{n}\sum_{k=-(n-1)}^{n-1}\left(1-\frac{|k|}{n}\right)\rho_k$,所以

$$|D(\bar{X})|\leqslant\frac{2\sigma^2}{n}\sum_{k=0}^{n-1}|\rho_k|=\frac{2\sigma^2}{n}\sum_{k=0}^{N_1}|\rho_k|+\frac{2\sigma^2}{n}\sum_{k=N_1+1}^{n-1}|\rho_k|\leqslant\frac{2\sigma^2}{n}\sum_{k=0}^{N_1}|\rho_k|+\frac{1}{2}\varepsilon.$$

又因为 $\lim_{n\to\infty}\frac{2\sigma^2}{n}\sum_{k=0}^{N_1}|\rho_k|=0$,故存在正整数 N,当 $n>N$ 时,$\frac{2\sigma^2}{n}\sum_{k=0}^{N}|\rho_k|<\frac{\varepsilon}{2}$.

综上,$\forall\varepsilon>0$,存在正整数 N,当 $n>N$ 时,有

$$|D(\bar{X})|<\frac{2\sigma^2}{n}\sum_{k=0}^{N}|\rho_k|+\frac{\varepsilon}{2}<\varepsilon,\text{故}\lim_{n\to\infty}D(\bar{X})=0.$$

又 $\lim_{n\to\infty}P\{|\bar{X}-\mu|\geqslant\varepsilon\}=\lim_{n\to\infty}P\left\{\left|\frac{1}{n}\sum_{t=1}^{n}Z_t-\mu\right|\geqslant\varepsilon\right\}\leqslant\lim_{n\to\infty}\frac{D(\bar{X})}{\varepsilon^2}\to0$,所以

$$\bar{X}\xrightarrow{P}\mu.$$

4.4 习题选解

1. 试判断下列线性模型的参数是否在平稳域或可逆域中.

(1) $W_t-0.7W_{t-1}=a_t$;

(2) $W_t=a_t+0.46a_{t-1}$;

(3) $W_t+1.2W_{t-1}=a_t$;

(4) $W_t-W_{t-1}+0.2W_{t-2}=a_t$;

(5) $W_t+0.6W_{t-1}-0.5W_{t-2}=a_t$;

(6) $W_t=a_t+1.2a_{t-1}+0.3a_{t-2}$;

(7) $W_t-W_{t-1}=a_t$;

(8) $W_t=a_t-2a_{t-1}+a_{t-2}$;

(9) $W_t+0.37W_{t-1}=a_t-1.39a_{t-1}$;

(10) $W_t-0.6W_{t-1}-0.3W_{t-2}=a_t+1.6a_{t-1}-0.7a_{t-2}$.

解 (1) 因为 $\Phi(B)=1-0.7B\Rightarrow\phi_1=0.7<1$,所以参数在平稳域中.

(2) 因为 $\Theta(B)=1+0.46B\Rightarrow-1<\theta_1=-0.46<1$,所以参数在可逆域中.

(3) $\Phi(B)=1+1.2B\Rightarrow\phi_1=1.2>1$,故参数不在平稳域中.

(4) $\Phi(B)=1-B+0.2B^2\Rightarrow-1<\phi_2=-0.2<1,\phi_1=1$,所以

$$\phi_1+\phi_2=0.8<1,\quad 而\quad \phi_2-\phi_1=-1.2<1.$$

所以参数在平稳域中.

(5) 由于 $\Phi(B)=1+0.6B-0.5B^2$,故

$$-1<\phi_2=0.5<1,\quad \phi_1=-0.6,$$

即有

$$\phi_1+\phi_2=-0.1<1,\quad \phi_2-\phi_1=1.1>1,$$

所以参数不在平稳域中.

(6) 由于 $\Theta(B)=1+1.2B+0.3B^2$,则

$$-1<\theta_2=-0.3<1,\quad \theta_1=-1.2,$$

即有

$$\theta_1+\theta_2=-1.5<1,\quad \theta_2-\theta_1=0.9<1,$$

故参数在可逆域中.

(7) 由于 $\Phi(B)=1-B$,即 $\phi_1=1$,所以参数不在平稳域中.

(8) 因 $\Theta(B)=1-2B+B^2$,即 $\theta_2=-1$,故参数不在可逆域中.

(9) 由于 $-1<\phi_1=-0.37<1,\theta_1=1.39>1$,所以参数在平稳域中,不在可逆域中.

(10) 因为 $\phi_1=0.6,\phi_2=0.3,\theta_1=-1.6,\theta_2=0.7$,即有

$$-1<\phi_2<1;\ \phi_1+\phi_2=0.9<1,\quad \phi_2-\phi_1=-0.3,$$

$$-1<\theta_2<1;\ \theta_1+\theta_2=-0.9<1,\quad \theta_2-\theta_1=2.3>1.$$

故参数在平稳域中,不在可逆域中.

2. 试问 AR(2)模型 $W_t-\phi_1W_{t-1}-\phi_2W_{t-2}=a_t$(其中 $|\phi_1|\geqslant2$)的参数 ϕ_1,ϕ_2 是否一定不在平稳域中.

解 假设模型的参数在平稳域中,则必有$|\phi_2|<1$.又当$\phi_1>2$时,则$\phi_1+\phi_2>1$,这与模型的参数在平稳域中相矛盾,所以模型的参数不在平稳域中.

3. 试判断下列线性模型的参数是否在平稳域或可逆域中:

(1) $W_t+0.2W_{t-1}-0.11W_{t-2}-0.012W_{t-3}+0.0036W_{t-4}=a_t$;

(2) $W_t+(2r-s)W_{t-1}+r(r-2s)W_{t-2}-r^2sW_{t-3}=a_t$,其中$|r|<1,|s|<1$;

(3) $W_t=a_t-0.9a_{t-1}-0.16a_{t-2}+0.06a_{t-3}$;

(4) $W_t=a_t-2(r+s)a_{t-1}+(r^2+4rs+s^2)a_{t-2}-2rs(r+s)a_{t-3}+r^2s^2a_{t-4}$,其中$|r|<1$,$|s|<1$.

解 (1) 因为$1+0.2B-0.11B^2-0.012B^2+0.0036B^4=(0.2B-1)^2(0.3B+1)^2$,所以$1+0.2B-0.11B^2-0.012B^3+0.0036B^4=0$的根为

$$B_1=B_2=5\quad ,B_3=B_4=-\frac{10}{3}.$$

故$|B_1|=|B_2|>1,|B_3|=|B_4|>1$,所以模型的参数在平稳域中.

(2) 因为$1+(2r-s)B+r(r-2s)B^2-r^2sB^3=(sB-1)(rB+1)^2$,所以$1+(2r-s)B+r(r-2s)B^2-r^2sB^3=0$的解为

$$B_1=\frac{1}{s},\quad B_2=B_3=-\frac{1}{r}.$$

由于$|r|<1,|s|<1$,知$|B_1|>1,|B_2|=|B_3|>1$,故模型的参数在平稳域中.

(3) 因为$1-0.9B-0.16B^2+0.06B^3=(B-1)(0.3B+1)(0.2B-1)$,所以$1-0.9B-0.16B^2+0.06B^3=0$的解为

$$B_1=1,\quad B_2=-\frac{10}{3},B_3=5.$$

由于解$B_1=1$在单位圆上,所以模型的参数不在可逆域中.

(4) 因为$1-2(r+s)B+(r^2+4rs+s^2)B^2-2rs(r+s)B^3+r^2s^2B^4=(sB-1)^2(rB-1)^2$,所以$1-2(r+s)B+(r^2+4rs+s^2)B^2-2rs(r+s)B^3+r^2s^2B^4=0$的解为

$$B_1=B_2=\frac{1}{s},\quad B_3=B_4=\frac{1}{r}.$$

由$|r|<1,|s|<1$,知$|B_1|=|B_2|>1,|B_3|=|B_4|>1$,故模型的参数在可逆域中.

4. 试求下列线性模型的传递形式和逆转形式,并写出格林函数和逆函数.

(1) $W_t-0.7W_{t-1}=a_t$; (2) $W_t=a_t+0.46a_{t-1}$;

(3) $W_t-0.1W_{t-1}-0.72W_{t-2}=a_t$; (4) $W_t=a_t+1.2a_{t-1}+0.32a_{t-2}$;

(5) $W_t-1.2W_{t-1}+0.36W_{t-2}=a_t$;

(6) $W_t-1.6W_{t-1}+0.63W_{t-2}=a_t+0.4a_{t-1}$.

解 (1) 由于$\Phi(B)=1-0.7B,\Theta(B)=1$,所以

$$G(B)=\frac{1}{\Phi(B)}=\frac{1}{1-0.7B}=\sum_{k=0}^{\infty}0.7^kB^k,$$

故有格林函数$G_k=0.7^k(k=0,1,2,\cdots)$,传递形式$W_t=\sum_{k=0}^{\infty}0.7^ka_{t-k}$.容易看出,逆函数为

$$I_k=\begin{cases}1, & k=0,\\ 0.7, & k=1,\\ 0, & k=2,3,\cdots.\end{cases}$$

逆转形式为 $a_t = W_t - 0.7W_{t-1}$.

(2) 这是MA(1)模型,且 $\Phi(B)=1$,$\Theta(B)=1+0.46B$,所以

$$I(B)=\frac{1}{\Theta(B)}=\frac{1}{1+0.46B}=\sum_{k=0}^{\infty}(-0.46)^kB^k,$$

故有逆函数

$$I_0=1,\quad I_k=-(-0.46)^k,\quad k\geqslant 1$$

而逆转形式为 $a_t=\sum_{k=0}^{\infty}(-0.46)^kW_{t-k}$. 容易看出,格林函数为

$$G_k=\begin{cases}1, & k=0,\\ 0.46, & k=1,\\ 0, & k=2,3,\cdots.\end{cases}$$

传递形式为 $W_t=a_t+0.46a_{t-1}$.

(3) 这是AR(2)模型,且 $\Phi(B)=1-0.1B-0.72B^2$,$\Theta(B)=1$,所以

$$\begin{aligned}G(B)&=\frac{1}{1-0.1B-0.72B^2}=\frac{1}{(1+0.8B)(1-0.9B)}\\&=\frac{1}{1.7}\left(\frac{0.8}{1+0.8B}+\frac{0.9}{1-0.9B}\right)\\&=\frac{0.8}{1.7}\sum_{k=0}^{\infty}(-0.8B)^k+\frac{0.9}{1.7}\sum_{k=0}^{\infty}(0.9B)^k\\&=\sum_{k=0}^{\infty}\frac{1}{1.7}[(-1)^k(0.8)^{k+1}+(0.9)^{k+1}]B^k,\end{aligned}$$

所以格林函数为

$$G_k=\frac{1}{1.7}[(-1)^k(0.8)^{k+1}+(0.9)^{k+1}],\quad k=0,1,2,\cdots.$$

传递形式为

$$W_t=\frac{1}{1.7}\sum_{k=0}^{\infty}[(-1)^k(0.8)^{k+1}+(0.9)^{k+1}]a_{t-k}.$$

容易看出,逆函数为

$$I_k=\begin{cases}1, & k=0,\\ 0.1, & k=1,\\ 0.72, & k=2,\\ 0, & k=3,4,\cdots.\end{cases}$$

逆转形式为 $a_t=W_t-0.1W_{t-1}-0.72W_{t-2}$.

(4) 这是MA(2)模型,且 $\Phi(B)=1$,$\Theta(B)=1+1.2B+0.32B^2$,所以

$$\begin{aligned}I(B)&=\frac{1}{\Theta(B)}=\frac{1}{1+1.2B+0.32B^2}\\&=\frac{1}{(1+0.4B)(1+0.8B)}=\frac{2}{1+0.8B}-\frac{1}{1+0.4B}\\&=2\sum_{k=0}^{\infty}(-0.8)^kB^k-\sum_{k=0}^{\infty}(-0.4)^kB^k=\sum_{k=0}^{\infty}[2(-0.8)^k-(-0.4)^k]B^k,\end{aligned}$$

所以逆函数为 $I_0=1, I_k=(-0.4)^k-2(-0.8)^k, k=1,2,\cdots$.

逆转形式为 $a_t=\sum\limits_{k=0}^{\infty}[2(-0.8)^k-(-0.4)^k]W_{t-k}$. 容易看出，格林函数为

$$G_k=\begin{cases}1, & k=0,\\ 1.2, & k=1,\\ 0.32, & k=2,\\ 0, & k=3,4\cdots.\end{cases}$$

传递函数为 $W_t=a_t+1.2a_{t-1}+0.32a_{t-2}$.

(5) 这是 AR(2)模型，且 $\Phi(B)=1-1.2B+0.36B^2, \Theta(B)=1$，所以

$$G(B)=\frac{1}{1-1.2B+0.36B^2}=\frac{1}{(1-0.6B)^2}=\sum_{k=1}^{\infty}(k+1)(0.6)^kB^k.$$

故格林函数为 $G_k=(k+1)(0.6)^k, k=0,1,2,\cdots$，传递形式为 $W_t=\sum\limits_{k=0}^{\infty}(k+1)(0.6)^k a_{t-k}$.

容易看出，逆函数为

$$I_k=\begin{cases}1, & k=0,\\ 1.2, & k=1,\\ -0.36, & k=2,\\ 0, & k=3,4,\cdots.\end{cases}$$

逆转形式为 $a_t=W_t-1.2W_{t-1}+0.36W_{t-2}$.

(6) 这是 ARMA(2,1)模型，且 $\Phi(B)=1-1.6B+0.63B^2, \Theta(B)=1+0.4B$，所以

$$\begin{aligned}G(B)&=\frac{\Theta(B)}{\Phi(B)}=\frac{1+0.4B}{1-1.6B+0.63B^2}\\&=\frac{1+0.4B}{(1-0.7B)(1-0.9B)}=\frac{1}{2}\left(\frac{-11}{1-0.7B}+\frac{13}{1-0.9B}\right)\\&=\frac{1}{2}\sum_{k=0}^{\infty}[-11(0.7)^k+13(0.9)^k]B^k,\end{aligned}$$

因此，格林函数为 $G_k=-\frac{11}{2}(0.7)^k+\frac{13}{2}(0.9)^k, k=0,1,2,\cdots$.

传递形式为 $W_t=\sum\limits_{k=0}^{\infty}\frac{1}{2}[-11(0.7)^k+13(0.9)^k]a_{t-k}$.

又因为

$$\begin{aligned}I(B)&=\frac{\Phi(B)}{\Theta(B)}=\frac{1-1.6B+0.63B^2}{1+0.4B}\\&=1-2B+\sum_{k=2}^{\infty}[(-0.4)^k-1.6(-0.4)^{k-1}+0.63(-0.4)^{k-2}]B^k.\end{aligned}$$

所以逆函数为

$$I_k=\begin{cases}1, & k=0,\\ 2, & k=1,\\ -(-0.4)^k+1.6(-0.4)^{k-1}-0.63(-0.4)^{k-2}, & k=2,3,\cdots,\end{cases}$$

逆转形式为

$$a_t = W_t - 2W_{t-1} + \sum_{k=2}^{\infty}[(-0.4)^k - 1.6(-0.4)^{k-1} + 0.63(-0.4)^{k-2}]W_{t-k}.$$

5. 设方程 $1-\theta_1 B-\theta_2 B^2=0$ 有两个不相同的根 μ_1^{-1} 和 μ_2^{-1}，而且 $|\mu_1|<1$，$|\mu_2|<1$. 试证 MA(2)模型 $W_t=a_t-\theta_1 a_{t-1}-\theta_2 a_{t-2}$ 的逆转形式为

$$a_t = \sum_{j=0}^{\infty}\frac{\mu_1^{j+1}-\mu_2^{j+1}}{\mu_1-\mu_2}W_{t-j},$$

并写出可逆函数.

解 因 $\Phi(B)=1$，$\Theta(B)=1-\theta_1 B-\theta_2 B^2$，故

$$\begin{aligned} I(B) &= \frac{1}{\Theta(B)} = \frac{1}{1-\theta_1 B-\theta_2 B^2} = \frac{1}{(1-\mu_1 B)(1-\mu_2 B)} \\ &= \frac{1}{\mu_1-\mu_2}\left(\frac{\mu_1}{1-\mu_1 B}-\frac{\mu_2}{1-\mu_2 B}\right) \\ &= \frac{1}{\mu_1-\mu_2}\left(\sum_{k=0}^{\infty}\mu_1^{k+1}B^k - \sum_{k=0}^{\infty}\mu_2^{k+1}B^k\right) = \sum_{k=0}^{\infty}\frac{\mu_1^{k+1}-\mu_2^{k+1}}{\mu_1-\mu_2}B^k. \end{aligned}$$

可得逆转形式为

$$a_t = \sum_{j=0}^{\infty}\frac{\mu_1^{j+1}-\mu_2^{j+1}}{\mu_1-\mu_2}W_{t-j},$$

逆函数为

$$I_0=1, \quad I_k=\frac{\mu_1^{k+1}-\mu_2^{k+1}}{\mu_1-\mu_2}, \quad k=1,2,\cdots.$$

6. 设方程 $1-\phi_1 B-\phi_2 B^2=0$ 有两个不相同的根 λ_1^{-1} 和 λ_2^{-1}，而且 $|\lambda_1|<1$，$|\lambda_2|<1$. 根据上题，试写出 AR(2)模型 $W_t-\phi_1 W_{t-1}-\phi_2 W_{t-2}=a_t$ 的传递形式和格林函数.

解 因 $\Phi(B)=1-\phi_1 B-\phi_2 B^2$，$\Theta(B)=1$，所以

$$G(B) = \frac{1}{1-\phi_1 B-\phi_2 B^2} = \frac{1}{(1-\lambda_1 B)(1-\lambda_2 B)} = \sum_{k=0}^{\infty}\frac{\lambda_1^{k+1}-\lambda_2^{k+1}}{\lambda_1-\lambda_2}B^k,$$

可得传递形式为

$$W_t = \sum_{k=0}^{\infty}\frac{\lambda_1^{k+1}-\lambda_2^{k+1}}{\lambda_1-\lambda_2}a_{t-k}.$$

格林函数

$$G_k = \frac{\lambda_1^{k+1}-\lambda_2^{k+1}}{\lambda_1-\lambda_2}, \quad k=0,1,2,\cdots.$$

7. 设方程 $1-\phi_1 B-\phi_2 B^2=0$ 有重根 λ^{-1}，而 $|\lambda|<1$. 试证 AR(2) 模型 $W_t-\phi_1 W_{t-1}-\phi_2 W_{t-2}=a_t$ 的传递形式是 $W_t=\sum_{j=0}^{\infty}(j+1)\lambda^j a_{t-j}$，并写出格林函数.

解 因 $\Phi(B)=1-\phi_1 B-\phi_2 B^2$，$\Theta(B)=1$，所以

$$\begin{aligned} G(B) &= \frac{1}{1-\phi_1 B-\phi_2 B^2} = \frac{1}{(1-\lambda B)^2} = \frac{1}{\lambda}\left(\frac{1}{1-\lambda B^2}\right)' \\ &= \frac{1}{\lambda}\left[\sum_{k=0}^{\infty}(\lambda B)^k\right]' = \sum_{k=1}^{\infty}k(\lambda B)^{k-1} \end{aligned}$$

$$=\sum_{k=0}^{\infty}(k+1)\lambda^k B^k=\sum_{j=0}^{\infty}(j+1)\lambda^j B^j.$$

格林函数为 $G_j=(j+1)\lambda^j$，传递形式为 $W_t=\sum_{j=0}^{\infty}(j+1)\lambda^j a_{t-j}$.

8. 试求下列线性模型的传递形式,并写出格林函数.

(1) $W_t-0.07W_{t-2}+0.006W_{t-3}=a_t$;

(2) $W_t+(2r-s)W_{t-1}+(r^2-2rs)W_{t-2}-r^2sW_{t-s}=a_t$,其中 $|r|<1,|s|<1$,且 $r\neq s$.

解 (1) 此模型为 AR(3)模型,且 $\Phi(B)=1-0.07B^2+0.006B^3$,$\Theta(B)=1$,用待定系数法得 $\dfrac{1}{1-0.07B^2+0.006B^3}=\dfrac{-0.25}{1-0.1B}+\dfrac{0.8}{1-0.2B}+\dfrac{0.45}{1+0.3B}$,所以

$$G(B)=\frac{1}{1-0.07B^2+0.006B^3}$$

$$=\sum_{k=0}^{\infty}[-0.25(0.1)^k+0.8(0.2)^k+0.45(-0.3)^k]B^k.$$

所以格林函数为

$$G_k=-0.25(0.1)^k+0.8(0.2)^k+0.45(-0.3)^k,\quad k=0,1,2,\cdots.$$

传递形式为

$$W_t=\sum_{k=0}^{\infty}[-0.25(0.1)^k+0.8(0.2)^k+0.45(-0.3)^k]a_{t-k}.$$

(2) 此模型为 AR(3)模型. 因为 $\Phi(B)=1+(2r-s)B+(r^2-2rs)B^2-r^2sB^3$,$\Theta(B)=1$,所以

$$G(B)=\frac{\Theta(B)}{\Phi(B)}=\frac{1}{1+(2r-s)B+(r^2-2rs)B^2-r^2sB^3}$$

$$=\frac{1}{(1-sB)(1+rB)^2}\ \frac{s^2}{(s+r)^2(1-sB)}+\frac{sr^2B+(2sr+r^2)}{(s+r)^2(1+rB)^2}$$

$$=\sum_{k=0}^{\infty}\left(\frac{s^{k+2}}{(s+r)^2}+\frac{sr(-r)^k}{(s+r)^2}-\frac{(-r)^{k+1}(k+1)}{s+r}\right)B^k,$$

所以格林函数为

$$G_k=\sum_{k=0}^{\infty}\left(\frac{s^{k+2}}{(s+r)^2}+\frac{sr(-r)^k}{(s+r)^2}-\frac{(-r)^{k+1}(k+1)}{s+r}\right),k=0,1,2,\cdots,$$

传递形式为

$$W_t=\sum_{k=0}^{\infty}\left[\frac{s^{k+2}}{(r+s)^2}+\frac{rs(-r)^k}{(r+s)^2}-\frac{(-r)^{k+1}(k+1)}{r+s}\right]a_{t-k}.$$

9. 试问 AR(1)模型 $W_t-1.2W_{t-1}=a_t$ 的传递形式是否存在？为什么？

答 $\phi_1=1.2>1$,该模型的参数 ϕ_1 不在平稳域内,故它的格林函数和传递函数形式均不存在.

10. AR(2)模型 $W_t-1.6W_{t-1}+0.64W_{t-2}=a_t$，这里 $\Phi(B)=1-1.6B+0.64B^2$ 有重根.试按下列步骤证明 ρ_k 是拖尾的.

(1) ρ_k 满足差分方程 $\rho_k-1.6\rho_{k-1}+0.64\rho_k^2=0,k>0$;

(2) 令 $\rho_j=\lambda^j,j>-2$ 是差分方程的解,定出 $\lambda=0.8$;

(3) 验证 $\rho_j=j(0.8)^j, j>-2$ 是差分方程的解；

(4) 差分方程的解为 $\rho_j=A_1 0.8^j+A_2 j 0.8^j, j>2$，利用 $\rho_0=1$ 和 $\rho_1=\rho_{-1}$ 定常数 A_1 和 A_2.

(5) 说明 $\rho_j\leqslant c\mathrm{e}^{-Mj}, j\geqslant 1$，其中 $c>0, M>0$，即 ρ_k 是拖尾的.

解 只需证明存在常数 $c>0, \delta>0$，使得 $|\rho_k|<c\mathrm{e}^{-\delta k}$.

(1) 当 $k>0$ 时，在 $W_t=1.6W_{t-1}-0.64W_{t-2}+a_t$. 两端乘以 W_{t-k}，再取数学期望，有

$$E(W_t W_{t-k})=1.6E(W_{t-1}W_{t-k})-0.64E(W_{t-2}W_{t-k})+E(a_t W_{t-k}).$$

由 $E(a_t W_{t-k})=0(k>0)$，得 $\gamma_k=1.6\gamma_{k-1}-0.64\gamma_{k-2}(k>0)$，两边同除以 γ_0，得

$$\rho_k=1.6\rho_{k-1}-0.64\rho_{k-2}, \quad k>0$$

即

$$\rho_k-1.6\rho_{k-1}+0.64\rho_k^2=0, \quad k>0. \tag{4.6}$$

(2) 设 $\rho_j=\lambda^j$ 是差分方程(4.6)的解.

当 $j>-2$ 时，有

$$\lambda^j=1.6\lambda^{j-1}-0.64\lambda^{j-2}, \quad 即 \quad 1-1.6\lambda^{-1}+0.64\lambda^{-2}=0.$$

解之得 $\lambda=0.8$.

(3) 由(2)有 $j(0.8)^j-1.6j(0.8)^{j-1}+0.64j(0.8)^{j-2}=0$，从而

$$j(0.8)^j-1.6(j-1)(0.8)^{j-1}+0.64(j-2)(0.8)^{j-2}=0,$$

所以 $\rho_j=j(0.8)^j, j>-2$，是差分方程(4.6)的解.

(4) 由 $\begin{cases}\rho_0=1,\\ \rho_1=\rho_{-1}\end{cases}$ 可得

$$\begin{cases}A_1+0=1,\\ 0.8A_1+0.8A_2=0.8^{-1}A_1-A_2 0.8^{-1}.\end{cases}$$

解得 $A_1=1, A_2=\dfrac{9}{41}$.

(5) 易证得 $1+\dfrac{9}{41}j<\dfrac{2}{\ln 5-\ln 4}\mathrm{e}^{\frac{j(\ln 5-\ln 4)}{2}}$，由(4)有 $\rho_j=\left(1+\dfrac{9}{41}j\right)0.8^j$，从而 $\rho_j\leqslant \dfrac{2}{\ln 5-\ln 4}\mathrm{e}^{\frac{j(\ln 5-\ln 4)}{2}}\mathrm{e}^{-j(\ln 5-\ln 4)}=\dfrac{2}{\ln 5-\ln 4}\mathrm{e}^{-\frac{j(\ln 5-\ln 4)}{2}}$，因此，取 $c=\dfrac{2}{\ln 5-\ln 4}, M=\dfrac{\ln 5-\ln 4}{2}$，有 $\rho_j\leqslant c\mathrm{e}^{-Mj}$.

11. 试证明偏相关函数 $\phi_{11}=\rho_1, \phi_{22}=\dfrac{\rho_2-\rho_1^2}{1-\rho_1^2}$ 及 $\phi_{33}=\dfrac{\rho_3+\rho_1^3+\rho_1\rho_2^2-2\rho_1\rho_2-\rho_1^2\rho_3}{1+2\rho_1^2\rho_2-\rho_2^2-2\rho_1^2}$.

证明 尤尔-沃克方程为

$$\begin{bmatrix}1 & \rho_1 & \rho_2 & \cdots & \rho_{k-1}\\ \rho_1 & 1 & \rho_1 & \cdots & \rho_{k-1}\\ \rho_2 & \rho_1 & 1 & \cdots & \rho_{k-2}\\ \vdots & \vdots & \vdots & & \vdots\\ \rho_{k-1} & \rho_{k-2} & \rho_{k-3} & \cdots & 1\end{bmatrix}\begin{bmatrix}\phi_{k1}\\ \phi_{k2}\\ \phi_{k3}\\ \vdots\\ \phi_{kk}\end{bmatrix}=\begin{bmatrix}\rho_1\\ \rho_2\\ \rho_3\\ \vdots\\ \rho_k\end{bmatrix}.$$

当 $k=1$ 时，尤尔-沃克方程为 $\phi_{11}=\rho_1$，故偏相关函数 $\phi_{11}=\rho_1$.

当 $k=2$ 时，尤尔-沃克方程为 $\begin{bmatrix}1 & \rho_1\\ \rho_1 & 1\end{bmatrix}\begin{pmatrix}\phi_{21}\\ \phi_{22}\end{pmatrix}=\begin{pmatrix}\rho_1\\ \rho_2\end{pmatrix}$，解得

$$\phi_{22}=\frac{\begin{vmatrix}1 & \rho_1\\ \rho_1 & \rho_2\end{vmatrix}}{\begin{vmatrix}1 & \rho_1\\ \rho_1 & 1\end{vmatrix}}=\frac{\rho_2-\rho_1^2}{1-\rho_1^2},$$

故偏相关函数 $\phi_{22}=\dfrac{\rho_2-\rho_1^2}{1-\rho_1^2}$.

当 $k=3$ 时,尤尔-沃克方程为 $\begin{bmatrix}1 & \rho_1 & \rho_2\\ \rho_1 & 1 & \rho_1\\ \rho_2 & \rho_1 & 1\end{bmatrix}\begin{bmatrix}\phi_{31}\\ \phi_{32}\\ \phi_{33}\end{bmatrix}=\begin{bmatrix}\rho_1\\ \rho_2\\ \rho_3\end{bmatrix}$,解得 $\phi_{33}=\dfrac{\begin{vmatrix}1 & \rho_1 & \rho_1\\ \rho_1 & 1 & \rho_2\\ \rho_2 & \rho_1 & \rho_3\end{vmatrix}}{\begin{vmatrix}1 & \rho_1 & \rho_2\\ \rho_1 & 1 & \rho_1\\ \rho_2 & \rho_1 & 1\end{vmatrix}}=$

$\dfrac{\rho_3+\rho_1^3+\rho_1\rho_2^2-2\rho_1\rho_2-\rho_1^2\rho_3}{1+2\rho_1^2\rho_2-\rho_2^2-2\rho_1^2}$,故偏相关函数 $\phi_{33}=\dfrac{\rho_3+\rho_1^3+\rho_1\rho_2^2-2\rho_1\rho_2-\rho_1^2\rho_3}{1+2\rho_1^2\rho_2-\rho_2^2-2\rho_1^2}$.

12. 平稳时间序列的样本自相关函数如表 4-4:

表 4-4

k	1	2	3	4	5	6	7	8	9	10
$\hat{\rho}_k$	−0.34	−0.05	0.09	−0.14	0.08	0.04	−0.06	0.04	−0.08	−0.02

试计算样本偏相关函数 $\hat{\phi}_{11},\hat{\phi}_{22},\hat{\phi}_{33}$.

解 $\hat{\phi}_{11}=\hat{\rho}_1=-0.34$,

$$\hat{\phi}_{22}=\frac{\hat{\rho}_2-\hat{\rho}_1\hat{\phi}_{11}}{1-\hat{\rho}_1\hat{\phi}_{11}}=\frac{-0.05-(-0.34)^2}{1-(-0.34)^2}=-0.19,$$

利用

$$\hat{\phi}_{21}=\hat{\phi}_{11}-\hat{\phi}_{22}\hat{\phi}_{11}=-0.34-(-0.19)\times(-0.34)=-0.4.$$

可算得

$$\hat{\phi}_{33}=\frac{\hat{\rho}_3-\hat{\rho}_2\hat{\phi}_{21}-\hat{\rho}_1\hat{\phi}_{22}}{1-\hat{\rho}_2\hat{\phi}_{21}-\hat{\rho}_1\hat{\phi}_{22}}=0.006.$$

13. 五个形为$\{W_t\}$的平稳序列 A,B,C,D,E,每一个序列取一个长为 300 的样本,算得样本自相关函数 ρ_k 和样本偏相关函数 $\hat{\phi}_{kk}$ 列在表 4-5 和表 4-6 中($k=16$).

表 4-5 样本自相关函数

名称	$\hat{\rho}_1$	$\hat{\rho}_2$	$\hat{\rho}_3$	$\hat{\rho}_4$	$\hat{\rho}_5$	$\hat{\rho}_6$	$\hat{\rho}_7$	$\hat{\rho}_8$	$\hat{\rho}_9$
A	−0.34	−0.05	0.09	−0.10	0.08	0.04	−0.06	0.04	−0.08
B	−0.59	0.10	0.04	−0.07	0.07	0.05	0.04	−0.05	0.10
C	0.56	0.30	0.17	0.05	0.07	0.05	−0.02	−0.05	−0.09
D	0.80	0.59	0.42	0.32	0.25	0.17	0.10	0.05	0.03
E	−0.23	−0.13	−0.06	0.02	0.03	0.07	−0.11	0.07	0.04

续表

名称	$\hat{\rho}_{10}$	$\hat{\rho}_{11}$	$\hat{\rho}_{12}$	$\hat{\rho}_{13}$	$\hat{\rho}_{14}$	$\hat{\rho}_{15}$	$\hat{\rho}_{16}$	$\hat{\gamma}_0$	$\hat{\mu}$
A	−0.02	0.08	−0.06	0.05	−0.07	0.04	0.05	1.23	0.001
B	0.16	0.17	−0.10	0.00	0.05	−0.06	−0.02	2.25	−0.002
C	−0.05	0.02	0.01	0.02	0.00	0.05	0.09	1.57	0.001
D	0.03	0.03	0.00	−0.05	−0.07	−0.08	−0.04	2.72	0.006
E	−0.12	0.06	0.04	−0.03	0.01	−0.02	0.09	1.19	−0.003

表 4-6 样本偏相关函数

k	1	2	3	4	5	6	7	8
A	−0.34	−0.19	0.01	−0.12	0.00	0.05	0.00	0.01
B	−0.59	0.39	−0.2	−0.19	−0.1	−0.10	−0.03	−0.08
C	0.56	−0.02	0.02	−0.07	0.1	−0.03	−0.07	−0.02
D	0.80	−0.16	0.00	0.08	−0.03	−0.06	−0.02	0.02
E	−0.23	−0.19	−0.15	−0.07	−0.02	0.07	−0.07	0.06
k	1	2	3	4	5	6	7	8
A	−0.08	−0.07	0.01	−0.02	0.03	−0.07	0.02	0.05
B	0.07	−0.10	0.04	0.01	−0.03	0.00	0.00	−0.12
C	−0.05	−0.05	0.05	−0.03	0.02	−0.02	0.01	0.02
D	0.00	0.04	−0.02	−0.09	−0.04	0.01	0.00	0.09
E	0.07	−0.09	0.03	0.05	0.00	0.01	0.00	0.10

试问下面确定的模型类别和阶数是否合理：

(1) 序列 A 具有 MA(1)模型；

(2) 序列 B 具有 MA(2)模型；

(3) 序列 C 具有 AR(1)模型.

解 (1) 由图 4-1(a)及图 4-1(b)可见 $\hat{\rho}_k$ 截尾，$\hat{\phi}_{kk}$ 拖尾. 由于$\frac{2}{\sqrt{n}}=\frac{2}{\sqrt{300}}\approx 0.12$，而当 $k>1$ 时，$|\hat{\rho}_k|<0.12$，所以 $\hat{\rho}_k$ 在 $k=1$ 处截尾，因此线性模型是一阶滑动平均，即 MA(1)模型.

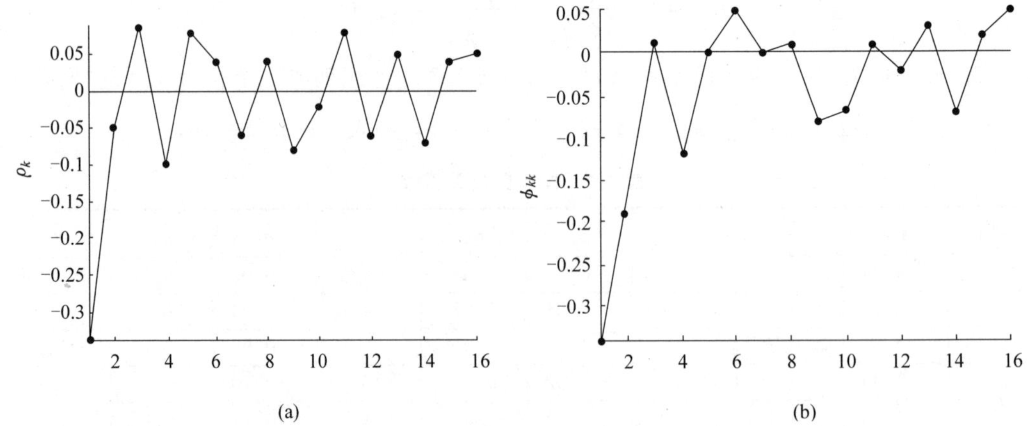

图 4-1

(2) 由图 4-2(a)和图 4-2(b)可见 $\hat{\rho}_k$ 截尾,$\hat{\phi}_{kk}$ 拖尾. 由于$\frac{2}{\sqrt{n}}=\frac{2}{\sqrt{300}}\approx 0.12$,而当 $k>2$ 时,$|\hat{\rho}_k|<0.12$,所以 $\hat{\rho}_k$ 在 $k=2$ 处截尾(其中第 10 个,第 11 个数据可以认为是带有噪声的数据),因此线性模型是二阶滑动平均,即 MA(2)模型.

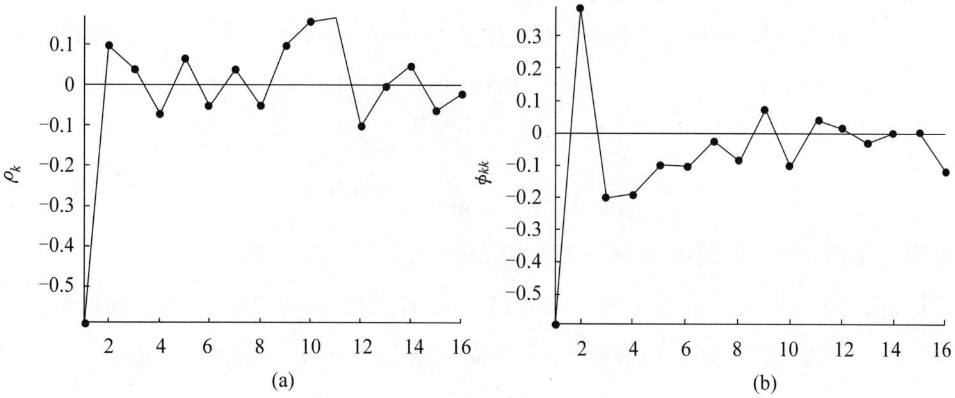

图 4-2

(3) $\frac{2}{\sqrt{n}}=\frac{2}{\sqrt{300}}\approx 0.12$. 由图 4-3(a)和图 4-3(b)可见 $\hat{\rho}_k$ 拖尾,$\hat{\phi}_{kk}$ 截尾.

当 $k>1$ 时,$|\hat{\phi}_{kk}|<0.12$,所以认为 $\hat{\phi}_{kk}$ 在 $k=1$ 处截尾,因此该线性模型是一阶自回归模型(即 AR(1)模型).

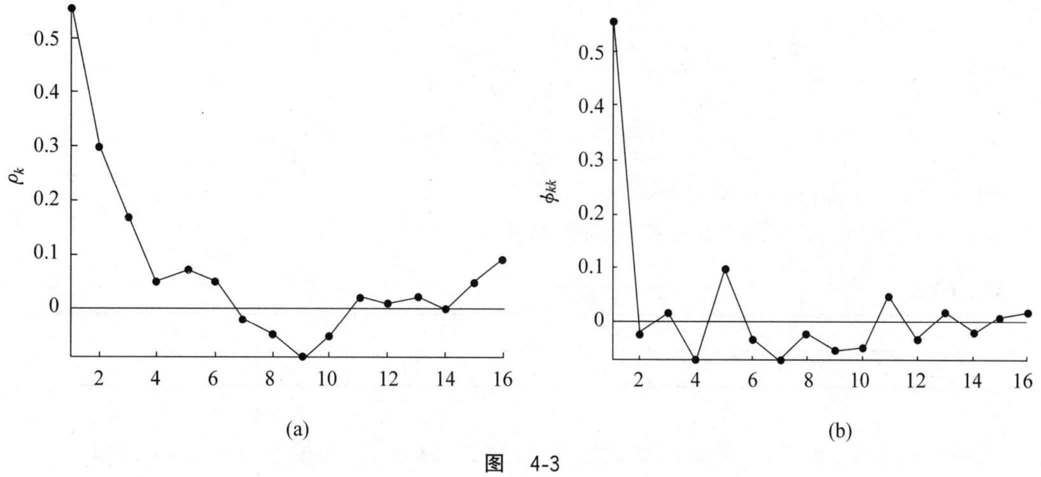

图 4-3

14. 用参数估计法求 13 题中四个平稳序列 A,C,D,E 关于 W_t 的线性模型,并求 $\hat{\sigma}_a^2$ 的数值.

解 (1) A 序列为 MA(1)模型,计算所需数据 $\hat{\rho}_1=-0.34$,$\hat{\gamma}_0=1.23$,所以

$$\hat{\theta}_1=\frac{-2\hat{\rho}_1}{1+\sqrt{1-4\hat{\rho}_1^2}}=\frac{-2\times(-0.34)}{1+\sqrt{1-4\times(0.34)^2}}=0.39,$$

$$\hat{\sigma}_a^2=\hat{\gamma}_0\ \frac{1+\sqrt{1-4\hat{\rho}_1^2}}{2}=1.23\times\frac{1+\sqrt{1-4\times(-0.34)^2}}{2}=1.07.$$

从而得到关于 W_t 的线性模型为 $W_t=a_t-0.39a_{t-1}$.

(2) C 序列为 AR(1)模型，计算所需数据 $\hat{\rho}_1=0.56$，$\hat{\gamma}_0=1.57$，所以 $\hat{\phi}_1=\hat{\rho}_1=0.56$，从而得到关于 W_t 的线性模型为 $W_t-0.56W_{t-1}=a_t$.

$$\hat{\sigma}_a^2=\hat{\gamma}_0(1-\hat{\rho}_1^2)=1.57\times(1-0.56^2)=1.08.$$

(3) D 序列为 AR(2)模型，计算所需数据 $\hat{\rho}_1=0.80$，$\hat{\rho}_2=0.59$，$\hat{\gamma}_0=2.72$，所以

$$\hat{\phi}_1=\frac{\hat{\rho}_1(1-\hat{\rho}_2)}{1-\hat{\rho}_1^2}=\frac{0.8\times(1-0.59)}{1-0.8^2}=0.91,$$

$$\hat{\phi}_2=\frac{\hat{\rho}_2-\hat{\rho}_1^2}{1-\hat{\rho}_1^2}=\frac{0.59-0.8^2}{1-0.8^2}=-0.14,$$

从而得到关于 W_t 的线性模型为 $W_t-0.91W_{t-1}+0.14W_{t-2}=a_t$.

$$\hat{\sigma}_a^2=\hat{\gamma}_0(1-\hat{\phi}_1\hat{\rho}_1-\hat{\phi}_2\hat{\rho}_2)=2.72\times(1-0.91\times0.8+0.14\times0.59)=0.96.$$

(4) E 序列为 ARMA(1,1)模型，计算所需数据 $\hat{\rho}_1=-0.23$，$\hat{\rho}_2=-0.13$，$\hat{\gamma}_0=1.19$.

由 $\hat{\rho}_1=\dfrac{\hat{\gamma}_1}{\hat{\gamma}_0}$ 得 $\hat{\gamma}_1=\hat{\rho}_1\hat{\gamma}_0=-0.27$，则

$$\hat{\phi}_1=\frac{\hat{\rho}_2}{\hat{\rho}_1}=\frac{-0.13}{0.23}=0.57,$$

$$b=\frac{1}{\hat{\rho}-\hat{\phi}_1}(1-2\hat{\rho}_2+\hat{\phi}_1)=\frac{1-2\times(-0.13)+0.57}{-0.23-0.57}=2.29,$$

$$\hat{\theta}_1=-\frac{1}{2}(b\mp\sqrt{b^2-4})=1,$$

$$\hat{\sigma}_a^2=\frac{1+\sqrt{1-4\hat{\rho}_1^2}}{2}(\hat{\gamma}_0+\hat{\phi}_1^2\hat{\gamma}_0-2\hat{\phi}_1\hat{\gamma}_1)=0.94.$$

从而得到关于 W_t 的线性模型为 $W_t-0.57W_{t-1}=a_t-a_{t-1}$.

15. 平稳序列 $\{W_t\}$ 的样本自相关函数如表 4-7：

表 4-7

k	1	2	3	4	5
$\hat{\rho}_k$	0.449	0.056	−0.023	0.028	0.013

$\hat{Z}=-0.34$，$\hat{\gamma}_0=1.34$，假定模型识别为 MA(1)，试求 Z_t 的模型方程和 $\hat{\sigma}_a^2$ 的值.

解 $\hat{\rho}_1=0.449$，$\hat{\gamma}_0=1.34$，$\hat{Z}=-0.34$，故

$$\hat{\theta}_1=\frac{-2\hat{\rho}_1}{1+\sqrt{1-4\hat{\rho}_1^2}}=\frac{-2\times0.449}{1+\sqrt{1-4\times(0.449)^2}}=-0.62,$$

$$\hat{\sigma}_a^2=\hat{\gamma}_0\ \frac{1+\sqrt{1-4\hat{\rho}_1^2}}{2}=1.34\times\frac{1+\sqrt{1-4\times(0.449)^2}}{2}=0.96,$$

从而得到关于 W_t 的线性模型为 $W_t=a_t+0.62a_{t-1}$.

将 $W_t=Z_t-\hat{Z}=Z_t+0.34$ 代入上式的关于 Z_t 的线性模型为

$$Z_t + 0.34 = a_t + 0.62a_{t-1},\quad \text{即}\quad Z_t = -0.34 + a_t + 0.62a_{t-1}.$$

16. 平稳序列 $\{W_t\}$ 的样本自相关函数如表 4-8:

表 4-8

k	1	2	3	4	5
$\hat{\rho}_k$	-0.719	0.337	-0.083	0.075	-0.088

$\hat{Z}=-0.05$,$\hat{\gamma}_0=2.32$,假定模型识别为 ARMA(1,1),试求 Z_t 的模型方程和 $\hat{\sigma}_a^2$ 的值.

解 由于 $\hat{\rho}_1=-0.719$,$\hat{\rho}_2=0.337$,$\hat{\phi}_1=\dfrac{\hat{\rho}_2}{\hat{\rho}_1}=-0.47$,所以

$$\hat{\theta}_1 = -\frac{1}{2}(b \mp \sqrt{b^2-4}) = 0.64 \quad \left(\text{其中 } b = \frac{1}{\hat{\rho}_1 - \hat{\phi}_1}(1 - 2\hat{\rho}_2 + \hat{\phi}_1^2)\right),$$

从而得到关于 W_t 的线性模型为 $W_t+0.47W_{t-1}=a_t-0.64a_{t-1}$.

将 $W_t=Z_t-\hat{Z}=Z_t+0.05$ 代入上式,得关于 Z_t 的线性模型

$$Z_t = -0.07 - 0.47Z_{t-1} + a_t - 0.64a_{t-1},$$

$$\hat{\sigma}_a^2 = \frac{1+\sqrt{1-4(\rho_1^{w'})^2}}{2}(\hat{\gamma}_0 + \hat{\phi}_1\hat{\gamma}_0 - 2\hat{\phi}\hat{\gamma}_1) = 0.88.$$

17. 平稳序列 $\{W_t\}$ 的样本自相关函数如表 4-9:

表 4-9

k	1	2	3	4	5
$\hat{\rho}_k$	0.427	0.475	0.169	0.253	0.126

$\hat{Z}=0.09$,$\hat{\gamma}_0=1.15$,假定模型识别为 AR(2),试求 Z_t 的模型方程和 $\hat{\sigma}_a^2$ 的值.

解 由于 $\hat{\rho}_1=0.427$,$\hat{\rho}_2=0.475$,$\hat{\gamma}_0=1.15$,故

$$\hat{\phi}_1 = \frac{\hat{\rho}_1(1-\hat{\rho}_2)}{1-\hat{\rho}_1^2} = 0.27,\quad \hat{\phi}_2 = \frac{\hat{\rho}_2 - \hat{\rho}_1^2}{1-\hat{\rho}_1^2} = 0.36,$$

从而得到关于 W_t 的线性模型为 $W_t-0.27W_{t-1}-0.36W_{t-2}=a_t$.

将 $W_t=Z_t-\hat{Z}=Z_t-0.09$ 代入上式得

$$Z_t = 0.03 + 0.27Z_{t-1} + 0.36Z_{t-2} + a_t,$$

$$\hat{\sigma}_a^2 = \hat{\gamma}_0(1 - \hat{\phi}_1\hat{\rho}_1 - \hat{\phi}_2\hat{\rho}_2) = 0.82.$$

18. 由样本自相关函数 $\hat{\rho}_k\ (k\geqslant 1)$ 作参数估计得到的线性模型 $W_t-\hat{\phi}_1W_{t-1}-\cdots-\hat{\phi}_pW_{t-p}=a_t-\hat{\theta}_1a_{t-1}-\cdots-\hat{\theta}_qa_{t-q}$,要求 $(\hat{\phi}_1,\cdots,\hat{\phi}_p)$ 落在平稳域中,且 $(\hat{\theta}_1,\cdots,\hat{\theta}_q)$ 落在可逆域中.这样对 $\hat{\rho}_k$ 需要满足一定要求,即在允许域内取值,试证:

(1) AR(1)模型的允许域为 $-1<\hat{\rho}_1<1$;

(2) AR(2)模型的允许域为 $-1<\hat{\rho}_2<1$,$\hat{\rho}_1^2<\dfrac{1}{2}(\hat{\rho}_2+1)$;

(3) MA(1)模型的允许域为 $-0.5<\hat{\rho}_1<0.5$.

证明 (1) AR(1)模型的平稳域为 $-1<\phi_1<1$.由于 $\phi_1=\hat{\rho}_1$,则 AR(1)模型的允许域

为$-1<\hat{\rho}_1<1$.

(2) AR(2)模型的平稳域为$-1<\phi_2<1,\phi_2\pm\phi_1<1$.对于 AR(2)模型有

$$\hat{\phi}_1=\frac{\hat{\rho}_1(1-\hat{\rho}_2)}{1-\hat{\rho}_1^2},\quad \hat{\phi}_2=\frac{\hat{\rho}_2-\hat{\rho}_1^2}{1-\hat{\rho}_1^2},$$

整理得$-1<\hat{\rho}_2<1,\hat{\rho}_1^2<\frac{1}{2}(\hat{\rho}_2+1)$.

(3) MA(1)模型的可逆域为$-1<\theta_1<1$.由

$$\hat{\theta}_1=\frac{-2\hat{\rho}_1}{1+\sqrt{1-4\hat{\rho}_1^2}},\quad 有\quad -1<\frac{-2\hat{\rho}_1}{1+\sqrt{1-4\hat{\rho}_1^2}}<1.$$

从而有 MA(1)模型的允许域为$-0.5<\hat{\rho}_1<0.5$.

19. 平稳序列$\{Z_t\}$的线性模型为$Z_t=0.05-0.8Z_{t-1}+a_t$,而$\hat{\sigma}_a^2=1.2$,已知观察值$Z_{100}=3.2$,试用递推法求预报值$\hat{Z}_{100}(1),\hat{Z}_{100}(2),\hat{Z}_{100}(3)$,并求置信概率为95%的一步预报绝对误差的范围(假定正态平稳序列).

解 因为自回归模型的预报公式为$\hat{Z}_{k+l}=0.05-0.8\hat{Z}_{k+l-1}$,则

$$\hat{Z}_{101}=\hat{Z}_{100}(1)=0.05-0.8Z_{100}=0.05-0.8\times3.2=-2.51,$$

$$\hat{Z}_{102}=\hat{Z}_{100}(2)=0.05-0.8\hat{Z}_{101}=0.05-0.8\times(-2.51)=2.06,$$

$$\hat{Z}_{103}=\hat{Z}_{100}(3)=0.05-0.8\hat{Z}_{102}=0.05-0.8\times2.06=-1.6.$$

由已知条件该序列为正态平稳序列,且$\hat{\sigma}_a^2=1.20$,则$2\sqrt{\hat{\sigma}_a^2}=2.19$,知置信概率为95%的一步预报绝对误差范围为2.19.

20. 平稳序列$\{Z_t\}$的线性模型为$Z_t=-0.34+0.62a_{t-1}$,而$\hat{\sigma}_a^2=0.96$,利用观察值$Z_1,Z_2,\cdots,Z_{50}$算得$\hat{a}_{50}=1.26$试用递推法求预报值$\hat{Z}_{50}(1),\hat{Z}_{50}(2),\hat{Z}_{50}(3)$.

解 滑动平均模型的预报

由$Z_t=-0.34+a_t+0.62a_{t-1}$得$\mu=-0.34,\theta_1=-0.62$,代入预报公式得$\hat{Z}_{k+l}=-0.34+0.62\hat{a}_{k+l-1}$,从而

$$\hat{Z}_{50}(1)=-0.34+0.62\hat{a}_{50}=-0.34+0.62\times1.26=0.44.$$

由基本定理知$\hat{a}_{51}=\hat{a}_{52}=0$,从而有

$$\hat{Z}_{50}(2)=-0.34+0.62\hat{a}_{51}=-0.34+0=-0.34=\hat{Z}_{50}(3).$$

21. 平稳序列$\{Z_t\}$的线性模型为$Z_t=1.72+a_t-1.1a_{t-1}+0.23a_{t-2}$,而$\hat{\sigma}_a^2=0.98$,利用观察值$Z_1,Z_2,\cdots,Z_{50}$算得$\hat{a}_{50}=1.47,\hat{a}_{49}=0.73$,试用递推法求预报值$\hat{Z}_{50}(1),\hat{Z}_{50}(2),\hat{Z}_{50}(3)$.

解 由$Z_t=1.72+a_t-1.1a_{t-1}+0.23a_{t-2}$,得$\mu=1.72,\theta_1=1.1,\theta_2=-0.23$,代入预报公式得$\hat{Z}_{k+l}=1.72-1.1\hat{a}_{k+l-1}+0.23\hat{a}_{k+l-2}$,由此得

$$\begin{aligned}\hat{Z}_{50}(1)&=1.72-1.1\hat{a}_{50}+0.23\hat{a}_{49}\\&=1.72-1.1\times1.47+0.23\times0.73=0.27.\end{aligned}$$

由基本定理知 $\hat{a}_{51}=\hat{a}_{52}=\hat{a}_{53}=0$,从而有

$$\hat{Z}_{50}(2)=1.72-1.1\hat{a}_{51}+0.23\hat{a}_{50}=1.72+0.23\times1.47=2.06,$$

$$\hat{Z}_{50}(3)=1.72-1.1\hat{a}_{52}+0.23\hat{a}_{51}=1.72.$$

22. 平稳序列 $\{Z_t\}$ 的线性模型为 $Z_t=-0.07-0.47Z_{t-1}+a_t-0.66a_{t-1}$,而 $\hat{\sigma}_a^2=0.88$,利用观察值 $Z_1,Z_2,\cdots,Z_{50}$ 算得 $\hat{a}_{50}=0.83$,$Z_{50}=23.7$,用递推法求预报值 $\hat{Z}_{50}(1)$,$\hat{Z}_{50}(2)$,$\hat{Z}_{50}(3)$.

解 混合模型的预报

由 $Z_t=-0.07-0.47Z_{t-1}+a_t-0.66a_{t-1}$,得

$$Z_{k+l}=-0.07-0.47Z_{k+l-1}+a_{k+l}-0.66a_{k+l-1}.$$

两边取估计值得,$\hat{Z}_{k+l}=-0.07-0.47\hat{Z}_{k+l-1}-0.66\hat{a}_{k+l-1}$.

由基本定理知 $\hat{a}_{51}=\hat{a}_{52}=0$,从而有

$$\begin{aligned}\hat{Z}_{50}(1)&=-0.07-0.47\hat{Z}_{50}-0.66\hat{a}_{50}=-0.07-0.47\times23.7-0.66\times0.83\\&=-11.76,\end{aligned}$$

$$\begin{aligned}\hat{Z}_{50}(2)&=-0.07-0.47\hat{Z}_{51}-0.66\hat{a}_{51}=-0.07-0.47\times(-11.76)-0\\&=5.46,\end{aligned}$$

$$\hat{Z}_{50}(3)=-0.07-0.47\hat{Z}_{52}-0.66\hat{a}_{52}=-0.07-0.47\times5.46-0=-2.64.$$

23. MA(q)模型 $W_t=a_t-\theta_1a_{t-1}-\theta_qa_{t-q}$,试证:当 $l>q$ 时,$\hat{W}_k(l)=0$.

证明 对于 MA(q)模型作 l 步预报,有

$$\hat{W}_k(l)=\hat{W}_{k+l}=\hat{a}_{k+l}-\theta_1\hat{a}_{k+l-1}-\theta_q\hat{a}_{k+l-q}.$$

由 $l>q$,有 $\hat{a}_{k+l-q}=\hat{a}_{k+l-(q-1)}=\cdots=\hat{a}_{k+l-1}=\hat{a}_{k+l}=0$,因此 $\hat{W}_k(l)=0$.

24. 平稳序列 $\{W_t\}$ 具有 ARMA 模型,已知 $W_t(-\infty<t<+\infty)$ 的值,试证:当 $t\leqslant k$ 时,$\hat{a}_t=a_t$.

证明 ARMA 模型的逆转形式

$$a_t=W_t-\sum_{k=1}^{\infty}I_kW_{t-k}. \tag{4.7}$$

根据基本引理,对于平稳序列 $\{W_t\}$,有

$$\hat{W}_j=W_j. \tag{4.8}$$

由式(4.7),式(4.8)有

$$a_t=W_t-\sum_{k=1}^{\infty}I_kW_{t-k}=\hat{W}_t-\sum_{k=1}^{\infty}I_k\hat{W}_{t-k}=\hat{a}_t\ (t\leqslant k).$$

25. AR(2)模型,$(1-\phi_1B-\phi_2B^2)W_t=a_t$,求 $E([\hat{e}_k(l)]^2)$.

解 由本节第 6 题知格林函数 $G_k=\dfrac{\lambda_1^{k+1}-\lambda_2^{k+1}}{\lambda_1-\lambda_2}$,从而

$$E([\hat{e}_k(l)]^2)=\sigma_a^2\sum_{k=0}^{l-1}G_k^2=\sigma_a^2\sum_{k=0}^{l-1}\left(\frac{\lambda_1^{k+1}-\lambda_2^{k+1}}{\lambda_1-\lambda_2}\right)^2$$

$$=\frac{\sigma_a^2}{(\lambda_1-\lambda_2)^2}\left[\sum_{k=0}^{l-1}(\lambda_1^{2k+2}-2\lambda_1^{k+1}\lambda_2^{k+1}+\lambda_2^{2k+2})\right]$$

$$=\frac{\sigma_a^2}{(\lambda_1-\lambda_2)^2}\left[\lambda_1^2\frac{1-\lambda_1^{2l}}{1-\lambda_1^2}+\lambda_2^2\frac{1-\lambda_2^{2l}}{1-\lambda_2^2}-2\lambda_1\lambda_2\frac{1-\lambda_1^l\lambda_2^l}{1-\lambda_1\lambda_2}\right].$$

26. (1) AR(1)模型 $W_t-0.56W_{t-1}=a_t$, $\hat{\sigma}_a^2=1.06$. 已知 $W_k=6.7$,试求 l 步预报值 $\hat{W}_k(l)$,并求置信概率为95%的 l 步预报绝对误差范围(假定正态平稳序列);

(2) AR(2)模型 $W_t-0.90W_{t-1}+0.14W_{t-2}=a_t$. 已知 $W_k=3.2$, $W_{k-1}=-0.7$,试求 l 步预报值 $\hat{W}_k(l)$;

(3) MA(1)模型 $W_t=a_t-0.39a_{t-1}$. 已知 $W_1,W_2,\cdots,W_k$(k 很大)的值,试求1步预报值 $\hat{W}_k(1)$;

(4) MA(2)模型 $W_t=a_t-1.1a_{t-1}+0.24a_{t-2}$. 已知 $W_1,W_2,\cdots,W_k$(k 很大)的值,试求预报值 $\hat{W}_k(1)$, $\hat{W}_k(2)$;

(5) ARMA(1,1)模型 $W_t-0.56W_{t-1}=a_t-0.90a_{t-1}$. 已知 $W_1,W_2,\cdots,W_k$(k 很大)的值,试求预报值 $\hat{W}_k(l)$.

解 (1) 因为 $\hat{W}_k(l)=W_k\phi_1^l$,而 $W_k=6.7$, $\phi_1=0.56$,所以

$$\hat{W}_k(l)=\hat{W}_k\phi_1^l=6.7\times(0.56)^l.$$

又 $\hat{\sigma}_a^2=1.06$, $G_j=\phi_1^j=0.56^j$, $\sqrt{\sum_{j=0}^{l-1}G_j^2}=\sqrt{\sum_{j=0}^{l-1}0.56^{2j}}=\sqrt{\frac{1-0.56^{2l}}{1-0.56^2}}$,则置信概率0.95下 l 步预报绝对误差范围为

$$2\sqrt{\sum_{j=0}^{l-1}G_j^2}\cdot\hat{\sigma}_a^2=2.12\sqrt{\sum_{j=0}^{l-1}G_j^2}=2.56\sqrt{1-0.56^{2l}}.$$

(2) 由 $\Phi(B)=1-0.9B+0.14B^2=0$ 解得 $\lambda_1=0.2$, $\lambda_2=0.7$,且已知 $W_k=3.2$, $W_{k-1}=-0.7$,从而有 l 步预报值

$$\hat{W}_k(l)=W_k\frac{\lambda_1^{l+1}-\lambda_2^{l+1}}{\lambda_1-\lambda_2}-W_{k-1}\frac{\lambda_1\lambda_2(\lambda_1^l-\lambda_2^l)}{\lambda_1-\lambda_2}$$

$$=6.4(0.7^{l+1}-0.2^{l+2})+0.2(0.7^l-0.2^l).$$

(3) 当 k 很大时,有

$$\hat{W}_k(1)\approx-\sum_{j=1}^{k}\theta_1^jW_{k+1-j}.$$

由已知 $\theta_1=0.39$,从而 $\hat{W}_k(1)\approx-\sum_{j=1}^{k}(0.39)^jW_{k+1-j}$.

(4) $\theta_1=1.1$, $\theta_2=-0.24$. 令 $\Theta(B)=1-1.1B+0.24B^2=0$,解得 $\mu_1=0.3$, $\mu_2=0.8$,因此

$$\hat{W}_k(1)=\sum_{j=1}^{k}\frac{\mu_1^{j+1}-\mu_2^{j+1}}{\mu_1-\mu_2}W_{k+1-j}=\sum_{j=1}^{k}\frac{(0.8)^{j+1}-(0.3)^{j+1}}{-0.5}W_{k+1-j}$$

$$=-2\sum_{j=1}^{k}[(0.8)^{j+1}-(0.3)^{j+1}]W_{k+1-j},$$

$$\hat{W}_k(2) \approx \sum_{j=1}^{k} \frac{1}{\mu_1 - \mu_2} [2(\mu_2^{j+2} - \mu_1^{j+2}) + \mu_1\mu_2(\mu_2^j - \mu_1^j)] W_{k+1-j}$$
$$= -2\sum_{j=1}^{k} [2(0.8^{j+2} - 0.3^{j+2}) + 0.24(0.8^j - 0.3^j)] W_{k+1-j}.$$

(5) $\phi_1 = 0.56, \theta_1 = 0.9$，当 k 很大时，有

$$\hat{W}_k(l) \approx \phi_1^{l-1} \sum_{j=1}^{k} \theta_1^{j-1}(\theta_1 - \phi_1) W_{k+1-j}$$
$$= (0.56)^{l-1} \sum_{j=1}^{k} (0.9)^{j-1}(0.9 - 0.56) W_{k+1-j}$$
$$= 0.34(0.56)^{l-1} \sum_{j=1}^{k} (0.9)^{j-1} W_{k+1-j}.$$

4.5 自主练习题

1. 试求线性模型 $W_t = a_t - 0.8a_{t-1}$ 的逆转形式，并写出逆函数.

2. 试求线性模型 $W_t - 1.6W_{t-2} + 0.63W_{t-3} = a_t + 0.4a_{t-1}$ 的传递形式和逆转形式，并写出格林函数和逆函数.

3. 试求模型 $W_t = a_t - 0.5a_{t-1} + 0.4a_{t-2}$（其中 $\{a_t\}$ 为白噪声序列）的自相关函数与偏相关函数 $\varphi_{kk}, k=1,2,3$.

4. 试求 AR(2)模型 $W_t = 0.1W_{t-1} + 0.4W_{t-2} + a_t$ 的自相关函数 ρ_1, ρ_2, ρ_3，并讨论其平稳性.

5. 由 $\{W_t\}$ 的样本数据计算得 $\hat{\gamma}_0 = 51.8$，$\hat{\rho}_k$ 的前 3 个值如下：

$$\hat{\rho}_0 = 1, \quad \hat{\rho}_1 = 0.58, \quad \hat{\rho}_2 = 0.4.$$

试求 AR(2)模型的参数 $\hat{\phi}_1, \hat{\phi}_2, \hat{\sigma}^2$ 的估计.

6. 一平稳序列 $\{W_t\}$ 的样本自相关函数 $\hat{\rho}_k$ 及样本偏相关函数 $\hat{\varphi}_{kk}$ $(k=1,2,3,4,5)$ 如表 4-10($n=200$)所示. $\hat{\gamma}_0 = 3.34$，$\hat{\mu} = 0.03$. (1)判定该模型的类型，(2)求 Z_t 的方程并对方差 $\hat{\sigma}_a^2$ 做出估计.

表 4-10

k	1	2	3	4	5
$\hat{\rho}_k$	−0.800	0.670	−0.518	0.390	−0.310
$\hat{\varphi}_{kk}$	−0.800	0.085	0.112	−0.046	−0.061

7. 对于 AR(3)模型 $W_t - \phi_1 W_{t-1} - \phi_2 W_{t-2} - \phi_3 W_{t-3} = a_t$，试给出参数 $\hat{\phi}_1, \hat{\phi}_2, \hat{\phi}_3$ 与方差 $\hat{\sigma}^2$ 的计算公式.

8. 设 MA(2)模型 $W_t = a_t - a_{t-1} + 0.24a_{t-2}$，试求 $\hat{W}_k(1), \hat{W}_k(2)$.

9. 设有平稳序列 $\{Z_t\}$ 的线性模型 $Z_t = 26.7 - 0.3Z_{t-1} + a_t - 0.2a_{t-1}$，利用观察值 $Z_1, Z_2, \cdots, Z_{100}$ 算得 $\hat{a}_{100} = 1.3$，$Z_{100} = 25.1$，用递推法求估计值 $\hat{Z}_{100}(1), \hat{Z}_{100}(2), \hat{Z}_{100}(3)$.

10. 设 AR(2)模型 $W_t - 0.27W_{t-1} - 0.36W_{t-2} = a_t$，且 $\{W_t\}$ 为实平稳正态序列，而

$\hat{\sigma}_a^2=0.82$,已知观察值 $W_{100}=3.6, W_{99}=5.7$,试用递推法求预报值 $\hat{W}_{100}(1), \hat{W}_{100}(2)$, $\hat{W}_{100}(3)$,并求置信度为 0.95 的一步预报绝对误差的范围.

4.6 自主练习题参考解答

1. 解 模型为 MA(1)模型. 因为 $\Phi(B)=1, \Theta(B)=1-0.8B$,所以

$$I(B)=\frac{1}{\Theta(B)}=\frac{1}{1-0.8B}=\sum_{k=0}^{\infty}(0.8)^k B^k.$$

故有逆函数

$$I_0=1, \quad I_k=-(0.8)^k, \quad k\geqslant 1,$$

而逆转形式为

$$a_t=\sum_{k=0}^{\infty}(0.8)^k W_{t-k}.$$

2. 解 因为 $\Phi(B)=1-1.6B+0.63B^2, \Theta(B)=1+0.4B$,所以

$$\begin{aligned}
G(B)&=\frac{\Theta(B)}{\Phi(B)}=\frac{1+0.4B}{1-1.6B+0.63B^2}=\frac{1+0.4B}{(1-0.7B)(1-0.9B)}\\
&=(1+0.4B)\left[\frac{\frac{9}{2}}{1-0.9B}-\frac{\frac{7}{2}}{1-0.7B}\right]\\
&=(1+0.4B)\left[\frac{9}{2}\sum_{k=0}^{\infty}(0.9B)^k-\frac{7}{2}\sum_{k=0}^{\infty}(0.7B)^k\right]\\
&=1+\sum_{k=0}^{\infty}\frac{1}{2}[13\times(0.9)^k-11\times(0.7)^k]B^k.
\end{aligned}$$

因此格林函数为

$$G_0=1, \quad G_k=\frac{1}{2}[13\times(0.9)^k-11\times(0.7)^k], \quad k=1,2,\cdots,$$

传递形式为

$$W_t=a_t+\sum_{k=1}^{\infty}\frac{1}{2}[13\times(0.9)^k-11\times(0.7)^k]a_{t-k}, \quad t=0,\pm 1,\pm 2,\cdots.$$

又

$$\begin{aligned}
I(B)&=\frac{\Phi(B)}{\Theta(B)}=\frac{1-1.6B+0.63B^2}{1+0.4B}\\
&=(1-1.6B+0.63B^2)\sum_{k=0}^{\infty}(-0.4B)^k\\
&=\sum_{k=0}^{\infty}(-0.4)^k B^k-\sum_{k=0}^{\infty}1.6\times(-0.4)^k B^{k+1}+\sum_{k=0}^{\infty}0.63\times(-0.4)^k B^{k+2}\\
&=1-0.4B+\sum_{k=2}^{\infty}(-0.4)^k B^k-1.6B-\sum_{l=1}^{\infty}1.6\times(-0.4)^{l-1}B^l+\\
&\quad\sum_{l=2}^{\infty}0.63\times(-0.4)^{l-2}B^l
\end{aligned}$$

$$=1-2B+\sum_{k=2}^{\infty}[(-0.4)^k-1.6\times(-0.4)^{k-1}+0.63\times(-0.4)^{k-2}]B^k$$

$$=1-2B-\sum_{k=2}^{\infty}[-(-0.4)^k+1.6\times(-0.4)^{k-1}-0.63\times(-0.4)^{k-2}]B^k,$$

所以逆函数为

$$I_0=1,\quad I_1=2,$$

$$I_k=-(-0.4)^k+1.6\times(-0.4)^{k-1}-0.63\times(-0.4)^{k-2},\quad k=2,3,\cdots,$$

逆转形式为

$$a_t=W_t-2W_{t-1}-\sum_{k=2}^{\infty}[-(-0.4)^k+1.6\times(-0.4)^{k-1}-0.63\times(-0.4)^{k-2}]W_{t-k},$$

$$t=0,\pm1,\pm2,\cdots.$$

3. 解 因为 $W_t=a_t-0.5a_{t-1}+0.4a_{t-2}$，所以 $\theta_1=0.5,\theta_2=-0.4,\sigma^2=E(a_t^2)$，故

$$\gamma_0=(1+\theta_1^2+\theta_2^2)\sigma^2=(1+0.5^2+0.4^2)\sigma^2=1.41\sigma^2,$$

$$\gamma_1=(-\theta_1+\theta_1\theta_2)\sigma^2=(-0.5-0.5\times0.4)\sigma^2=-0.7\sigma^2,$$

$$\gamma_2=-\theta_2\sigma^2=0.4\sigma^2,\text{当 }k\geqslant3\text{ 时},\gamma_k=E(W_tW_{t+k})=0.$$

于是有 $\rho_0=\dfrac{\gamma_0}{\gamma_0}=1,\rho_1=\dfrac{\gamma_1}{\gamma_0}=-0.496,\rho_2=\dfrac{\gamma_2}{\gamma_0}=0.284$，当 $k\geqslant3$ 时，$\rho_k=0$.

因此 $\varphi_{11}=\rho_1=-0.496$，

$$\varphi_{22}=(\rho_2-\rho_1^2)(1-\rho_1^2)^{-1}=(0.284-0.496^2)(1-0.496^2)^{-1}=0.05,$$

$$\varphi_{33}=\frac{\begin{vmatrix}1&\rho_1&\rho_1\\\rho_1&1&\rho_2\\\rho_2&\rho_1&\rho_3\end{vmatrix}}{\begin{vmatrix}1&\rho_1&\rho_2\\\rho_1&1&\rho_1\\\rho_2&\rho_1&1\end{vmatrix}}=\frac{\begin{vmatrix}1&-0.496&-0.496\\-0.496&1&0.284\\0.284&-0.496&0\end{vmatrix}}{\begin{vmatrix}1&-0.496&0.284\\-0.496&1&-0.496\\0.284&-0.496&1\end{vmatrix}}=0.21.$$

4. 解 因为 $\phi_1=0.1,\phi_2=0.4$，所以

$$\rho_1=\frac{\phi_1}{1-\phi_2}=\frac{0.1}{1-0.4}\approx0.1667,$$

$$\rho_2=\frac{\phi_1^2}{1-\phi_2}+\phi_2=\frac{0.1^2}{1-0.4}+0.4\approx0.4167,$$

$$\rho_3=\phi_1\rho_2+\phi_2\rho_1=0.1\times0.4167+0.4\times0.1667\approx0.1085.$$

由于 $\Phi(B)=1-0.1B-0.4B^2=0$ 的根为

$$B_1=\frac{0.1+\sqrt{0.01-4\times(-0.4)}}{2\times(-0.4)}\approx-1.75,$$

$$B_2=\frac{0.1-\sqrt{0.01-4\times(-0.4)}}{2\times(-0.4)}\approx1.5,$$

故 $|B_1|>1,|B_2|>1$，即模型满足平稳性的条件.

5. 解 由 $\hat{\gamma}_0=51.8,\hat{\rho}_1=0.58,\hat{\rho}_2=0.4$ 得

$$\hat{\phi}_1=\frac{\hat{\rho}_1(1-\hat{\rho}_2)}{1-\hat{\rho}_1^2}=\frac{0.348}{0.664}=0.524,\quad \hat{\phi}_2=\frac{\hat{\rho}_2-\hat{\rho}_1^2}{1-\hat{\rho}_1^2}=\frac{0.064}{0.664}=0.096,$$

$$\begin{aligned}\hat{\sigma}^2&=\hat{\gamma}_0(1-\hat{\phi}_1\hat{\rho}_1-\hat{\phi}_2\hat{\rho}_2)\\&=51.8\times(1-0.524\times0.58-0.096\times0.4)=34.07.\end{aligned}$$

6. 解 (1) 分别画出 $\hat{\rho}_k$ 和 $\hat{\varphi}_{kk}$ 的图形,如图 4-4 所示.

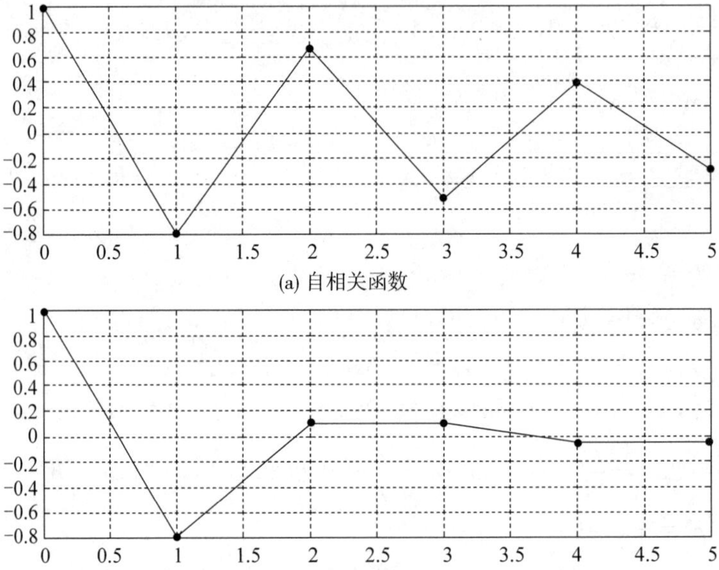

(a) 自相关函数

(b) 偏相关函数

图 4-4

由于 $\frac{2}{\sqrt{n}}=\frac{2}{\sqrt{200}}\approx0.14$. 当 $k>1$ 时,$|\hat{\varphi}_{kk}|<0.14$,所以 φ_{kk} 在 $k=1$ 处截尾. 而 ρ_k 拖尾,故该模型为 AR(1)模型.

(2) $\hat{\rho}_1=-0.80,\hat{\gamma}_0=3.34$,则有

$$\hat{\phi}_1=\hat{\rho}_1=-0.80,\quad \hat{\sigma}_a^2=\hat{\gamma}_0(1-\hat{\rho}_1^2)=3.34\times(1-(-0.8)^2)=1.20.$$

从而得到关于 W_t 的线性模型为 $W_t-0.8W_{t-1}=a_t$.

将 $W_t=Z_t-\hat{\mu}=Z_t-0.03$ 代入上式得到关于 Z_t 的线性模型

$$Z_t-0.03+0.8(Z_{t-1}-0.03)=a_t,\text{即}\quad Z_t=0.05-0.8Z_{t-1}+a_t.$$

7. 解 由 ϕ_k 与 ρ_k 的关系式

$$\begin{bmatrix}\hat{\phi}_1\\\hat{\phi}_2\\\hat{\phi}_3\end{bmatrix}=\begin{bmatrix}1&\hat{\rho}_1&\hat{\rho}_2\\\hat{\rho}_1&1&\hat{\rho}_1\\\hat{\rho}_2&\hat{\rho}_1&1\end{bmatrix}^{-1}\begin{bmatrix}\hat{\rho}_1\\\hat{\rho}_2\\\hat{\rho}_3\end{bmatrix}$$

由克莱姆法则,有

$$D=\begin{vmatrix}1&\hat{\rho}_1&\hat{\rho}_2\\\hat{\rho}_1&1&\hat{\rho}_1\\\hat{\rho}_2&\hat{\rho}_1&1\end{vmatrix},\quad D_1=\begin{vmatrix}\hat{\rho}_1&\hat{\rho}_1&\hat{\rho}_2\\\hat{\rho}_2&1&\hat{\rho}_1\\\hat{\rho}_3&\hat{\rho}_1&1\end{vmatrix},$$

$$D_2=\begin{vmatrix}1 & \hat{\rho}_1 & \hat{\rho}_2\\ \hat{\rho}_1 & \hat{\rho}_2 & \hat{\rho}_1\\ \hat{\rho}_2 & \hat{\rho}_3 & 1\end{vmatrix},\quad D_3=\begin{vmatrix}1 & \hat{\rho}_1 & \hat{\rho}_1\\ \hat{\rho}_1 & 1 & \hat{\rho}_2\\ \hat{\rho}_2 & \hat{\rho}_1 & \hat{\rho}_3\end{vmatrix},$$

则 $\hat{\phi}_1=\dfrac{D_1}{D},\hat{\phi}_2=\dfrac{D_2}{D},\hat{\phi}_3=\dfrac{D_3}{D}$. 从而得到 $\hat{\sigma}^2=\hat{\gamma}_0(1-\hat{\phi}_1\hat{\rho}_1-\hat{\phi}_2\hat{\rho}_2-\hat{\phi}_3\hat{\rho}_3)$.

8. 解 MA(2)模型的逆转形式为

$$a_t=W_t-\sum_{k=1}^{\infty}(2\times(0.4)^k-3\times(0.6)^k)W_{t-k},\quad k=0,\pm1,\pm2,\cdots,$$

所以

$$\hat{W}_k(l)=\sum_{j=1}^{l}(2\times(0.4)^j-3\times(0.6)^j)\hat{W}_k(l-j)+$$
$$\sum_{j=l}^{\infty}(2\times(0.4)^j-3\times(0.6)^j)W_{k+l-j},$$

从而有

$$\hat{W}_k(1)=\sum_{j=1}^{l}(2\times(0.4)^j-3\times(0.6)^j)W_{k+1-j},$$
$$\hat{W}_k(2)=1.2\sum_{j=1}^{l}[(0.6)^j-(0.4)^j]W_{k+1-j}.$$

9. 解 混合模型的预报

由 $Z_t=26.7-0.3Z_{t-1}+a_t-0.2a_{t-1}$,得

$$Z_{k+l}=26.7-0.3Z_{k+l-1}+a_{k+l}-0.2a_{k+l-1}$$

两边取估计值得

$$\hat{Z}_{k+l}=26.7-0.3\hat{Z}_{k+l-1}+\hat{a}_{k+l}-0.2\hat{a}_{k+l-1}.$$

由基本定理知 $\hat{a}_{101}=\hat{a}_{102}=0$,从而有

$$\begin{aligned}\hat{Z}_{100}(1)=\hat{Z}_{101}&=26.7-0.3Z_{100}-0.2\hat{a}_{100}\\&=26.7-0.3\times25.1-0.2\times1.3=18.9,\end{aligned}$$

$$\begin{aligned}\hat{Z}_{100}(2)=\hat{Z}_{102}&=26.7-0.3\hat{Z}_{101}-0.2\hat{a}_{101}\\&=26.7-0.3\times18.9=21(\hat{a}_{101}=0),\end{aligned}$$

$$\begin{aligned}\hat{Z}_{100}(3)=\hat{Z}_{103}&=26.7-0.3\hat{Z}_{102}-0.2\hat{a}_{102}\\&=26.7-0.3\times21=20.4(\hat{a}_{102}=0).\end{aligned}$$

10. 解 由自回归模型的预报公式得

$\hat{W}_{100}(1)=0.27W_{100}+0.36W_{99}=0.27\times3.6+0.36\times5.7=3.024$,

$\hat{W}_{100}(2)=0.27\hat{W}_{100}(1)+0.36W_{100}=0.27\times3.024+0.36\times3.6=2.112$,

$\hat{W}_{100}(3)=0.27\hat{W}_{100}(2)+0.36\hat{W}_{100}(1)=0.27\times2.112+0.36\times3.024=1.659$,

置信度为 0.95 的一步预报绝对误差范围为 $2\sqrt{\hat{\sigma}_a^2}=1.81$.

第 5 章 马尔可夫过程

5.1 基本内容

一、马尔可夫过程的定义及分类

1. 马尔可夫过程的定义

马尔可夫过程是具有无后效性的随机过程．所谓无后效性是指当过程在时刻 t_m 所处的状态已知时，过程在大于 t_m 的时刻 t 所处的状态的概率特性只与过程在 t_m 时刻所处的状态有关，而与过程在 t_m 时刻以前的状态无关．

2. 马尔可夫过程的分类

（1）时间离散．状态离散的马尔可夫过程，简称为马尔可夫链；

（2）时间连续．状态离散的马尔可夫过程；

（3）时间连续．状态连续的马尔可夫过程；

（4）时间离散．状态连续的马尔可夫过程．

二、马尔可夫链的定义、转移概率

1. 马尔可夫链的定义　设随机序列 $\{X(n),n=0,1,2,\cdots\}$ 的状态空间为 $E(\{1,2,\cdots\}$ 或 $\{1,2,\cdots,N\})$，如果对任意 $m\geqslant 2$ 个非负整数 $n_1,n_2,\cdots,n_m(0\leqslant n_1<n_2<\cdots<n_m)$ 和任意正自然数 k，以及任意 $i_1,i_2,\cdots,i_m,j\in E$，满足

$$\begin{aligned}&P\{X(n_m+k)=j \mid X(n_1)=i_1,\cdots,X(n_m)=i_m\}\\&\quad=P\{X(n_m+k)=j \mid X(n_m)=i_m\},\end{aligned}$$

则称 $\{X(n),n=0,1,2,\cdots\}$ 为马尔可夫链．

2. 转移概率的定义　称 $p_{ij}(n,n+k)=P\{X(n+k)=j|X(n)=i\}(k\geqslant 1)$ 为马尔可夫链在 n 时刻的 k 步转移概率．

三、时齐马尔可夫链

1. 时齐马尔可夫链定义　若转移概率 $p_{ij}(n,n+k)$ 是不依赖于 n 的马尔可夫链，则称此马尔可夫链为时齐马尔可夫链．

以下只讨论时齐马尔可夫链，“时齐”二字省略．

2. 时齐马尔可夫链的 k 步转移概率　时齐马尔可夫链的 k 步转移概率记为

$$p_{ij}(k)=p_{ij}(n,n+k)=P\{X(n+k)=j \mid X(n)=i\}.$$

当 $k=1$ 时,时齐马尔可夫链的一步转移概率 $p_{ij}(1)$ 记为 p_{ij},即

$$p_{ij}=p_{ij}(1)=P\{X(n+1)=j \mid X(n)=i\}.$$

3. 一步转移概率的性质

(1) $0\leqslant p_{ij}\leqslant 1, i,j=1,2,\cdots$(有限个或无限个);

(2) $\sum_j p_{ij}=1, i=1,2,\cdots$.

4. n 步转移概率矩阵(随机矩阵) 时齐马尔可夫链的 n 步转移概率可以用矩阵表示为

$$\boldsymbol{P}(n)=\begin{bmatrix} p_{11}(n) & p_{12}(n) & \cdots \\ p_{21}(n) & p_{22}(n) & \cdots \\ \vdots & \vdots & \end{bmatrix}.$$

特别地,$n=1$ 时,一步转移概率矩阵为

$$\boldsymbol{P}(1)\overset{\text{def}}{=\!=}\boldsymbol{P}=\begin{bmatrix} p_{11} & p_{12} & \cdots \\ p_{21} & p_{22} & \cdots \\ \vdots & \vdots & \end{bmatrix}.$$

四、时齐马尔可夫链的切普曼—柯尔莫哥洛夫方程(C-K 方程)

时齐马尔可夫链的切普曼—柯尔莫哥洛夫方程为

$$p_{ij}(k+l)=\sum_r p_{ir}(k)p_{rj}(l), \quad i,j=1,2,\cdots.$$

切普曼—柯尔莫哥洛夫方程的矩阵形式为

$$\boldsymbol{P}(k+l)=\boldsymbol{P}(k)\boldsymbol{P}(l).$$

利用 C-K 方程可证得 n 步转移概率矩阵与一步转移概率矩阵的关系为

$$\boldsymbol{P}(n)=[\boldsymbol{P}(1)]^n=\boldsymbol{P}^n.$$

五、时齐马尔可夫链的初始概率、绝对分布及有限维分布

1. 初始概率的定义 马尔可夫链在初始时刻(即零时刻)取各状态的概率

$$p_i^{(0)}=P\{X(0)=i\}, \quad i=1,2,\cdots,$$

称为它的初始(概率)分布.

2. 绝对分布的定义 马尔可夫链在第 n 时刻取各状态的概率

$$p_i^{(n)}=P\{X(n)=i\}, \quad i=1,2,\cdots,$$

称为它的绝对分布.

绝对分布由初始概率分布和 n 步转移概率确定,即

$$p_j^{(n)}=\sum_i p_i^{(0)}p_{ij}(n), \quad j=1,2,\cdots.$$

马尔可夫链有限维分布完全由初始概率分布和转移概率确定,即

$$\begin{aligned} &P\{X(n_1)=i_1,X(n_2)=i_2,\cdots,X(n_m)=i_m\} \\ &\quad=\sum_i p_i^{(0)}p_{ii_1}(n_1)p_{i_1i_2}(n_2-n_1)\cdots p_{i_{m-1}i_m}(n_m-n_{m-1}). \end{aligned}$$

六、时齐马尔可夫链的遍历性及平稳分布

1. 遍历性定义 若马尔可夫链转移概率的极限

$$\lim_{n\to\infty} p_{ij}(n)=p_j,\quad i,j\in E$$

存在，且与 i 无关，则称此马尔可夫链具有遍历性.

2. 极限分布的定义 如果马尔可夫链具有遍历性，且转移概率的极限满足

$$(1)\ p_j\geqslant 0\quad (j\in E),\quad (2)\ \sum_{j\in E}p_j=1,$$

则称 $\{p_j, j\in E\}$ 为马尔可夫链的极限分布.

对具有遍历性的马尔可夫链，如果其状态空间有限，则有

$$\sum_{j=1}^{N}p_j=1;$$

如果其状态空间无限，则有

$$\sum_{j=1}^{\infty}p_j\leqslant 1.$$

3. 平稳分布的定义 如果概率分布 $\{q_j, j=1,2,\cdots\}$ 满足

$$q_j=\sum_i q_i p_{ij},\quad j=1,2,\cdots,$$

则称它是平稳分布.

(1) 对有限状态的马尔可夫链，极限分布就是平稳分布.

(2) 对平稳分布 $\{q_j, j=1,2,\cdots\}$，有

$$q_j=\sum_i q_i p_{ij}(n),\quad j=1,2,\cdots.$$

(3) 如果马尔可夫链的初始概率分布取为平稳分布，即 $p_i^{(0)}=q_i$，则

$$p_j^{(n)}=\sum_i q_i p_{ij}(n)=q_j.$$

4. 有限状态马尔可夫链遍历性的判定及平稳分布的求法

对有限状态的马尔可夫链，若存在正整数 k，使得 $p_{ij}(k)>0, i,j=1,2,\cdots,N$，即 $\boldsymbol{P}^k$ 中无零元，则此链是遍历的，且其极限分布 $\{p_j, j=1,2,\cdots,N\}$ 是方程组

$$p_j=\sum_{i=1}^{N}p_i p_{ij},\quad j=1,2,\cdots,N$$

满足条件：(1) $p_j>0(j=1,2,\cdots,N)$，(2) $\sum\limits_{j=1}^{N}p_j=1$ 的唯一解.

七、时间连续状态离散的马尔可夫过程

1. 时间连续状态离散的马尔可夫过程定义 设时间连续、状态离散的随机过程 $\{X(t), t\in[0,\infty)\}$ 的状态空间为 E，如果对任意整数 $m(m\geqslant 2)$，任意 m 个时刻 $t_1,t_2,\cdots,t_m(0\leqslant t_1<t_2<\cdots<t_m)$，任意正数 s 以及任意 $i_1,i_2,\cdots,i_m,j\in E$，满足

$$P\{X(t_m+s)=j\mid X(t_1)=i_1,\cdots,X(t_m)=i_m\}=P\{X(t_m+s)=j\mid X(t_m)=i_m\},$$

则称 $\{X(t), t\in[0,+\infty)\}$ 为时间连续状态连续的马尔可夫过程.

2. 转移概率函数定义 称 $P\{X(t+s)=j \mid X(t)=i\}, t\geqslant 0, s>0$ 为马尔可夫过程在 t 时刻经 s 时间的转移概率函数.

3. 时齐马尔可夫过程定义 若转移概率函数 $p_{ij}(t,t+s)$ 不依赖起始时刻 t，则该马尔可夫过程称为时齐马尔可夫过程.

对时齐马尔可夫过程，转移概率函数记为

$$p_{ij}(s)=p_{ij}(t,t+s)=P\{X(t+s)=j \mid X(t)=i\}.$$

4. 切普曼—柯尔莫哥洛夫方程(C-K 方程)

时间连续状态离散的马尔可夫过程的转移概率函数之间有下列关系：

设 $s>0, t>0$，则

$$p_{ij}(s+t)=\sum_{r} p_{ir}(s) p_{rj}(t), \quad i,j=1,2,\cdots.$$

5. 随机连续的马尔可夫过程定义 设有限状态的马尔可夫过程 $X(t)$ 的转移概率函数为 $p_{ij}(t)$，若

$$\lim_{t\to 0^+} p_{ij}(t)=\delta_{ij}=\begin{cases}1, & i=j,\\ 0, & i\neq j\end{cases}$$

成立，则称此过程为随机连续的马尔可夫过程.

6. 速率函数，速率矩阵($\boldsymbol{Q}$ 矩阵)定义 称 $q_{ij}=p'_{ij}(0_+)=\lim\limits_{t\to 0^+}\dfrac{p_{ij}(t)-\delta_{ij}}{t}$ 为马尔可夫过程的速率函数，状态有限的马尔可夫过程的速率函数构成的矩阵

$$\boldsymbol{Q}=\begin{bmatrix} q_{00} & q_{01} & \cdots & q_{0N}\\ q_{10} & q_{11} & \cdots & q_{1N}\\ \vdots & \vdots & & \vdots\\ q_{N0} & q_{N1} & \cdots & q_{NN}\end{bmatrix}$$

称为速率矩阵($\boldsymbol{Q}$ 矩阵).

速率函数具有下列性质：

(1) $q_{ii}\leqslant 0, \quad i=0,1,2,\cdots,N$；

(2) $q_{ij}\geqslant 0, \quad i,j=0,1,2,\cdots,N, i\neq j$；

(3) $\sum\limits_{j=0}^{N} q_{ij}=0, \quad i=0,1,2,\cdots,N.$

7. 柯尔莫哥洛夫向前向后方程

设随机连续、状态有限的马尔可夫过程的转移概率函数 $p_{ij}(t)$，速率函数为 q_{ij}，则有

(1) 向前方程：$\dfrac{\mathrm{d}p_{ij}(t)}{\mathrm{d}t}=\sum\limits_{k=0}^{N} p_{ik}(t) q_{kj}, \quad i,j=0,1,2,\cdots,N$；

(2) 向后方程：$\dfrac{\mathrm{d}p_{ij}(t)}{\mathrm{d}t}=\sum\limits_{k=0}^{N} q_{ik} p_{kj}(t), \quad i,j=0,1,2,\cdots,N.$

柯尔莫哥洛夫向前、向后方程，对状态无限的马尔可夫过程也是成立的.

8. 遍历性定义 若马尔可夫过程转移概率函数的极限

$$\lim_{t\to\infty} p_{ij}(t)=p_j, \quad i,j\in E$$

存在，且与 i 无关，则称此马尔可夫过程具有遍历性.

9. 有限状态的马尔可夫过程遍历性的判定 对有限状态的马尔可夫过程,若存在 $t_0>0$,使得 $p_{ij}(t_0)>0, j=1,2,\cdots,N$,则此过程是遍历的.

八、独立增量过程

1. 独立增量过程定义 如果随机过程$\{X(t),t\in[0,+\infty)\}$满足

(1) $X(0)=0$;

(2) 对任意整数 $m(m\geqslant 3)$和任意 m 个时刻 $t_1,t_2,\cdots,t_m(0\leqslant t_1<t_2<\cdots<t_m)$,有 $X(t_2)-X(t_1),X(t_3)-X(t_2),\cdots,X(t_m)-X(t_{m-1})$是 $m-1$ 个相互独立的随机变量.
则称 $X(t)$为独立增量过程.

如果独立增量过程的每一增量 $X(a+s)-X(a)$的概率分布与 a 无关,其中 $a\geqslant 0$,则此过程称为平稳独立增量过程.

2. 独立增量过程的性质 若$\{X(t),t\in[0,+\infty)\}$是平稳独立增量过程,则它是时齐马尔可夫过程.

九、泊松过程

1. 泊松过程的概念

定义 1 设随机过程$\{X(t),t\in[0,+\infty)\}$的无限状态空间为 $E=\{0,1,2,\cdots\}$,若满足下列两个条件:

(1) $X(t)$是平稳独立增量过程;

(2) 对任意的 $a,t\geqslant 0$,每一增量 $X(a+t)-X(a)$非负,且服从参数为 λt 的泊松分布,即有

$$P\{X(a+t)-X(a)=k\}=\frac{(\lambda t)^k}{k!}\mathrm{e}^{-\lambda t},\quad k=0,1,2,\cdots,$$

其中 $\lambda>0$,则称 $X(t)$是具有参数为 λ 的泊松过程.

定义 2 设随机过程$\{X(t),t\in[0,+\infty)\}$的无限状态空间为 $E=\{0,1,2,\cdots\}$,若满足下列两个条件:

(1) $X(t)$是平稳独立增量过程;

(2) 对任意的 $a,t\geqslant 0$,每一增量 $X(a+t)-X(t)$非负,且有

$$P\{X(t+\Delta t)-X(t)=1\}=\lambda\Delta t+o(\Delta t),$$
$$P\{X(t+\Delta t)-X(t)\geqslant 2\}=o(\Delta t),$$

其中 $\lambda>0$,则称 $X(t)$是具有参数为 λ 的泊松过程.

定义 1 与定义 2 是等价的.

2. 泊松过程的性质

性质 1 泊松过程$\{X(t),t\in[0,+\infty)\}$是具有负指数间隔的计数过程.

性质 2 设 $X(t)$是具有负指数间隔的计数过程,则它是泊松过程.

性质 3 设 $X(t)$是具有参数为 λ 的泊松过程,则

$$m_X(t)=E[X(t)]=\lambda t;\quad R_X(s,t)=\lambda^2 st+\lambda\min\{s,t\}.$$

性质 4 泊松过程$\{X(t),t\in[0,+\infty)\}$在 $t>0$ 均方连续,但不均方可导.

十、时间连续、状态连续的马尔可夫过程

1. 时间连续、状态连续的马尔可夫过程的定义 设随机过程$\{X(t),t\geqslant 0\}$的状态空间$E=(-\infty,+\infty)$，$F(x,t_m+s\mid x_1,t_1,x_2,t_2,\cdots x_m,t_m)$为条件分布函数，如果对任意自然数$m\geqslant 2$，任意$m$个时刻$t_1,t_2,\cdots,t_m(0\leqslant t_1<t_2<\cdots<t_m)$以及任意$s>0$，有

$$F(x,t_m+s\mid x_1,t_1,\cdots,x_m,t_m)=F(x,t_m+s\mid x_m,t_m),$$

则称$X(t)$为马尔可夫过程.

2. 转移概率分布函数和转移概率密度定义 称$F(x,t\mid x',t')=F_{X(t)}(x\mid X(t')=x')$ $(t'<t)$为马尔可夫过程的转移概率分布函数，而$f(x,t\mid x',t')=\dfrac{\mathrm{d}}{\mathrm{d}x}F(x,t\mid x',t')$称为转移概率密度.

3. 时齐马尔可夫过程定义 当转移概率分布函数仅与转移的时间间隔有关，而与起始时刻无关，记

$$F(x\mid x',\tau)=F(x,t'+\tau\mid x',t'),\quad \tau>0,$$

则称此马尔可夫过程为时齐马尔可夫过程.

4. 切普曼—柯尔莫哥洛夫方程 设随机过程$\{X(t),t\geqslant 0\}$为马尔可夫过程，则对任意$0\leqslant t_1<t_2<t_3$，有

$$f(x_3,t_3\mid x_1,t_1)=\int_{-\infty}^{+\infty}f(x_3,t_3\mid x_2,t_2)f(x_2,t_2\mid x_1,t_1)\mathrm{d}x_2.$$

特别地，对时齐马尔可夫过程有

$$f(x_3\mid x_1,s+\tau)=\int_{-\infty}^{+\infty}f(x_3\mid x_2,\tau)f(x_2\mid x_1,s)\mathrm{d}x_2.$$

十一、维纳过程

1. 维纳过程的定义 设随机过程$\{X(t),t\in[0,+\infty)\}$的状态空间为$E=(-\infty,+\infty)$，若满足：

(1) $X(t)$是平稳独立增量过程；

(2) 每一增量$X(t)-X(s)\sim N(0,\sigma^2|t-s|)$，其中$\sigma>0$.

则称它为维纳过程. 特别地，$\sigma=1$的维纳过程称为标准维纳过程.

维纳过程的转移概率密度为

$$f(y,t\mid x,s)=\frac{1}{\sqrt{2\pi(t-s)}\sigma}\mathrm{e}^{-\frac{(y-x)^2}{2(t-s)\sigma^2}},\quad t>s.$$

2. 维纳过程的性质

性质 1 维纳过程是正态过程.

性质 2 维纳过程$X(t)$的$m_X(t)=0$，协方差函数$C_X(s,t)=\sigma^2\min\{s,t\}$.

性质 3 维纳过程$X(t)$在$t>0$均方连续，但不均方可导.

5.2 解疑释惑

1. 马尔可夫链的平稳分布和极限分布的区别和联系是什么?

答 有限马尔可夫链转移概率的极限分布是平稳分布,但是反过来,平稳分布不一定是极限分布.如果一个马尔可夫链具有极限分布,则极限分布是唯一的.而一个马尔可夫链具有平稳分布,则平稳分布不一定是唯一的.如果一个有限马尔可夫链的某阶转移概率矩阵的所有元素大于0,则该马尔可夫链存在唯一的平稳分布,且该平稳分布就是极限分布,此时可以用求平稳分布的方法求极限分布.

2. 独立随机过程和平稳独立增量过程的区别是什么?

答 若随机过程$\{X(t),t\in T\}$,对于任意的正整数n及任意$t_1,t_2,\cdots,t_n\in T$,随机变量$X(t_1),X(t_2),\cdots,X(t_n)$是相互独立的,则称$\{X(t),t\in T\}$为独立过程.

如果随机过程$\{X(t),t\in[0,\infty)\}$满足:(1)$X(0)=0$;(2)对任意整数$m(m\geqslant 3)$和任意$t_1,t_2,\cdots,t_m(0\leqslant t_1<t_2<\cdots<t_m)$,有$X(t_2)-X(t_1),X(t_3)-X(t_2),\cdots,X(t_m)-X(t_{m-1})$是$m-1$个相互独立的随机变量,则称$X(t)$为独立增量过程.

独立过程和独立增量过程都是马尔可夫过程,但是它们是两类不同的随机过程.方差不为0的独立随机过程一定不是独立增量过程(见本章例17).

5.3 典型例题

例1 设$\{X(n),n=1,2,\cdots\}$是独立的离散随机变量序列,令

$$Y(1)=X(1),\quad Y(n)+cY(n-1)=X(n),\quad n=2,3,\cdots,$$

其中c为非零常数,证明$\{Y(n),n=1,2,\cdots\}$是马尔可夫链.

证明 由题意可知$Y(1)=X(1)$,

$$\begin{aligned}
&Y(2)=X(2)-cY(1)=X(2)-cX(1),\\
&Y(3)=X(3)-cY(2)=X(3)-cX(2)+c^2X(1),\\
&\quad\vdots\\
&Y(n-1)=X(n-1)-cX(n-2)+\cdots+(-c)^{n-2}X(1),\\
&Y(n)=X(n)-cX(n-1)+\cdots+(-c)^{n-1}X(1),
\end{aligned}$$

即$Y(n)$是独立随机变量$X(1),X(2),\cdots,X(n)$的线性组合,$X(m)$与$Y(m-1),Y(m-2),\cdots,Y(1)$都相互独立.

对任意非负整数$n_1,n_2,\cdots,n_m$和自然数$k(1\leqslant n_1\leqslant n_2\leqslant\cdots\leqslant n_m)$及任意状态$i_1,i_2,\cdots i_{m+1}\in E$,有

$$Y(n+k)-(-c)^kY(n)=X(n+k)-cX(n+k-1)+\cdots+(-c)^{k-1}X(n+1).$$

当$P\{Y(n_1)=i_1,Y(n_2)=i_2,\cdots,Y(n_m)=i_m\}>0$时,

$$\begin{aligned}
&P\{Y(n_m+k)=i_{m+1}\mid Y(n_1)=i_1,Y(n_2)=i_2,\cdots Y(n_m)=i_m\}\\
&\quad=\frac{P\{Y(n_1)=i_1,Y(n_2)=i_2,\cdots,Y(n_m)=i_m,Y(n_m+k)=i_m+1\}}{P\{Y(n_1)=i_1,Y(n_2)=i_2,\cdots,Y(n_m)=i_m\}}
\end{aligned}$$

$$
\begin{aligned}
&P\{Y(n_1)=i_1,Y(n_2)=i_2,\cdots,Y(n_m)=i_m,Y(n_m+k)-\\
&=\frac{(-c)^kY(n_m)=i_{m+1}-(-c)^ki_m\}}{P\{Y(n_1)=i_1,Y(n_2)=i_2,\cdots,Y(n_m)=i_m\}}\\
&\quad P\{Y(n_1)=i_1,Y(n_2)=i_2,\cdots,Y(n_m)=i_m,X(n_m+k)-\\
&=\frac{cX(n_m+k-1)+\cdots+(-c)^{k-1}X(n_m+1)=i_{m+1}-(-c)^ki_m\}}{P\{Y(n_1)=i_1,Y(n_2)=i_2,\cdots,Y(n_m)=i_m\}}\\
&\quad P\{Y(n_1)=i_1,Y(n_2)=i_2,\cdots,Y(n_m)=i_m\}P\{X(n_m+k)-\\
&=\frac{cX(n_m+k-1)+\cdots+(-c)^{k-1}X(n_m+1)=i_{m+1}-(-c)^ki_m\}}{P\{Y(n_1)=i_1,Y(n_2)=i_2,\cdots,Y(n_m)=i_m\}}\\
&=P\{X(n_m+k)-cX(n_m+k-1)+\cdots+(-1)^{k-1}c^{k-1}X(n_m+1)\\
&=i_{m+1}-(-c)^ki_m\}
\end{aligned}
$$

又

$$
\begin{aligned}
&P\{Y(n_m+k)=i_{m+1}\mid Y(n_m)=i_m\}\\
&\qquad=\frac{P\{Y(n_m)=i_m,Y(n_m+k)=i_{m+1}\}}{P\{Y(n_m)=i_m\}}\\
&\qquad=\frac{P\{Y(n_m)=i_m,Y(n_m+k)-(-c)^kY(n_m)=i_{m+1}-(-c)^ki_m\}}{P\{Y(n_m)=i_m\}}\\
&\qquad\quad P\{Y(n_m)=i_m,X(n_m+k)-cX(n_m+k-1)+\cdots+\\
&\qquad=\frac{(-1)^{k-1}c^{k-1}X(n_m+1)=i_{m+1}-(-c)^ki_m\}}{P\{Y(n_m)=i_m\}}\\
&\qquad\quad P\{Y(n_m)=i_m\}P\{X(n_m+k)-cX(n_m+k-1)+\cdots+\\
&\qquad=\frac{(-1)^{k-1}c^{k-1}X(n_m+1)=i_{m+1}-(-c)^ki_m\}}{P\{Y(n_m)=i_m\}}\\
&\qquad=P\{X(n_m+k)-cX(n_m+k-1)+\cdots+(-1)^{k-1}c^{k-1}X(n_m+1)\\
&\qquad=i_{m+1}-(-c)^ki_m\}.
\end{aligned}
$$

从而

$$
\begin{aligned}
P\{Y(n_m+k)=i_{m+1}\mid Y(n_1)=i_1,Y(n_2)=i_2,\cdots,Y(n_m)=i_m\}\\
=P\{Y(n_m+k)=i_{m+1}\mid Y(n_m)=i_m\},
\end{aligned}
$$

所以$\{Y(n),n=1,2,\cdots\}$是马尔可夫链.

例 2 设$\{X(t),t\in T\}$是一独立增量过程,证明:$\{X(t),t\in T\}$是一马尔可夫过程.

证明 由已知条件得,当$0=t_0<t_1<t_2<\cdots<t_n<t\in T$时,有

$$X(t_1)-X(t_0),\quad X(t_2)-X(t_1),\quad \cdots,\quad X(t)-X(t_n)$$

相互独立.于是,$X(t)-X(t_n)$与$X(t_1),X(t_2),\cdots,X(t_n)$相互独立,故

$$
\begin{aligned}
&P\{X(t)\leqslant x\mid X(t_1)=x_1,X(t_2)=x_2,\cdots,X(t_n)=x_n\}\\
&=P\{X(t)-X(t_n)\leqslant x-x_n\mid X(t_1)=x_1,X(t_2)=x_2,\cdots,X(t_n)=x_n\}\\
&=P\{X(t)-X(t_n)\leqslant x-x_n\}.
\end{aligned}
$$

又因为

$$
\begin{aligned}
P\{X(t)\leqslant x\mid X(t_n)=x_n\}&=P\{X(t)-X(t_n)\leqslant x-x_n\mid X(t_n)=x_n\}\\
&=P\{X(t)-X(t_n)\leqslant x-x_n\},
\end{aligned}
$$

故

$$P\{X(t)\leqslant x \mid X(t_1)=x_1, X(t_2)=x_2, \cdots, X(t_n)=x_n\}$$
$$=P\{X(t)\leqslant x \mid X(t_n)=x_n\}$$

所以$\{X(t),t\in T\}$是一马尔可夫过程.

例3 一质点在圆周上作随机游动,圆周上共有 N 格,质点以概率 p 顺时针游动一格,以概率 $q=1-p$ 逆时针移动一格.试用马尔可夫链描述游动过程,并确定状态空间及转移概率矩阵.

解 圆周上 N 格,记为 $1,2,3,\cdots,N$,顺时针排列.记 $X(n)$为 n 时质点所在的位置,显然其只与 $X(n-1)$ 时的位置有关,故 $X(n)$ 为马尔可夫过程.其状态空间 $E=\{1,2,\cdots,N\}$为有限集,故 $X(n)$为马尔可夫链.其一步转移概率为

$$p_{ij}=P\{X(k+1)=j \mid X(k)=i\}=\begin{cases}p, & j=i+1,\\ q, & j=i-1,2\leqslant i<N.\\ 0, & \text{其他};\end{cases}$$

$$p_{1j}=P\{X(k+1)=j \mid X(k)=1\}=\begin{cases}p, & j=2,\\ q, & j=N,\\ 0, & \text{其他};\end{cases}$$

$$p_{Nj}=P\{X(k+1)=j \mid X(k)=N\}=\begin{cases}p, & j=1,\\ q, & j=N-1,\\ 0, & \text{其他}.\end{cases}$$

一步转移概率矩阵为

$$\boldsymbol{P}=\begin{bmatrix}0 & p & 0 & 0 & \cdots & q\\ q & 0 & p & 0 & \cdots & 0\\ 0 & q & 0 & p & \cdots & 0\\ \vdots & \vdots & \vdots & \vdots & & \vdots\\ 0 & 0 & \vdots & q & 0 & p\\ p & 0 & \cdots & 0 & q & 0\end{bmatrix}.$$

例4 设有独立重复试验序列$\{X(n),n=1,2,\cdots\}$,以 $X(n)=1$ 记第 n 次试验事件 A 发生,且 $P\{X(n)=1\}=p$;以 $X(n)=0$ 记第 n 次试验事件 A 不发生,且 $P\{X(n)=0\}=q=1-p$.若 $Y(n)=\sum_{k=1}^{n}X(k),n=1,2,\cdots$,证明$\{Y(n),n=1,2,\cdots\}$是时齐马尔可夫链,并求二步转移概率矩阵.

解 对于任意 $m(m\geqslant 3)$个非负整数 $n_1,n_2,\cdots,n_m(0\leqslant n_1<n_2<\cdots<n_m)$和任意自然数 l,以及任意 $i_1,i_2,\cdots,i_m,j\in E$,由题设条件有

$$P\{Y(n_m+l)=j \mid Y(n_1)=i_1, Y(n_2)=i_2,\cdots,Y(n_m)=i_m\}$$
$$=P\left\{\sum_{k=1}^{n_m+l}X(k)=j \;\middle|\; \sum_{k=1}^{n_1}X(k)=i_1, \sum_{k=1}^{n_2}X(k)=i_2,\cdots,\sum_{k=1}^{n_m}X(k)=i_m\right\}$$
$$=P\left\{\sum_{k=1}^{n_m+l}X(k)-\sum_{k=1}^{n_m}X(k)=j-i_m \;\middle|\; \sum_{k=1}^{n_1}X(k)=i_1,\right.$$

$$\sum_{k=n_1+1}^{n_2} X(k)=i_2-i_1,\cdots,\sum_{k=n_{m-1}+1}^{n_m} X(k)=i_m-i_{m-1}\Big\}$$
$$=P\Big\{\sum_{k=n_m+1}^{n_m+l} X(k)=j-i_m\Big\}.$$

又

$$\begin{aligned}P\{Y(n_m+l)=j\mid Y(n_m)=i_m\}&=P\Big\{\sum_{k=1}^{n_m+l}X(k)=j\;\Big|\;\sum_{k=1}^{n_m}X(k)=i_m\Big\}\\&=P\Big\{\sum_{k=1}^{n_m+l}X(k)-\sum_{k=1}^{n_m}X(k)=j-i_m\Big\}\\&=P\Big\{\sum_{k=n_m+1}^{n_m+l}X(k)=j-i_m\Big\},\end{aligned}$$

故

$$\begin{aligned}&P\{Y(n_m+l)=j\mid Y(n_1)=i_1,Y(n_2)=i_2,\cdots,Y(n_m)=i_m\}\\&=P\{Y(n_m+l)=j\mid Y(n_m)=i_m\},\end{aligned}$$

所以$\{Y(n),n=1,2,\cdots\}$是马尔可夫链.

又因为 $X_1,X_2,\cdots,X_n,\cdots$是独立同分布的随机变量序列,所以

$$\begin{aligned}P\{Y(n_m+l)=j\mid Y(n_m)=i_m\}&=P\Big\{\sum_{k=n_m+1}^{n_m+l}X(k)=j-i_m\Big\}\\&=P\Big\{\sum_{k=1}^{l}X(k)=j-i_m\Big\},\end{aligned}$$

与 n_m 没有关系,所以$\{Y(n),n=1,2,\cdots\}$是时齐的马尔可夫链.

$$p_{ij}=P\{Y(m+1)=j\mid Y(m)=i\}=P\{X(m+1)=j-i\}=\begin{cases}q, & j=i,\\ p, & j=i+1,\\ 0, & \text{其他}.\end{cases}$$

故

$$\boldsymbol{P}=\begin{bmatrix}q & p & & & \\ & q & p & & \\ & & q & p & \\ & & & \ddots & \ddots\end{bmatrix},$$

$$\boldsymbol{P}(2)=\boldsymbol{P}^2=\begin{bmatrix}q^2 & 2pq & p^2 & & & \\ & q^2 & 2pq & p^2 & & \\ & & q^2 & 2pq & p^2 & \\ & & & & \ddots & \ddots\end{bmatrix}.$$

例 5 设$\{X(n),n\in T\}$是一马尔可夫链,其状态空间 $I=\{a,b,c\}$,转移概率矩阵为

$$P=\begin{bmatrix}\frac{1}{2} & \frac{1}{4} & \frac{1}{4}\\ \frac{2}{3} & 0 & \frac{1}{3}\\ \frac{3}{5} & \frac{2}{5} & 0\end{bmatrix}.$$

求：(1) $P\{X(1)=b,X(2)=c,X(3)=a,X(4)=c,X(5)=a,X(6)=c,X(7)=b\mid X(0)=c\}$；

(2) $P\{X(n+2)=c\mid X(n)=b\}$.

解　(1) 由马尔可夫性与时齐性，所求条件概率为

$$\begin{aligned}p=&P\{X(1)=b\mid X(0)=c\}P\{X(2)=c\mid X(1)=b\}P\{X(3)=a\mid X(2)=c\}\cdot\\&P\{X(4)=c\mid X(3)=a\}P\{X(5)=a\mid X(4)=c\}P\{X(6)=c\mid X(5)=a\}\cdot\\&P\{X(7)=b\mid X(6)=c\}\\=&\frac{2}{5}\times\frac{1}{3}\times\frac{3}{5}\times\frac{1}{4}\times\frac{3}{5}\times\frac{1}{4}\times\frac{2}{5}=\frac{3}{2500}.\end{aligned}$$

(2) 由于二步转移概率矩阵为

$$P^{(2)}=PP=\begin{bmatrix}\frac{17}{30} & \frac{9}{40} & \frac{5}{24}\\ \frac{8}{15} & \frac{3}{10} & \frac{1}{6}\\ \frac{17}{30} & \frac{3}{20} & \frac{17}{60}\end{bmatrix},$$

故

$$P\{X(n+2)=c\mid X(n)=b\}=p_{bc}^{(2)}=\frac{1}{6}.$$

例6　设有1,2,3,4,5,6六个数字，从中随机地取一个，取中的数字用$X(1)$表示，对$n>1$，令$X(n)$是从$1,2,\cdots,X(n-1)$这$X(n-1)$个数字中取中的数字. 证明$\{X(n),n=1,2,\cdots\}$是一个马尔可夫链，并求其一步转移概率.

解　按题意$X(1)\geqslant X(2)\geqslant X(3)\geqslant\cdots$，$X(1)$的可能取值为$1,2,\cdots,6$. 任取$n\geqslant1,i_1,i_2,\cdots,i_n\in E$，要使$P\{X(n)=i_n,X(n-1)=i_{n-1},\cdots,X(1)=i_1\}>0$，应有$i_1\geqslant i_2\geqslant\cdots\geqslant i_n$.

$X(n)$的分布律可由递推式

$$\begin{cases}P\{X(n)=l\}=\sum\limits_{m=l}^{6}P\{X(n-1)=m\}P\{X(n)=l\mid X(n-1)=m\}\\ \qquad\qquad\quad=\sum\limits_{m=l}^{6}\frac{1}{m}P\{X(n-1)=m\},\quad l=1,2,\cdots,6,\\ P\{X(1)=l\}=\frac{1}{6},\quad l=1,2,\cdots,6.\end{cases}$$

算出. 对于自然数$k>1$，有

$$\begin{aligned}&P\{X(n_m+k)=j\mid X(n_1)=i_1,X(n_2)=i_2,\cdots,X(n_m)=i_m\}\\=&\sum_{l=j}^{6}P\{X(n_m+k)=j,X(n_m+k-1)=l\mid X(n_1)=i_1,X(n_2)=i_2,\cdots,X(n_m)=i_m\}\end{aligned}$$

$$=\sum_{l=j}^{6}P\{X(n_m+k)=j \mid X(n_1)=i_1,X(n_2)=i_2,\cdots,X(n_m)=i_m,X(n_m+k-1)=l\}\cdot$$
$$P\{X(n_m+k-1)=l\}$$
$$=\sum_{l=j}^{6}\frac{1}{l}P\{X(n_m+k-1)=l\}.$$

同理有

$$P\{X(n_m+k)=j \mid X(n_m)=i_m\}=\sum_{l=j}^{6}\frac{1}{l}P\{X(n_m+k-1)=l\}.$$

易得

$$P\{X(n_m+k)=j \mid X(n_1)=i_1,X(n_2)=i_2,\cdots,X(n_m)=i_m\}$$
$$=\frac{1}{i_m}=P\{X(n_m+k)=j \mid X(n_m)=i_m\},$$

从而对于自然数 $k\geqslant 1$，有

$$P\{X(n_m+k)=j \mid X(n_1)=i_1,X(n_2)=i_2,\cdots,X(n_m)=i_m\}$$
$$=P\{X(n_m+k)=j \mid X(n_m)=i_m\},$$

故 $\{X(n),n=1,2,\cdots\}$ 是一个马尔可夫链.

所求转移概率为

$$p_{ij}(n,n+1)=P\{X(n+1)=j \mid X(n)=i\}=\begin{cases}0, j>i,\\ \dfrac{1}{i}, j\leqslant i,\end{cases}\quad i=1,2,\cdots,6.$$

例 7 甲乙两人进行某种比赛，设每局比赛中甲胜的概率为 p，乙胜的概率为 q，平局的概率为 r，其中 $p,q,r\geqslant 0$，$p+q+r=1$. 设每局比赛后，胜者得 1 分，负者得 -1 分，平局不记分，当两个人中有一个得到 2 分时比赛结束，以 X_n 表示比赛至第 n 局时甲获得的分数，则 $\{X_n,n\geqslant 1\}$ 是一时齐马尔可夫链.

(1) 写出状态空间；

(2) 求一步转移概率矩阵；

(3) 求在甲获得 1 分的情况下，最多赛 2 局甲胜的概率.

解 (1) $\{X_n,n\geqslant 1\}$ 的状态空间为 $E=\{-2,-1,0,1,2\}$.

(2) $\{X_n,n\geqslant 1\}$ 的一步转移概率矩阵为

$$\boldsymbol{P}=\begin{bmatrix}1&0&0&0&0\\ q&r&p&0&0\\ 0&q&r&p&0\\ 0&0&q&r&p\\ 0&0&0&0&1\end{bmatrix}.$$

(3) 因为两步转移概率矩阵为

$$\boldsymbol{P}(2)=\boldsymbol{P}^2=\begin{bmatrix}1&0&0&0&0\\ q+rq&r^2+pq&2pr&p^2&0\\ q^2&2rq&r^2+2pq&2pr&p^2\\ 0&q^2&2rq&pq+r^2&p+pr\\ 0&0&0&0&1\end{bmatrix},$$

所以在甲获得1分的情况下，最多赛2局甲胜的概率为

$$p_{12}^{(2)}=p+pr=p(1+r).$$

例8 设$\{X(n),n\geqslant 0\}$为一时齐马尔可夫链，其状态空间$E=\{0,1,2\}$，初始状态的概率分布为$P\{X(0)=0\}=P\{X(0)=2\}=\frac{1}{4}$，$P\{X(0)=1\}=\frac{1}{2}$，一步转移概率矩阵为

$$\boldsymbol{P}=\begin{bmatrix}\frac{1}{4} & \frac{3}{4} & 0\\ \frac{1}{3} & \frac{1}{3} & \frac{1}{3}\\ 0 & \frac{1}{4} & \frac{3}{4}\end{bmatrix}.$$

计算：(1)概率$P\{X(0)=0,X(1)=1,X(2)=1\}$；(2)$p_{01}^{(2)}$及$p_{12}^{(3)}$.

解 (1) $P\{X(0)=0,X(1)=1,X(2)=1\}=P\{X(0)=0\}P\{X(1)=1\mid X(0)=0\}$
$P\{X(2)=1\mid X(0)=0,X(1)=1\}=P\{X(0)=0\}p_{01}(1)p_{11}(1)=\frac{1}{4}\times\frac{3}{4}\times\frac{1}{3}=\frac{1}{16}.$

(2) $$p_{01}^{(2)}=\sum_{k=0}^{2}p_{0k}p_{k1}=\frac{1}{4}\times\frac{3}{4}+\frac{3}{4}\times\frac{1}{3}+0\times\frac{1}{4}=\frac{7}{16},$$

$$\begin{aligned}p_{12}^{(3)}&=\sum_{k_1=0}^{2}p_{1k_1}p_{k_12}^{(2)}=\sum_{k_1=0}^{2}p_{1k_1}\left(\sum_{k_2=0}^{2}p_{k_1k_2}p_{k_22}\right)\\&=p_{10}\left(\sum_{k_2=0}^{2}p_{0k_2}p_{k_22}\right)+p_{11}\left(\sum_{k_2=0}^{2}p_{1k_2}p_{k_22}\right)+p_{12}\left(\sum_{k_2=0}^{2}p_{2k_2}p_{k_22}\right)\\&=\frac{1}{3}\times\left(\frac{3}{4}\times\frac{1}{3}\right)+\frac{1}{3}\times\left(\frac{1}{3}\times\frac{1}{3}+\frac{1}{3}\times\frac{3}{4}\right)+\frac{1}{3}\times\left(\frac{1}{4}\times\frac{1}{3}+\frac{3}{4}\times\frac{3}{4}\right)\\&=\frac{181}{432}.\end{aligned}$$

例9 设任意相继的两天中，雨天转晴天的概率为1/3，晴天转雨天的概率为1/2.任一天晴或雨互为逆事件.以0表示晴天状态，以1表示雨天状态，$X(n)$表示第n天的状态(0或1).

(1) 求二步转移概率矩阵；

(2) 若已知5月1为晴天，试问5月3日为晴天，5月5日为雨天的概率是多少？

(3) 试求今天为晴天，而第四天(明天算第一天)为雨天的概率.

解 (1) $\boldsymbol{P}=\begin{bmatrix}\frac{1}{2} & \frac{1}{2}\\ \frac{1}{3} & \frac{2}{3}\end{bmatrix}$，$\boldsymbol{P}^2=\begin{bmatrix}\frac{5}{12} & \frac{7}{12}\\ \frac{7}{18} & \frac{11}{18}\end{bmatrix}$.

(2) $$\begin{aligned}&P\{X(3)=0,X(5)=1\mid X(1)=0\}\\&=P\{X(3)=0\mid X(1)=0\}P\{X(5)=1\mid X(3)=0\}\\&=p_{00}^{(2)}p_{01}^{(2)}=\frac{5}{12}\times\frac{7}{12}=\frac{35}{144}.\end{aligned}$$

(3) $$P\{X(4)=1\mid X(0)=0\}=p_{01}^{(4)}=\sum_{k=0}^{1}p_{0k}^{(2)}p_{k1}^{(2)}=\frac{5}{12}\times\frac{7}{12}+\frac{7}{12}\times\frac{11}{18}=\frac{259}{432}.$$

例 10 A 种啤酒的广告改变广告方式后经市场调查发现：买 A 种啤酒及另三种啤酒 B,C,D(设市场上只有这四种啤酒)的顾客每两个月的平均转移率如下：

A → A(90%)；A → B(7%)；A → C(1%)；A → D(2%)；

B → A(40%)；B → B(50%)；B → C(6%)；B → D(4%)；

C → A(20%)；C → B(10%)；C → C(60%)；C → D(10%)；

D → A(20%)；D → B(20%)；D → C(10%)；D → D(50%).

设目前购买 A,B,C,D 四种啤酒的顾客的分布为(25%,30%,35%,10%),求半年后 A 种啤酒占有的市场份额.

解 设 $n=2k$ 表示第 $2k$ 月(第 0 月为目前),$k=0,1,2,\cdots$；$X(n)$为第 n 月顾客购买啤酒种类. 依题意 $X(n)$为马尔可夫链,其状态空间为 $E=\{A,B,C,D\}$,转移概率矩阵为

$$\boldsymbol{P}=\begin{bmatrix}0.90 & 0.07 & 0.01 & 0.02\\0.40 & 0.50 & 0.06 & 0.04\\0.20 & 0.10 & 0.60 & 0.10\\0.20 & 0.20 & 0.10 & 0.50\end{bmatrix}.$$

马尔可夫链的初始分布为$\boldsymbol{\pi}=(\pi_1,\pi_2,\pi_3,\pi_4)=(0.25,0.30,0.35,0.10)$.

半年以后顾客的转移概率矩阵为 $\boldsymbol{P}^{(3)}$,易算得

$$\boldsymbol{P}^{(3)}=\boldsymbol{P}^3=\begin{bmatrix}0.8114 & 0.1191 & 0.0305 & 0.0390\\0.6644 & 0.2048 & 0.0731 & 0.0577\\0.4808 & 0.1586 & 0.2508 & 0.1098\\0.5108 & 0.2054 & 0.1188 & 0.1650\end{bmatrix},$$

半年后 A 种啤酒占有的市场份额为

$$P\{X(3)=A\}=(0.25,0.30,0.35,0.10)\begin{bmatrix}0.8114\\0.6644\\0.4808\\0.5108\end{bmatrix}\approx 0.622.$$

所以 A 种啤酒在半年后占有的市场份额为 62.2%,广告效益很好.

例 11 如果马尔可夫链的一步转移概率矩阵为

$$\boldsymbol{P}=\begin{bmatrix}1 & 0\\0 & 1\end{bmatrix}.$$

证明此马尔可夫链不具有遍历性，但具有平稳性.

证明 (1) 因为

$$\boldsymbol{P}(n)=\boldsymbol{P}^n=\begin{bmatrix}1 & 0\\0 & 1\end{bmatrix},$$

所以$\lim\limits_{n\to\infty}p_{11}(n)=1\neq 0=\lim\limits_{n\to\infty}p_{21}(n)$,因此此链不具有遍历性.

(2) 记$\boldsymbol{\pi}=(\pi_1,\pi_2)$,$\pi_j\geqslant 0$,$j=1,2$. 由于满足方程组

$$\begin{cases}(\pi_1,\pi_2)\boldsymbol{P}=(\pi_1,\pi_2),\\ \pi_1+\pi_2=1\end{cases}$$

的解有无穷多个,如$\boldsymbol{\pi}=(\pi_1,\pi_2)=(0.5,0.5)$,所以此链具有平稳性.

例 12 设$\{X(n),n\geqslant 0\}$是具有 3 个状态 1,2,3 的时齐马尔可夫链,一步转移概率矩阵为

$$\boldsymbol{P}=\begin{bmatrix}\frac{1}{4} & \frac{1}{2} & \frac{1}{4}\\ \frac{1}{2} & \frac{1}{4} & \frac{1}{4}\\ 0 & \frac{1}{4} & \frac{3}{4}\end{bmatrix},$$

初始分布为$p_1^{(0)}=1/2,p_2^{(0)}=1/3,p_3^{(0)}=1/6$.

(1) 求$P\{X(0)=1,X(2)=3\}$;

(2) 求$P\{X(2)=2\}$;

(3) 此链是否具有遍历性?

(4) 求其平稳分布.

解 根据已知条件可得

$$\boldsymbol{P}(2)=\begin{bmatrix}\frac{5}{16} & \frac{5}{16} & \frac{3}{8}\\ \frac{1}{4} & \frac{3}{8} & \frac{3}{8}\\ \frac{1}{8} & \frac{1}{4} & \frac{5}{8}\end{bmatrix}.$$

(1) $P\{X(0)=1,X(2)=3\}=P\{X(0)=1\}P\{X(2)=3\mid X(0)=1\}$

$$=p_1^{(0)}p_{13}^{(2)}=\frac{1}{2}\times\frac{3}{8}=\frac{3}{16}.$$

(2) $P\{X(2)=2\}=\sum\limits_{i=1}^{3}p_i^{(0)}p_{i2}^{(2)}=\frac{1}{2}\times\frac{5}{16}+\frac{1}{3}\times\frac{3}{8}+\frac{1}{6}\times\frac{1}{4}=\frac{31}{96}.$

(3) 因为$\boldsymbol{P}(2)$的各元均大于 0,故此链具有遍历性.

(4) 平稳分布满足的方程组为

$$\begin{cases}\pi_1=\pi_1p_{11}+\pi_2p_{21}+\pi_3p_{31}=\frac{1}{4}\pi_1+\frac{1}{2}\pi_2,\\ \pi_2=\pi_1p_{12}+\pi_2p_{22}+\pi_3p_{32}=\frac{1}{2}\pi_1+\frac{1}{4}\pi_2+\frac{1}{4}\pi_3,\\ \pi_3=\pi_1p_{13}+\pi_2p_{23}+\pi_3p_{33}=\frac{1}{4}\pi_1+\frac{1}{4}\pi_2+\frac{3}{4}\pi_3,\\ \pi_1+\pi_2+\pi_3=1,\\ \pi_i\geqslant 0,\quad i=1,2,3.\end{cases}$$

解此线性方程组得$\pi_1=1/5,\pi_2=3/10,\pi_3=1/2$. 故所求平稳分布为

$$\boldsymbol{\pi}=(\pi_1,\pi_2,\pi_3)=\left(\frac{1}{5},\frac{3}{10},\frac{1}{2}\right).$$

例 13 设$\{X(n),n\geqslant 0\}$是时齐马尔可夫链,状态空间$E=\{0,1,2\}$,其一步转移概率矩阵为

$$P=\begin{bmatrix}\frac{1}{2} & \frac{1}{3} & \frac{1}{6}\\ \frac{1}{3} & \frac{2}{3} & 0\\ 0 & \frac{1}{2} & \frac{1}{2}\end{bmatrix}.$$

它的初始状态的概率分布为

$$P\{X(0)=0\}=\frac{1}{6},\quad P\{X(0)=1\}=\frac{2}{3},\quad P\{X(0)=2\}=\frac{1}{6}.$$

试求概率 $P\{X(0)=1,X(1)=0,X(2)=2\}$,转移概率 $p_{02}^{(2)}$ 及其平稳分布.

解 (1) $P\{X(0)=1,X(1)=0,X(2)=2\}=p_1^{(0)}p_{10}p_{02}=\frac{2}{3}\times\frac{1}{3}\times\frac{1}{6}=\frac{1}{27}$.

(2) $p_{02}^{(2)}=\sum\limits_{k=0}^{2}p_{0k}p_{k2}=\frac{1}{2}\times\frac{1}{6}+\frac{1}{3}\times 0+\frac{1}{6}\times\frac{1}{2}=\frac{1}{6}$.

(3) 平稳分布满足的方程组为

$$\begin{cases}\pi_0=\pi_0p_{00}+\pi_1p_{10}+\pi_2p_{20}=\dfrac{\pi_0}{2}+\dfrac{\pi_1}{3},\\ \pi_1=\pi_0p_{01}+\pi_1p_{11}+\pi_2p_{21}=\dfrac{\pi_0}{3}+\dfrac{2\pi_1}{3}+\dfrac{\pi_2}{2},\\ \pi_2=\pi_0p_{02}+\pi_1p_{12}+\pi_2p_{22}=\dfrac{\pi_0}{6}+\dfrac{\pi_2}{2},\\ \pi_0+\pi_1+\pi_2=1,\\ \pi_i\geqslant 0,\quad i=1,2,3.\end{cases}$$

解此线性方程组得 $\pi_0=\frac{6}{17}$, $\pi_1=\frac{9}{17}$, $\pi_2=\frac{2}{17}$. 故此链的平稳分布为

$$\boldsymbol{\pi}=(\pi_0,\pi_1,\pi_2)=\left(\frac{6}{17},\frac{9}{17},\frac{2}{17}\right).$$

例 14 设有 4 个状态 $E=\{1,2,3,4\}$ 的时齐马尔可夫链的一步转移矩阵为

$$P=\begin{bmatrix}\frac{1}{2} & \frac{1}{4} & \frac{1}{4} & 0\\ \frac{1}{3} & 0 & \frac{1}{2} & \frac{1}{6}\\ \frac{2}{5} & \frac{1}{5} & 0 & \frac{2}{5}\\ \frac{1}{3} & 0 & \frac{1}{3} & \frac{1}{3}\end{bmatrix}.$$

(1) 如果马尔可夫链在时刻 n 处于状态 2,试求在时刻 $n+2$ 仍处于状态 2 的概率;

(2) 如果该链在时刻 n 处于状态 4,试求在时刻 $n+3$ 处于状态 3 的概率;

(3) 此链是否具有遍历性?

(4) 试求其平稳分布.

解 根据已知条件

$$\boldsymbol{P}(2)=\begin{bmatrix}\frac{1}{2}&\frac{1}{4}&\frac{1}{4}&0\\\frac{1}{3}&0&\frac{1}{2}&\frac{1}{6}\\\frac{2}{5}&\frac{1}{5}&0&\frac{2}{5}\\\frac{1}{3}&0&\frac{1}{3}&\frac{1}{3}\end{bmatrix}\begin{bmatrix}\frac{1}{2}&\frac{1}{4}&\frac{1}{4}&0\\\frac{1}{3}&0&\frac{1}{2}&\frac{1}{6}\\\frac{2}{5}&\frac{1}{5}&0&\frac{2}{5}\\\frac{1}{3}&0&\frac{1}{3}&\frac{1}{3}\end{bmatrix}=\begin{bmatrix}\frac{13}{30}&\frac{7}{40}&\frac{1}{4}&\frac{17}{120}\\\frac{19}{45}&\frac{11}{60}&\frac{5}{36}&\frac{23}{90}\\\frac{2}{5}&\frac{1}{10}&\frac{1}{3}&\frac{1}{6}\\\frac{37}{90}&\frac{3}{20}&\frac{7}{36}&\frac{11}{45}\end{bmatrix}.$$

(1) $p_{22}^{(2)}=\frac{11}{60}$.

(2) $p_{43}^{(3)}=\sum_{k=1}^{4}p_{4k}^{(2)}p_{k3}=\frac{37}{90}\times\frac{1}{4}+\frac{3}{20}\times\frac{1}{2}+\frac{7}{36}\times 0+\frac{11}{45}\times\frac{1}{3}=\frac{7}{27}$.

(3) 由于$\boldsymbol{P}(2)$的每个元素均大于0，故此链具有遍历性.

(4) 平稳分布满足的方程组为

$$\begin{cases}\pi_1=\pi_1p_{11}+\pi_2p_{21}+\pi_3p_{31}+\pi_4p_{41}=\frac{1}{2}\pi_1+\frac{1}{3}\pi_2+\frac{2}{5}\pi_3+\frac{1}{3}\pi_4,\\\pi_2=\pi_1p_{12}+\pi_2p_{22}+\pi_3p_{32}+\pi_4p_{42}=\frac{1}{4}\pi_1+\frac{1}{5}\pi_3,\\\pi_3=\pi_1p_{13}+\pi_2p_{23}+\pi_3p_{33}+\pi_4p_{43}=\frac{1}{4}\pi_1+\frac{1}{2}\pi_2+\frac{1}{3}\pi_4,\\\pi_4=\pi_1p_{14}+\pi_2p_{24}+\pi_3p_{34}+\pi_4p_{44}=\frac{1}{6}\pi_2+\frac{2}{5}\pi_3+\frac{1}{3}\pi_4,\\\pi_1+\pi_2+\pi_3+\pi_4=1,\\\pi_i\geqslant 0,\quad i=1,2,3,4.\end{cases}$$

即

$$\begin{cases}-15\pi_1+10\pi_2+12\pi_3+10\pi_4=0,\\5\pi_1-20\pi_2+4\pi_3=0,\\3\pi_1+6\pi_2-12\pi_3+4\pi_4=0,\\5\pi_2+12\pi_3-20\pi_4=0,\\\pi_1+\pi_2+\pi_3+\pi_4=1,\\\pi_i\geqslant 0,\quad i=1,2,3,4.\end{cases}$$

解此线性方程组得$\pi_1=\frac{164}{391},\pi_2=\frac{60}{391},\pi_3=\frac{95}{391},\pi_4=\frac{72}{391}$. 故此链的平稳分布为

$$\boldsymbol{\pi}=(\pi_1,\pi_2,\pi_3,\pi_4)=\left(\frac{164}{391},\frac{60}{391},\frac{95}{391},\frac{72}{391}\right).$$

例 15 设随机游动$\{X(n),n=0,1,2,\cdots\}$的一步转移概率为

$$\boldsymbol{P}=\begin{bmatrix}r_0&p_0&0&0&0&0&\cdots\\q_1&r_1&p_1&0&0&0&\cdots\\0&q_2&r_2&p_2&0&0&\cdots\\0&0&q_3&r_3&p_3&0&\cdots\\\vdots&\vdots&\vdots&\vdots&\vdots&\ddots&\vdots\end{bmatrix},$$

其中 $p_i>0, r_i\geqslant 0, i=1,2,\cdots, q_i>0, i=1,2,\cdots, r_0+p_0=1, q_i+r_i+p_i=1, i=1,2,\cdots$, $\sum_{i=1}^{\infty}\frac{p_1p_2\cdots p_{i-1}}{q_1q_2\cdots q_i}<\infty$. 求此链的平稳分布.

解 平稳分布 $\boldsymbol{\pi}=(\pi_0,\pi_1,\cdots)$ 满足方程组

$$\begin{cases}\pi_0=r_0\pi_0+q_1\pi_1,\\ \pi_i=p_{i-1}\pi_{i-1}+r_i\pi_i+q_{i+1}\pi_{i+1}, \quad i=1,2,\cdots,\\ \sum_{i=1}^{\infty}\pi_i=1,\\ \pi_i\geqslant 0, \quad i=1,2,\cdots.\end{cases}$$

此方程组可化为

$$\begin{cases}q_1\pi_1-p_0\pi_0=0,\\ q_{i+1}\pi_{i+1}-p_i\pi_i=q_i\pi_i-p_{i-1}\pi_{i-1}, \quad i=1,2,\cdots,\\ \sum_{i=0}^{\infty}\pi_i=1,\\ \pi_i\geqslant 0, \quad i=1,2,\cdots.\end{cases}$$

或

$$\begin{cases}q_{i+1}\pi_{i+1}-p_i\pi_i=0,\\ \sum_{i=0}^{\infty}\pi_i=1,\\ \pi_i\geqslant 0, \quad i=1,2,\cdots.\end{cases}$$

由此可得

$$\pi_{i+1}=\frac{p_i}{q_{i+1}}\pi_i=\cdots=\frac{p_i\cdots p_0}{q_{i+1}\cdots q_1}\pi_0=\frac{p_0}{p_{i+1}}\cdot\frac{1}{\rho_{i+1}}\pi_0, \quad i=1,2,\cdots,$$

或 $\pi_i=\frac{p_0}{p_i\rho_i}\pi_0, i=1,2,\cdots$,其中 $\rho_i=\frac{q_1\cdots q_i}{p_1\cdots p_i}, i=1,2,\cdots$,且满足 $\sum_{i=1}^{\infty}\frac{1}{p_i\rho_i}<\infty$. 利用 $\sum_{i=1}^{\infty}\pi_i=1$,得此链的平稳分布

$$\pi_0=\left(1+p_0\sum_{i=1}^{\infty}\frac{1}{p_i\rho_i}\right)^{-1}, \quad \pi_i=\frac{p_0}{p_i\rho_i}\left(1+p_0\sum_{i=1}^{\infty}\frac{1}{p_i\rho_i}\right)^{-1}, \quad i=1,2,\cdots.$$

例 16 设某人有 3 把伞,分别放在家里和办公室里,如果出门遇下雨(概率为 p, $0<p<1$),手边也有伞,他就带一把用;如果天晴,他就不带伞. 试证:经过相当长的一段时间后,此人出门遇下雨但手边无伞可用的概率不超过 $\frac{1}{12}$.

证明 令 $\{X(n), n=1,2,\cdots\}$ 表示此人第 n 次出门时身边的伞数,$\{X(n), n=1,2,\cdots\}$ 为齐次马尔可夫链,其状态空间为 $E=\{0,1,2,3\}$,一步转移概率为

$$p_{03}=1, \quad p_{0j}=0, \quad j=0,1,2;$$
$$p_{i,3-i}=1-p, \quad p_{i,4-i}=p, \quad i=1,2,3;$$
$$p_{i,j}=0, \quad j\neq 3-i, 4-i, i=1,2,3.$$

一步转移概率矩阵为

$$P=\begin{bmatrix}0&0&0&1\\0&0&1-p&p\\0&1-p&p&0\\1-p&p&0&0\end{bmatrix}.$$

为简便记,以符号"×"代表转概率矩阵的正元素,则有

$$P(2)=P^2=\begin{bmatrix}\times&\times&0&0\\\times&\times&\times&0\\0&\times&\times&\times\\0&0&\times&\times\end{bmatrix},\quad P(4)=P^4=\begin{bmatrix}\times&\times&\times&0\\\times&\times&\times&\times\\\times&\times&\times&\times\\0&\times&\times&\times\end{bmatrix},$$

$$P(8)=P^8=\begin{bmatrix}\times&\times&\times&\times\\\times&\times&\times&\times\\\times&\times&\times&\times\\\times&\times&\times&\times\end{bmatrix},$$

由此可知,$\{X(n),n=1,2,\cdots\}$具有遍历性,$\{X(n),n=1,2,\cdots\}$存在极限分布.

由 $(\pi_0,\pi_1,\pi_2,\pi_3)P=(\pi_0,\pi_1,\pi_2,\pi_3)$,且$\sum\limits_{i=0}^{3}\pi_i=1$,解得

$$(\pi_0,\pi_1,\pi_2,\pi_3)=\left(\frac{1-p}{4-p},\frac{1}{4-p},\frac{1}{4-p},\frac{1}{4-p}\right).$$

经过相当长的一段时间后,此人出门遇下雨但手边无伞可用的概率为

$$P\{\text{此人出门遇见下雨但手边无伞}\}=\frac{p(1-p)}{3+(1-p)}<\frac{p(1-p)}{3}\leqslant\frac{1}{12}.$$

例 17 证明:若独立随机过程$\{X(t),-\infty<t<+\infty\}$的方差函数$\sigma_X^2(t)\neq0$,则$X(t)$不是独立增量过程.

证明 设$t_1<t_2<t_3$,因$X(t)$是独立随机过程,所以$X(t_1),X(t_2),X(t_3)$相互独立.令

$$Y_1=X(t_2)-X(t_1),\quad Y_2=X(t_3)-X(t_2).$$

即

$$\begin{aligned}\operatorname{cov}(Y_1,Y_2)&=\operatorname{cov}(X(t_2)-X(t_1),X(t_3)-X(t_2))\\&=\operatorname{cov}(X(t_2),X(t_3))-\operatorname{cov}(X(t_2),X(t_2))-\\&\quad\operatorname{cov}(X(t_1),X(t_3))+\operatorname{cov}(X(t_1),X(t_2))\\&=-\sigma_X^2(t_2)\neq0.\end{aligned}$$

所以$X(t_2)-X(t_1)$与$X(t_3)-X(t_2)$不独立,$X(t)$不是独立增量过程.

注 由该题的结论,若随机过程$\{X(t),-\infty<t<+\infty\}$的方差函数$\sigma_X^2(t)\neq0$,则$X(t)$是独立随机过程,它一定不是独立增量过程.

例 18 某设备的触发器有两个状态,记为0与1,假设触发器状态的变化构成一状态离散参数连续的时齐马尔可夫过程,且

$$p_{01}(\Delta t)=\lambda\Delta t+o(\Delta t),\quad p_{10}(\Delta t)=\mu\Delta t+o(\Delta t).$$

试求:(1) 速率矩阵Q;(2)转移概率函数和极限分布;(3)平稳时的均值函数.

解 (1) 设$X(t)$表示t时刻触发器所处的状态,其状态空间为$E=\{0,1\}$.依题意知Q矩阵为

$$\boldsymbol{Q}=\begin{bmatrix}-\lambda & \lambda\\ \mu & -\mu\end{bmatrix}.$$

(2) 设 $\boldsymbol{P}(t)=\begin{bmatrix}p_{00}(t) & p_{01}(t)\\ p_{10}(t) & p_{11}(t)\end{bmatrix}$,由前进方程 $\frac{\mathrm{d}\boldsymbol{P}(t)}{\mathrm{d}t}=\boldsymbol{P}(t)\boldsymbol{Q}$,初始条件为 $\boldsymbol{P}(0)=\begin{bmatrix}1 & 0\\ 0 & 1\end{bmatrix}$,解之得

$$p_{00}(t)=\mu_0+\lambda_0\mathrm{e}^{-(\lambda+\mu)t},\quad p_{01}(t)=\lambda_0(1-\mathrm{e}^{-(\lambda+\mu)t}),$$
$$p_{10}(t)=\mu_0(1-\mathrm{e}^{-(\lambda+\mu)t}),\quad p_{11}(t)=\lambda_0+\mu_0\mathrm{e}^{-(\lambda+\mu)t},$$

其中 $\lambda_0=\frac{\lambda}{\lambda+\mu},\mu_0=\frac{\mu}{\lambda+\mu}$.

由极限分布的定义可得该马尔可夫过程的极限分布 $\boldsymbol{\pi}=(\mu_0,\lambda_0)$.

(3) 由(2)知在平稳状态,马尔可夫过程的均值函数为

$$m_X=0\cdot\mu_0+1\cdot\lambda_0=\lambda_0=\frac{\lambda}{\lambda+\mu}.$$

例 19 设 $\{X(t),t\geqslant 0\}$ 是参数为 λ 的泊松过程,如果在 $[0,t)$ 内仅有一个随机点到达,τ 是其到达时间,求 τ 的概率密度函数.

解 显然,当 $s<0$,$P\{\tau\leqslant s\mid X(t)=1\}=0$;当 $s\geqslant t$ 时,$P\{\tau\leqslant s\mid X(t)=1\}=1$.

当

$$\begin{aligned}0\leqslant s<t,P\{\tau\leqslant s\mid X(t)=1\}&=\frac{P\{\tau\leqslant s,X(t)=1\}}{P\{X(t)=1\}}\\&=\frac{P\{X(s)=1,X(t)-X(s)=0\}}{P\{X(t)=1\}}\\&=\frac{P\{X(s)=1\}P\{X(t)-X(s)=0\}}{P\{X(t)=1\}}\\&=\frac{\lambda s\mathrm{e}^{-\lambda s}\mathrm{e}^{-\lambda(t-s)}}{\lambda t\mathrm{e}^{-\lambda t}}=\frac{s}{t}.\end{aligned}$$

综上,τ 服从 $[0,t]$ 上的均匀分布.τ 的概率密度函数

$$f(x)=\begin{cases}\frac{1}{t}, & x\in[0,t],\\ 0, & x\notin[0,t].\end{cases}$$

例 20 设 $\{W(t),t\in[0,+\infty)\}$ 是以 σ^2 为参数的维纳过程,a 为一固定正数,令

$$X(t)=W(a+t)-W(t),\quad t\in[0,+\infty),$$

求 $m_X(t)=E[X(t)]$ 与 $C_X(s,t)=\operatorname{cov}[X(s),X(t)]$.

解 $m_X(t)=E[X(t)]=E[W(a+t)]-E[W(t)]=0$,

$$\begin{aligned}C_X(s,t)&=\operatorname{cov}[X(s),X(t)]=E[X(s)X(t)]\\&=E[W(a+s)W(a+t)-W(a+s)W(t)-\\&\quad W(a+t)W(s)+W(s)W(t)]\\&=\sigma^2\min\{a+s,a+t\}-\sigma^2\min\{a+s,t\}-\\&\quad\sigma^2\min\{a+t,s\}+\sigma^2\min\{t,s\}\end{aligned}$$

$$=\begin{cases}0, & a\leqslant|t-s|,\\ [a-|t-s|]\sigma^2, & a>|t-s|.\end{cases}$$

例 21 设$\{N(t),t\geqslant 0\}$是参数为λ的泊松过程,定义随机过程$Y(t)=N(t+L)-N(t)$,常数$L>0$,求$Y(t)$的均值函数和相关函数.

解 $m_Y(t)=E[Y(t)]=E[N(t+L)-N(t)]=\lambda(t+L)-\lambda t=\lambda L$,

$$\begin{aligned}R_Y(t_1,t_2)&=E[(N(t_1+L)-N(t_1))(N(t_2+L)-N(t_2))]\\&=E[N(t_1+L)N(t_2+L)]-E[N(t_1+L)N(t_2)]-\\&\quad E[N(t_2+L)N(t_1)]+E[N(t_1)N(t_2)]\\&=\lambda^2(t_1+L)(t_2+L)+\lambda\min\{t_1+L,t_2+L\}-\lambda^2t_2(t_1+L)-\\&\quad\lambda\min\{t_1+L,t_2\}-\lambda^2t_1(t_2+L)-\lambda\min\{t_1,t_2+L\}+\\&\quad\lambda^2t_1t_2+\lambda\min\{t_1,t_2\}\\&=\begin{cases}\lambda^2L^2+\lambda(L-|\tau|), & |\tau|\leqslant L,\\ \lambda^2L^2, & |\tau|>L,\end{cases}\quad 其中,\tau=t_2-t_1.\end{aligned}$$

例 22 设$\{N_i(t),t\geqslant 0\}$是参数为λ_i的泊松过程,$i=1,2$,试求$N_1(t)$的任意两个相邻事件之间的时间间隔内,$N_2(t)$恰巧有k个事件发生的概率.

解 设$N_1(t)$第n个事件发生的时刻为τ_n,第$n+1$个事件发生的时刻为τ_{n+1},则$\tau_{n+1}-\tau_n$服从参数为λ_1的指数分布,其概率密度记为$f(t)$.在$[\tau_n,\tau_{n+1}]$内,$N_2(t)$恰巧有k个事件发生的概率为

$$\begin{aligned}P\{N_2(\tau_{n+1})-N_2(\tau_n)=k\}&=P\{N_2(\tau_{n+1}-\tau_n)=k\}\\&=\int_{-\infty}^{+\infty}P\{N_2(\tau_{n+1}-\tau_n)=k\mid\tau_{n+1}-\tau_n=t\}f(t)\mathrm{d}t\\&=\int_0^{+\infty}\frac{(\lambda_2t)^k}{k!}\mathrm{e}^{-\lambda_2t}\cdot\lambda_1\mathrm{e}^{-\lambda_1t}\mathrm{d}t\\&=\frac{\lambda_1}{\lambda_1+\lambda_2}\left(\frac{\lambda_2}{\lambda_1+\lambda_2}\right)^k,\quad k=0,1,2,\cdots.\end{aligned}$$

例 23 设$\{W(t),t\geqslant 0\}$是一个标准的维纳过程,$X(t)=\mathrm{e}^{-\alpha W(t)}$($\alpha$为实常数且$\alpha\neq 0$).(1)求$X(t)$的自协方差函数$C_X(s,t)(s<t)$.(2)试问$X(t)$是否是独立增量过程,并给出说明.

解 (1) 当$s<t$时,因

$$\begin{aligned}D[W(s)+W(t)]&=D[W(s)]+D[W(t)]+2\mathrm{cov}[W(s),W(t)]\\&=s+t+2s=3s+t,\end{aligned}$$

$$E[W(s)+W(t)]=0,$$

所以$W(s)+W(t)\sim N(0,3s+t)$.

又因为

$$\begin{aligned}R_X(s,t)&=E[X(s)X(t)]=E[\mathrm{e}^{-\alpha(W(s)+W(t))}]=\frac{1}{\sqrt{2\pi(3s+t)}}\int_{-\infty}^{+\infty}\mathrm{e}^{-\alpha x}\mathrm{e}^{-\frac{x^2}{2(3s+t)}}\mathrm{d}x\\&=\mathrm{e}^{\frac{\alpha^2}{2}(3s+t)}\frac{1}{\sqrt{2\pi(3s+t)}}\int_{-\infty}^{+\infty}\mathrm{e}^{-\frac{(x+\alpha(3s+t))^2}{2(3s+t)}}\mathrm{d}x=\mathrm{e}^{\frac{\alpha^2}{2}(3s+t)},\end{aligned}$$

$$E[X(s)]=\frac{1}{\sqrt{2\pi s}}\int_{-\infty}^{+\infty}\mathrm{e}^{-\alpha x}\mathrm{e}^{-\frac{x^2}{2s}}\mathrm{d}x=\mathrm{e}^{\frac{\alpha^2}{2}s}\frac{1}{\sqrt{2\pi s}}\int_{-\infty}^{+\infty}\mathrm{e}^{-\frac{(x+\alpha s)^2}{2s}}\mathrm{d}x=\mathrm{e}^{\frac{\alpha^2}{2}s},$$

同理，$E[X(t)]=\mathrm{e}^{\frac{\alpha^2}{2}t}$. 所以

$$C_X(s,t)=R_X(s,t)-E[X(s)]E[X(t)]=\mathrm{e}^{\frac{\alpha^2}{2}(3s+t)}-\mathrm{e}^{\frac{\alpha^2}{2}(s+t)}=\mathrm{e}^{\frac{\alpha^2}{2}(s+t)}(\mathrm{e}^{s\alpha^2}-1).$$

(2) 设 $t_1<t_2\leqslant t_3<t_4$，则

$$\begin{aligned}\operatorname{cov}(X(t_4)-X(t_3),X(t_2)-X(t_1))&=\operatorname{cov}(X(t_4),X(t_2))-\operatorname{cov}(X(t_4),X(t_1))-\\&\quad\operatorname{cov}(X(t_3),X(t_2))+\operatorname{cov}(X(t_3),X(t_1))\\&=\mathrm{e}^{\frac{\alpha^2}{2}(t_2+t_4)}(\mathrm{e}^{t_2\alpha^2}-1)-\mathrm{e}^{\frac{\alpha^2}{2}(t_1+t_4)}(\mathrm{e}^{t_1\alpha^2}-1)-\\&\quad\mathrm{e}^{\frac{\alpha^2}{2}(t_2+t_3)}(\mathrm{e}^{t_2\alpha^2}-1)+\mathrm{e}^{\frac{\alpha^2}{2}(t_1+t_3)}(\mathrm{e}^{t_1\alpha^2}-1).\end{aligned}$$

特别地，取 $t_1=0,t_2=1,t_3=2,t_4=3$，则

$$\operatorname{cov}(X(t_4)-X(t_3),X(t_2)-X(t_1))=(\mathrm{e}^{2\alpha^2}-\mathrm{e}^{\frac{3}{2}\alpha^2})(\mathrm{e}^{\alpha^2}-1)>0,$$

从而可知 $X(t_4)-X(t_3)$ 与 $X(t_2)-X(t_1)$ 不独立，故 $X(t)$ 不是独立增量过程.

例 24 设 $\{W(t),t\geqslant 0\}$ 是标准维纳过程.

(1) 证明：$Y(t)=W(t+1)-W(t)$ 是平稳过程；

(2) 其均值具有各态遍历性；

(3) 试求 $Y(t)=W(t+1)-W(t)$ 的谱密度.

证明 (1) 由于 $W(t)\sim N(0,t)$，$Y(t)=W(t+1)-W(t)$，故 $m_Y(t)=0$ 为常数. 又

$$\begin{aligned}R_Y(s,t)&=E[Y(s)Y(t)]=E[(W(s+1)-W(s))(W(t+1)-W(t))]\\&=R_W(s+1,t+1)-R_W(s+1,t)-R_W(s,t+1)+R_W(s,t)\\&=\min\{s+1,t+1\}-\min\{s+1,t\}-\min\{s,t+1\}+\min\{s,t\}\\&=\begin{cases}0, & |t-s|>1,\\ 1-|t-s|, & |t-s|\leqslant 1,\end{cases}\end{aligned}$$

只与时间间隔有关，故 $Y(t)=W(t+1)-W(t)\sim N(0,1)$ 是平稳过程.

(2) 由于 $\lim\limits_{\tau\to+\infty}C_Y(\tau)=\lim\limits_{\tau\to+\infty}[R_Y(\tau)-0]=0$，故均值具有各态遍历性.

(3) 因 $R_Y(\tau)=\begin{cases}0, & |\tau|>1,\\ 1-|\tau|, & |\tau|\leqslant 1\end{cases}$ 故

$$\begin{aligned}S_Y(\omega)&=\int_{-\infty}^{+\infty}R_Y(\tau)\mathrm{e}^{-\mathrm{i}\omega\tau}\mathrm{d}\tau=\int_{-1}^{1}(1-|\tau|)\mathrm{e}^{-\mathrm{i}\omega\tau}\mathrm{d}\tau\\&=2\int_0^1(1-\tau)\cos\omega\tau\,\mathrm{d}\tau=\frac{4\sin^2(\omega/2)}{\omega^2}.\end{aligned}$$

5.4 习题选解

1. 将一颗骰子掷若干次. 记 $X(n)$ 为第 n 次正面出现的点数，问 $\{X(n),n=1,2,\cdots\}$ 是马尔可夫链吗？如果是，试写出一步转移概率矩阵. 又记 $Y(n)$ 为前 n 次正面出现点数的总和，问 $\{Y(n),n=1,2,\cdots\}$ 是马尔可夫链吗？如果是，试写出一步转移概率.

解 (1) 因为 $X(1),X(2),\cdots,X(n),\cdots$ 是独立的离散随机变量序列，故 $\{X(n),n=1,2,\cdots\}$ 是马尔可夫链.

$$\begin{aligned}p_{ij}&=P\{X(n+1)=j\mid X(n)=i\}\\&=P\{X(n+1)=j\}=\frac{1}{6},\quad i,j=1,2,\cdots,6.\end{aligned}$$

$X(n)$的一步转移概率矩阵为

$$\boldsymbol{P}=\begin{bmatrix}\frac{1}{6}&\frac{1}{6}&\frac{1}{6}&\frac{1}{6}&\frac{1}{6}&\frac{1}{6}\\\frac{1}{6}&\frac{1}{6}&\frac{1}{6}&\frac{1}{6}&\frac{1}{6}&\frac{1}{6}\\\frac{1}{6}&\frac{1}{6}&\frac{1}{6}&\frac{1}{6}&\frac{1}{6}&\frac{1}{6}\\\frac{1}{6}&\frac{1}{6}&\frac{1}{6}&\frac{1}{6}&\frac{1}{6}&\frac{1}{6}\\\frac{1}{6}&\frac{1}{6}&\frac{1}{6}&\frac{1}{6}&\frac{1}{6}&\frac{1}{6}\\\frac{1}{6}&\frac{1}{6}&\frac{1}{6}&\frac{1}{6}&\frac{1}{6}&\frac{1}{6}\end{bmatrix}.$$

(2) 因 $Y(n)=\sum\limits_{i=1}^{n}X(i)$，$Y(n)$ 的状态空间为$\{n,n+1,n+2,\cdots\}$. 当 m 个自然数满足 $n_1<n_2<\cdots<n_m$ 并 $k>0$ 时，因

$$\begin{aligned}&P\{Y(n_m+k)=j\mid Y(n_1)=i_1,Y(n_2)=i_2,\cdots,Y(n_m)=i_m\}\\&=P\{Y(n_m+k)=j,Y(n_m)=i_m\mid Y(n_1)=i_1,Y(n_2)=i_2,\cdots,Y(n_m)=i_m\}\\&=P\{Y(n_m+k)-Y(n_m)=j-i_m\mid Y(n_1)=i_1,Y(n_2)=i_2,\cdots,Y(n_m)=i_m\},\end{aligned}$$

而 $Y(n_m+k)-Y(n_m)$ 与 $Y(n_1),Y(n_2),\cdots Y(n_m)$ 相互独立，所以

$$\begin{aligned}&P\{Y(n_m+k)=j\mid Y(n_1)=i_1,Y(n_2)=i_2,\cdots,Y(n_m)=i_m\}\\&=P\{Y(n_m+k)-Y(n_m)=j-i_m\}.\end{aligned}$$

又因为 $P\{Y(n_m+k)=j|Y(n_m)=i_m\}=P\{Y(n_m+k)-Y(n_m)=j-i_m\}$，所以 $\{Y(n),n=1,2,\cdots\}$ 是马尔可夫链.

此链的一步转移概率为

$$\begin{aligned}p_{ij}&=P\{Y(n+1)=j\mid Y(n)=i\}=P\{X(n+1)=j-i\}\\&=\begin{cases}\frac{1}{6}, & j=i+1,i+2,\cdots,i+6,\\0, & j=i,i+7,i+8,\cdots,\text{或 } j<i,\end{cases}\end{aligned}$$

其中 $i=n,n+1,\cdots,6n$；$j=n+1,n+2,\cdots,6(n+1)$.

3. 作一列独立的伯努利试验，其中每一次出现“成功”的概率为 $p(0<p<1)$，出现“失败”的概率为 $q,q=1-p$. 如果第 n 次试验出现“失败”认为 $X(n)$ 取数值零；如果第 n 次试验出现“成功”，且接连着前面 k 次试验都出现“成功”，而第 $n-k$ 次试验出现“失败”，认为 $X(n)$取数值 k. 问$\{X(n),n=1,2,\cdots\}$是马尔可夫链吗？如果是，试写出其一步转移概率.

解 对于任意 $m(m\geqslant 2)$个自然数 $n_1,n_2,\cdots,n_m(1\leqslant n_1<n_2<\cdots<n_m)$和任意自然数

$k\geqslant 1$,有

$$
\begin{aligned}
&P\{X(n_m+k)=j \mid X(n_1)=i_1,X(n_2)=i_2,\cdots,X(n_m)=i_m\}\\
&=\begin{cases} q, & j=0,\\ p^k, & j=k+i_m,\\ p^j q, & 1\leqslant j\leqslant k-1,\\ 0, & k\leqslant j<k+i_m \text{ 或 } j>k+i_m, \end{cases}
\end{aligned}
$$

$$
P\{X(n_m+k)=j \mid X(n_m)=i_m\}=\begin{cases} q, & j=0,\\ p^k, & j=k+i_m,\\ p^j q, & 1\leqslant j\leqslant k-1,\\ 0, & k\leqslant j<k+i_m \text{ 或 } j>k+i_m, \end{cases} \tag{5.1}
$$

所以

$$
\begin{aligned}
&P\{X(n_m+k)=j \mid X(n_1)=i_1,X(n_2)=i_2,\cdots,X(n_m)=i_m\}\\
&=P\{X(n_m+k)=j \mid X(n_m)=i_m\},
\end{aligned}
$$

故$\{X(n),n=1,2,\cdots\}$是马尔可夫链.

(2) 由(5.1)式知,该马尔可夫链的一步转移概率

$$
p_{ij}=P\{X(n+1)=j \mid X(n)=i\}=\begin{cases} q, & j=0,\\ p, & j=i+1,\\ 0, & j\text{ 取其他值}, \end{cases} \quad i=0,1,2,\cdots,n.
$$

4. 在一罐子中放有 50 个红球和 50 个白球.每次随机地取出一球后,再放一新球进去,新球为红球和白球的概率各为$\frac{1}{2}$.第 n 次取出一球后,又放一新球进去,留下的红球数记为 $X(n)$.问$\{X(n),n=0,1,2,\cdots\}$是马尔可夫链吗?如果是,试写出一步转移概率矩阵(当 $n\geqslant 50$).

解 对于任意 $m(m\geqslant 2)$个非负整数 $n_1,n_2,\cdots,n_m(0\leqslant n_1<n_2<\cdots<n_m)$和任意自然数 k,在知道 n_m 时(现在)罐中的红球数的条件下,n_m+k 时(未来)罐中的红球只与 n_m 时罐中的红球数和 n_m+1 到 n_m+k 各步取出的球的颜色和放入的新球的颜色有关,而与 n_1,$n_2,\cdots,n_{m-1}$ 时罐中的红球数没有关系.所以$\{X(n),n=0,1,2,\cdots\}$是马尔可夫链.

$X(n)$的状态空间为$\{0,1,2,\cdots,100\}$.当 $n\geqslant 50$ 时,设 A 为"第 $n-1$ 次取出一球后,又放入一新球进去,罐中的红球数为 i 的条件下,第 n 次取出一白球",B 为"第 $n-1$ 次取出一球后,又放入一新球进去,罐中的红球数为 i 的条件下,第 n 次取出一球后,放入的一新球为红球",显然事件 A 与事件 B 相互独立,且 $P(A)=\frac{100-i}{100}$,$P(B)=\frac{1}{2}$.从而

$$
\begin{aligned}
p_{i,i+1}&=P\{X(n)=i+1 \mid X(n-1)=i\}=P(AB)=P(A)P(B)\\
&=\frac{100-i}{100}\times\frac{1}{2}=\frac{100-i}{200}.
\end{aligned}
$$

同理可算得,$p_{i,i-1}=P\{X(n)=i-1|X(n-1)=i\}=\frac{i}{200}$,$p_{ii}=\frac{1}{2}$.

显然 $p_{i,j}=0$,$j=i+2,i+3,\cdots,100$;$i=0,1,\cdots,98$ 或 $j=i-2,i-3,\cdots,1,0$;$i=2$,

3,…,99. 易算得 $p_{100,99}=\frac{1}{2}, p_{100,100}=\frac{1}{2}, p_{100,j}=0, j=0,1,2,\cdots,98$. 从而一步转移概率矩阵为

$$\boldsymbol{P}=\begin{bmatrix} \frac{1}{2} & \frac{1}{2} & 0 & 0 & \cdots & 0 & 0 & 0 \\ \frac{1}{200} & \frac{1}{2} & \frac{99}{200} & 0 & \cdots & 0 & 0 & 0 \\ 0 & \frac{2}{200} & \frac{1}{2} & \frac{98}{200} & \cdots & 0 & 0 & 0 \\ \vdots & \vdots & \vdots & \vdots & & \vdots & \vdots & \vdots \\ 0 & 0 & 0 & 0 & \cdots & \frac{99}{200} & \frac{1}{2} & \frac{1}{200} \\ 0 & 0 & 0 & 0 & \cdots & 0 & \frac{1}{2} & \frac{1}{2} \end{bmatrix}$$

5. 随机地扔两枚分币，每枚分币有“国徽”和“分值”之分. $X(n)$表示两枚分币扔 n 次后正面出现“国徽”的总个数. 试问 $X(n)$是否为马尔可夫链？如果是，写出一步转移概率.

解 对于任意 $m(m\geqslant 2)$个非负整数 $n_1,n_2,\cdots,n_m(0\leqslant n_1<n_2<\cdots<n_m)$和任意自然数 $k\geqslant 1$，有

$$\begin{aligned} &P\{X(n_m+k)=j \mid X(n_1)=i_1, X(n_2)=i_2,\cdots,X(n_m)=i_m\} \\ &=P\{X(n_m+k)=j \mid X(n_m)=i_m\} \\ &=\begin{cases} \mathrm{C}_{2k}^{l}\dfrac{1}{2^{2k}}, & j=i_m+l, l=0,1,\cdots,2k, \\ 0, & j<i_m \text{ 或 } j>i_m+2k, \end{cases} \end{aligned} \tag{5.2}$$

故$\{X(n),n=1,2,\cdots\}$是马尔可夫链.

由式(5.2)得一步转移概率

$$p_{ij}(n,n+1)=\begin{cases} \dfrac{1}{4}, & j=i,i+2, \\ \dfrac{1}{2}, & j=i+1, \\ 0, & j \text{ 取其他值}. \end{cases} \quad i=0,1,2,\cdots,2n;\ j=0,1,2,\cdots,2(n+1),$$

6. 扔一颗骰子，如果前 n 次出现点数的最大值为 j，就说 $X(n)$的值等于 j. 试问$\{X(n),n=1,2,\cdots\}$是不是马尔可夫链？如果是，并写出一步转移概率矩阵.

解 对于任意 $m(m\geqslant 2)$个非负整数 $n_1,n_2,\cdots,n_m(0\leqslant n_1<n_2<\cdots<n_m)$和任意自然数 $k\geqslant 1$，设 Y_n 是第 n 次抛掷出现的点数，则

$$X(n_m+k)=\max\{Y_1,Y_2,\cdots,Y_{n_m+k}\}=\max\{X(n_m),Y_{n_m+1},\cdots,Y_{n_m+k}\},$$

且 $Y_{n_m+1},Y_{n_m+2},\cdots,Y_{n_m+k}$ 与 $X(n_1),X(n_2),\cdots,X(n_{m-1})$独立. 而在已知 $X(n_m)$后，$X(n_m+k)$的取值仅依赖于 $Y_{n_m+1},Y_{n_m+2},\cdots,Y_{n_m+k}$，所以 $X(n_m+k)$的取值与 $X(n_1),X(n_2),\cdots,X(n_{m-1})$的取值相互独立，故$\{X(n),n=1,2,\cdots\}$具有无后效性，即它是一个马尔可夫链.

又一步转移概率

$$p_{ij}(n,n+1)=\begin{cases}\dfrac{1}{6}, & j>i,\\ \dfrac{i}{6}, & j=i,i=1,2,\cdots,6,\\ 0, & j<i,\end{cases}$$

所以$\{X(n),n=1,2,\cdots\}$的一步转移概率矩阵为

$$\boldsymbol{P}=\begin{bmatrix}\frac{1}{6} & \frac{1}{6} & \frac{1}{6} & \frac{1}{6} & \frac{1}{6} & \frac{1}{6}\\ 0 & \frac{2}{6} & \frac{1}{6} & \frac{1}{6} & \frac{1}{6} & \frac{1}{6}\\ 0 & 0 & \frac{3}{6} & \frac{1}{6} & \frac{1}{6} & \frac{1}{6}\\ 0 & 0 & 0 & \frac{4}{6} & \frac{1}{6} & \frac{1}{6}\\ 0 & 0 & 0 & 0 & \frac{5}{6} & \frac{1}{6}\\ 0 & 0 & 0 & 0 & 0 & 1\end{bmatrix}.$$

7. 假定随机变量 X_0 的概率分布为

$$P\{X_0=1\}=p,\quad P\{X_0=-1\}=1-p,\quad 0<p<1.$$

对 $n=0,1,2,\cdots$,定义

$$X(2n)=\begin{cases}X_0, & \text{当 } n \text{ 为偶数},\\ -X_0, & \text{当 } n \text{ 为奇数},\end{cases}\quad X(2n+1)=0.$$

(1) 画出$\{X(n),n=0,1,2,\cdots\}$的所有样本函数;

(2) 说明$\{X(n),n=0,1,2,\cdots\}$不具有马尔可夫性(即无后效性).

解 (1) $X(n)$的状态空间为 $E=\{-1,0,1\}$. $X(n)$的样本函数仅有两个.

当 $X_0=1$ 时,样本函数为

$$X_1(n)=\begin{cases}1, & n=4m,\\ -1, & n=4m+2,\quad m=0,1,2,\cdots.\\ 0, & n=2m+1,\end{cases}$$

其图形如图 5-1(a)所示.

当 $X_0=-1$ 时,样本函数为

$$X_2(n)=\begin{cases}-1, & n=4m,\\ 1, & n=4m+2,\quad m=0,1,2,\cdots.\\ 0, & n=2m+1,\end{cases}$$

其图形如图 5-1(b)所示.

(2) 由于

$$\begin{aligned}&P\{X(4)=1\mid X(3)=0,X(2)=-1,X(1)=0,X(0)=1\}\\ =&\frac{P\{X(4)=1,X(3)=0,X(2)=-1,X(1)=0,X(0)=1\}}{P\{X(3)=0,X(2)=-1,X(1)=0,X(0)=1\}}\\ =&\frac{P\{X_0=1\}}{P\{X_0=1\}}=1,\end{aligned}$$

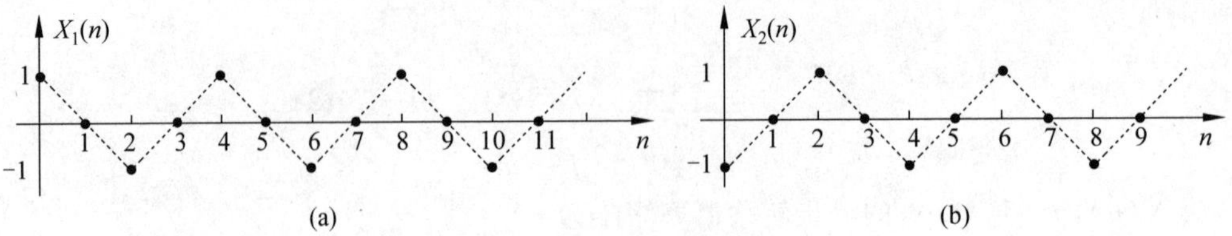

图 5-1

而

$$P\{X(4)=1 \mid X(3)=0\}=\frac{P\{X(4)=1, X(3)=0\}}{P\{X(3)=0\}}=P\{X_0=1\}=p,$$

故

$$\begin{aligned}&P\{X(4)=1 \mid X(3)=0, X(2)=-1, X(1)=0, X(0)=1\}\\ \neq\ &P\{X(4)=1 \mid X(3)=0\},\end{aligned}$$

所以 $X(n)$不具马尔可夫性.

11. 设马尔可夫链具有状态空间 $E=\{1,2,3\}$,初始概率分布为

$$p_1^{(0)}=\frac{1}{4}, \quad p_2^{(0)}=\frac{1}{2}, \quad p_3^{(0)}=\frac{1}{4},$$

一步转移概率矩阵

$$\boldsymbol{P}=\begin{bmatrix}\frac{1}{4} & \frac{3}{4} & 0\\ \frac{1}{3} & \frac{1}{3} & \frac{1}{3}\\ 0 & \frac{1}{4} & \frac{3}{4}\end{bmatrix}.$$

(1) 计算 $P\{X(0)=1, X(1)=2, X(2)=2\}$;

(2) 试证 $P\{X(1)=2, X(2)=2 \mid X(0)=1\}=p_{12}p_{22}$;

(3) 计算 $p_{12}^{(2)}$.

解 (1) $P\{X(0)=1, X(1)=2, X(2)=2\}$

$$\begin{aligned}&=P\{X(0)=1\}P\{X(1)=2 \mid X(0)=1\}P\{X(2)=2 \mid X(0)=1, X(1)=2\}\\ &=p_1^{(0)}p_{12}p_{22}=\frac{1}{4}\times\frac{3}{4}\times\frac{1}{3}=\frac{1}{16}.\end{aligned}$$

(2)

$$\begin{aligned}&P\{X(1)=2, X(2)=2 \mid X(0)=1\}\\ =\ &P\{X(1)=2 \mid X(0)=1\}P\{X(2)=2 \mid X(0)=1, X(1)=2\}\\ =\ &P\{X(1)=2 \mid X(0)=1\}P\{X(2)=2 \mid X(1)=2\}\\ =\ &p_{12}p_{22}.\end{aligned}$$

(3) $p_{12}^{(2)}=\sum_{r=1}^{3}p_{1r}p_{r2}=\frac{1}{4}\times\frac{3}{4}+\frac{3}{4}\times\frac{1}{3}+0\times\frac{1}{4}=\frac{7}{16}$.

12. 设马尔可夫链具有状态空间 $E=\{1,2\}$，初始概率分布为 $p_1^{(0)}=a$，$p_2^{(0)}=b$，$a>0$，$b>0$，$a+b=1$. 一步转移概率矩阵为

$$P=\begin{bmatrix}\frac{2}{3} & \frac{1}{3}\\ \frac{1}{2} & \frac{1}{2}\end{bmatrix}.$$

(1) 计算 $P\{X(0)=1,X(1)=2,X(2)=2\}$；

(2) 计算 $P\{X(n)=1,X(n+1)=2,X(n+2)=1\}$，$n=1,2,3$；

(3) 计算 $P\{X(n)=1,X(n+2)=2\}$，$n=1,2,3$；

(4) 计算 $P\{X(n+2)=2\}$，$n=1,2,3$；

(5) 在(1)到(4)中哪些依赖于 n，哪些不依赖于 n？

解 (1) $P\{X(0)=1,X(1)=2,X(2)=2\}$

$$=P\{X(0)=1\}P\{X(1)=2\mid X(0)=1\}P\{X(2)=2\mid X(0)=1,X(1)=2\}$$

$$=p_1^{(0)}p_{12}p_{22}=a\times\frac{1}{3}\times\frac{1}{2}=\frac{1}{6}a.$$

(2) $P\{X(n)=1,X(n+1)=2,X(n+2)=1\}$

$$=\sum_{i=1}^{2}p_i^{(0)}p_{i1}^{(n)}p_{12}p_{21}=ap_{11}^{(n)}p_{12}p_{21}+bp_{21}^{(n)}p_{12}p_{21}$$

$$=\frac{a}{6}p_{11}^{(n)}+\frac{b}{6}p_{21}^{(n)}.$$

又因

$$P^2=\begin{bmatrix}\frac{11}{18} & \frac{7}{18}\\ \frac{7}{12} & \frac{5}{12}\end{bmatrix},\quad P^3=\begin{bmatrix}\frac{65}{108} & \frac{43}{108}\\ \frac{43}{72} & \frac{29}{72}\end{bmatrix}.$$

当 $n=1$ 时，

$$P\{X(n)=1,X(n+1)=2,X(n+2)=1\}=\frac{2}{3}\,\frac{a}{6}+\frac{1}{2}\,\frac{b}{6}=\frac{4a+3b}{36}=\frac{3+a}{36},$$

当 $n=2$ 时，

$$P\{X(n)=1,X(n+1)=2,X(n+2)=1\}=\frac{11}{18}\,\frac{a}{6}+\frac{7}{12}\,\frac{b}{6}=\frac{22a+21b}{216}=\frac{21+a}{36},$$

当 $n=3$ 时，

$$P\{X(n)=1,X(n+1)=2,X(n+2)=1\}=\frac{65}{108}\,\frac{a}{6}+\frac{43}{72}\,\frac{b}{6}=\frac{129+a}{216}\cdot\frac{1}{6}.$$

(3) $$P\{X(n)=1,X(n+2)=2\}=\sum_{i=1}^{2}p_i^{(0)}p_{i1}^{(n)}p_{12}^{(2)}=\frac{7}{18}ap_{11}^{(n)}+\frac{7}{18}bp_{21}^{(n)}$$

$$=\frac{7}{18}(ap_{11}^{(n)}+bp_{21}^{(n)})$$

$$=\begin{cases}\frac{7}{18}\left(\frac{2}{3}a+\frac{b}{2}\right)=\frac{7}{108}(3+a), & n=1,\\ \frac{7}{18}\left(\frac{11}{18}a+\frac{7}{12}b\right)=\frac{7}{648}(21+a), & n=2,\\ \frac{7}{18}\left(\frac{65}{108}a+\frac{43}{72}b\right)=\frac{7}{3888}(129+a), & n=3.\end{cases}$$

(4)
$$\boldsymbol{P}^4=\begin{bmatrix}\frac{389}{648} & \frac{259}{648}\\ \frac{259}{432} & \frac{173}{432}\end{bmatrix},\quad \boldsymbol{P}^5=\begin{bmatrix}\frac{2333}{3888} & \frac{1555}{3888}\\ \frac{1555}{2592} & \frac{1037}{2592}\end{bmatrix}.$$

当 $n=1$ 时，$P\{X(3)=2\}=p_1^{(0)}p_{12}^{(3)}+p_2^{(0)}p_{22}^{(3)}=\frac{43}{108}a+\frac{29}{72}b=\frac{87-a}{216}$；

当 $n=2$ 时，$P\{X(4)=2\}=p_1^{(0)}p_{12}^{(4)}+p_2^{(0)}p_{22}^{(4)}=\frac{259}{648}a+\frac{173}{432}b=\frac{519-a}{1296}$；

当 $n=3$ 时，$P\{X(5)=2\}=p_1^{(0)}p_{12}^{(5)}+p_2^{(0)}p_{22}^{(5)}=\frac{1555}{3888}a+\frac{1073}{2592}b=\frac{3111-a}{7776}$.

故(2)，(3)，(4)都与 n 有关.

13. 设马尔可夫链具有状态空间 $E=\{1,2\}$，初始概率分布为 $p_1^{(0)}=\frac{3}{5}$，$p_2^{(0)}=\frac{2}{5}$，一步转移概率矩阵为

$$\boldsymbol{P}=\begin{bmatrix}\frac{2}{3} & \frac{1}{3}\\ \frac{1}{2} & \frac{1}{2}\end{bmatrix}.$$

试对 $n=1,2,3$ 计算其绝对概率分布 $p_1^{(n)}$，$p_2^{(n)}$.

解 $p_1^{(1)}=P\{X(1)=1\}=p_1^{(0)}p_{11}+p_2^{(0)}p_{21}=\frac{3}{5}\times\frac{2}{3}+\frac{2}{5}\times\frac{1}{2}=\frac{3}{5}$.

又因为

$$\boldsymbol{P}^{(2)}=\boldsymbol{P}^2=\begin{bmatrix}\frac{11}{18} & \frac{7}{18}\\ \frac{7}{12} & \frac{5}{12}\end{bmatrix},\quad \boldsymbol{P}^{(3)}=\boldsymbol{P}^3=\begin{bmatrix}\frac{65}{108} & \frac{43}{108}\\ \frac{43}{72} & \frac{29}{72}\end{bmatrix}.$$

所以

$$p_1^{(2)}=P\{X(2)=1\}=p_1^{(0)}p_{11}^{(2)}+p_2^{(0)}p_{21}^{(2)}=\frac{3}{5}\times\frac{11}{18}+\frac{2}{5}\times\frac{7}{12}=\frac{3}{5},$$

$$p_1^{(3)}=P\{X(3)=1\}=p_1^{(0)}p_{11}^{(3)}+p_2^{(0)}p_{21}^{(3)}=\frac{3}{5}\times\frac{65}{108}+\frac{2}{5}\times\frac{43}{72}=\frac{3}{5}.$$

$$p_2^{(1)}=1-p_1^{(1)}=\frac{2}{5},p_2^{(2)}=1-p_1^{(2)}=\frac{2}{5},p_2^{(3)}=1-p_1^{(3)}=\frac{2}{5}.$$

14. 设马尔可夫链的一步转移概率矩阵为

$$\boldsymbol{P}=\begin{bmatrix}1&0&0&0&0\\0&1&0&0&0\\p&0&q&r&0\\p&0&0&q&r\\p&r&0&0&q\end{bmatrix},$$

其中 $p>0,q>0,r>0,p+q+r=1$,初始概率分布为

$$p_1^{(0)}=0,\quad p_2^{(0)}=0,\quad p_3^{(0)}=1,\quad p_4^{(0)}=0,\quad p_5^{(0)}=0.$$

试对 $n=1,2,3$ 计算绝对概率分布 $p_1^{(n)},p_2^{(n)},p_3^{(n)},p_4^{(n)},p_5^{(n)}$.

解 $$\boldsymbol{P}^{(2)}=\boldsymbol{P}^2=\begin{bmatrix}1&0&0&0&0\\0&1&0&0&0\\p+pq+pr&0&q^2&2rq&r^2\\p+pq+pr&r^2&0&q^2&2rq\\p+pq&r+qr&0&0&q^2\end{bmatrix},$$

$$\boldsymbol{P}^{(3)}=\boldsymbol{P}^3=\begin{bmatrix}1&0&0&0&0\\0&1&0&0&0\\p&0&q&r&0\\p&0&0&q&r\\p&r&0&0&q\end{bmatrix}\begin{bmatrix}1&0&0&0&0\\0&1&0&0&0\\p+pq+pr&0&q^2&2rq&r^2\\p+pq+pr&r^2&0&q^2&2rq\\p+pq&r+qr&0&0&q^2\end{bmatrix}$$

$$=\begin{bmatrix}1&0&0&0&0\\0&1&0&0&0\\p(1+q+r+2qr+q^2+r^2)&r^3&q^3&3rq^2&3qr^2\\p(1+q+r+2qr+q^2)&r^2+2qr^2&0&q^3&3rq^2\\p+pq+pq^2&r+qr+q^2r&0&0&q^3\end{bmatrix}.$$

当 $n=1$ 时,

$$p_1^{(n)}=p_1^{(1)}=P\{X(1)=1\}=p_3^{(0)}p_{31}=p,$$
$$p_2^{(n)}=p_2^{(1)}=P\{X(1)=2\}=p_3^{(0)}p_{32}=0.$$

同理,$p_3^{(1)}=q,p_4^{(1)}=r,p_5^{(1)}=0$.

当 $n=2$ 时,

$$p_1^{(2)}=p_3^{(0)}p_{31}(2)=p+pq+pr,p_2^{(2)}=0,p_3^{(2)}=q^2,p_4^{(2)}=2qr,p_5^{(2)}=r^2.$$

当 $n=3$ 时,

$$p_1^{(3)}=p(1+q+r+2qr+q^2+r^2),p_2^{(3)}=r^3,p_3^{(3)}=q^3,p_4^{(3)}=3rq^2,p_5^{(3)}=3qr^2.$$

15. 设马尔可夫链的一步转移概率矩阵为

$$\boldsymbol{P}=\begin{bmatrix}\frac{1}{2}&\frac{1}{3}&\frac{1}{6}\\\frac{1}{3}&\frac{1}{3}&\frac{1}{3}\\\frac{1}{3}&\frac{1}{2}&\frac{1}{6}\end{bmatrix}.$$

试问转移概率的极限 $\lim\limits_{n\to\infty}p_{ij}^{(n)}$ 是否存在,此链是否是遍历的?如果是遍历的,求极限分布.

解 $\boldsymbol{P}$ 的所有元素全大于0，故该马尔可夫链是遍历的，并且$\lim\limits_{n\to\infty} p_{ij}^{(n)}$ 存在. 设$\lim\limits_{n\to\infty} p_{ij}^{(n)}=p_j$，则

$$\begin{cases} p_1=\frac{1}{2}p_1+\frac{1}{3}p_2+\frac{1}{3}p_3, \\ p_2=\frac{1}{3}p_1+\frac{1}{3}p_2+\frac{1}{2}p_3, \\ p_3=\frac{1}{6}p_1+\frac{1}{3}p_2+\frac{1}{6}p_3, \\ p_1+p_2+p_3=1, \\ p_i>0, \quad i=1,2,3. \end{cases}$$

解得马尔可夫链的极限分布为：$p_1=\frac{2}{5}, p_2=\frac{13}{35}, p_3=\frac{8}{35}$.

16. 设马尔可夫链的一步转移概率矩阵为

$$\boldsymbol{P}=\begin{bmatrix} \frac{1}{4} & \frac{3}{4} & 0 \\ \frac{1}{3} & \frac{1}{3} & \frac{1}{3} \\ 0 & \frac{1}{4} & \frac{3}{4} \end{bmatrix}.$$

试问该马尔可夫是否是遍历的？如果是遍历的，求极限分布.

解 $$\boldsymbol{P}^2=\begin{bmatrix} \frac{5}{16} & \frac{7}{16} & \frac{1}{4} \\ \frac{7}{36} & \frac{4}{9} & \frac{13}{36} \\ \frac{1}{12} & \frac{13}{48} & \frac{31}{48} \end{bmatrix}.$$

因为 $\boldsymbol{P}^2$ 中的元素都大于0，故此马尔可夫链是遍历的. 设其极限分布为(p_1, p_2, p_3)，则

$$\begin{cases} p_1=\frac{1}{4}p_1+\frac{1}{3}p_2, \\ p_2=\frac{3}{4}p_1+\frac{1}{3}p_2+\frac{1}{4}p_3, \\ p_3=\frac{1}{3}p_2+\frac{3}{4}p_3, \\ p_1+p_2+p_3=1, \\ p_i>0, \quad i=1,2,3. \end{cases}$$

解得马尔可夫链的极限分布为：$p_1=\frac{4}{25}, p_2=\frac{9}{25}, p_3=\frac{12}{25}$.

17. 设马尔可夫链的状态空间为 $E=\{1,2\}$，一步转移概率矩阵为

$$\boldsymbol{P}=\begin{bmatrix} p & q \\ q & p \end{bmatrix},$$

其中 $p>0, q>0, p+q=1$. 取初始分布 $p_1^{(0)}=\alpha, p_2^{(0)}=\beta, \alpha\geqslant 0, \beta\geqslant 0, \alpha+\beta=1$.

(1) 试用数学归纳法证明 n 步转移概率矩阵为

$$\boldsymbol{P}^n=\boldsymbol{P}^{(n)}=\frac{1}{2}\begin{bmatrix}1+(p-q)^n & 1-(p-q)^n\\ 1-(p-q)^n & 1+(p-q)^n\end{bmatrix};$$

(2) 利用(1)的结果计算转移概率的极限分布 $\lim\limits_{n\to\infty} p_{ij}^{(n)}$;

(3) 利用遍历性定理求转移概率的极限 $\lim\limits_{n\to\infty} p_{ij}^{(n)}$;

(4) 计算 n 时刻的绝对概率分布 $p_1^{(n)}, p_2^{(n)}$;

(5) 求绝对概率的极限分布 $\lim\limits_{n\to\infty} p_j^{(n)}$.

解 (1) **证明** 当 $n=2$ 时,有

$$\boldsymbol{P}^2=\begin{bmatrix}p & q\\ q & p\end{bmatrix}\begin{bmatrix}p & q\\ q & p\end{bmatrix}=\frac{1}{2}\begin{bmatrix}1+(p-q)^2 & 1-(p-q)^2\\ 1-(p-q)^2 & 1+(p-q)^2\end{bmatrix}.$$

设 $n=k$ 时,$\boldsymbol{P}(k)=\frac{1}{2}\begin{bmatrix}1+(p-q)^k & 1-(p-q)^k\\ 1-(p-q)^k & 1+(p-q)^k\end{bmatrix}$,则

$$\begin{aligned}\boldsymbol{P}(k+1)&=\frac{1}{2}\begin{bmatrix}p & q\\ q & p\end{bmatrix}\begin{bmatrix}1+(p-q)^k & 1-(p-q)^k\\ 1-(p-q)^k & 1+(p-q)^k\end{bmatrix}\\&=\frac{1}{2}\begin{bmatrix}1+(p-q)^{k+1} & 1-(p-q)^{k+1}\\ 1-(p-q)^{k+1} & 1+(p-q)^{k+1}\end{bmatrix},\end{aligned}$$

结论正确.

(2) $\lim\limits_{n\to\infty} p_{11}^{(n)}=\lim\limits_{n\to\infty} p_{12}^{(n)}=\lim\limits_{n\to\infty} p_{21}^{(n)}=\lim\limits_{n\to\infty} p_{22}^{(n)}=\frac{1}{2}$.

(3) 因为 $\boldsymbol{P}$ 中的元素都大于 0,所以此马尔可夫链具有遍历性,其极限分布满足

$$\begin{cases}p_1=p_1p+p_2q,\\ p_2=p_1q+p_2p,\\ p_1+p_2=1,\\ p_i>0,\quad i=1,2.\end{cases}$$

解得马尔可夫链的极限分布为$\left(\frac{1}{2},\frac{1}{2}\right)$,从而

$$\lim_{n\to\infty} p_{11}^{(n)}=\lim_{n\to\infty} p_{12}^{(n)}=\lim_{n\to\infty} p_{21}^{(n)}=\lim_{n\to\infty} p_{22}^{(n)}=\frac{1}{2}.$$

(4) $$\begin{aligned}p_1^{(n)}&=p_1^{(0)}p_{11}^{(n)}+p_2^{(0)}p_{21}^{(n)}=\alpha\left[\frac{1}{2}+\frac{(p-q)^n}{2}\right]+\beta\left[\frac{1}{2}-\frac{(p-q)^n}{2}\right]\\&=\frac{1}{2}+\frac{\alpha(p-q)^n}{2}-\frac{\beta(p-q)^n}{2},\end{aligned}$$

$$\begin{aligned}p_2^{(n)}&=p_1^{(0)}p_{12}^{(n)}+p_2^{(0)}p_{22}^{(n)}=\alpha\left[\frac{1}{2}-\frac{(p-q)^n}{2}\right]+\beta\left[\frac{1}{2}+\frac{(p-q)^n}{2}\right]\\&=\frac{1}{2}-\frac{\alpha(p-q)^n}{2}+\frac{\beta(p-q)^n}{2}.\end{aligned}$$

(5) $\lim\limits_{n\to\infty} p_1^{(n)}=\frac{1}{2}$, $\lim\limits_{n\to\infty} p_2^{(n)}=\frac{1}{2}$.

18. 在直线上的一维随机游动,一步向右和向左的概率分别为 p 和 q,而 $q=1-p$, $0<$

$p<1$.在 $x=0$ 和 $x=a$ 处置完全反射壁.记 $X(n)$ 为第 n 步质点所处位置,它可能的取值为 $0,1,2,\cdots,a$.试写出此马尔可夫链的一步转移概率矩阵,并求它的平稳分布.

解 一步转移概率矩阵为

$$P=\begin{bmatrix}0 & 1 & 0 & 0 & \cdots & 0\\ q & 0 & p & 0 & \cdots & 0\\ 0 & q & 0 & p & \cdots & 0\\ 0 & 0 & q & 0 & \ddots & \vdots\\ \vdots & \vdots & \vdots & \ddots & 0 & p\\ 0 & 0 & 0 & 0 & 1 & 0\end{bmatrix}.$$

平稳分布 $(q_0,q_1,\cdots,q_a)$ 满足方程组

$$\begin{cases}q_0=q_1q,\\ q_1=q_0+q_2q,\\ q_2=q_1p+q_3q,\\ \qquad\vdots\\ q_{a-2}=q_{a-3}p+q_{a-1}q,\\ q_{a-1}=q_{a-2}p+q_a,\\ q_a=q_{a-1}p,\end{cases}$$

且 $q_0+q_1+q_2+\cdots+q_a=1$. $q_i>0,i=0,1,\cdots,a$.

解之得

$$q_1=\frac{1}{q}q_0,$$

$$q_2=\frac{1}{q}(q_1-q_0)=\frac{1}{q}\left(\frac{1}{q}q_0-q_0\right)=\frac{p}{q^2}q_0,$$

$$q_3=\frac{1}{q}(q_2-q_1p)=\frac{1}{q}\left(\frac{p}{q^2}-\frac{p}{q}\right)q_0=\frac{p^2}{q^3}q_0,$$

一般地

$$q_j=\frac{p^{j-1}}{q^j}q_0(1\leqslant j\leqslant a-1),\quad q_a=\frac{p^{a-1}}{q^{a-1}}q_0.$$

由于 $q_0+q_1+q_2+\cdots+q_a=1$,即有

$$\left(1+\frac{1}{q}+\frac{p}{q^2}+\cdots+\frac{p^{a-2}}{q^{a-1}}+\frac{p^{a-1}}{q^{a-1}}\right)q_0=1.$$

当 $\frac{p}{q}\neq 1$,即 $p\neq q$ 时,有

$$q_0=\left(1+\frac{1}{q}\cdot\frac{1-(p/q)^{a-1}}{1-p/q}+(p/q)^{a-1}\right)^{-1};$$

当 $\frac{p}{q}=1$,即 $p=q=\frac{1}{2}$ 时,有 $q_0=\frac{1}{2a}$.

所以,当 $\frac{p}{q}\neq 1$ 时,平稳分布为

$$q_j=\frac{p^{j-1}}{q^j}q_0 \quad (j=1,2,\cdots,a-1), \quad q_a=\frac{p^{a-1}}{q^{a-1}}q_0,$$

其中 $q_0=\left(1+\frac{1}{q}\cdot\frac{1-\left(\frac{p}{q}\right)^{a-1}}{1-\frac{p}{q}}+\left(\frac{p}{q}\right)^{a-1}\right)^{-1}$.

当 $p=q=\frac{1}{2}$时,平稳分布为

$$q_0=\frac{1}{2a}, \quad q_j=\frac{1}{a} \quad (j=1,2,\cdots,a-1), \quad q_a=\frac{1}{2a}.$$

19. 假定某商店有一部电话.如果在时刻 t 电话正被使用,那么置 $X(t)=1$,否则置 $X(t)=0$.假定$\{X(t),t\geqslant 0\}$具有转移概率矩阵

$$\boldsymbol{P}(t)=\begin{bmatrix}\frac{1+7\mathrm{e}^{-8t}}{8} & \frac{7-7\mathrm{e}^{-8t}}{8}\\ \frac{1-\mathrm{e}^{-8t}}{8} & \frac{7+\mathrm{e}^{-8t}}{8}\end{bmatrix}.$$

又假定初始分布为 $p_0^{(0)}=\frac{1}{10},p_1^{(0)}=\frac{9}{10}$.

(1) 计算矩阵 $\boldsymbol{P}(0)$;

(2) 验证 $\boldsymbol{P}(t)$的每一行元素之和等于 1;

(3) 计算概率:

$$P\{X(0.2)=0\}, \quad P\{X(0.2)=0 \mid X(0)=0\},$$
$$P\{X(0.1)=0,X(0.6)=1,X(1.1)=1 \mid X(0)=0\},$$
$$P\{X(1.1)=0,X(0.6)=1,X(0.1)=0\};$$

(4) 计算 t 时刻的绝对概率分布;

(5) 计算 $\boldsymbol{P}'(t)$,从而得到速率矩阵 $\boldsymbol{Q}$;

(6) 验算矩阵 $\boldsymbol{Q}$ 的每一行元素之和等于零.

解 (1) 因为 $t=0$,所以 $\mathrm{e}^{-8t}=\mathrm{e}^0=1$,代入 $\boldsymbol{P}(t)$得

$$\boldsymbol{P}(0)=\begin{bmatrix}1&0\\0&1\end{bmatrix}.$$

(2) $p_{00}(t)+p_{01}(t)=\frac{1}{8}[(1+7\mathrm{e}^{-8t})+(7-7\mathrm{e}^{-8t})]=1$,

$$p_{10}(t)+p_{11}(t)=\frac{1}{8}[(1-\mathrm{e}^{-8t})+(7+\mathrm{e}^{-8t})]=1.$$

(3) $P\{X(0.2)=0\}=p_0^{(0)}p_{00}(0.2)+p_1^{(0)}p_{10}(0.2)$

$$=\frac{1}{80}(1+7\mathrm{e}^{-1.6})+\frac{9}{80}(1-\mathrm{e}^{-1.6})=\frac{1}{40}(5-\mathrm{e}^{-1.6}),$$

$$P\{X(0.2)=0|X(0)=0\}=p_{00}(0.2)=\frac{1}{8}(1+7\mathrm{e}^{-1.6}),$$

$$P\{X(0.1)=0,X(0.6)=1,X(1.1)=1|X(0)=0\}$$
$$=P\{X(1.1)=1|X(0.6)=1\}P\{X(0.6)=1|X(0.1)=0\}\cdot$$

$$
\begin{aligned}
&P\{X(0.1)=0\mid X(0)=0\}\\
&=p_{11}(1.1-0.6)p_{01}(0.6-0.1)p_{00}(0.1)\\
&=p_{11}(0.5)p_{01}(0.5)p_{00}(0.1)\\
&=\frac{1}{8^3}(7+\mathrm{e}^{-8\times0.5})(7-7\mathrm{e}^{-8\times0.5})(1+7\mathrm{e}^{-8\times0.1})\\
&=\frac{7}{512}(1+7\mathrm{e}^{-0.8})(1-\mathrm{e}^{-4})(7+\mathrm{e}^{-4}),\\
&P\{X(1.1)=0,X(0.6)=1,X(0.1)=0\}\\
&=P\{X(1.1)=0\mid X(0.6)=1\}P\{X(0.6)=1\mid X(0.1)=0\}P\{X(0.1)=0\}\\
&=P\{X(1.1)=0\mid X(0.6)=1\}P\{X(0.6)=1\mid X(0.1)=0\}\\
&\quad\times[P\{X(0.1)=0\mid X(0)=0\}p_0^{(0)}+P\{X(0.1)=0\mid X(0)=1\}p_1^{(0)}]\\
&=p_{10}(0.5)p_{01}(0.5)[p_{00}(0.1)p_0^{(0)}+p_{10}(0.1)p_1^{(0)}]\\
&=\frac{1-\mathrm{e}^{-4}}{8}\frac{7-7\mathrm{e}^{-4}}{8}\left[\frac{1+7\mathrm{e}^{-0.8}}{8}\times\frac{1}{10}+\frac{1-\mathrm{e}^{-0.8}}{8}\times\frac{9}{10}\right]\\
&=\frac{1}{8^3}(1-\mathrm{e}^{-4})(7-7\mathrm{e}^{-4})\left(1-\frac{1}{5}\mathrm{e}^{-0.8}\right)=\frac{7}{2560}(1-\mathrm{e}^{-4})(5-\mathrm{e}^{-0.8}).
\end{aligned}
$$

(4)
$$
\begin{aligned}
p_0(t)&=p_0^{(0)}p_{00}(t)+p_1^{(0)}p_{10}(t)\\
&=\frac{1}{10}\cdot\frac{1}{8}(1+7\mathrm{e}^{-8t})+\frac{9}{10}\cdot\frac{1}{8}(1-\mathrm{e}^{-8t})=\frac{1}{8}\left(1-\frac{1}{5}\mathrm{e}^{-8t}\right),\\
p_1(t)&=p_0^{(0)}p_{01}(t)+p_1^{(0)}p_{11}(t)\\
&=\frac{1}{10}\cdot\frac{1}{8}(7-7\mathrm{e}^{-8t})+\frac{9}{10}\cdot\frac{1}{8}(7+\mathrm{e}^{-8t})=\frac{1}{8}\left(7+\frac{1}{5}\mathrm{e}^{-8t}\right).
\end{aligned}
$$

(5) 将 $p_{ij}(t)$ 对 t 求导，得

$$\boldsymbol{P}'(t)=\begin{bmatrix}-7\mathrm{e}^{-8t} & 7\mathrm{e}^{-8t}\\ \mathrm{e}^{-8t} & -\mathrm{e}^{-8t}\end{bmatrix},\quad 从而\quad \boldsymbol{Q}=P'(0)=\begin{bmatrix}-7 & 7\\ 1 & -1\end{bmatrix}.$$

(6) 略.

21. 随机过程 $X(t)$ 表示在 $(0,t)$ 时间内某种事件发生的个数. 设恰有一个事件在 $(t,t+\Delta t)$ 内发生的概率不依赖于 t 时刻前的性态，且等于 $a\mathrm{e}^{-t/b}\Delta t+o(\Delta t)$，其中 $a>0,b>0$；而多于一个事件发生的概率为 $o(\Delta t)$. 假定两个互不相交时间区间内各发生的事件数相互独立. 试证在时间 (u,v) 内没有事件发生的概率是

$$\exp\left[-ab\left(\mathrm{e}^{-\frac{u}{b}}-\mathrm{e}^{-\frac{v}{b}}\right)\right].$$

证明 状态空间 $E=\{0,1,2,3,\cdots\}$. 当 $\Delta t>0$ 时，

$$
\begin{aligned}
p_{i,i+1}(\Delta t)&=P\{X(t+\Delta t)=i+1\mid X(t)=i\}\\
&=P\{X(t+\Delta t)-X(t)=1\}\\
&=a\mathrm{e}^{-\frac{t}{b}}\Delta t+o(\Delta t),
\end{aligned}
$$

所以有 $q_{i,i+1}=a\mathrm{e}^{-\frac{t}{b}},i=0,1,2,\cdots$. 由

$$p_{ij}(\Delta t)=P\{X(t+\Delta t)-X(t)=j-i\}=o(\Delta t),\quad j\geqslant i+2,$$

所以有 $q_{ij}=0,j=i+2,i+3\cdots,i=0,1,2\cdots$. 而 $p_{ij}(\Delta t)=0,j<i$，所以有 $q_{ij}=0,j<i$.

由速率函数的性质知

$$q_{ii}=-a\mathrm{e}^{-\frac{t}{b}},\quad i=0,1,2,\cdots.$$

由向前方程知

$$p'_{00}(t)=p_{00}(t)q_{00}=-a\mathrm{e}^{-\frac{t}{b}}p_{00}(t),\quad 即\quad \int\frac{\mathrm{d}p_{00}(t)}{p_{00}(t)}=\int -a\mathrm{e}^{-\frac{t}{b}}\mathrm{d}t,$$

可得

$$\ln p_{00}(t)=ab\mathrm{e}^{-\frac{t}{b}}+\ln C,\quad 即\quad p_{00}(t)=C\mathrm{e}^{ab\mathrm{e}^{-\frac{t}{b}}}.$$

由 $p_{00}(0)=1$ 知 $C=\mathrm{e}^{-ab}$，所以 $p_{00}(t)=\mathrm{e}^{ab\left(\mathrm{e}^{-\frac{t}{b}}-1\right)}$.

在(u,v)内没有事件发生的概率为

$$\begin{aligned}P\{X(v)-X(u)=0\}&=\frac{P\{X(v)-X(u)=0,X(u)=0\}}{P\{X(u)=0\}}\\&=\frac{P\{X(v)=0,X(u)=0\}}{P\{X(u)=0\}}\\&=\frac{P\{X(v)=0\}}{P\{X(u)=0\}}=\frac{P\{X(v)=0,X(0)=0\}}{P\{X(u)=0,X(0)=0\}}\\&=\frac{P\{X(v)=0\mid X(0)=0\}}{P\{X(u)=0\mid X(0)=0\}}=\frac{p_{00}(v)}{p_{00}(u)}\\&=\frac{\mathrm{e}^{ab(\mathrm{e}^{-\frac{v}{b}}-1)}}{\mathrm{e}^{ab(\mathrm{e}^{-\frac{u}{b}}-1)}}=\exp\left[ab(\mathrm{e}^{-\frac{v}{b}}-\mathrm{e}^{-\frac{u}{b}})\right]\\&=\exp\left[-ab(\mathrm{e}^{-\frac{u}{b}}-\mathrm{e}^{-\frac{v}{b}})\right].\end{aligned}$$

22. 随机过程 $X(t)$表示在时刻 t 某生物群体内的个体数.设任何个体在长为 Δt 的时间内生出一个个体的概率为$\lambda\Delta t+o(\Delta t)$，生出两个以上个体的概率为 $o(\Delta t)$.假定个体不会死亡，且各个个体的生殖是相互独立的.若初始时刻有a 个个体，即 $X(0)=a$，其中 $a>0$.试证明转移概率函数满足微分方程

$$\begin{cases}p'_{aa}(t)=-a\lambda p_{aa}(t),\\p'_{aj}(t)=-j\lambda p_{aj}(t)+(j-1)\lambda p_{a,j-1}(t),\quad j\geqslant a+1.\end{cases}$$

试验证此方程组满足初始条件 $p_{aa}(0)=1$ 的解是

$$p_{aj}(t)=\mathrm{C}_{j-1}^{a-1}\mathrm{e}^{-a\lambda t}(1-\mathrm{e}^{-\lambda t})^{j-a},\quad j\geqslant a$$

证明 由题设可得，状态空间为 $E=\{a,a+1,a+2,\cdots\}$，任何个体在长为 Δt 的时间内生出另一个个体的概率为$\lambda\Delta t+o(\Delta t)$，于是得

$$\begin{aligned}p_{i,i+1}(\Delta t)&=P\{X(t+\Delta t)=i+1\mid X(t)=i\}\quad(i\geqslant a)\\&=\mathrm{C}_i^1(\lambda\Delta t+o(\Delta t))(1-\lambda\Delta t-o(\Delta t))^{i-1}\\&=\lambda i\Delta t+o(\Delta t),\\p_{ii}(\Delta t)&=P\{X(t+\Delta t)=i\mid X(t)=i\}\\&=[1-\lambda\Delta t-o(\Delta t)]^{i}=1-i\lambda\Delta t+o(\Delta t).\end{aligned}$$

所以

$$p_{ij}(\Delta t)=\begin{cases}0, & j<i,\\ 1-i\lambda\Delta t+o(\Delta t), & j=i,\\ i\lambda\Delta t+o(\Delta t), & j=i+1,\\ o(\Delta t), & j\geqslant i+2,\end{cases}\quad i\geqslant a.$$

根据 $q_{ij}=\lim\limits_{t\to0^+}\dfrac{p_{ij}(t)-\delta_{ij}}{t}$ 可得

$$q_{ij}=\begin{cases}0, & j<i\text{ 或 } j\geqslant i+2,\\ -i\lambda, & j=i,\\ i\lambda, & j=i+1,\end{cases}\quad i\geqslant a,$$

则 $\boldsymbol{Q}$ 矩阵为

$$\boldsymbol{Q}=\begin{bmatrix}-a\lambda & a\lambda & 0 & 0 & \cdots\\ 0 & -(a+1)\lambda & (a+1)\lambda & 0 & \cdots\\ 0 & 0 & -(a+2)\lambda & (a+2)\lambda & \cdots\\ 0 & 0 & 0 & -(a+3)\lambda & \cdots\\ \vdots & \vdots & \vdots & \vdots & \end{bmatrix}.$$

将 q_{ij} 代入向前柯尔莫哥洛夫方程

$$\frac{\mathrm{d}p_{ij}(t)}{\mathrm{d}t}=\sum_{k=0}^{\infty}p_{ik}(t)q_{kj},\quad i,j\in E,\quad t\geqslant0,$$

并注意到 $i\geqslant a$，可得微分方程组

$$\begin{cases}p'_{aa}(t)=p_{aa}(t)q_{aa},\\ p'_{aj}(t)=p_{a,j-1}(t)q_{j-1,j}+p_{aj}(t)q_{jj},\end{cases}\quad j\geqslant a+1,$$

即

$$\begin{cases}p'_{aa}(t)=-a\lambda p_{aa}(t),\\ p'_{aj}(t)=-j\lambda p_{aj}(t)+(j-1)\lambda p_{a,j-1}(t).\end{cases}$$

首先解可变形为

$$p_{aj}(t)=\mathrm{C}_{j-1}^{a-1}\mathrm{e}^{-j\lambda t}\mathrm{e}^{(j-a)\lambda t}(1-\mathrm{e}^{-\lambda t})^{j-a}=\mathrm{C}_{j-1}^{a-1}\mathrm{e}^{-j\lambda t}(\mathrm{e}^{\lambda t}-1)^{j-a}.$$

当 $j=a$ 时

$$p_{aa}(t)=\mathrm{e}^{-a\lambda t},\quad p'_{aa}(t)=-a\lambda\mathrm{e}^{-a\lambda t}=-a\lambda p_{aa}(t),$$

即 $j=a$ 时，解满足方程，且 $p_{aa}(0)=1$.

当 $j\geqslant a+1$ 时

$$\begin{aligned}p'_{aj}(t)&=\mathrm{C}_{j-1}^{a-1}(-j\lambda)\mathrm{e}^{-j\lambda t}(\mathrm{e}^{\lambda t}-1)^{j-a}+\mathrm{C}_{j-1}^{a-1}\mathrm{e}^{-j\lambda t}(j-a)(\mathrm{e}^{\lambda t}-1)^{j-a-1}\cdot\lambda\mathrm{e}^{\lambda t}\\ &=-j\lambda p_{aj}(t)+(j-1)\lambda\mathrm{C}_{j-2}^{a-1}\mathrm{e}^{-(j-1)\lambda t}(\mathrm{e}^{\lambda t}-1)^{j-1-a}\\ &=-j\lambda p_{aj}(t)+(j-1)\lambda p_{a,j-1}(t),\end{aligned}$$

即 $j\geqslant a+1$ 时，解满足方程.

23. 设有 a 台机器. 假定每台机器的使用寿命是随机的，都服从参数 μ 的负指数分布，且相互独立. 设 $X(t)$ 表示在 t 时刻能使用的机器数.

(1) 试证：在 t 时刻有 j 台机器能使用的条件下，时间 $(t,t+\Delta t)$ 内有一台不能使用的概率是 $j\mu\Delta t+o(\Delta t)$；

(2) 试证转移概率函数 $p_{ij}(t)$ 满足微分方程

$$\begin{cases} p'_{a0}(t)=\mu p_{a1}(t), \\ p'_{aj}(t)=(j+1)\mu p_{a,j+1}(t)-j\mu p_{aj}(t), \quad 1\leqslant j\leqslant a-1; \\ p'_{aj}(t)=-a\mu p_{aa}(t), \end{cases}$$

(3) 试验证此方程组满足初始条件 $p_{aa}(0)=1$ 的解是

$$p_{aj}(t)=C_a^j e^{-j\mu t}(1-e^{-\mu t})^{a-j}, \quad 0\leqslant j\leqslant a.$$

证明 (1) 设 Y 表示一台机器的寿命. 考虑一台机器在时刻 t 正常的条件下到时刻 $t+\Delta t$ 损坏的概率.

$$P\{Y\leqslant t+\Delta t \mid Y>t\}=\frac{P\{t<Y\leqslant t+\Delta t\}}{P\{Y>t\}}=\frac{\int_t^{t+\Delta t}\mu e^{-\mu y}dy}{\int_t^{\infty}\mu e^{-\mu y}dy}$$

$$=\frac{e^{-\mu t}-e^{-\mu(t+\Delta t)}}{e^{-\mu t}}=\mu\Delta t+o(\Delta t),$$

故,在 t 时刻有 j 台机器能使用的条件下,时间 $(t,t+\Delta t)$ 内有一台机器不能使用的概率是

$$C_j^1(\mu\Delta t+o(\Delta t))[1-(\mu\Delta t+o(\Delta t))]^{j-1}=j\mu\Delta t+o(\Delta t).$$

(2) 由(1)知

$$q_{i,i-1}=i\mu, \quad i=a,a-1,a-2,\cdots,1.$$

又

$$\begin{aligned} p_{ii}(\Delta t)&=P\{X(t+\Delta t)=i \mid X(t)=i\} \\ &=[1-\mu\Delta t-o(\Delta t)]^i \\ &=1-i\mu\Delta t+o(\Delta t), \\ p_{00}(\Delta t)&=1. \end{aligned}$$

所以

$$q_{ii}=-i\mu, \quad i=a,a-1,a-2,\cdots,0.$$

由速率性质知

$$q_{ij}=0, \quad j\neq i,i-1.$$

综上所述,速率矩阵

$$\boldsymbol{Q}=\begin{bmatrix} 0 & 0 & 0 & \cdots & 0 & 0 \\ \mu & -\mu & 0 & \cdots & 0 & 0 \\ \vdots & \vdots & \ddots & \ddots & \vdots & \vdots \\ 0 & 0 & 0 & \cdots & -(a-1)\mu & 0 \\ 0 & 0 & 0 & \cdots & a\mu & -a\mu \end{bmatrix}.$$

由前进方程知

$$\begin{cases} p'_{a0}(t)=p_{a1}(t)q_{10}, \\ p'_{aj}(t)=p_{a,j+1}(t)q_{j+1,j}+p_{aj}(t)q_{jj}, \quad 1\leqslant j\leqslant a-1, \\ p'_{aa}(t)=p_{aa}(t)q_{aa}, \end{cases}$$

即

$$\begin{cases} p'_{a0}(t)=\mu p_{a1}(t), \\ p'_{aj}(t)=(j+1)\mu p_{a,j+1}(t)-j\mu p_{aj}(t), \quad 1\leqslant j\leqslant a-1. \\ p'_{aa}(t)=-a\mu p_{aa}(t), \end{cases}$$

(3) 当 $j\neq 0,a$ 时

$$\begin{aligned}p'_{aj}(t)&=C_a^j(-j\mu)e^{-j\mu t}(1-e^{-\mu t})^{a-j}+C_a^j e^{-j\mu t}(a-j)(1-e^{-\mu t})^{a-j-1}\mu e^{-\mu t}\\&=-j\mu p_{aj}(t)+C_a^{j+1}(j+1)\mu e^{-(j+1)\mu t}(1-e^{-\mu t})^{a-(j+1)}\\&=(j+1)\mu p_{a,j+1}(t)-j\mu p_{aj}(t),\end{aligned}$$

即 $j\neq 0,a$ 时,其解满足方程.

当 $j=0$ 时

$$p_{a0}(t)=(1-e^{-\mu t})^a,\quad p_{a1}(t)=a e^{-\mu t}(1-e^{-\mu t})^{a-1},$$

所以

$$p'_{a0}(t)=a(1-e^{-\mu t})^{a-1}\mu e^{-\mu t}=\mu p_{a1}(t).$$

当 $j=a$ 时,$p_{aa}(t)=e^{-a\mu t}$,所以

$$p'_{aa}(t)=-a\mu e^{-a\mu t}=-a\mu p_{aa}(t),\quad 且\quad p_{aa}(0)=1.$$

即 $j=0,a$ 时,其解也满足方程.

25. 设电话交换站有 N 条线路. 假定来到的呼唤数(即打电话次数)是参数为 λ 的泊松过程. 如果来到的呼唤遇到线路有空,就占一条空的线路进行一次通话. 每次通话时间服从参数 μ 的负指数分布. 如果 N 条线路全部被占,则呼唤立刻消失. 各个通话时间长度相互独立,且与呼唤来到的情况独立. 记在 t 时刻被占的线路数为 $X(t)$.

(1) 试证:在 t 时刻有 j 条线路被占的条件下,时间 $(t,t+\Delta t)$ 内有一个呼唤通话结束的概率为 $j\mu\Delta t+o(\Delta t)$;

(2) 试证转移概率函数 $p_{ij}(t)$ 满足微分方程

$$\begin{cases}p'_{i0}=-\lambda p_{i0}(t)+\mu p_{i1}(t),\\ p'_{ij}(t)=-(\lambda+j\mu)p_{ij}(t)+(j+1)\mu p_{i,j+1}(t)+\lambda p_{i,j-1}(t),\quad 1\leqslant j\leqslant N-1;\\ p'_{iN}(t)=-N\mu p_{iN}(t)+\lambda p_{i,N-1}(t),\end{cases}$$

(3) 试验证当 $t\to+\infty$ 时转移概率函数 $p_{ij}(t)$ 的极限是

$$p_j=\frac{1}{j!}\left(\frac{\lambda}{\mu}\right)^j\left(\sum_{l=0}^{N}\frac{1}{l!}\left(\frac{\lambda}{\mu}\right)^l\right)^{-1},\quad 0\leqslant j\leqslant N.$$

证明 (1) 一条线路 t 时刻正在通话,而在 $(t,t+\Delta t)$ 时间内通话结束的概率,即剩余通话时间 $Y<\Delta t$ 的概率为

$$P\{Y<\Delta t\}=\int_0^{\Delta t}\mu e^{-\mu t}dt=1-e^{-\mu\Delta t}=\mu\Delta t+o(\Delta t),$$

故 t 时刻有 j 条路线被占的条件下,在 $(t,t+\Delta t)$ 内有一条线路通话结束的概率为

$$C_j^1(\mu\Delta t+o(\Delta t))(1-\mu\Delta t-o(\Delta t))^{j-1}=j\mu\Delta t+o(\Delta t).$$

(2) $X(t)$ 的状态空间为 $E=\{0,1,2,\cdots,N\}$

$$\begin{aligned}p_{i,i-1}(\Delta t)&=(i\mu\Delta t+o(\Delta t))\cdot\frac{(\lambda\Delta t)^0}{0!}\cdot e^{-\lambda\Delta t}\\&=[i\mu\Delta t+o(\Delta t)][1-\lambda\Delta t+o(\Delta t)]=i\mu\Delta t+o(\Delta t),\end{aligned}$$

所以 $q_{i,i-1}=i\mu,i=1,2,\cdots,N$.

$$\begin{aligned}p_{ii}(\Delta t)&=[1-\mu\Delta t-o(\Delta t)]^i\cdot\frac{(\lambda\Delta t)^0}{0!}e^{-\lambda\Delta t}\\&=[1-i\mu\Delta t+o(\Delta t)][1-\lambda\Delta t+o(\Delta t)]\end{aligned}$$

$$=1-(\mu i+\lambda)\Delta t+o(\Delta t),$$

故有 $q_{ii}=-(\mu i+\lambda),i=1,2,\cdots,N-1$.

又 $p_{00}(\Delta t)=\mathrm{e}^{-\lambda\Delta t}=1-\lambda\Delta t+o(\Delta t)$，可知 $q_{00}=-\lambda$.

$$p_{NN}(\Delta t)=[1-\mu\Delta t+o(\Delta t)]^N=1-N\mu\Delta t+o(\Delta t),$$

故有 $q_{NN}=-N\mu$.

$$\begin{aligned}p_{i,i+1}(\Delta t)&=[1-\mu\Delta t-o(\Delta t)]^i\cdot\frac{\lambda\Delta t}{1!}\mathrm{e}^{-\lambda\Delta t}+o(\Delta t)\\&=[1-\mu i\Delta t+o(\Delta t)][\lambda\Delta t+o(\Delta t)]+o(\Delta t)\\&=\lambda\Delta t+o(\Delta t),\end{aligned}$$

所以有 $q_{i,i+1}=\lambda,i=0,1,2,\cdots,N-1$.

由速率函数的性质知 $q_{ij}=0,j\neq i-1,i,i+1$. 所以 $\boldsymbol{Q}$ 矩阵为

$$\boldsymbol{Q}=\begin{bmatrix}-\lambda & \lambda & 0 & 0 & \cdots & 0\\ \mu & -\mu-\lambda & \lambda & 0 & \cdots & 0\\ 0 & 2\mu & -2\mu-\lambda & \lambda & \cdots & 0\\ 0 & 0 & \ddots & \ddots & \ddots & 0\\ \vdots & \vdots & \ddots & \ddots & \ddots & \lambda\\ 0 & 0 & \cdots & 0 & N\mu & -N\mu\end{bmatrix}.$$

由前进方程知 $p_{ij}(t)$满足

$$\begin{cases}p'_{i0}=-\lambda p_{i0}(t)+\mu p_{i1}(t),\\ p'_{ij}(t)=-(\lambda+j\mu)p_{ij}(t)+(j+1)\mu p_{i,j+1}(t)+\lambda p_{i,j-1}(t), \quad 1\leqslant j\leqslant N-1.\\ p'_{iN}(t)=-N\mu p_{iN}(t)+\lambda p_{i,N-1}(t),\end{cases}$$

(3) 设 $\lim\limits_{t\to+\infty}p_{ij}(t)=p_j$，在(2)的方程中令 $t\to+\infty$，则$\{p_j,j=0,1,2,\cdots,N\}$满足

$$\begin{cases}-\lambda p_0+\mu p_1=0,\\ \lambda p_{j-1}-(\lambda+\mu j)p_j+(j+1)\mu p_{j+1}=0,\\ \lambda p_{N-1}-N\mu p_N=0,\end{cases}$$

或

$$\begin{cases}\mu p_1-\lambda p_0=0,\\ (j+1)\mu p_{j+1}-\lambda p_j=j\mu p_j-\lambda p_{j-1}, \quad 1\leqslant j\leqslant N-1.\\ N\mu p_N-\lambda\mu_{N-1}=0,\end{cases}$$

设

$$v_j=j\mu p_j-\lambda p_{j-1}, \quad j=1,2,\cdots,N$$

则有

$$\begin{cases}v_1=0,\\ v_{j+1}=v_j,\\ v_N=0,\end{cases}$$

所以 $v_j=j\mu p_j-\lambda p_{j-1}=0$，故

$$p_j=\frac{1}{j}\left(\frac{\lambda}{\mu}\right)p_{j-1}=\frac{1}{j!}\left(\frac{\lambda}{\mu}\right)^j p_0, \quad j=1,2,\cdots,N.$$

由 $\sum\limits_{j=0}^{N} p_j = 1$，即 $\sum\limits_{j=0}^{N} \frac{1}{j!}\left(\frac{\lambda}{\mu}\right)^j p_0 = 1$，得 $p_0 = \left(\sum\limits_{j=0}^{N} \frac{1}{j!}\left(\frac{\lambda}{\mu}\right)^j\right)^{-1}$，所以

$$p_j = \frac{1}{j!}\left(\frac{\lambda}{\mu}\right)^j \left(\sum_{l=0}^{N} \frac{1}{l!}\left(\frac{\lambda}{\mu}\right)^l\right)^{-1}, \quad 0 \leqslant j \leqslant N.$$

26. 如果 $X_1, X_2, \cdots, X_n$ 是独立同分布随机变量，且每一随机变量都服从参数 λ 的负指数分布，试用数学归纳法证明 $S_n = \sum\limits_{k=1}^{n} X_k$ 服从自由度为 $n-1$ 的爱尔朗分布，即它的分布密度为

$$f(x) = \lambda \frac{(\lambda x)^{n-1}}{(n-1)!} \mathrm{e}^{-\lambda x}, \quad x > 0.$$

证法1 当 $n=1$ 时，$S_1 = X_1$，S_1 的概率密度为

$$f_{S_1}(x) = f_{X_1}(x) = \lambda \mathrm{e}^{-\lambda x}, \quad x \geqslant 0.$$

当 $n=1$ 时，结论成立.

设 $n-1$ 时结论成立，即 S_{n-1} 的概率密度为

$$f_{S_{n-1}}(x) = \lambda \frac{(\lambda x)^{n-2}}{(n-2)!} \mathrm{e}^{-\lambda x}, \quad x \geqslant 0.$$

而，$S_n = S_{n-1} + X_n$，由题意知 S_{n-1} 与 X_n 独立且 X_n 的概率密度为

$$f_{X_n}(x) = \lambda \mathrm{e}^{-\lambda x}, \quad x > 0,$$

所以 S_n 的概率密度为

$$\begin{aligned} f_{S_n}(x) &= \int_{-\infty}^{+\infty} f_{S_{n-1}}(y) f_{X_n}(x-y) \mathrm{d}y = \int_0^x \lambda \frac{(\lambda y)^{n-2}}{(n-2)!} \mathrm{e}^{-\lambda y} \lambda \mathrm{e}^{-\lambda(x-y)} \mathrm{d}y \\ &= \frac{\lambda^n}{(n-2)!} \mathrm{e}^{-\lambda x} \int_0^x y^{n-2} \mathrm{d}y = \lambda \frac{(\lambda x)^{n-1}}{(n-1)!} \mathrm{e}^{-\lambda x}, \quad x > 0. \end{aligned}$$

由此知，S_n 服从自由度为 $n-1$ 的爱尔朗分布.

证法2（特征函数法） 由题设知 X_j 的密度函数为

$$f_{X_j}(x) = \begin{cases} \lambda \mathrm{e}^{-\lambda x}, & x \geqslant 0 \\ 0, & 其他 \end{cases}, \quad j = 1, 2, \cdots, n,$$

故 X_j 的特征函数为 $\varphi_{X_j}(t) = \frac{\lambda}{\lambda - \mathrm{i}t}$，所以，$S_n$ 的特征函数为

$$\varphi_{S_n}(t) = \prod_{j=1}^{n} \varphi_{X_j}(t) = \left(\frac{\lambda}{\lambda - \mathrm{i}t}\right)^n.$$

这是自由度为 $n-1$ 的爱尔朗分布的特征函数，由特征函数的唯一性定理，S_n 的分布密度为

$$f(x) = \lambda \frac{(\lambda x)^{n-1}}{(n-1)!} \mathrm{e}^{-\lambda x}, \quad x > 0,$$

即为自由度为 $n-1$ 的爱尔朗分布.

27. 设 $\{X(t), t \geqslant 0\}$ 是泊松过程，试求它的有限维分布族.

解 设 $X(t)$ 是具有参数 λ 的泊松过程，则对 $s < t$，$i \leqslant j \in E$，有

$$P\{X(t) = j \mid X(s) = i\} = P\{X(t-s) = j - i\} = \frac{[\lambda(t-s)]^{j-i}}{(j-i)!} \mathrm{e}^{-\lambda(t-s)}.$$

对任意的 $0<t_1<t_2<\cdots<t_n$，$i_1\leqslant i_2\leqslant\cdots\leqslant i_n\in E$，有

$$\begin{aligned}&P\{X(t_1)=i_1,X(t_2)=i_2,\cdots,X(t_n)=i_n\}\\&=P\{X(t_1)=i_1\}p_{i_1i_2}(t_2-t_1)p_{i_2i_3}(t_3-t_2)\cdots p_{i_{n-1}i_n}(t_n-t_{n-1})\\&=\frac{(\lambda t_1)^{i_1}}{i_1!}\mathrm{e}^{-\lambda t_1}\frac{[\lambda(t_2-t_1)]^{i_2-i_1}}{(i_2-i_1)!}\mathrm{e}^{-\lambda(t_2-t_1)}\cdots\frac{[\lambda(t_n-t_{n-1})]^{i_n-i_{n-1}}}{(i_n-i_{n-1})!}\mathrm{e}^{-\lambda(t_n-t_{n-1})}\\&=\frac{\lambda^{i_n}t_1^{i_1}(t_2-t_1)^{i_2-i_1}\cdots(t_n-t_{n-1})^{i_n-i_{n-1}}}{i_1!\ (i_2-i_1)!\ \cdots(i_n-i_{n-1})!}\mathrm{e}^{-\lambda t_n}.\end{aligned}$$

28. 试证泊松过程 $X(t)$ 的自相关函数是

$$R_X(t_1,t_2)=\begin{cases}\lambda^2t_1t_2+\lambda t_2, & t_1>t_2,\\ \lambda^2t_1t_2+\lambda t_1, & t_1\leqslant t_2.\end{cases}$$

证法 1 当 $t_2\geqslant t_1$ 时，有

$$\begin{aligned}R_X(t_1,t_2)&=E[X(t_1)X(t_2)]\\&=E[(X(t_1)-X(0))(X(t_2)-X(t_1)+X(t_1)-X(0))]\\&=E[(X(t_1)-X(0))(X(t_2)-X(t_1))]+E[(X(t_1)-X(0))^2]\\&=E[X(t_1)-X(0)]E[X(t_2)-X(t_1)]+E[X^2(t_1)]\\&=\lambda t_1(\lambda t_2-\lambda t_1)+\lambda t_1+(\lambda t_1)^2\\&=\lambda^2t_1t_2+\lambda t_1.\end{aligned}$$

同理，当 $t_2<t_1$ 时，有 $R_X(t_1,t_2)=\lambda^2t_1t_2+\lambda t_2$.

综上，有 $R_X(t_1,t_2)=\begin{cases}\lambda^2t_1t_2+\lambda t_2, t_1>t_2,\\ \lambda^2t_1t_2+\lambda t_1, t_1\leqslant t_2.\end{cases}$

证法 2 由泊松过程的定义知，泊松过程是一平稳独立增量过程，所以，当 $t_1<t_2$ 时，有

$$\begin{aligned}C_X(t_1,t_2)&=E[(X(t_1)-m_X(t_1))(X(t_2)-m_X(t_2))]\\&=E[(X(t_1)-m_X(t_1))\cdot\\&\quad(X(t_2)-m_X(t_2)+X(t_1)-m_X(t_1)-X(t_1)+m_X(t_1))]\\&=E([X(t_1)-m_X(t_1)]^2)+\\&\quad E[(X(t_1)-m_X(t_1))(X(t_2)-m_X(t_2)-X(t_1)+m_X(t_1))]\\&=D_X(t_1)+E[X(t_1)-m_X(t_1)]\cdot\\&\quad E[X(t_2)-m_X(t_2)-X(t_1)+m_X(t_1)]\\&=D_X(t_1).\end{aligned}$$

同理，当 $t_1\geqslant t_2$ 时，有 $C_X(t_1,t_2)=D_X(t_2)$. 所以有 $C_X(t_1,t_2)=D_X(\min\{t_1,t_2\})$. 而对泊松过程 $X(t)$ 有 $D_X(t)=\lambda t$. 故 $C_X(t_1,t_2)=\lambda\min\{t_1,t_2\}$. 又 $m_X(t)=E[X(t)]=\lambda t$，所以根据随机过程数字特征之间的关系有

$$\begin{aligned}R_X(t_1,t_2)&=C_X(t_1,t_2)+m_X(t_1)m_X(t_2)\\&=\lambda\min\{t_1,t_2\}+\lambda^2t_1t_2\\&=\begin{cases}\lambda^2t_1t_2+\lambda t_2, & t_1>t_2,\\ \lambda^2t_1t_2+\lambda t_1, & t_1\leqslant t_2.\end{cases}\end{aligned}$$

29. 设 $X(t)$ 和 $Y(t)(t\geqslant 0)$ 是两个相互独立的、分别具有参数 λ 和 μ 的泊松过程，试证

$S(t)=X(t)+Y(t)$是具有参数$\lambda+\mu$的泊松过程.

证法1 由$X(t)$和$Y(t)$是平稳独立增量过程及$X(t)$和$Y(t)$相互独立,易证$S(t)$是平稳独立增量过程.由$X(t)$和$Y(t)$增量的非负性,可得$S(t)$的增量是非负的,从而只需要证明$\forall a\geqslant 0,t>0$.

$$P\{S(a+t)-S(a)=k\}=\frac{[(\lambda+\mu)t]^k}{k!}e^{-(\lambda+\mu)t}.$$

事实上

$$\begin{aligned}P\{S(a+t)-S(a)=k\}&=P\{X(a+t)-X(a)+Y(a+t)-Y(a)=k\}\\&=\sum_{i=0}^{k}P\{X(a+t)-X(a)=i,Y(a+t)-Y(a)=k-i\}\\&=\sum_{i=0}^{k}P\{X(a+t)-X(a)=i\}P\{Y(a+t)-Y(a)=k-i\}\\&=\sum_{i=0}^{k}\frac{(\lambda t)^i}{i!}e^{-\lambda t}\ \frac{(\mu t)^{k-i}}{(k-i)!}e^{-\mu t}\\&=\left[\sum_{i=0}^{k}C_k^i(\lambda t)^i(\mu t)^{k-i}\right]\frac{1}{k!}e^{-(\lambda+\mu)t}\\&=\frac{[(\lambda+\mu)t]^k}{k!}e^{-(\lambda+\mu)t},\end{aligned}$$

故$S(t)$是具有参数$\lambda+\mu$的泊松过程.

证法2 由$X(t)$和$Y(t)$是平稳独立增量过程及$X(t)$和$Y(t)$相互独立,易证$S(t)$是平稳独立增量过程.由$X(t)$和$Y(t)$增量的非负性,可得$S(t)$的增量是非负的.因为

$$\varphi_X(w)=E(e^{iwX(t)})=\exp[\lambda t(e^{iw}-1)],\qquad \varphi_Y(w)=E(e^{iwY(t)})=\exp[\mu t(e^{iw}-1)],$$

而$X(t)$和$Y(t)$相互独立,所以

$$\varphi_S(w)=\varphi_X(w)\varphi_Y(w)=\exp[(\lambda+\mu)t(e^{iw}-1)].$$

从而知$S(t)$服从参数为$(\lambda+\mu)t$的泊松分布,故$S(t)$是泊松过程.

30. 设$\{X(t),t\geqslant 0\}$是维纳过程,试求它的有限维分布密度族.

证明 设$\{X(t),t\geqslant 0\}$是参数σ^2的维纳过程,则对$\forall x,y\in\mathbb{R}$,$\forall t>s$,有

$$f(y,t\mid x,s)=f(y\mid x,t-s)=\frac{1}{\sqrt{2\pi}\sigma\sqrt{t-s}}\exp\left[-\frac{(y-x)^2}{2\sigma^2(t-s)}\right].$$

从而$\forall 0<t_1<t_2<\cdots<t_n$,$(X(t_1),X(t_2),\cdots,X(t_n))^{T}$的概率密度

$$\begin{aligned}&f(x_1,x_2,\cdots,x_n;\ t_1,t_2,\cdots,t_n)\\&=f(x_n,t_n\mid x_1,t_1;\ x_2,t_2;\ \cdots;\ x_{n-1},t_{n-1})\cdot f(x_{n-1},t_{n-1}\mid x_1,t_1;\ \cdots;\ x_{n-2},t_{n-2})\\&\quad\cdots f(x_2,t_2\mid x_1,t_1)\cdot f(x_1,t_1)\\&=\cdots f(x_n,t_n\mid x_{n-1},t_{n-1})\cdot f(x_{n-1},t_{n-1}\mid x_{n-2},t_{n-2})\cdots f(x_2,t_2\mid x_1,t_1)\cdot f(x_1,t_1)\\&=\frac{1}{\sqrt{2\pi}\sigma\sqrt{t_n-t_{n-1}}}\exp\left[-\frac{(x_n-x_{n-1})^2}{2\sigma^2(t_n-t_{n-1})}\right]\cdot\frac{1}{\sqrt{2\pi}\sigma\sqrt{t_{n-1}-t_{n-2}}}\exp\left[-\frac{(x_{n-1}-x_{n-2})^2}{2\sigma^2(t_{n-1}-t_{n-2})}\right]\\&\quad\cdots\frac{1}{\sqrt{2\pi}\sigma\sqrt{t_2-t_1}}\exp\left[-\frac{(x_2-x_1)^2}{2\sigma^2(t_2-t_1)}\right]\cdot\frac{1}{\sqrt{2\pi}\sigma\sqrt{t_1}}\exp\left(-\frac{x_1^2}{2\sigma^2t_1}\right)\end{aligned}$$

$$=\frac{1}{(2\pi)^{\frac{n}{2}}\sigma^n\sqrt{t_1(t_2-t_1)\cdots(t_n-t_{n-1})}}\cdot$$

$$\exp\left[-\frac{1}{2\sigma^2}\left(\frac{x_1^2}{t_1}+\frac{(x_2-x_1)^2}{t_2-t_1}+\cdots+\frac{(x_n-x_{n-1})^2}{t_n-t_{n-1}}\right)\right].$$

5.5 自主练习题

习题 1

1. 填写下面速率矩阵 $\boldsymbol{Q}$ 的空白元素.

$$\boldsymbol{Q}=\begin{bmatrix} & 2 & 3 & 0\\ 1 & & 2 & 1\\ 5 & 2 & & 3\\ 2 & 1 & & -7\end{bmatrix},\quad \boldsymbol{Q}=\begin{bmatrix}-\lambda & \lambda & & 0\\ 2\mu & & \lambda & 0\\ 0 & \mu & -(3\lambda+\mu) & \\ 0 & \mu & & -\mu\end{bmatrix}.$$

2. 设二阶矩过程 $X(t)$满足 $X'(t)=-X(t)+Y(t)$,并有 $X(0)=0$,$Y(t)$是参数为 λ 的泊松过程,$Y(t)$与 $X(t)$的混合二阶矩存在.试求 $X(t)$的均值函数 $m_X(t)$,$Y(t)$与 $X(t)$的互相关函数 $R_{YX}(t_1,t_2)(t_2>t_1)$.

3. 有 N 个人及某种传染病,假设:

(1) 在每个单位时间内此 N 个人中恰有两个人相接触,且一切成对接触是等可能的.

(2) 当健康者与患病者接触时,被传染上病的概率为 α.

(3) 患病者康复的概率为 0,健康者如果不与患病者直接接触,得病的概率也为 0.

现以 X_n 表示第 n 个单位时间内的患病人数,试说明这种传染过程,即$\{X_n,n\geqslant 0\}$是一马尔可夫链,并写出它的状态空间及一步转移概率矩阵.

4. 设$\{X(n),n\geqslant 0\}$为一时齐马尔可夫链,其状态空间 $E=\{0,1,2\}$,且其初始分布 $p_0^{(0)}=\frac{2}{3}$,$p_1^{(0)}=\frac{1}{6}$,$p_2^{(0)}=\frac{1}{6}$,其一步转移概率矩阵为

$$\boldsymbol{P}=\begin{bmatrix}\frac{2}{5} & 0 & \frac{3}{5}\\ \frac{1}{2} & \frac{1}{2} & 0\\ 0 & \frac{2}{3} & \frac{1}{3}\end{bmatrix}.$$

(1) 计算概率 $P\{X(0)=1,X(1)=1,X(2)=2\}$;

(2) 二步转移矩阵;

(3) 绝对概率 $P\{X(2)=i\}$,$i=0,1,2$.

5. 设$\{X(t),t\geqslant 0\}$是状态空间为 $E=\{0,1\}$,转移概率矩阵为 $\boldsymbol{P}(t)$的马尔可夫过程,且

$$\lim_{t\to 0^+}\frac{1}{t}(1-p_{00}(t))=\lambda,\quad \lim_{t\to 0^+}\frac{1}{t}(1-p_{11}(t))=\mu,\quad p_0^{(0)}=p_0,\quad 0<p_0<1.$$

求:(1)$P(t)$;(2)$E[X(t)]$,$D[X(t)]$.

6. (随机游动问题)质点在线段[1,5]上做随机游动,且只能停留在整数点上.质点可在任何时刻发生移动,移动规则是:

(1) 若时刻 t 质点位于2,3,4处,则在 $(t,t+\Delta t)$ 内右移一格的概率是 $\lambda\Delta t+o(\Delta t)$,左移一格的概率是 $\mu\Delta t+o(\Delta t)$,停留在原处的概率是 $1-\lambda\Delta t-\mu\Delta t+o(\Delta t)$;

(2) 若时刻 t 质点位于1处,则在 $(t,t+\Delta t)$ 内右移一格的概率是 $\lambda\Delta t+o(\Delta t)$,停留在原处的概率是 $1-\lambda\Delta t+o(\Delta t)$;

(3) 若时刻 t 质点位于5处,则在 $(t,t+\Delta t)$ 内左移一格的概率是 $\mu\Delta t+o(\Delta t)$,停留在原处的概率是 $1-\mu\Delta t+o(\Delta t)$;

(4) 在 $(t,t+\Delta t)$ 内发生其他移动的概率都是 $o(\Delta t)$;

求各转移概率函数 $p_{ij}(t)$ 满足的微分方程组.

7. 设 $\{W(t),t\geqslant 0\}$ 是以 σ^2 为参数的维纳过程,求下列过程的协方差函数.

(1) $W(t)+At$, A 为常数; (2) $W(t)+X(t)$, $X(t)$ 为标准维纳过程且与 $W(t)$ 相互独立; (3) $aW(t/a^2)$, $a>0$ 为常数.

8. 设 $\{X(t),t\geqslant 0\}$ 是参数为 λ 的泊松过程,令 $M(T)=\frac{1}{T}\int_0^T X(t)\mathrm{d}t$,求 $E[M(T)]$ 和 $D[M(T)]$.

9. 某办公室的电话到达是一个泊松过程,且平均每小时到达10个.若在某小时的前一刻钟和后一刻钟办公室没人,在中间的半小时有人.试求在这一小时内所有到达的电话都有人接的概率.

10. 设随机过程 $X(t)=X(0)(-1)^{N(t)}$, $X(0)\sim N(0,\sigma^2)$, $N(t)$ 是参数为 λ 的泊松过程, $X(0)$ 与 $N(t)$ 相互独立.试求:

(1) $X(t)$ 的数学期望、方差函数、相关函数,试问 $X(t)$ 是否为一平稳过程.

(2) $X(t)$ 的一维概率密度函数.

习题 2

1. 设 $\{Y_n,n=1,2,\cdots\}$ 是独立同分布的随机变量序列,并且

$$P\{Y_n=k\}=p_k,k=0,1,2,\cdots,\sum_{k=0}^{\infty}p_k=1.$$

令 $X(n)=\min\{Y_1,Y_2,\cdots,Y_n\}$,证明 $\{X(n),n=1,2,\cdots\}$ 是马尔可夫链.

2. 设时齐马尔可夫链 $\{X(n),n\geqslant 0\}$ 的状态空间为 $\{1,2,3,4\}$,一步转移概率矩阵为

$$\boldsymbol{P}=\begin{bmatrix}0 & 1 & 0 & 0\\ \frac{1}{2} & \frac{1}{2} & 0 & 0\\ 0 & \frac{1}{2} & \frac{1}{2} & 0\\ 0 & 0 & 1 & 0\end{bmatrix}.$$

(1) 试求二步转移概率矩阵;

(2) 试求 $p_{32}^{(4)}$ 及 $p_{34}^{(8)}$.

3. 设 $\{W(t),t\geqslant 0\}$ 是标准维纳过程,随机变量 A 服从标准正态分布, A 与 $W(t)$ 相互独

立，令

$$X(t)=W(t)+At,$$

求 $X(t)$的均值函数、方差函数、自相关函数.

4. 设$\{W(t),t\geqslant 0\}$是标准维纳过程，令 $X=W(1),Y=W(2)$.

(1) 写出二维随机变量(X,Y)的协方差矩阵；

(2) 求二维随机变量(X,Y)的概率密度和特征函数.

5. 设$\{X(n),n=1,2,\cdots\}$是相互独立取值为非负整数的随机变量序列，令

$$Y(1)=X(1),Y(n)=Y(n-1)+3X^2(n),\quad n=2,3,\cdots,$$

证明$\{Y(n),n=1,2,\cdots\}$是马尔可夫链.

6. 某城市 A、B、C 三个照相馆联合经营出租相机业务.旅游者可从 A、B、C 任何一处出租相机,用完后还到 A、B、C 的任何一处即可.相机的一步转移概率如下表所示.

		还相机处		
		A	B	C
租相机处	A	0.2	0.8	0
	B	0.8	0	0.2
	C	0.1	0.3	0.6

如果在 A、B、C 中选择一处设相机维修点,设在何处为好？

7. 设$\{X(t),t\geqslant 0\}$是马尔可夫过程，状态空间 $E=\{1,2,\cdots,m\}$,速率矩阵为

$$\boldsymbol{Q}=\begin{bmatrix}-(m-1) & 1 & \cdots & 1\\ 1 & -(m-1) & \cdots & 1\\ \vdots & \vdots & \ddots & \vdots\\ 1 & 1 & \cdots & -(m-1)\end{bmatrix},$$

求转移概率函数 $p_{ij}(t)$.

8. 设$\{W(t),t\geqslant 0\}$是标准维纳过程，令

$$X(t)=\begin{cases}t^2W\left(\dfrac{1}{t^3}\right), & t>0,\\ 0, & t=0,\end{cases}$$

判断$\{X(t),t\geqslant 0\}$是否为正态过程.

9. 设$\{X(n),n=1,2,\cdots\}$是相互独立取值为非负整数的随机变量序列，令

$$Y(n)=\left[\sum_{k=1}^{n}X(k)\right]^2,\quad n=1,2,\cdots,$$

证明$\{Y(n),n=1,2,\cdots\}$是马尔可夫链.

10. 设一通信系统有两个通信信道,每个信道正常工作时间服从参数为 λ 的指数分布,两个信道何时产生中断是相互独立的.信道一旦中断,立刻进行维修,其维修时间服从参数为 μ 的指数分布.两个信道维修时间是相互独立的,且各信道正常工作时间与维修时间是相互独立的.设两信道在 $t=0$ 时均正常工作,$X(t)$表示 t 时刻通信系统正常工作的信道数.写出$\{X(t),t\geqslant 0\}$的转移概率函数所满足的柯尔莫哥洛夫方程.

5.6 自主练习题参考解答

习题1参考解答

1. 解 根据速率矩阵 Q 性质：每行之和为零，对角线元素是非正值，其余是非负值. 所以

$$Q=\begin{bmatrix}-5 & 2 & 3 & 0\\ 1 & -4 & 2 & 1\\ 5 & 2 & -10 & 3\\ 2 & 1 & 4 & -7\end{bmatrix},\quad Q=\begin{bmatrix}-\lambda & \lambda & 0 & 0\\ 2\mu & -(\lambda+2\mu) & \lambda & 0\\ 0 & \mu & -(3\lambda+\mu) & 3\lambda\\ 0 & \mu & 0 & -\mu\end{bmatrix}.$$

2. 解 (1) 由 $X(0)=0$，知 $m_X(0)=0$. 由 $X'(t)=-X(t)+Y(t)$，有 $m'_X(t)+m_X(t)=\lambda t$，从而 $m_X(t)=-\mathrm{e}^{-t}+\lambda t-\lambda$.

(2) $X'(t_2)=-X(t_2)+Y(t_2)$，

$$E[Y(t_1)X'(t_2)]=-E[Y(t_1)X(t_2)]+E[Y(t_1)Y(t_2)],$$

$$\frac{\partial}{\partial t_2}R_{YX}(t_1,t_2)=-R_{YX}(t_1,t_2)+\lambda^2t_1t_2+\lambda t_1.$$

利用 $R_{YX}(t_1,0)=0$，可以解得

$$R_{YX}(t_1,t_2)=-(\lambda^2t_1+\lambda t_1)\mathrm{e}^{-t_2}+\lambda^2t_1t_2+\lambda t_1.$$

3. 解 $\{X_n,n\geqslant0\}$的状态空间 $E=\{0,1,2,\cdots,N\}$，X_{n+k} 的取值仅与 X_n 的取值以及第 n 个单位时间到第 $n+k$ 个单位时间内人群的成对接触情况有关，其中 k 为任意的正整数，所以$\{X_n,n\geqslant0\}$是一个马尔可夫链.

由假设(3)，一旦患病人数为0或 N，则患病人数不会改变，相应的转移概率为

$$p_{00}=P\{X_{m+1}=0\mid X_m=0\}=1,$$
$$p_{0j}=P\{X_{m+1}=j\mid X_m=0\}=0,\quad j\neq0,$$
$$p_{NN}=P\{X_{m+1}=N\mid X_m=N\}=1,$$
$$p_{Nj}=P\{X_{m+1}=j\mid X_m=N\}=0,\quad j\neq N.$$

对其他任意一个状态 $i=1,2,\cdots,N-1$. 当 m 时刻恰有 i 个患病者的条件下，在第 $m+1$ 个单位时间，随机接触的两个人恰为一个患病者，一个健康者的概率为$\dfrac{\mathrm{C}_i^1\mathrm{C}_{N-i}^1}{\mathrm{C}_N^2}$. 又由题设条件(2)，有

$$P\{X_{m+1}=i+1\mid X_m=i\}=\frac{2\alpha i(N-i)}{N(N-1)}.$$

由题设条件 $P\{X_{m+1}=j\mid X_m=i\}=0,j\neq i,i+1$. 再由转移概率的性质得

$$P\{X_{m+1}=i\mid X_m=i\}=1-\frac{2\alpha i(N-i)}{N(N-1)}.$$

综上，$\{X_n,n\geqslant0\}$的一步转移概率矩阵为

$$P=\begin{bmatrix}1&0&0&0&\cdots&0&0\\0&1-\frac{2\alpha}{N}&\frac{2\alpha}{N}&0&\cdots&0&0\\0&0&1-\frac{4\alpha(N-2)}{N(N-1)}&\frac{4\alpha(N-2)}{N(N-1)}&\cdots&0&0\\\vdots&\vdots&\vdots&\vdots&&\vdots&\vdots\\0&0&0&0&\cdots&1-\frac{2\alpha}{N}&\frac{2\alpha}{N}\\0&0&0&0&\cdots&0&1\end{bmatrix}.$$

4. (1) $P\{X(0)=1,X(1)=1,X(2)=2\}=p_1^{(0)}p_{11}p_{12}=\frac{1}{6}\times\frac{1}{2}\times0=0.$

(2) $$P(2)=\begin{bmatrix}\frac{2}{5}&0&\frac{3}{5}\\\frac{1}{2}&\frac{1}{2}&0\\0&\frac{2}{3}&\frac{1}{3}\end{bmatrix}\begin{bmatrix}\frac{2}{5}&0&\frac{3}{5}\\\frac{1}{2}&\frac{1}{2}&0\\0&\frac{2}{3}&\frac{1}{3}\end{bmatrix}=\begin{bmatrix}\frac{4}{25}&\frac{2}{5}&\frac{11}{25}\\\frac{9}{20}&\frac{1}{4}&\frac{3}{10}\\\frac{1}{3}&\frac{5}{9}&\frac{1}{9}\end{bmatrix}.$$

(3) $$P\{X(2)=0\}=\sum_{k=0}^{2}p_k^{(0)}p_{k0}^{(2)}=\frac{2}{3}\times\frac{4}{25}+\frac{1}{6}\times\frac{9}{20}+\frac{1}{6}\times\frac{1}{3}=\frac{427}{1800},$$

$$P\{X(2)=1\}=\sum_{k=0}^{2}p_k^{(0)}p_{k1}^{(2)}=\frac{2}{3}\times\frac{2}{5}+\frac{1}{6}\times\frac{1}{4}+\frac{1}{6}\times\frac{5}{9}=\frac{433}{1080},$$

$$P\{X(2)=2\}=\sum_{k=0}^{2}p_k^{(0)}p_{k2}^{(2)}=\frac{2}{3}\times\frac{11}{25}+\frac{1}{6}\times\frac{3}{10}+\frac{1}{6}\times\frac{1}{9}=\frac{977}{2700}.$$

5. 解 由题设 $Q=\begin{bmatrix}-\lambda&\lambda\\\mu&-\mu\end{bmatrix}$，由柯尔莫哥洛夫方程

$$\begin{cases}p'_{i0}(t)=-\lambda p_{i0}+\mu p_{i1},\\p'_{i1}(t)=\lambda p_{i0}-\mu p_{i1},\end{cases}\quad i=0,1,$$

利用 $p_{i1}(t)=1-p_{i0}(t)$，$P(0)=I_2$ 解得

$$P(t)=\begin{bmatrix}\frac{\mu}{\lambda+\mu}+\frac{\lambda}{\lambda+\mu}e^{-(\lambda+\mu)t}&\frac{\lambda}{\lambda+\mu}-\frac{\lambda}{\lambda+\mu}e^{-(\lambda+\mu)t}\\\frac{\mu}{\lambda+\mu}-\frac{\mu}{\lambda+\mu}e^{-(\lambda+\mu)t}&\frac{\lambda}{\lambda+\mu}+\frac{\mu}{\lambda+\mu}e^{-(\lambda+\mu)t}\end{bmatrix},$$

由此可得

$$E[X(t)]=P\{X(t)=1\}=p_0p_{01}(t)+(1-p_0)p_{11}(t)$$
$$=-p_0e^{-(\lambda+\mu)t}+\frac{\lambda}{\lambda+\mu}+\frac{\mu}{\lambda+\mu}e^{-(\lambda+\mu)t},$$

$$D[X(t)]=E[X^2(t)]-(E[X(t)])^2=E[X(t)](1-E[X(t)])$$
$$=\left[-p_0e^{-(\lambda+\mu)t}+\frac{\lambda}{\lambda+\mu}+\frac{\mu}{\lambda+\mu}e^{-(\lambda+\mu)t}\right]\cdot$$
$$\left[p_0e^{-(\lambda+\mu)t}+\frac{\mu}{\lambda+\mu}-\frac{\mu}{\lambda+\mu}e^{-(\lambda+\mu)t}\right].$$

6. 解 按移动规则写出转移概率函数

$$p_{ij}(t)=\begin{cases}\lambda\Delta t+o(\Delta t), & j=i+1,\\ \mu\Delta t+o(\Delta t), & j=i-1,\\ 1-\lambda\Delta t-\mu\Delta t+o(\Delta t), & j=i=2,3,4,\\ o(\Delta t), & \text{其他};\end{cases}$$

从而速率函数为

$$q_{ij}=\begin{cases}\lambda, & j=i+1,\\ \mu, & j=i-1,\\ 1-\lambda-\mu, & j=i=2,3,4,\\ 0, & \text{其他}.\end{cases}$$

类似地,有

$$p_{1j}(\Delta t)=\begin{cases}\lambda\Delta t+o(\Delta t), & j=2,\\ 1-\lambda\Delta t+o(\Delta t), & j=1,\\ o(\Delta t), & \text{其他};\end{cases}\quad \text{从而}\quad q_{1j}=\begin{cases}\lambda, & j=2,\\ -\lambda, & j=1,\\ 0, & \text{其他};\end{cases}$$

$$p_{5j}(\Delta t)=\begin{cases}\mu\Delta t+o(\Delta t), & j=4,\\ 1-\mu\Delta t+o(\Delta t), & j=5,\\ o(\Delta t), & \text{其他};\end{cases}\quad \text{从而}\quad q_{5j}=\begin{cases}\mu, & j=4,\\ -\mu, & j=5,\\ 0, & \text{其他}.\end{cases}$$

综合上述结果,得

$$\boldsymbol{Q}=\begin{bmatrix}-\lambda & \lambda & & & \\ \mu & -(\lambda+\mu) & \lambda & & \\ & \mu & -(\lambda+\mu) & \lambda & \\ & & \mu & -(\lambda+\mu) & \lambda \\ & & & \mu & -\mu\end{bmatrix}.$$

因此,柯尔莫哥洛夫方程为

$$\begin{cases}p'_{i1}(t)=-\lambda p_{i1}(t)+\mu p_{i2}(t),\\ p'_{ij}(t)=-(\lambda+\mu)p_{ij}(t)+\lambda p_{i,j-1}(t)+\mu p_{i,j+1}(t), \quad 2\leqslant j\leqslant 4,\\ p'_{i5}(t)=\lambda p_{i4}(t)-\mu p_{i5}(t),\end{cases}$$

方程组的初值为 $\boldsymbol{P}(0)=\boldsymbol{I}_5$.

7. 解 (1) 令 $Y(t)=W(t)+At$,则 $\mu_Y(t)=E[W(t)]+At=At$,从而

$$\begin{aligned}C_Y(t_1,t_2)&=E[(W(t_1)+At_1-At_1)(W(t_2)+At_2-At_2)]\\&=E[W(t_1)W(t_2)]=\sigma^2\min\{t_1,t_2\}, \quad t_1,t_2\geqslant 0.\end{aligned}$$

(2) 令 $Y(t)=W(t)+X(t)$,则

$$\mu_Y(t)=E[W(t)]+E[X(t)]=0,$$

$$\begin{aligned}C_Y(t_1,t_2)&=E[(W(t_1)+X(t_1))(W(t_2)+X(t_2))]\\&=E[W(t_1)W(t_2)]+E[W(t_1)X(t_2)]+E[X(t_1)W(t_2)]+E[X(t_1)X(t_2)]\\&=\sigma^2\min\{t_1,t_2\}+\min\{t_1,t_2\}=(\sigma^2+1)\min\{t_1,t_2\}.\end{aligned}$$

(3) 令 $Y(t)=aW(t/a^2)$,则 $\mu_Y(t)=aE[W(t/a^2)]=0$,

$$C_Y(t_1,t_2)=E[aW(t_1/a^2)\cdot aW(t_2/a^2)]$$

$$=a^2E\left[W(t_1/a^2)W(t_2/a^2)\right]=a^2\sigma^2\min\left\{\frac{t_1}{a^2},\frac{t_2}{a^2}\right\}=\sigma^2\min\{t_1,t_2\}.$$

8. 解 $E[M(T)]=\frac{1}{T}\int_0^T E\left[X(t)\right]\mathrm{d}t=\frac{1}{T}\int_0^T \lambda t\,\mathrm{d}t=\frac{\lambda T}{2}$,

$$E[M^2(T)]=\frac{1}{T^2}E\left[\left(\int_0^T X(t)\mathrm{d}t\right)^2\right]=\frac{1}{T^2}\int_0^T\int_0^T R_X(t_1,t_2)\,\mathrm{d}t_1\mathrm{d}t_2$$

$$=\frac{1}{T^2}\int_0^T\int_0^T(\lambda^2t_1t_2+\lambda\min\{t_1,t_2\})\mathrm{d}t_1\mathrm{d}t_2$$

$$=\frac{1}{T^2}\int_0^T\int_0^T\lambda^2t_1t_2\mathrm{d}t_1\mathrm{d}t_2+\frac{\lambda}{T^2}\int_0^T\int_0^T\min\{t_1,t_2\}\mathrm{d}t_1\mathrm{d}t_2$$

$$=\frac{\lambda^2T^2}{4}+\frac{\lambda}{T^2}\left[\int_0^T\mathrm{d}t_1\int_0^{t_1}t_2\mathrm{d}t_2+\int_0^T\mathrm{d}t_1\int_{t_1}^T t_1\mathrm{d}t_2\right]$$

$$=\frac{\lambda^2T^2}{4}+\frac{\lambda}{T^2}\left[\int_0^T\frac{t_1^2}{2}\mathrm{d}t_1+\int_0^T t_1(T-t_1)\mathrm{d}t_1\right]$$

$$=\frac{\lambda^2T^2}{4}+\frac{\lambda T}{3},$$

$$D[M(T)]=E[M^2(T)]-(E[M(T)]^2)=\frac{\lambda T}{3}.$$

9. 解 令某办公室的电话到达次数为 $N(t)$,则$\{N(t),t\geqslant0\}$为泊松过程. 所求概率为

$$P\left\{N\left(\frac{1}{4}\right)=0,N(1)-N\left(\frac{3}{4}\right)=0\right\}=P\left\{N\left(\frac{1}{4}\right)=0\right\}P\left\{N(1)-N\left(\frac{3}{4}\right)=0\right\}$$

$$=P\left\{N\left(\frac{1}{4}\right)=0\right\}P\left\{N\left(1-\frac{3}{4}\right)=0\right\}$$

$$=P\left\{N\left(\frac{1}{4}\right)=0\right\}P\left\{N\left(\frac{1}{4}\right)=0\right\}$$

$$=\mathrm{e}^{-5}.$$

10. 解 (1) $E[X(t)]=E[X(0)]\cdot E[(-1)^{N(t)}]=0$,

$$D[X(t)]=E[X^2(t)]=E[X^2(0)]\cdot E[(-1)^{2N(t)}]=E[X^2(0)]=\sigma^2.$$

当 $\tau\geqslant0$ 时,

$$R_{X(t)}(t,t+\tau)=E\left[X^2(0)(-1)^{N(t)+N(t+\tau)}\right]$$

$$=E[X^2(0)]\cdot E[(-1)^{N(t)+N(t+\tau)}]$$

$$=\sigma^2\cdot E[(-1)^{2N(t)+(N(t+\tau)-N(t))}]$$

$$=\sigma^2\cdot E[(-1)^{(N(t+\tau)-N(t))}]$$

$$=\sigma^2\left[\sum_{k=0}^{\infty}P\{N(t+\tau)-N(t)=2k\}-\sum_{k=0}^{\infty}P\{N(t+\tau)-N(t)=2k+1\}\right]$$

$$=\sigma^2\left[\sum_{k=0}^{\infty}\frac{(\lambda\tau)^{2k}}{(2k)!}\mathrm{e}^{-\lambda\tau}-\sum_{k=0}^{\infty}\frac{(\lambda\tau)^{2k+1}}{(2k+1)!}\mathrm{e}^{-\lambda\tau}\right]=\sigma^2\mathrm{e}^{-2\lambda\tau}.$$

由于相关函数是偶函数,所以 $R_{X(t)}(t,t+\tau)=\mathrm{e}^{-2\lambda|\tau|}$.

相关函数和均值函数都与参数 t 没有关系，故 $X(t)$ 是平稳过程.

(2) $F_{X(t)}(x)=P\{X(t)\leqslant x\}=P\{X(0)(-1)^{N(t)}\leqslant x\}$

$=P\{N(t)$为奇数$\}P\{-X(0)\leqslant x\mid N(t)$为奇数$\}+$
$P\{N(t)$为偶数$\}P\{X(0)\leqslant x\mid N(t)$为偶数$\}$

$=P\{N(t)$为奇数$\}P\{-X(0)\leqslant x\}+$
$P\{N(t)$为偶数$\}P\{X(0)\leqslant x\}$

$=P\{N(t)$为奇数$\}P\{X(0)\leqslant x\}+$
$P\{N(t)$为偶数$\}P\{X(0)\leqslant x\}$

$=P\{X(0)\leqslant x\}$，(第三个等号利用了标准正态分布的性质)

所以 $X(t)\sim N(0,\sigma^2)$，其概率密度为 $f_{X(t)}(x)=\dfrac{1}{\sqrt{2\pi}\sigma}\mathrm{e}^{-\frac{x^2}{2\sigma^2}}$，$-\infty<x<+\infty$.

习题2参考解答

1. 证明 因为 $X(1)=\min\{Y_1\}=Y_1$，$X(2)=\min\{Y_1,Y_2\}=\min\{X(1),Y_2\}$，…，

$$\begin{aligned}X(n)&=\min\{Y_1,Y_2,\cdots,Y_n\}\\&=\min\{X(1),Y_2,\cdots,Y_n\}\\&=\min\{X(2),Y_3,\cdots,Y_n\}\\&\cdots\\&=\min\{X(k),Y_{k+1},Y_{k+2},\cdots,Y_n\}\\&\cdots\\&=\min\{X(n-1),Y_n\}.\end{aligned}$$

于是当 $n>k$ 时，$X(k)$ 与 Y_n 相互独立. 对任意非负正整数 $n_1,n_2,\cdots,n_m$ 和自然数 $k(1\leqslant n_1<n_2<\cdots<n_m)$ 及任意状态 $i_1,i_2,\cdots,i_{m+1}\in E$，当 $P\{X(n_1)=i_1,X(n_2)=i_2,\cdots,X(n_m)=i_m\}>0$ 时，有

$$\begin{aligned}&P\{X(n_m+k)=i_{m+1}\mid X(n_1)=i_1,X(n_2)=i_2,\cdots,X(n_m)=i_m\}\\=&P\{\min\{Y_{n_m+k},Y_{n_m+k-1},\cdots,Y_{n_m+1},X(n_m)\}=i_{m+1}\mid\\&X(n_1)=i_1,X(n_2)=i_2,\cdots,X(n_m)=i_m\}\\=&\begin{cases}0, & i_{m+1}>i_m,\\P\{\min\{Y_{n_m+k},Y_{n_m+k-1},\cdots,Y_{n_m+1}\}\geqslant i_{m+1}\}, & i_{m+1}=i_m,\\P\{\min\{Y_{n_m+k},Y_{n_m+k-1},\cdots,Y_{n_m+1}\}=i_{m+1}\}, & i_{m+1}<i_m.\end{cases}\end{aligned}$$

又

$$\begin{aligned}&P\{X(n_m+k)=i_{m+1}\mid X(n_m)=i_m\}\\=&P\{\min\{Y_{n_m+k},Y_{n_m+k-1},\cdots,Y_{n_m+1},X(n_m)\}=i_{m+1}\mid X(n_m)=i_m\}\\=&\begin{cases}0, & i_{m+1}>i_m,\\P\{\min\{Y_{n_m+k},Y_{n_m+k-1},\cdots,Y_{n_m+1}\}\geqslant i_{m+1}\}, & i_{m+1}=i_m,\\P\{\min\{Y_{n_m+k},Y_{n_m+k-1},\cdots,Y_{n_m+1}\}=i_{m+1}\}, & i_{m+1}<i_m,\end{cases}\end{aligned}$$

从而

$$P\{X(n_m+k)=i_{m+1} \mid X(n_1)=i_1,X(n_2)=i_2,\cdots,X(n_m)=i_m\}$$
$$=P\{X(n_m+k)=i_{m+1} \mid X(n_m)=i_m\},$$

所以$\{X(n),n=1,2,\cdots\}$是马尔可夫链.

2. 解 (1) 根据已知条件可知

$$\boldsymbol{P}^{(2)}=\begin{bmatrix}\frac{1}{2} & \frac{1}{2} & 0 & 0\\ \frac{1}{4} & \frac{3}{4} & 0 & 0\\ \frac{1}{4} & \frac{1}{2} & \frac{1}{4} & 0\\ 0 & \frac{1}{2} & \frac{1}{2} & 0\end{bmatrix}.$$

(2) $\boldsymbol{P}^{(4)}=\begin{bmatrix}\frac{3}{8} & \frac{5}{8} & 0 & 0\\ \frac{5}{16} & \frac{11}{16} & 0 & 0\\ \frac{5}{16} & \frac{10}{16} & \frac{1}{16} & 0\\ \frac{1}{4} & \frac{5}{8} & \frac{1}{8} & 0\end{bmatrix}$,由此可得 $p_{32}^{(4)}=\frac{5}{8}$.

利用 C-K 方程,$p_{34}^{(8)}=\sum\limits_k p_{3k}^{(4)}\cdot p_{k4}^{(4)}=\sum\limits_k p_{3k}^{(4)}\times 0=0$.

3. 解

$m_X(t)=E[W(t)+At]=0$,

$R_X(s,t)=E[W(s)W(t)+AtW(s)+AsW(t)+A^2st]=st+\min\{s,t\}$,

$C_X(s,t)=R_X(s,t)=st+\min\{s,t\}$,

$D_X(t)=C_X(t,t)=t^2+t$.

4. 解 (1) 由 $X\sim N(0,1),Y\sim N(0,2)$,知

$$E(X)=0,D(X)=1,E(Y)=0,D(Y)=2,\text{cov}(X,Y)=\min\{1,2\}=1,$$

所以(X,Y)的协方差矩阵 $\boldsymbol{C}=\begin{bmatrix}1 & 1\\ 1 & 2\end{bmatrix}$.

(2) (X,Y)的概率密度

$$f(x,y)=\frac{1}{2\pi}\exp\left[-\frac{1}{2}(2x^2-2xy+y^2)\right],\quad x,y\in\mathbb{R}.$$

(X,Y)的特征函数

$$\varphi(u,v)=\exp\left[-\frac{1}{2}(u^2+2uv+2v^2)\right],\quad u,v\in\mathbb{R}.$$

5. 证明 设 $Z(1)=Y(1)=X(1),Z(n)=Y(n)-Y(n-1)=3X^2(n),n=2,3,\cdots$,则$\{Z(n),n=1,2,\cdots\}$相互独立.

由于 $Y(n)=\sum_{k=1}^{n}Z(k)$，故 $\{Y(n),n=1,2,\cdots\}$ 为独立增量过程，$\{Y(n),n=1,2,\cdots\}$ 是马尔可夫链.

6. 解 设 $\{X(n),n=0,1,2,\cdots\}$ 表示在第 n 步时，相机位于 A、B、C 中的某个照相馆. $\{X(n),n=0,1,2,\cdots\}$ 为马尔可夫链，其状态空间为 $E=\{A,B,C\}$. 一步转移概率矩阵为

$$\boldsymbol{P}=\begin{bmatrix}0.2 & 0.8 & 0\\0.8 & 0 & 0.2\\0.1 & 0.3 & 0.6\end{bmatrix}.$$

由 $(\pi_1,\pi_2,\pi_3)\boldsymbol{P}=(\pi_1,\pi_2,\pi_3)$，且 $\pi_1+\pi_2+\pi_3=1$，解得平稳分布 $(\pi_1,\pi_2,\pi_3)=\left(\frac{17}{41},\frac{16}{41},\frac{8}{41}\right)$. 故维修点设在 A 处最好.

7. 解

$$p'_{ij}(t)=\sum_{\substack{k=1\\k\neq j}}^{m}p_{ik}(t)-(m-1)p_{ij}(t)=1-p_{ij}(t)-(m-1)p_{ij}(t)=-mp_{ij}(t)+1.$$

解此微分方程得

$$p_{ij}(t)=C\mathrm{e}^{-mt}+\frac{1}{m},\quad i,j=1,2,\cdots,m.$$

由 $p_{ij}(0)=0,i\neq j,p_{ii}(0)=1$，得当 $i=j$ 时，$C=1-\frac{1}{m}$；当 $i\neq j$ 时，$C=-\frac{1}{m}$. 所以

$$p_{ij}(t)=\begin{cases}\left(1-\frac{1}{m}\right)\mathrm{e}^{-mt}+\frac{1}{m}, & i=j,\\ -\frac{1}{m}\mathrm{e}^{-mt}+\frac{1}{m}, & i\neq j,\end{cases}\quad i,j=1,2,\cdots,m.$$

8. 解 $\{X(t),t\geqslant 0\}$ 是正态过程. 事实上，对任意的 $t_1,t_2,\cdots,t_n(0<t_1<t_2<\cdots<t_n)$，$(X(t_1),X(t_2),\cdots,X(t_n))$ 的非零线性组合为

$$\sum_{i=1}^{n}c_iX(t_i)=\sum_{i=1}^{n}c_it_i^2W\left(\frac{1}{t_i^3}\right).$$

由于 $\{W(t),t\geqslant 0\}$ 为维纳过程，故为正态过程，所以

$$\left(W\left(\frac{1}{t_1^3}\right),W\left(\frac{1}{t_2^3}\right),\cdots,W\left(\frac{1}{t_{n-1}^3}\right),W\left(\frac{1}{t_n^3}\right)\right)$$

服从 n 维正态分布，从而 $\sum_{i=1}^{n}c_iX(t_i)=\sum_{i=1}^{n}c_it_i^2W\left(\frac{1}{t_i^3}\right)$ 服从正态分布，$\{X(t),t\geqslant 0\}$ 为正态过程.

9. 证明 设 $Z(n)=\sum_{k=1}^{n}X(k),n=1,2,\cdots$，易证得 $\{Z(n),n=1,2,\cdots\}$ 是马尔可夫链.

由于 $Y(n)=Z^2(n)$，故

$$\begin{aligned}&P\{Y(n)=j\mid Y(1)=i_1,\cdots,Y(n-1)=i_{n-1}\}\\&\qquad=P\{Z(n)=\sqrt{j}\mid Z(1)=\sqrt{i_1},\cdots,Z(n-1)=\sqrt{i_{n-1}}\}\\&\qquad=P\{Z(n)=\sqrt{j}\mid Z(n-1)=\sqrt{i_{n-1}}\}\end{aligned}$$

$$=P\{Z^2(n)=j \mid Z^2(n-1)=i_{n-1}\},$$

故$\{Y(n),n=1,2,\cdots\}$是马尔可夫链.

10. 解 由于 t 时刻以后通信系统的状况,仅与 t 时刻的状态以及 t 时刻后各信道剩余工作时间或剩余维修时间或工作时间及维修时间有关,利用负指数分布的无记忆性,$X(t)$是马尔可夫过程. $X(t)$的状态空间为$\{0,1,2\}$.

当 $\Delta t>0$ 很小时,如果一个信道在 t 时刻处于维修状态,而在 $t+\Delta t$ 时刻变为工作状态,那么只须$(t,t+\Delta t)$时间内将该信道修复,此时

$$p_{01}(\Delta t)=\mathrm{C}_2^1\int_0^{\Delta t}\mu \mathrm{e}^{-\mu t}\,\mathrm{d}t=2(1-\mathrm{e}^{-\mu\Delta t})=2\mu\Delta t+o(\Delta t),$$

$$p_{02}(\Delta t)=o(\Delta t).$$

速率函数 $q_{01}=2\mu,q_{02}=0$,从而 $q_{00}=-2\mu$.

如果 t 时刻通信系统有一个信道处于工作状态,Δt 时间后 2 个信道都处于工作状态等价于 t 时刻处于工作状态的信道经 Δt 时间后仍处于工作状态,处于维修状态的信道经 Δt 时间后转变为工作状态,从而

$$p_{12}(\Delta t)=\int_{\Delta t}^{+\infty}\lambda \mathrm{e}^{-\lambda t}\,\mathrm{d}t\int_0^{\Delta t}\mu \mathrm{e}^{-\mu t}\,\mathrm{d}t=\mu\Delta t+o(\Delta t).$$

同理 $p_{10}(\Delta t)=\lambda\Delta t+o(\Delta t)$.

从而速率函数 $q_{10}=\lambda,q_{12}=\mu$,利用速率函数的性质 $q_{11}=-(\lambda+\mu)$.

易得 $q_{21}=2\lambda,q_{22}=-2\lambda,q_{20}=0$. 故速率矩阵为

$$\boldsymbol{Q}=\begin{bmatrix}-2\mu & 2\mu & 0\\ \lambda & -(\lambda+\mu) & \mu\\ 0 & 2\lambda & -2\lambda\end{bmatrix}.$$

因此柯尔莫哥洛夫向前方程为

$$\begin{cases}p'_{i0}(t)=-2\mu p_{i0}(t)+\lambda p_{i1}(t),\\ p'_{i1}(t)=2\mu p_{i0}(t)-(\lambda+\mu)p_{i1}(t)+2\lambda p_{i2}(t), \quad i=0,1,2,\\ p'_{i2}(t)=\mu p_{i1}(t)-2\lambda p_{i2}(t),\end{cases}$$

初始条件为 $p_{ij}=\delta_{ij},i,j=0,1,2$.

综合测试题

测试题 1

一、(21 分)填空题

1. 泊松过程的一维特征函数为 $\varphi_{X(t)}(u)=$________.

2. 设 $\{X_n, n=1,2,\cdots\}$ 是随机变量序列,且 $P\{X_n=-n\}=P\{X_n=n\}=\dfrac{1}{n^k}$, $P\{X_n=0\}=1-\dfrac{2}{n^k}$,其中 k 为正数. 当 k 满足条件________时,$\{X_n, n=1,2,\cdots\}$均方收敛于 0.

3. 设 $\{X_n, n\geqslant 0\}$ 是一时齐马尔可夫链,其状态空间 $E=\{a,b,c\}$,一步转移概率矩阵为

$$\boldsymbol{P}=\begin{bmatrix}\dfrac{1}{2} & \dfrac{1}{4} & \dfrac{1}{4}\\ \dfrac{2}{3} & 0 & \dfrac{1}{3}\\ \dfrac{3}{5} & \dfrac{2}{5} & 0\end{bmatrix},$$

则 $P\{X_{n+2}=c \mid X_n=b\}=$________.

4. 设平稳过程$\{X(t), -\infty<t<+\infty\}$的相关函数为 $R_X(\tau)=\sigma^2 e^{-\alpha^2\tau^2}$,其中 σ,α 是常数. $Y(t)=a\dfrac{dX(t)}{dt}$, $-\infty<t<+\infty$,其中 a 为常数,则 $Y(t)$的相关函数为________.

5. 设 $X(t)=At+W(t), t\geqslant 0$,其中$\{W(t), t\geqslant 0\}$是参数为 σ^2 的维纳过程, $A\sim N(0,\sigma^2)$且与$\{W(t), t\geqslant 0\}$相互独立,则 $R_X(s,t)=$________.

6. 设有平稳正态过程$\{X(t)\}$,其均值为零,相关函数 $R_X(\tau)=\dfrac{1}{4}e^{-2|\tau|}$. t_1 为一给定时刻,则 $P\{0.5<X(t_1)<1\}=$________.($\Phi(2)=0.9772, \Phi(1)=0.8413$)

7. ARMA(1,1)模型 $W_t-0.1W_{t-1}=a_t-0.2a_{t-1}$ 的逆函数:$I_0=1, I_k=$________.

二、(8 分)设一平稳时间序列$\{W_t\}$的样本自相关函数和偏相关函数如下($n=50$):

k	1	2	3	4	5	6	7	8	9
$\hat{\rho}_k$	0.46	0.27	0.34	0.12	−0.29	0.11	0.05	0.01	0.21
$\hat{\varphi}_{kk}$	0.54	0.29	−0.14	−0.13	0.10	0.02	0.00	0.001	−0.01

$\hat{\gamma}_0=3.15$. 判定该模型的类型,并计算相应的参数.

三、(10 分)已知平稳过程$\{X(t), -\infty<t<+\infty\}$的均值函数 $m_X=\dfrac{1}{2}$,相关函数

$R(\tau)=\dfrac{1}{2}\cos^2\omega_0\tau$. 讨论 $X(t)$ 的均方连续性、均方可积性，均方可导性和均值的各态历经性.

四、(10 分) 图 1 给出了 4 个车站间的公路连通情形. 设汽车每天从一个车站驶向直接相邻的另一个车站，并于当晚到达该站留宿，次日再继续同样的行车活动. 假设每天汽车开往邻近任一车站都是等可能的. 试说明经过很长一段时间后，汽车在各车站每晚留宿的概率趋于稳定，并求这些概率.

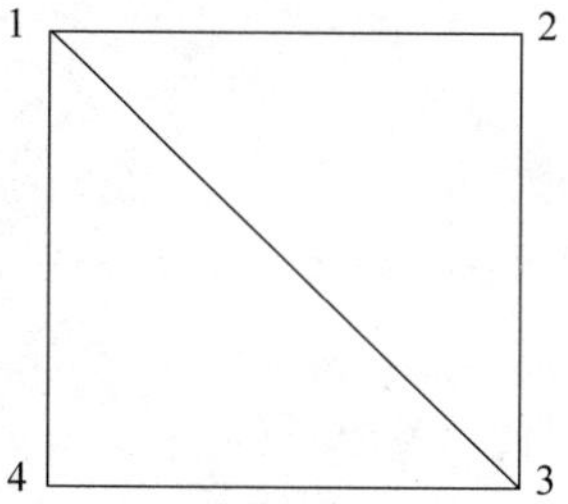

图 1

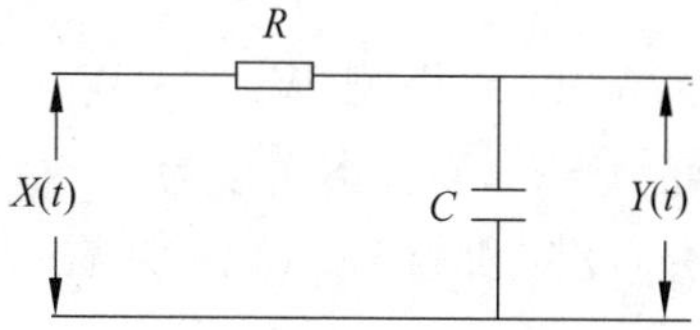

图 2

五、(12 分) 如图 2 所示的低通 RC 滤波器的输入为白噪声，其功率谱密度为 $S_X(\omega)=N_0, 0<\omega<+\infty$.

(1) 求输出的功率谱密度 $S_Y(\omega)$，$R_Y(\tau)$；

(2) 在 $t_3>t_2>t_1$ 时，证明：$R_Y(t_3-t_1)=\dfrac{R_Y(t_3-t_2)R_Y(t_2-t_1)}{R_Y(0)}$.

六、(12 分) 老鼠在三个房间随机移动，第三个房间放有食物. 受到食物的吸引，老鼠转移到第三个房间的概率比转移到其他房间的概率大，而且一旦老鼠到达第三个房间，就不再移动到其他房间. X_n 表示第 n 次观察时老鼠所处房间号码，则 $\{X_n, n=1,2,\cdots\}$ 是一个齐次马尔可夫链. 一步转移概率矩阵为

$$\boldsymbol{P}=\begin{bmatrix}\frac{1}{4} & \frac{1}{4} & \frac{1}{2}\\ \frac{1}{4} & \frac{1}{4} & \frac{1}{2}\\ 0 & 0 & 1\end{bmatrix},$$

初始分布为 $\boldsymbol{\pi}(0)=\left(\frac{1}{2},\frac{1}{2},0\right)$. 求：

(1) 初始时刻老鼠处于房间 1，第二次观察时它在房间 2，第三次观察在房间 3 的概率；

(2) 老鼠从房间 1 出发的条件下，经两次转移到达房间 2，再经一次转移到达房间 3 的概率；

(3) 老鼠经过两次转移后到达房间 3 的概率.

七、(12 分) 已知随机变量 R,θ 相互独立，R 服从瑞利分布，即概率密度函数为

$$f_R(r)=\begin{cases}\dfrac{r}{\sigma^2}\exp\left(-\dfrac{r^2}{2\sigma^2}\right), & r\geqslant 0,\\ 0, & r<0,\end{cases}$$

θ 服从区间 $[0,2\pi]$ 上的均匀分布. 对 $-\infty<t<+\infty$，令 $X(t)=R\cos(\omega t+\theta)$，其中 ω 是常

数. 求证$\{X(t),-\infty<t<+\infty\}$是一正态过程.

八、(**15分**)设在时间区间$(0,t]$内来到某服务窗口前的顾客数$N(t)$是参数为λ的泊松过程. 每个来到服务窗口前的顾客接受服务的概率为p,不接受服务离去的概率为$1-p$,且每个顾客是否接受服务是相互独立的. 令$X(t)$为$(0,t]$内接受服务的顾客数. 试证$\{X(t),t\geqslant 0\}$是参数为λp的泊松过程.

测试题 2

一、(5分)填空题

设有ARMA(1,1)模型$W_t-\phi_1 W_{t-1}=a_t-\theta_1 a_{t-1}$,其中$\{a_t,t=0,\pm1,\pm2,\cdots\}$,$E(a_t)=0,D(a_t)=\sigma^2$,则其谱密度为____________.

二、(**15分**)设随机过程$X(t)$只有3条样本曲线$X(t,w_1)=a\cos t$,$X(t,w_2)=-a\cos t$,$X(t,w_3)=2a\cos t$,其中$a>0$,且$P(w_1)=\dfrac{3}{4}$,$P(w_2)=\dfrac{1}{8}$,$P(w_3)=\dfrac{1}{8}$.

(1) 试求$m_X(t)$,$R_X(t_1,t_2)$.

(2) 问$X(t)$是否均方可导,如果可导,求$E[X(t_1)X'(t_2)]$.

(3) 求$E\left(\left[\int_0^{\frac{\pi}{2}}X(t)\mathrm{d}t\right]^2\right)$.

三、(**10分**)设随机过程$X(t)$的均值与相关函数为$m_X(t)=5\sin t$,$R_X(t,s)=3\mathrm{e}^{-0.5(s-t)^2}$,试求$Y(t)=X'(t)$的均值与协方差函数.

四、(**10分**)设随机过程$\{X(t),t\geqslant 0\}$的相关函数为$R(s,t)=M\mathrm{e}^{-\alpha|s-t|}$,试求$X(t)$的积分$Y(s)=\int_0^s X(t)\mathrm{d}t$的相关函数.

五、(**15分**)设$\{Y(t),t\geqslant 0\}$是正态过程,且$m_Y(t)=\alpha+\beta t$,$C_Y(t,t+\tau)=\mathrm{e}^{-|\tau|}-\dfrac{1}{2}\mathrm{e}^{-2|\tau|}$,$X(t)=Y(t+a)-Y(a)$,$t\geqslant 0$,其中$\alpha,\beta,a>0$,试证明$\{X(t),t\geqslant 0\}$是严平稳过程.

六、(**8分**)设$\{X(t),-\infty<t<+\infty\}$是平稳过程,证明:

(1) $S_{X'}(\omega)=\omega^2 S_X(\omega)$,(2) $S_{X''}(\omega)=\omega^4 S_X(\omega)$.

七、(**5分**)设$\{X(n),n=1,2,\cdots\}$为齐次马尔可夫链,其状态空间为$E=\{0,1\}$,一步转移概率矩阵为

$$\boldsymbol{P}=\begin{bmatrix}\dfrac{1}{3} & \dfrac{2}{3}\\[2mm] \dfrac{2}{3} & \dfrac{1}{3}\end{bmatrix},$$

试用遍历性证明$\lim\limits_{n\to\infty}\boldsymbol{P}^{(n)}=\begin{bmatrix}\dfrac{1}{2} & \dfrac{1}{2}\\[2mm] \dfrac{1}{2} & \dfrac{1}{2}\end{bmatrix}$.

八、(**10 分**)设电话总机在$[0,t)$内接到的呼叫次数$N(t)$是泊松过程，平均每分钟接到电话呼叫λ次.

(1) 求 2min 内接到 3 次呼叫的概率；

(2) 第 3 次呼叫在第 2min 内接到的概率.

九、(**12 分**)设马尔可夫链$\{X(n),n=0,1,2,\cdots\}$的状态空间为$E=\{1,2,3\}$，一步转移概率矩阵为

$$P=\begin{bmatrix}\frac{1}{2} & \frac{1}{2} & 0\\ \frac{1}{3} & 0 & \frac{2}{3}\\ 0 & \frac{2}{5} & \frac{3}{5}\end{bmatrix}.$$

(1) 讨论$\{X(n),n=0,1,2,\cdots\}$的遍历性；

(2) 求$\{X(n),n=0,1,2,\cdots\}$的平稳分布；

(3) 已知分布律如下表所示

$X(1)$	1	2	3
p_k	$\frac{1}{2}$	$\frac{1}{3}$	$\frac{1}{6}$

求$P\{X(1)=1,X(2)=2,X(3)=3\}$和$X(2)$的分布律.

十、(**10 分**)设$\{W(t),t\geqslant 0\}$是标准维纳过程，令

$$X(t)=e^{at+W(t)},\quad t\geqslant 0,\ a\text{ 为常数}.$$

求$X(t)$的数学期望和协方差函数.

测试题 3

一、(**10 分**)设随机过程$X(t)=U\cos 2t$，其中U为随机变量，且$E(U)=5,D(U)=6$，试求：

(1) $X(t)$的均值函数；

(2) $X(t)$的自协方差函数；

(3) $X(t)$的方差函数.

二、(**10 分**)证明 MA(q)模型：$W_t=a_t-\theta_1 a_{t-1}-\theta_2 a_{t-2}-\cdots-\theta_q a_{t-q}$中$W_t$的均值具有各态历经性，其中$\{a_t,t=0,\pm 1,\pm 2,\cdots\}$为白噪声.

三、(**12 分**)设马尔可夫链$\{X(n),n=0,1,2,\cdots\}$的状态空间为$I=\{0,1,2\}$，初始分布为$p_0^{(0)}=\frac{1}{3},p_1^{(0)}=\frac{1}{6},p_2^{(0)}=\frac{1}{2}$，一步转移概率矩阵为

$$P=\begin{bmatrix}0.5 & 0.4 & 0.1\\ 0.3 & 0.4 & 0.3\\ 0.2 & 0.3 & 0.5\end{bmatrix}.$$

(1) 试求$p_{12}(2),P\{X(0)=1,X(1)=2,X(2)=2|X(0)=1\},P\{X(1)=2\}$；

(2) 试说明该马尔可夫链是遍历的，并求其极限分布.

四、(11 分) 某保险系统，对保险车辆的年度保费设有 4 个折扣等级：0、20％、40％和 60％. 下一保险年度的保费折扣按如下规则进行：

(1)若保险年度内无索赔，续保时折扣上调一级或保持在最高级；

(2)若保险年度内保险车辆发生赔偿，续保时折扣下调一级或保持在最低级.

设每张保单的年无索赔概率为 2/3，问该保险系统最终能否达到稳定状态？若能达到，最终各等级所占的比例是多少？

五、(10 分) 设$\{W(t),t\geqslant 0\}$是参数为σ^2的维纳过程，令$X(t)=\mathrm{e}^{-t}W(\mathrm{e}^{2t}),t\geqslant 0$，试求$X(t)$的均值函数、方差函数和自协方差函数.

六、(10 分) 设$X(t)=\sum\limits_{k=1}^{n}A_k\mathrm{e}^{\mathrm{i}\omega_k t}$，其中$\omega_k,k=1,2,\cdots,n$是常数，$A_1,A_2,\cdots,A_n$是互不相关的随机变量，且$E(A_k)=0,E(A_k^2)=\sigma_k^2,k=1,2,\cdots,n$，试求$X(t)$的自相关函数与谱密度.

七、(10 分) 设随机过程$\{X(t),t\in T\}$的协方差函数为$C_X(t_1,t_2)=(1+t_1t_2)\sigma^2$，试求$Y(s)=\int_0^s X(t)\mathrm{d}t$的协方差函数与方差函数.

八、(15 分) 设$\{N_1(t),t\geqslant 0\}$与$\{N_2(t),t\geqslant 0\}$是参数分别为 2 和 1 的独立的泊松过程，试求：

(1) $N_1(t)+N_2(t)$的概率分布律；

(2) $N_1(t)-N_2(t)$的数学期望和相关函数；

(3) 在$\{N_1(t),t\geqslant 0\}$的任意事件发生的时间间隔内，$\{N_2(t),t\geqslant 0\}$恰有两个事件发生的概率.

九、(12) 设随机过程$X(t)=X_1+X_2t,t\in\mathbb{R},X_1,X_2$为相互独立的随机变量，且都服从正态分布$N(0,1)$，试求随机过程$X(t)$的二维概率密度函数.

综合测试题参考解答

测试题1参考解答

一、1. $e^{\lambda t(e^{iu}-1)}$.　2. $k>2$.　3. $\dfrac{1}{6}$.　4. $2a^2\alpha^2\sigma^2 e^{-\alpha^2\tau^2}(1-2\alpha^2\tau^2)$.

5. $\sigma^2(st+\min\{s,t\})$.　6. 0.1359.　7. $-0.1\times 0.2^{k-1}$.

二、解　(1) 因为 $2/\sqrt{50}=0.2828$，在 $\hat{\varphi}_{33},\hat{\varphi}_{44},\cdots,\hat{\varphi}_{99}$ 等 7 个数的绝对值全小于 0.2828，当 $k=1,2$ 时，$|\varphi_{kk}|>0.2828$，所以 φ_{kk} 在 $k=2$ 截尾。又 $\hat{\rho}_k$ 拖尾，故可认为该模型为 AR(2).

(2) 由 $\hat{\gamma}_0=3.15,\hat{\rho}_1=0.46,\hat{\rho}_2=0.27$ 得

$$\hat{\phi}_1=\frac{\hat{\rho}_1(1-\hat{\rho}_2)}{1-\hat{\rho}_1^2}=\frac{0.3358}{0.7884}=0.4259,\quad \hat{\phi}_2=\frac{\hat{\rho}_2-\hat{\rho}_1^2}{1-\hat{\rho}_1^2}=\frac{0.0584}{0.7884}=0.0741,$$

$$\begin{aligned}\hat{\sigma}^2&=\hat{\gamma}_0(1-\hat{\phi}_1\hat{\rho}_1-\hat{\phi}_2\hat{\rho}_2)=3.15\times(1-0.4259\times 0.46-0.0741\times 0.27)\\&=2.4698.\end{aligned}$$

三、解　因为 $R(\tau)$ 在 $\tau=0$ 点连续，故 $\{X(t),-\infty<t<+\infty\}$ 均方连续，均方可积. 又 $R(\tau)$ 在 $\tau=0$ 点处二阶导数存在，从而 $\{X(t),-\infty<t<+\infty\}$ 均方可导.

又因为

$$\begin{aligned}\lim_{T\to+\infty}\frac{1}{T}\int_0^{2T}\left(1-\frac{\tau}{2T}\right)(R(\tau)-m_X^2)\mathrm{d}\tau&=\lim_{T\to+\infty}\frac{1}{T}\int_0^{2T}\left(1-\frac{\tau}{2T}\right)\left(\frac{1}{2}\cos^2\omega_0\tau-\frac{1}{4}\right)\mathrm{d}\tau\\&=\lim_{T\to+\infty}\frac{1}{4T}\int_0^{2T}\left(1-\frac{\tau}{2T}\right)\cos 2\omega_0\tau\,\mathrm{d}\tau=0,\end{aligned}$$

故平稳过程 $X(t)$ 的均值具有各态历经性.

四、解　设 $X(n)$ 表示第 n 天某辆汽车留宿的车站号，$\{X(n),n\geqslant 0\}$ 为一个马尔可夫链，其转移概率矩阵为

$$\boldsymbol{P}=\begin{bmatrix}0&\frac{1}{3}&\frac{1}{3}&\frac{1}{3}\\\frac{1}{2}&0&\frac{1}{2}&0\\\frac{1}{3}&\frac{1}{3}&0&\frac{1}{3}\\\frac{1}{2}&0&\frac{1}{2}&0\end{bmatrix},\quad 故\quad \boldsymbol{P}^2=\begin{bmatrix}\frac{4}{9}&\frac{1}{9}&\frac{1}{3}&\frac{1}{9}\\\frac{1}{6}&\frac{1}{3}&\frac{1}{6}&\frac{1}{3}\\\frac{1}{3}&\frac{1}{9}&\frac{4}{9}&\frac{1}{9}\\\frac{1}{6}&\frac{1}{3}&\frac{1}{6}&\frac{1}{3}\end{bmatrix}.$$

因为 $\boldsymbol{P}^2$ 的每个元素都大于 0，故 $\{X(n),n\geqslant 0\}$ 存在极限分布，即经过很长一段时间后，汽车在各车站每晚留宿的概率趋于稳定. 由

$$\begin{cases} p_1=\dfrac{1}{2}p_2+\dfrac{1}{3}p_3+\dfrac{1}{2}p_4, \\ p_2=\dfrac{1}{3}p_1+\dfrac{1}{3}p_3, \\ p_3=\dfrac{1}{3}p_1+\dfrac{1}{2}p_2+\dfrac{1}{2}p_4, \\ p_4=\dfrac{1}{3}p_1+\dfrac{1}{3}p_3, \\ p_1+p_2+p_3+p_4=1, \\ p_i\geqslant 0,\quad i=1,2,3,4. \end{cases}$$

解得：$p_1=\dfrac{3}{10},p_2=\dfrac{1}{5},p_3=\dfrac{3}{10},p_4=\dfrac{1}{5}$，因而汽车在站1，站2，站3，站4每晚留宿的概率分别为$\dfrac{3}{10},\dfrac{1}{5},\dfrac{3}{10},\dfrac{1}{5}$.

五、解 (1) 系统的频率响应函数为 $H(\mathrm{i}\omega)=\dfrac{\alpha}{\alpha+\mathrm{i}\omega}$，其中 $\alpha=\dfrac{1}{RC}$. 系统的输出过程的功率谱密度为

$$S_Y(\omega)=|H(\mathrm{i}\omega)|^2S_X(\omega)=\frac{\alpha^2N_0}{\alpha^2+\omega^2},\quad R_Y(\tau)=F^{-1}(S_Y(\omega)/2)=\frac{1}{4}\alpha N_0\mathrm{e}^{-\alpha|\tau|}.$$

(2) 在 $t_3>t_2>t_1$ 时，有

$$\frac{R_Y(t_3-t_2)R_Y(t_2-t_1)}{R_Y(0)}=\frac{4N_0\alpha\mathrm{e}^{-\alpha(t_3-t_2)}N_0\alpha\mathrm{e}^{-\alpha(t_2-t_1)}}{4^2N_0\alpha}$$
$$=\frac{1}{4}N_0\alpha\mathrm{e}^{\alpha(t_3-t_1)}=R_Y(t_3-t_1).$$

六、解 (1) $\boldsymbol{P}^2=\begin{bmatrix}\dfrac{1}{8}&\dfrac{1}{8}&\dfrac{3}{4}\\\dfrac{1}{8}&\dfrac{1}{8}&\dfrac{3}{4}\\0&0&1\end{bmatrix}$.

$$\begin{aligned}P\{X_0=1,X_2=2,X_3=3\}&=P\{X_0=1\}P\{X_2=2\mid X_0=1\}\cdot\\&\quad P\{X_3=3\mid X_0=1,X_2=2\}\\&=P\{X_0=1\}P\{X_2=2\mid X_0=1\}\cdot\\&\quad P\{X_3=3\mid X_2=2\}\\&=\pi_1(0)p_{12}^{(2)}p_{23}=\frac{1}{2}\times\frac{1}{8}\times\frac{1}{2}=\frac{1}{32}.\end{aligned}$$

(2) 由马尔可夫链的齐次性，所求概率为

$$\begin{aligned}P\{X_{m+3}=3,X_{m+2}=2\mid X_m=1\}&=P\{X_3=3,X_2=2\mid X_0=1\}\\&=P\{X_2=2\mid X_0=1\}\cdot\\&\quad P\{X_3=3\mid X_0=1,X_2=2\}\\&=P\{X_2=2\mid X_0=1\}P\{X_3=3\mid X_2=2\}\end{aligned}$$

$$=p_{12}^{(2)}p_{23}=\frac{1}{8}\times\frac{1}{2}=\frac{1}{16}.$$

(3) 由全概率公式,所求概率为

$$\begin{aligned}P\{X_{m+2}=3\}=P\{X_2=3\}&=P\{X_0=1\}P\{X_2=3\mid X_0=1\}+\\&\quad P\{X_0=2\}P\{X_2=3\mid X_0=2\}\\&=\pi_1(0)p_{13}^{(2)}+\pi_2(0)p_{23}^{(2)}=\frac{3}{4}.\end{aligned}$$

七、证明 $X(t)=R\cos(\omega t+\theta)=R\cos\theta\cos\omega t-R\sin\theta\sin\omega t$,令

$$\begin{cases}X=R\cos\theta,\\Y=R\sin\theta,\end{cases}\quad 则\ X(t)=X\cos\omega t-Y\sin\omega t,$$

$$\begin{cases}R=\sqrt{X^2+Y^2},\\\theta=\arctan\dfrac{Y}{X},\end{cases}\quad \frac{\partial(R,\theta)}{\partial(x,y)}=\begin{vmatrix}\dfrac{x}{\sqrt{x^2+y^2}} & \dfrac{y}{\sqrt{x^2+y^2}}\\\dfrac{-y}{x^2+y^2} & \dfrac{x}{x^2+y^2}\end{vmatrix}=\frac{1}{\sqrt{x^2+y^2}}.$$

$$f_{X,Y}(x,y)=f_{R,\theta}\left(\sqrt{x^2+y^2},\arctan\frac{y}{x}\right)\frac{1}{\sqrt{x^2+y^2}}=\frac{1}{2\pi\sigma^2}\exp\left(-\frac{x^2+y^2}{2\sigma^2}\right),$$

所以 X,Y 服从二维正态分布. 又

$$\begin{bmatrix}X(t_1)\\X(t_2)\\\vdots\\X(t_n)\end{bmatrix}=\begin{bmatrix}\cos\omega t_1 & -\sin\omega t_1\\\cos\omega t_2 & -\sin\omega t_2\\\vdots & \vdots\\\cos\omega t_n & -\sin\omega t_n\end{bmatrix}\begin{bmatrix}X\\Y\end{bmatrix},$$

故$\{X(t),-\infty<t<+\infty\}$是一正态过程.

八、证明 (1) $X(0)\leqslant N(0)=0$,故 $X(0)=0$.

(2) 对于任意 $0\leqslant t_0<t_1<\cdots<t_n$,由于 $N(t)$是泊松过程,故在$(t_0,t_1]$,$(t_1,t_2]$,$\cdots$,$(t_{n-1},t_n]$中来到窗口前的顾客数是相互独立的. 又由于每个顾客接受服务是相互独立的,因而在时间段$(t_0,t_1]$,$(t_1,t_2]$,$\cdots$,$(t_{n-1},t_n]$接受服务的人数 $X(t_1)-X(t_0)$,$X(t_2)-X(t_1)$,$\cdots$,$X(t_n)-X(t_{n-1})$是相互独立的,故$\{X(t),t\geqslant0\}$是独立增量过程.

(3) 设 k,r 是非负整数,对于任意 $t>s>0$,$N(t)-N(s)\sim\pi(\lambda(t-s))$. 在 $N(t)-N(s)=k\geqslant1$ 的条件下,$X(t)-X(s)\sim b(k,p)$.

又

$$\begin{aligned}\{X(t)-X(s)=r\}&=\left\{\bigcup_{k=0}^{\infty}(N(t)-N(s))=k\right\}\cap\{X(t)-X(s)=r\}\\&=\bigcup_{k=0}^{\infty}\{(N(t)-N(s)=k)\cap(X(t)-X(s)=r)\}\\&=\bigcup_{k=r}^{\infty}\{(N(t)-N(s)=k)\cap(X(t)-X(s)=r)\},\end{aligned}$$

所以

$$P\{X(t)-X(s)=r\}=\sum_{k=r}^{\infty}P\{(N(t)-N(s)=k)\cap(X(t)-X(s)=r)\}$$

$$
\begin{aligned}
&=\sum_{k=r}^{\infty}P\{X(t)-X(s)=r \mid N(t)-N(s)=k\}\cdot \\
&\quad P\{N(t)-N(s)=k\} \\
&=\sum_{k=r}^{\infty}\frac{k!}{r!\ (k-r)!}p^{r}(1-p)^{k-r}\frac{[\lambda(t-s)]^{k}}{k!}e^{-\lambda(t-s)} \\
&=\frac{1}{r!}[\lambda p(t-s)]^{r}e^{-\lambda(t-s)}\sum_{k=r}^{\infty}\frac{[\lambda(1-p)(t-s)]^{k-r}}{(k-r)!} \\
&=\frac{1}{r!}[\lambda p(t-s)]^{r}e^{-\lambda p(t-s)},\quad r=0,1,2,\cdots,
\end{aligned}
$$

故 $X(t)-X(s)\sim\pi(\lambda p(t-s))$.

测试题 2 参考解答

一、$S_W(\omega)=\dfrac{1+\theta_1^2-2\theta_1\cos\omega}{1+\phi_1^2-2\phi_1\cos\omega}\sigma^2,-\pi<\omega<\pi.$

解 $S_W(\omega)=\sigma^2\left|\dfrac{1-\theta_1 e^{i\omega}}{1-\phi_1 e^{i\omega}}\right|=\dfrac{1+\theta_1^2-2\theta_1\cos\omega}{1+\phi_1^2-2\phi_1\cos\omega}\sigma^2,-\pi<\omega<\pi.$

二、**解** (1) $E[X(t)]=(a\cos t)\cdot\dfrac{3}{4}+(-a\cos t)\cdot\dfrac{1}{8}+(2a\cos t)\cdot\dfrac{1}{8}=\dfrac{7}{8}a\cos t.$

$$
\begin{aligned}
R_X(t_1,t_2)&=E[X(t_1)X(t_2)] \\
&=X(t_1,w_1)X(t_2,w_1)\cdot\frac{3}{4}+X(t_1,w_2)X(t_2,w_2)\cdot \\
&\quad\frac{1}{8}+X(t_1,w_3)X(t_2,w_3)\cdot\frac{1}{8} \\
&=\frac{3}{4}a^2\cos t_1\cos t_2+\frac{a^2}{8}\cos t_1\cos t_2+\frac{4a^2}{8}\cos t_1\cos t_2 \\
&=\frac{11}{8}a^2\cos t_1\cos t_2.
\end{aligned}
$$

(2) 因为$\dfrac{\partial^2 R_X(t_1,t_2)}{\partial t_1\partial t_2}=\dfrac{\partial^2 R_X(t_1,t_2)}{\partial t_2\partial t_1}=\dfrac{11}{8}a^2\sin t_1\sin t_2$,故 $X(t)$均方可导.

$$E[X(t_1)X'(t_2)]=\frac{\partial R_X(t_1,t_2)}{\partial t_2}=-\frac{11}{8}a^2\cos t_1\sin t_2.$$

(3) $E\left[\left(\int_0^{\frac{\pi}{2}}X(t)dt\right)^2\right]=\int_0^{\frac{\pi}{2}}\int_0^{\frac{\pi}{2}}R_X(t_1,t_2)\,dt_1dt_2=\dfrac{11}{8}a^2\int_0^{\frac{\pi}{2}}\int_0^{\frac{\pi}{2}}\cos t_1\cos t_2\,dt_1dt_2$

$$=\frac{11}{8}a^2\left[\sin t_1\Big|_0^{\frac{\pi}{2}}\right]\left[\sin t_2\Big|_0^{\frac{\pi}{2}}\right]=\frac{11}{8}a^2.$$

三、**解** $m_Y(t)=m_X'(t)=5\cos t.$

$$R_Y(t,s)=R_{X'}(t,s)=\frac{\partial^2}{\partial t\partial s}R_X(t,s)=\frac{\partial^2}{\partial t\partial s}[3e^{-0.5(s-t)^2}],$$

$$\frac{\partial}{\partial s}[3\mathrm{e}^{-0.5(s-t)^2}]=3(-0.5)2(s-t)\mathrm{e}^{-0.5(s-t)^2}=3(t-s)\mathrm{e}^{-0.5(s-t)^2},$$

$$\frac{\partial^2}{\partial t\partial s}[3\mathrm{e}^{-0.5(s-t)^2}]=\frac{\partial}{\partial t}3(t-s)\mathrm{e}^{-0.5(s-t)^2}=3(1-(s-t)^2)\mathrm{e}^{-0.5(s-t)^2}.$$

故，$C_Y(t,s)=R_Y(t,s)-m_Y(t)m_Y(s)=3(1-(s-t)^2)\mathrm{e}^{-0.5(s-t)^2}-25\cos t\cos s$.

四、解 $R_Y(s_1,s_2)=E[Y(s_1)Y(s_2)]=E\left(\int_0^{s_1}X(t_1)\mathrm{d}t_1\int_0^{s_2}X(t_2)\mathrm{d}t_2\right)$

$$=\int_0^{s_1}\int_0^{s_2}R(t_1,t_2)\mathrm{d}t_1\mathrm{d}t_2=M\int_0^{s_1}\int_0^{s_2}\mathrm{e}^{-\alpha|t_1-t_2|}\mathrm{d}t_1\mathrm{d}t_2.$$

当 $s_1<s_2$ 时，有

$$\begin{aligned}R_Y(s_1,s_2)&=M\int_0^{s_1}\left[\int_0^{t_1}\mathrm{e}^{-\alpha(t_1-t_2)}\mathrm{d}t_2+\int_{t_1}^{s_2}\mathrm{e}^{-\alpha(t_2-t_1)}\mathrm{d}t_2\right]\mathrm{d}t_1\\&=M\left[\int_0^{s_1}\mathrm{e}^{-\alpha t_1}\frac{1}{\alpha}(\mathrm{e}^{\alpha t_1}-1)\mathrm{d}t_1+\int_0^{s_1}\mathrm{e}^{\alpha t_1}\left(-\frac{1}{\alpha}\right)(\mathrm{e}^{-\alpha s_2}-\mathrm{e}^{-\alpha t_1})\mathrm{d}t_1\right]\\&=M\left[\frac{s_1}{\alpha}+\frac{1}{\alpha^2}(\mathrm{e}^{-\alpha s_1}-1)+\frac{s_1}{\alpha}-\frac{1}{\alpha^2}(\mathrm{e}^{-\alpha(s_2-s_1)}-\mathrm{e}^{-\alpha s_2})\right]\\&=\frac{2Ms_1}{\alpha}+\frac{M}{\alpha^2}(\mathrm{e}^{-\alpha s_1}+\mathrm{e}^{-\alpha s_2}-\mathrm{e}^{-\alpha(s_2-s_1)}-1).\end{aligned}$$

类似地，当 $s_1<s_2$ 时，有

$$R_Y(s_1,s_2)=\frac{2Ms_2}{\alpha}+\frac{M}{\alpha^2}(\mathrm{e}^{-\alpha s_1}+\mathrm{e}^{-\alpha s_2}-\mathrm{e}^{-\alpha(s_1-s_2)}-1).$$

综上，$R_Y(s_1,s_2)=\dfrac{2M}{\alpha}\min\{s_1,s_2\}+\dfrac{M}{\alpha^2}[\mathrm{e}^{-\alpha s_1}+\mathrm{e}^{-\alpha s_2}-\mathrm{e}^{-\alpha|s_2-s_1|}-1]$.

五、证明 先证明 $\{X(t),t\geqslant0\}$ 是宽平稳过程. 由于

$$\begin{aligned}m_X(t)&=E[X(t)]=E[Y(t+a)-Y(t)]\\&=E[Y(t+a)]-E[Y(t)]=\alpha+\beta(t+a)-(\alpha+\beta t)=\beta a.\end{aligned}$$

$$\begin{aligned}C_X(t,t+\tau)&=\operatorname{cov}(X(t),X(t+\tau))\\&=\operatorname{cov}(Y(t+a)-Y(t),Y(t+\tau+a)-Y(t+\tau))\\&=\operatorname{cov}(Y(t+a),Y(t+\tau+a))-\operatorname{cov}(Y(t+a),Y(t+\tau))-\\&\quad\operatorname{cov}(Y(t),Y(t+\tau+a))+\operatorname{cov}(Y(t),Y(t+\tau))\\&=2(\mathrm{e}^{-|\tau|}-\frac{1}{2}\mathrm{e}^{-2|\tau|})-(\mathrm{e}^{-|\tau-a|}-\frac{1}{2}\mathrm{e}^{-2|\tau-a|})-(\mathrm{e}^{-|\tau+a|}-\frac{1}{2}\mathrm{e}^{-2|\tau+a|}),\end{aligned}$$

$$\begin{aligned}R_X(t,t+\tau)&=C_X(t,t+\tau)+m_X(t)m_X(t+\tau)\\&=2(\mathrm{e}^{-|\tau|}-\frac{1}{2}\mathrm{e}^{-2|\tau|})-(\mathrm{e}^{-|\tau-a|}-\frac{1}{2}\mathrm{e}^{-2|\tau-a|})-\\&\quad(\mathrm{e}^{-|\tau+a|}-\frac{1}{2}\mathrm{e}^{-2|\tau+a|})+\beta^2a^2,\end{aligned}$$

相关函数只与 τ 有关，因此 $\{X(t),t\geqslant0\}$ 是宽平稳过程. 又由于 $\{Y(t),t\geqslant0\}$ 是正态过程，因此，任给

$$t_1,t_1+a,\cdots,t_n,t_n+a,t_i\geqslant0,t_i\neq t_j,t_i+a\neq t_j,i,j=1,2,\cdots,n,$$

有 $(Y(t_1),Y(t_1+a),\cdots,Y(t_n),Y(t_n+a))$ 为 $2n$ 维正态随机变量，而且

$$(X(t_1),X(t_2),\cdots,X(t_n))=(Y(t_1),Y(t_1+a),\cdots,Y(t_n),Y(t_n+a))\begin{bmatrix}-1 & 0 & \cdots & 0\\ 1 & 0 & \cdots & 0\\ 0 & -1 & \cdots & 0\\ \vdots & \vdots & & \vdots\\ 0 & 0 & \cdots & -1\\ 0 & 0 & \cdots & 1\end{bmatrix},$$

于是$(X(t_1),X(t_2),\cdots,X(t_n))$是 n 维正态随机变量,因此$\{X(t),t\geqslant 0\}$是正态过程,所以,$\{X(t),t\geqslant 0\}$是严平稳过程.

六、证明 (1) 由相关函数的性质,$R_{X'}(\tau)=-\dfrac{\mathrm{d}^2R_X(\tau)}{\mathrm{d}\tau^2}$. 又$R_X(\tau)=\dfrac{1}{2\pi}\displaystyle\int_{-\infty}^{+\infty}S_X(\omega)\mathrm{e}^{\mathrm{i}\omega\tau}\mathrm{d}\omega$,从而 $\dfrac{\mathrm{d}^2R_X(\tau)}{\mathrm{d}\tau^2}=\dfrac{1}{2\pi}\displaystyle\int_{-\infty}^{+\infty}S_X(\omega)(\mathrm{i}\omega)^2\mathrm{e}^{\mathrm{i}\omega\tau}\mathrm{d}\omega=-\dfrac{1}{2\pi}\displaystyle\int_{-\infty}^{+\infty}\omega^2S_X(\omega)\mathrm{e}^{\mathrm{i}\omega\tau}\mathrm{d}\omega$,即得 $R_{X'}(\tau)=\dfrac{1}{2\pi}\displaystyle\int_{-\infty}^{+\infty}\omega^2S_X(\omega)\mathrm{e}^{\mathrm{i}\omega\tau}\mathrm{d}\omega$. 由傅里叶变换中原函数和像函数的一一对应性,有 $S_{X'}(\omega)=\omega^2S_X(\omega)$.

同理可证 $S_{X''}(\omega)=\omega^4S_X(\omega)$.

七、证明 $\boldsymbol{P}$ 中的每个元素都大于 0,所以此马尔可夫链具有遍历性. 由$(\pi_1,\pi_2)\boldsymbol{P}=(\pi_1,\pi_2)$,并且 $\pi_1+\pi_2=1,\pi_1\geqslant 0,\pi_2\geqslant 0$,得平稳分布

$$(\pi_1,\pi_2)=\left(\frac{1}{2},\frac{1}{2}\right),$$

所以$\lim\limits_{n\to\infty}p_{i1}^{(n)}=\pi_1=\dfrac{1}{2}$,$\lim\limits_{n\to\infty}p_{i2}^{(n)}=\pi_2=\dfrac{1}{2}$. 从而

$$\lim_{n\to\infty}\boldsymbol{P}^{(n)}=\begin{bmatrix}\frac{1}{2} & \frac{1}{2}\\ \frac{1}{2} & \frac{1}{2}\end{bmatrix}.$$

八、解 (1) 2min 内接到 3 次呼叫的概率

$$P\{N(t+2)-N(t)=3\}=P\{N(2)=3\}=\frac{(2\lambda)^3}{3!}\mathrm{e}^{-2\lambda}=\frac{4\lambda^3}{3}\mathrm{e}^{-2\lambda}.$$

(2) 第 3 次呼叫在第 2min 内接到的概率为

$$\begin{aligned}&\sum_{k=0}^{2}P\{N(1)-N(0)=k,N(2)-N(1)\geqslant 3-k\}\\ &=P\{N(1)-N(0)=0,N(2)-N(1)\geqslant 3\}+\\ &\quad P\{N(1)-N(0)=1,N(2)-N(1)\geqslant 2\}+\\ &\quad P\{N(1)-N(0)=2,N(2)-N(1)\geqslant 1\}\\ &=\mathrm{e}^{-\lambda}\left(1-\mathrm{e}^{-\lambda}-\lambda\mathrm{e}^{-\lambda}-\frac{\lambda^2}{2!}\mathrm{e}^{-\lambda}\right)+\lambda\mathrm{e}^{-\lambda}(1-\mathrm{e}^{-\lambda}-\lambda\mathrm{e}^{-\lambda})+\frac{\lambda^2}{2!}\mathrm{e}^{-\lambda}(1-\mathrm{e}^{-\lambda})\\ &=\mathrm{e}^{-\lambda}\left[1+\lambda+\frac{\lambda^2}{2}-\mathrm{e}^{-\lambda}(1+2\lambda+2\lambda^2)\right].\end{aligned}$$

九、解 (1) 由于 $P^2=\begin{bmatrix}\frac{5}{12} & \frac{1}{4} & \frac{1}{3}\\ \frac{1}{6} & \frac{13}{30} & \frac{2}{5}\\ \frac{2}{15} & \frac{16}{25} & \frac{47}{75}\end{bmatrix}$ 中各元素均大于0,所以 $\{X(n),n=0,1,2,\cdots\}$ 具有遍历性.

(2) 由 $(\pi_1,\pi_2,\pi_3)P=(\pi_1,\pi_2,\pi_3)$,且 $\pi_1+\pi_2+\pi_3=1$,解得平稳分布 $(\pi_1,\pi_2,\pi_3)=\left(\frac{2}{10},\frac{3}{10},\frac{5}{10}\right)$.

(3)

$$\begin{aligned}&P\{X(1)=1,X(2)=2,X(3)=3\}\\&=P\{X(1)=1\}\cdot P\{X(2)=2\mid X(1)=1\}\cdot P\{X(3)=3\mid X(1)=1,X(2)=2\}\\&=P\{X(1)=1\}\cdot P\{X(2)=2\mid X(1)=1\}\cdot P\{X(3)=3\mid X(2)=2\}=\frac{1}{6}.\end{aligned}$$

$X(2)$ 的分布律为

$$\left(\frac{1}{2}\quad\frac{1}{3}\quad\frac{1}{6}\right)\begin{bmatrix}\frac{1}{2} & \frac{1}{2} & 0\\ \frac{1}{3} & 0 & \frac{2}{3}\\ 0 & \frac{2}{5} & \frac{3}{5}\end{bmatrix}=\left(\frac{13}{36}\quad\frac{19}{60}\quad\frac{29}{90}\right).$$

十、解 $X(t)$ 的数学期望

$$E[X(t)]=\mathrm{e}^{at}E[\mathrm{e}^{W(t)}]=\mathrm{e}^{at}\int_{-\infty}^{+\infty}\mathrm{e}^{x}\frac{1}{\sqrt{2\pi t}}\mathrm{e}^{-\frac{x^2}{2t}}\mathrm{d}x=\frac{\mathrm{e}^{at}}{\sqrt{2\pi t}}\mathrm{e}^{\frac{t}{2}}\int_{-\infty}^{+\infty}\mathrm{e}^{-\frac{x^2}{2t}+x-\frac{t}{2}}\mathrm{d}x=\mathrm{e}^{at+\frac{t}{2}}.$$

当 $s<t$ 时,$X(t)$ 的协方差函数

$$\begin{aligned}C_X(s,t)&=E[X(s)X(t)]-E[X(s)]E[X(t)]\\&=\mathrm{e}^{a(s+t)}E[\mathrm{e}^{W(s)+W(t)}]-\mathrm{e}^{\left(a+\frac{1}{2}\right)(s+t)}\\&=\mathrm{e}^{a(s+t)}E[\mathrm{e}^{W(t)-W(s)}]E[\mathrm{e}^{2W(s)}]-\mathrm{e}^{\left(a+\frac{1}{2}\right)(s+t)}\\&=\mathrm{e}^{a(s+t)}\cdot\mathrm{e}^{\frac{t-s}{2}}\cdot\mathrm{e}^{2s}-\mathrm{e}^{\left(a+\frac{1}{2}\right)(s+t)}\\&=\mathrm{e}^{\left(a+\frac{1}{2}\right)(s+t)}(\mathrm{e}^{s}-1).\end{aligned}$$

同理得当 $s\geqslant t$ 时,$C_X(s,t)=\mathrm{e}^{\left(a+\frac{1}{2}\right)(s+t)}(\mathrm{e}^{t}-1)$,故 $C_X(s,t)=\mathrm{e}^{\left(a+\frac{1}{2}\right)(s+t)}(\mathrm{e}^{\min\{s,t\}}-1)$.

测试题 3 参考解答

一、解 (1) $m_X(t)=E(U\cos 2t)=\cos 2tE(U)=5\cos 2t$.

(2) $R_X(t_1,t_2)=E[X(t_1)X(t_2)]=E(U\cos 2t_1 U\cos 2t_2)$

$\qquad=\cos 2t_1\cos 2t_2E(U^2)=31\cos 2t_1\cos 2t_2$.

$$\begin{aligned}C_X(t_1,t_2)&=R_X(t_1,t_2)-m_X(t_1)m_X(t_2)\\&=31\cos 2t_1\cos 2t_2-25\cos 2t_1\cos 2t_2\\&=6\cos 2t_1\cos 2t_2.\end{aligned}$$

(3) $D_X(t)=C_X(t,t)=6\cos^2 2t.$

二、证明 因为 W_t 的协方差函数

$$\gamma_k=\begin{cases}\sigma_a^2(1+\theta_1^2+\theta_2^2+\cdots+\theta_q^2), & k=0,\\ \sigma_a^2(-\theta_k+\theta_1\theta_{k-1}+\cdots+\theta_{q-k}\theta_q), & 1\leqslant |k|<q,\\ 0, & |k|>q.\end{cases}$$

又因为

$$\begin{aligned}E\left(\left|\frac{1}{2n+1}\sum_{t=-n}^{n}W_t\right|^2\right)&=\frac{1}{(2n+1)^2}E\left[\sum_{s=-n}^{n}\sum_{t=-n}^{n}W_sW_t\right]\\&=\frac{1}{(2n+1)^2}\left[\sum_{s=-n}^{n}E(W_t^2)+2\sum_{-n\leqslant s<t\leqslant n}E(W_sW_t)\right]\\&=\frac{1}{(2n+1)^2}\left[(2n+1)E(W_t^2)+2\sum_{-n\leqslant s<t\leqslant n}\gamma_{(t-s)}\right]\\&=\frac{E(W_t^2)}{2n+1}+\frac{2}{(2n+1)^2}\left[(n-q)\left(\sum_{k=1}^{q}\gamma_k+\sum_{k=1}^{q-1}(q-k)\gamma_k\right)\right],\end{aligned}$$

所以

$$\begin{aligned}&\lim_{n\to\infty}E\left(\left|\frac{1}{2n+1}\sum_{t=-n}^{n}W_t\right|^2\right)\\&=\lim_{n\to\infty}\left\{\frac{E(W_t^2)}{2n+1}+\frac{2}{(2n+1)^2}\left[(n-q)\left(\sum_{k=1}^{q}\gamma_k+\sum_{k=1}^{q-1}(q-k)\gamma_k\right)\right]\right\}=0,\end{aligned}$$

即 $\underset{n\to\infty}{\text{l.i.m}}\dfrac{1}{2n+1}\sum_{t=-n}^{n}W_t=0=E(W_t)$. 故 W_t 的均值具有各态历经性.

三、解 (1) 由 C-K 方程有

$$\begin{aligned}p_{12}(2)&=p_{10}p_{02}+p_{11}p_{12}+p_{12}p_{22}\\&=0.3\times 0.1+0.4\times 0.3+0.3\times 0.5=0.3.\end{aligned}$$

$$\begin{aligned}P\{X(0)=1,X(1)=2,X(2)=2\mid X(0)=1\}&=\frac{P\{X(0)=1,X(1)=2,X(2)=2\}}{P\{X(0)=1\}}\\&=p_{12}p_{22}=0.3\times 0.5=0.15.\end{aligned}$$

$$P\{X(1)=2\}=p_0^{(0)}p_{02}+p_1^{(0)}p_{12}+p_2^{(0)}p_{22}=\frac{1}{3}\times 0.1+\frac{1}{6}\times 0.3+\frac{1}{2}\times 0.5=\frac{1}{3}.$$

(2) 因为 $\boldsymbol{P}$ 的所有元素都是大于 0 的,所以该马尔可夫链是遍历的. 设其极限分布 $\boldsymbol{\pi}=(\pi_0,\pi_1,\pi_2)$,由 $\boldsymbol{\pi}=\boldsymbol{\pi P}$ 得线性方程组

$$\begin{cases}0.5\pi_0+0.3\pi_1+0.2\pi_2=\pi_0,\\0.4\pi_0+0.4\pi_1+0.3\pi_2=\pi_1,\\0.1\pi_0+0.3\pi_1+0.5\pi_2=\pi_2,\end{cases}$$

解方程组得

$$\pi_0=21/62,\quad \pi_1=23/62,\quad \pi_2=18/62.$$

即该马尔可夫链的极限分布$\boldsymbol{\pi}=\left(\frac{21}{62},\frac{23}{62},\frac{18}{62}\right)$，并满足$\pi_0+\pi_1+\pi_2=1$.

四、解 设$X(n)$为第n个年度保险车辆的折扣，则车辆下一年度的保险等级只与当年的保险等级有关，所以$\{X(n),n=1,2,\cdots\}$为马尔可夫链，且状态空间为$E=\{0,20\%,40\%,60\%\}$，一步转移概率矩阵为

$$\boldsymbol{P}=\begin{bmatrix}\frac{1}{3} & \frac{2}{3} & 0 & 0\\ \frac{1}{3} & 0 & \frac{2}{3} & 0\\ 0 & \frac{1}{3} & 0 & \frac{2}{3}\\ 0 & 0 & \frac{1}{3} & \frac{2}{3}\end{bmatrix}$$

由

$$\boldsymbol{P}^3=\frac{1}{27}\begin{bmatrix}5 & 10 & 4 & 8\\ 5 & 2 & 12 & 8\\ 1 & 6 & 4 & 16\\ 1 & 2 & 8 & 16\end{bmatrix}$$

知$\boldsymbol{P}^3$中各元素均大于0，所以$\{X(n),n=1,2,\cdots\}$存在极限分布，极限分布为$\{X(n),n=1,2,\cdots\}$的平稳分布.

由

$$\begin{cases}(\pi_1,\pi_2,\pi_3,\pi_4)\boldsymbol{P}=(\pi_1,\pi_2,\pi_3,\pi_4),\\ \pi_1+\pi_2+\pi_3+\pi_4=1,\pi_i>0,\quad i=1,2,3,4.\end{cases}$$

解得$(\pi_1,\pi_2,\pi_3,\pi_4)=\frac{1}{15}(1,2,4,8)$，故该保险系统最终能达到稳定状态，最终各等级所占的比例为$\frac{1}{15}(1,2,4,8)$.

五、解 由维纳过程的定义知$W(\mathrm{e}^{2t})\sim N(0,\sigma^2\mathrm{e}^{2t})$，所以

$$E[X(t)]=\mathrm{e}^{-t}E[W(\mathrm{e}^{2t})]=0,$$
$$D[X(t)]=\mathrm{e}^{-2t}D[W(\mathrm{e}^{2t})]=\mathrm{e}^{-2t}\cdot\sigma^2\mathrm{e}^{2t}=\sigma^2,$$
$$C_X(t_1,t_2)=R_X(t_1,t_2)=E[X(t_1)X(t_2)]=\mathrm{e}^{-(t_1+t_2)}E[W(\mathrm{e}^{2t_1})W(\mathrm{e}^{2t_2})].$$

由维纳过程的相关函数有$E[W(\mathrm{e}^{2t_1})W(\mathrm{e}^{2t_2})]=\sigma^2\min\{\mathrm{e}^{2t_1},\mathrm{e}^{2t_2}\}$.

若$t_1\leqslant t_2$，则

$$E[W(\mathrm{e}^{2t_1})W(\mathrm{e}^{2t_2})]=\sigma^2\min\{\mathrm{e}^{2t_1},\mathrm{e}^{2t_2}\}=\sigma^2\mathrm{e}^{2t_1},$$
$$C_X(t_1,t_2)=\mathrm{e}^{-(t_1+t_2)}E[W(\mathrm{e}^{2t_1})W(\mathrm{e}^{2t_2})]=\sigma^2\mathrm{e}^{t_1-t_2};$$

若$t_1>t_2$，则

$$E[W(\mathrm{e}^{2t_1})W(\mathrm{e}^{2t_2})]=\sigma^2\min\{\mathrm{e}^{2t_1},\mathrm{e}^{2t_2}\}=\sigma^2\mathrm{e}^{2t_2},$$
$$C_X(t_1,t_2)=\mathrm{e}^{-(t_1+t_2)}E[W(\mathrm{e}^{2t_1})W(\mathrm{e}^{2t_2})]=\sigma^2\mathrm{e}^{t_2-t_1}.$$

综上可得，$C_X(t_1,t_2)=\sigma^2\mathrm{e}^{-|t_2-t_1|}$.

六、解

$$R_X(t_1,t_1+\tau)=E[X(t_1)\overline{X(t_1+\tau)}]=E\left[\sum_{k=1}^{n}A_k\mathrm{e}^{\mathrm{i}\omega_k t_1}\overline{\sum_{l=1}^{n}A_l\mathrm{e}^{\mathrm{i}\omega_l(t_1+\tau)}}\right]$$

$$=E\left[\sum_{k=1}^{n}\sum_{l=1}^{n}A_k\bar{A}_l\mathrm{e}^{\mathrm{i}\omega_k t_1}\mathrm{e}^{-\mathrm{i}\omega_l(t_1+\tau)}\right]=\sum_{k=1}^{n}\sum_{l=1}^{n}E(A_k\bar{A}_l)\mathrm{e}^{\mathrm{i}\omega_k t_1}\mathrm{e}^{-\mathrm{i}\omega_l(t_1+\tau)}.$$

因为 $A_1,A_2,\cdots,A_n$ 是互不相关的随机变量,且 $E(A_k)=0,E(A_k^2)=\sigma_k^2$,故

$$E(A_k\overline{A_l})=\begin{cases}\sigma_k^2, & k=l,\\ 0, & k\neq l,\end{cases}$$

所以 $R_X(t_1,t_1+\tau)=\sum\limits_{k=1}^{n}\sigma_k^2\mathrm{e}^{-\mathrm{i}\omega_k\tau}\overset{\text{def}}{=}R_X(\tau)$,于是 $S_X(\omega)=\int_{-\infty}^{+\infty}R_X(\tau)\mathrm{e}^{-\mathrm{i}\omega\tau}\mathrm{d}\tau$

$$=\sum_{k=1}^{n}\int_{-\infty}^{+\infty}\sigma_k^2\mathrm{e}^{-\mathrm{i}(\omega+\omega_k)\tau}\mathrm{d}\tau=\sum_{k=1}^{n}2\pi\sigma_k^2\delta(\omega+\omega_k).$$

七、解

$$C_Y(s_1,s_2)=E\,[(Y(s_1)-E[Y(s_1)])(Y(s_2)-E[Y(s_2)])]$$

$$=E\left[\int_0^{s_1}(X(t_1)-E[X(t_1)])\,\mathrm{d}t_1\int_0^{s_2}(X(t_2)-E\,[X(t_2)]\,)\,\mathrm{d}t_2\right]$$

$$=\int_0^{s_1}\int_0^{s_2}E[(X(t_1)-E[X(t_1)])(X(t_2)-E[X(t_2)])]\mathrm{d}t_1\mathrm{d}t_2$$

$$=\int_0^{s_1}\int_0^{s_2}C_X(t_1,t_2)\mathrm{d}t_1\mathrm{d}t_2=\int_0^{s_1}\int_0^{s_2}(1+t_1t_2)\sigma^2\mathrm{d}t_1\mathrm{d}t_2$$

$$=\int_0^{s_1}\int_0^{s_2}\sigma^2\mathrm{d}t_1\mathrm{d}t_2+\int_0^{s_1}\int_0^{s_2}t_1t_2\sigma^2\mathrm{d}t_1\mathrm{d}t_2$$

$$=\sigma^2s_1s_2+\sigma^2\,\frac{s_1^2}{2}\,\frac{s_2^2}{2}=\sigma^2\left(s_1s_2+\frac{s_1^2s_2^2}{2}\right).$$

八、解 (1) $N_1(t)+N_2(t)\sim P(2t+t)=P(3t)$,即 $N_1(t)+N_2(t)$服从参数是 $3t$ 的泊松分布.

$$P\{N_1(t)+N_2(t)=k\}=\frac{(3t)^k}{k!}\mathrm{e}^{-3t},\quad k=0,1,2,\cdots.$$

(2) $E[N_1(t)-N_2(t)]=2t-t=t$,$N_1(t)-N_2(t)$的相关函数为

$$E[(N_1(t_1)-N_2(t_1))(N_1(t_2)-N_2(t_2))]$$

$$=E[N_1(t_1)N_1(t_2)]-E[N_1(t_1)N_2(t_2)]-E[N_2(t_1)N_1(t_2)]+E[N_2(t_1)N_2(t_2)]$$

$$=R_{N_1}(t_1,t_2)-E[N_1(t_1)]E[N_2(t_2)]-E[N_2(t_1)]E[N_1(t_2)]+R_{N_2}(t_1,t_2)$$

$$=4t_1t_2+2\min\{t_1,t_2\}-2t_1t_2-2t_1t_2+t_1t_2+\min\{t_1,t_2\}$$

$$=3\min\{t_1,t_2\}+t_1t_2.$$

(3) 设 $N_1(t)$的第 n 个事件发生的时刻为 τ_n,第 $n+1$ 个事件发生的时刻为 τ_{n+1},$T_{n+1}=\tau_{n+1}-\tau_n$,在$[\tau_n,\tau_{n+1}]$上,$N_2(t)$恰有两个事件发生,即

$$P\{N_2(\tau_{n+1})-N_2(\tau_n)=2\}=P\{N_2(\tau_{n+1}-\tau_n)=2\}=P\{N_2(T_{n+1})=2\}$$

$$=\int_0^{+\infty}P\{N_2(T_{n+1})=2\mid T_{n+1}=t\}f_{T_{n+1}}(t)\mathrm{d}t$$

$$=\int_0^{+\infty}\frac{(\lambda_2t)^2}{2!}\mathrm{e}^{-\lambda_2t}\cdot\lambda_1\mathrm{e}^{-\lambda_1t}\mathrm{d}t=\frac{\lambda_1\lambda_2^2}{2!}\int_0^{+\infty}t^2\mathrm{e}^{-(\lambda_1+\lambda_2)t}\mathrm{d}t$$

$$=\frac{\lambda_1\lambda_2^2}{2!}\cdot\frac{1}{(\lambda_1+\lambda_2)^3}\int_0^{+\infty}s^2\mathrm{e}^{-s}\mathrm{d}s=\frac{\lambda_1}{\lambda_1+\lambda_2}\cdot\left(\frac{\lambda_2}{\lambda_1+\lambda_2}\right)^2$$

$$=\frac{2\times 1^2}{3^3}=\frac{2}{27}.$$

九、解 因为 X_1,X_2 是相互独立的随机变量，而 $X(t_1)$ 与 $X(t_2)$ 的任意一个线性组合也是 X_1,X_2 的线性组合，故 $X(t_1)$ 与 $X(t_2)$ 的任意一个线性组合是服从一维正态分布的随机变量，从而 $(X(t_1),X(t_2))$ 服从二维正态分布，且其均值为(0,0)，协方差为

$$C_X(t_1,t_2)=R_X(t_1,t_2)=E[(X_1+t_1X_2)(X_1+t_2X_2)]$$
$$=E[X_1^2+t_1X_1X_2+t_2X_1X_2+t_1t_2X_2^2]=1+t_1t_2,$$

方差为 $D_X(t_1)=1+t_1^2,D_X(t_2)=1+t_2^2$，

相关系数为 $\rho_X(t_1,t_2)=\dfrac{1+t_1t_2}{\sqrt{(1+t_1^2)(1+t_2^2)}}$，所以

$$(X(t_1),X(t_2))\sim N\left(0,0,1+t_1^2,1+t_2^2,\frac{1+t_1t_2}{\sqrt{(1+t_1^2)(1+t_2^2)}}\right).$$

$(X(t_1),X(t_2))$ 的密度函数为

$$f(x_1,x_2;\ t_1,t_2)=\frac{1}{2\pi\sqrt{D_X(t_1)D_X(t_2)(1-\rho_X^2(t_1,t_2))}}$$

$$\exp\left[-\frac{1}{2[1-\rho_X^2(t_1,t_2)]}\left(\frac{x_1^2}{D_X(t_1)}-2\rho_X(t_1,t_2)\frac{x_1x_2}{\sqrt{D_X(t_1)D_X(t_2)}}+\frac{x_2^2}{D_X(t_2)}\right)\right]$$

$$=\frac{1}{2\pi\mid t_1-t_2\mid}\exp\left(-\frac{(x_1-x_2)^2+(x_1t_2-x_2t_1)^2}{2(t_1-t_2)^2}\right).$$

参 考 文 献

[1] 汪荣鑫. 随机过程[M]. 西安：西安交通大学出版社，2006.

[2] 刘嘉焜，王公恕. 应用随机过程[M]. 北京：科学出版社，2006.

[3] 李峪奇，刘赪，王沁. 随机过程[M]. 4 版. 北京：北京航空航天大学出版社，2018.

[4] 周荫清. 随机过程理论[M]. 3 版. 北京：北京航空航天大学出版社，2013.

[5] 陈良均，朱庆堂. 随机过程及应用[M]. 北京：高等教育出版社，2006.

[6] 刘次华. 随机过程[M]. 5 版. 武汉：华中科技大学出版社，2014.

[7] 田铮，秦超英. 随机过程应用[M]. 北京：科学出版社，2008.

[8] 陆大金，张颢. 随机过程及其应用[M]. 2 版. 北京：清华大学出版社，2012.

[9] 宋占杰，王家生，王勇. 随机过程基础[M]. 2 版. 天津：天津大学出版社，2011.

[10] SHELDON M R. 应用随机过程概率模型导论[M]. 11 版. 龚光鲁，译. 北京：人民邮电出版社，2020.

[11] 张卓奎，陈慧婵.《随机过程及应用(第二版)》同步学习指导[M]. 西安：西安电子科技大学出版社，2014.

[12] 孙清华，孙昊. 随机过程疑难分析与解题方法[M]. 武汉：华中科技大学出版社，2008.

[13] 李峪奇，刘赪. 随机过程习题解答[M]. 4 版. 北京：北京航空航天大学出版社，2018.